올림피아드 수학의 지름길 고급-상

책임감수
정호영 선생님 E-mail : allpassid@naver.com

의문사항이나 궁금한 점이 있으시면 위의 감수위원에게 E-mail로 문의하시기
바랍니다.

올림피아드 수학의 지름길 고급—상

도서출판세화	1판 1쇄 발행 1995년 1월 20일	(주)씨실과 날실	1판 2쇄 발행 2013년 3월 30일
	1판 9쇄 발행 2002년 7월 20일		2판 1쇄 발행 2015년 3월 30일 (개정판)
	2판 1쇄 발행 2004년 2월 15일 (개정 증보판)		3판 1쇄 발행 2017년 2월 20일
	2판 4쇄 발행 2007년 1월 10일		4판 1쇄 발행 2018년 3월 20일
	2판 5쇄 발행 2008년 5월 20일		5판 1쇄 발행 2022년 7월 10일
(주)씨실과 날실	1판 1쇄 발행 2009년 10월 1일		

정가 17,000원

저자 | 중국사천대학 편 옮긴이 | 최승범
펴낸이 | 구정자
펴낸곳 | (주)씨실과 날실 출판등록 | (등록번호: 2007.12.16 제453-2007-00006호)
펴낸곳 | 경기도 파주시 회동길 325-22(서패동 469-2) 1층 전화 | (031)955-9445 fax | (0341)955-9446

판매대행 | 도서출판 세화 출판등록 | (등록번호: 1978.12.26 제1-338호)
편집부 | (031)955-9333 영업부 | (031)955-9331~2   fax | (031)955-9334
주소 | 경기도 파주시 회동길 325-22(서패동 469-2)

Copyright ⓒ Ssisil & nalsil Publishing Co.,Ltd.
이 책의 저작권은 (주)씨실과 날실에게 있으며 무단 전재와 복제는 법으로 금지되어 있습니다.

ISBN 979-11-89017-33-0 53410
*물가상승률 등 원자재 상승에 따라 가격은 변동될수 있습니다. 독자여러분의 의견을 기다립니다. *잘못된 책은 바꾸어드립니다.

올림피아드 수학의 지름길 │ 고급-상

중국 사천대학 지음 │ 최승범 옮김

씨실과 날실

씨실과 날실은 도서출판 세화의 자매브랜드입니다.

지은이의 말...

'올림피아드 수학의 지름길(고급)'이 독자들과 대면하게 되었다.

중학생을 위한 '올림피아드 수학의 지름길(중급)'과 이어지게 하기 위하여 이번에는 '올림피아드 수학의 지름길(고급)'이라고 하였다.'

상·하권으로 나누어 상권은 학교 교재의 내용의 제고와 강의를 보충하였고 심화된 내용과 수준높은 고찰을 통하여 얻을 수 있는 이론적 문제들을 다루었으며 하권에서는 한층 정선된 내용들을 다루었다. 전면적으로 심도있게 체계적으로 풀이한 전국 수학 올림피아드 수학 경기 수준의 문제들이다. 본 교재를 통하여 최상위권 고등학생들이 수학의 즐거움을 맛보고 지적 욕구를 충족하길 희망한다.

또한 수학 올림피아드를 준비할 교재로서 일선 교사들에게 수학 지도의 좋은 참고 자료가 될 것이다.

"수학은 과학의 황후이다."라는 말처럼 수학은 정량적 분석과 수의 결합과 완성을 통하여 과학과 기술의 기초를 이룬다. 수학의 중요성은 더 이상 거론할 필요조차 없다.

수학은 소리없는 음악이며, 색깔없는 그림이다. 이 교재를 통해 수학의 교향곡을 듣고, 수로 이루어진 색채의 아름다움을 느끼길 바란다. 또한 우리는 이 교재가 수학 활동이 건강하게 발전하는 데 도움을 주기를 바란다.

수준의 제한으로 인하여 편찬에서 오류가 생기지 않을 수 없다. 여기서 독자들에게 비판, 시정하여 주기를 희망한다.

중국 사천대학
위 유 덕

우리는 동양과 서양의 교류가 시작되기 전에 각 지역에서 독립적으로 발전된 수학이 궁극적으로는 하나로 합쳐진다는 데 경외감을 품게 된다. 생존의 필요에서 시작되어 좀더 나은 생활의 편리를 추구하기 위해 도입된 수학은 이제 현단계에까지 발전하게 되었다. 우주라는 거대한 시스템의 정교한 질서와 조화를 규명하기에는 아직 초보적 단계이나 전 인류의 한 걸음 한 걸음이 합쳐진다면 그 비밀의 한 자락쯤은 벗길 수 있을 것이다. 그 방법의 중요한 기초가 바로 수학이다.

수학의 오묘함은 수많은 출발점과 갈림길에도 불구하고 모두 하나의 결론에 도달한다는 데 있다. 즉, 문제 풀이에 "정석"이란 있을 수 없다. 더 이해하기 쉽게 더 간단하게 풀 수 있다면 그것이 자신의 정석이 되는 것이며, 항상 더 나은 길을 추구하는 것이 수학을 공부하는 기본 자세이다.

이에 중국 사천대학과의 협의하에 '올림피아드 수학의 지름길(고급)'을 내놓게 되었다. 한 문제에 하나의 풀이가 아니라 다양한 풀이와 사고방식을 제시하였다. 당연히 이보다 더 나은 풀이가 있을 수 있다.

또한 현행 교과서에서 다루지 않는 내용도 얼마간 포함되어 있어 난이도가 상당한 수준에 이를 것이다. 그러나 지금까지 축적된 논리력과 사고력을 바탕으로 노력해 나간다면 원하는 것을 이룰 수 있으리라 생각한다.

이 책이 우리의 뛰어난 인적 자원을 키울 수 있는 밑거름이 되기를 바란다.

최승범

올림피아드 수학의 지름길은...

초급(상,하), 중급(상,하), 고급(상,하)의 6권으로 되어 있습니다.

초급

초등학교 4학년 이상의 과정을 다루었으며 수학에 자신있는 초등학생이 각종 경시대회에 참가하기 위한 준비서로 적합합니다.

중급

중학교 전학년 과정

각 편마다 각 학년 과정의 문제를 다루었고(상권), 4편(하권)은 특별히 경시대회를 준비하는 우수 학생을 대상으로 하고 있습니다. 중학생뿐만 아니라 고등학생으로서 중등수학의 기초가 부족한 학생에게 적합합니다.

고급

고등학교 수학 교재의 내용을 확실히 정리하였고, 수학 올림피아드 경시대회 수준의 난이도가 높은 문제를 수록하여, 대입을 위한 수학 문제집으로뿐만 아니라, 일선 교사에게도 좋은 참고 자료가 될 것입니다.

구성 및 활용...

고등 최상위 수학 과정의 정리와 경시대회 고득점을 위한 연습 및 수학에 대한 통합적인 창의적인 사고력 향상에 도움이 되도록 하였습니다.

핵심요점 정리
각 장의 핵심내용과 개념을 체계적으로 정리하고 예제 문제에 들어가기에 앞서 내신심화에서 이어지는 단원의 개념을 정리해 주었습니다.

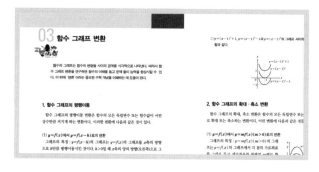

예제문제
각 장의 중요 개념을 정확히 이해하도록 기본적이고 대표적인 문제들을 수록하였습니다.

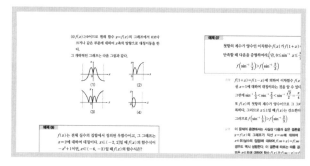

분석과 풀이 및 설명
예제문제의 출제의도와 접근방법 및 상세한 풀이와 설명으로 문제를 이해할수 있도록 하였습니다.

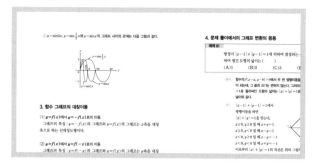

연습문제
장별 예제에 나왔던 유형의 문제에서 좀 더 응용발전된 문제들로 구성하여 중학과정의 최상위학습과 경시대회 준비를 할수 있도록 하였습니다.

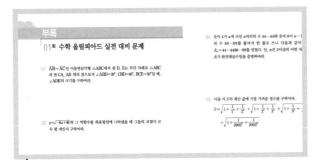

경시대회 예상문제
각종 인증시험 대비문제와 경시대회 대비문제 초급, 중급을 구성하여 경시대회에 대비 할 수 있도록 하였습니다.

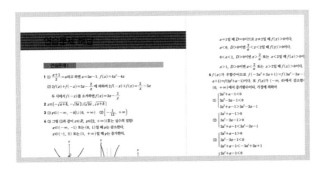

연습문제 해답/보충설명
다양한 연습문제 해답풀이 및 보충설명을 통해 연습문제 해답의 부족한 부분을 채워주고 풀이과정을 통해 문제의 원리를 깨우치게 하였습니다.

Contents

책속의 책_ 연습문제/ 수학 올림피아드 실전 대비 문제/ KMO고등부 2차대비 해답과 풀이 올림피아드 수학의 진수를 느껴보시기 바랍니다.

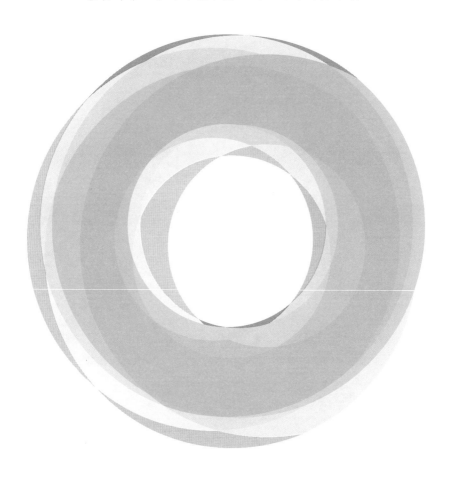

사람은 자신이 하는 일에 신념을 가져야만 한다.
그리고 자신이 하는 일이 옳다고 굳게 믿는다면 실행에 옮겨야
한다. 자기에게 그러한 힘이 있을까 주저하거나 망설이지 말고
앞으로 앞으로 나아가라.

_ 괴테

고급-상

01 함 수

함수에서는 주로 집합과 사상의 관점에서 변량들 사이의 대응 관계를 연구한다. 함수는 다른 수학 지식과 밀접하게 관련되어 있으며 널리 이용되고 있다.

이 장에서는 초등함수의 기본 성질 및 그 응용, 합성함수 및 그 단조성(증감성), 함수의 최댓값과 최솟값(극값)에 관한 문제 등을 공부한다.

1. 초등함수의 성질 및 그 응용

멱함수, 지수함수, 로그함수, 삼각함수, 역삼각함수를 **기본 초등함수**라고 한다. 기본 초등함수들로 제한된 연산을 하였거나, 기본 초등함수들이 합성되어 이루어진 함수를 **초등함수**라고 한다. 정비례함수, 반비례함수, 일차함수, 이차함수 등은 모두 흔히 볼 수 있는 초등함수이다.

함수의 기본 성질에는 정의역과 치역, 함수의 단조성, 기우성(홀짝성), 주기성, 양음성 및 함수의 특수값(최댓값, 최솟값, 극값 등) 등이 포함되어 있다.

(1) 함수의 정의역과 치역

어떠한 함수를 논하든지 정의역이 결정된 후라야 의미가 있게 된다. 다항함수에서 특수한 제한이 없으면 그 정의역은 R(실수)이고, 유리식 함수에서는 분모가 0이 되지 말아야 하며, n이 짝수일 때 n제곱근 함수에서는 근호 안의 수가 음수가 아닌 수이어야 한다. 탄젠트(tan) 함수와 코탄젠트 함수(cot)에서는 각이 각각 $k\pi + \dfrac{\pi}{2}$와 $k\pi$(k는 정수)가 아니어야 하고, 로그함수에서는 진수가 양수이어야 하며, 역사인함수와 역코사인함수에서는 함수식의 절댓값이 1보다 크지 않아야 한다. 만약 상술한 몇 가지 유형의 함수가 한 함수에 언급된다면 먼저 각 유형의 함수의 정의역을 결정한 다음 그 교집합을 구하면 된다.

서로 역함수인 두 함수의 정의역과 치역은 서로 교환된다.

함수의 치역을 구하는 방법에는 역함수를 이용하는 방법, 일원이차방정식의 판별식을 이용하는 방법, 기본 부등식을 이용하는 방법 등이 있다.

예제 01

함수 $y = \dfrac{\sqrt{9-x^2}}{\log(|x|-1)}$ 의 정의역을 구하여라.

| 풀이 | 제곱근식, 분수식 및 로그식의 제한조건에 의하여

$$\begin{cases} 9-x^2 \geq 0 \\ \log(|x|-1) \neq 0 \\ |x|-1 > 0 \end{cases} \text{ 이것을 풀면 } \begin{cases} -3 \leq x \leq 3 \\ x \neq \pm 2 \\ x < -1 \text{ 또는 } x > 1 \end{cases}$$

그러므로 구하려는 함수의 정의역은

$(-3, -2) \cup (-2, -1) \cup (1, 2) \cup (2, 3)$

예제 02

다음 함수의 치역을 구하여라.

(1) $y = \log_a x + \log_x a \ \ (a>0, \ a \neq 1)$

(2) $y = \sqrt{x+1} - \sqrt{x-1}$

| 풀이 | (1) $x>0$, $x \neq 1$임을 알 수 있다.

$a>1$, $x>1$ 또는 $0<a<1$, $0<x<1$일 때

$\log_a x > 0$, 또는 $\log_x a < 0$

따라서 $y = \log_a x + \log_x a \geq 2\sqrt{\log_a x \cdot \log_x a} = 2$

$0<a<1$, $x>1$ 또는 $a>1$, $0<x<1$일 때

$\log_a x < 0$, 또는 $\log_x a < 0$

$\therefore y = \log_a x + \log_x a \leq -2$

그러므로 구하려는 함수의 치역은 $(-\infty, -2) \cup (2, +\infty)$이다.

(2) 이 함수의 정의역은 $x \geq 1$이다. 정의역 내에서 함수를 다음과 같이 고칠 수 있다.

$$y = \frac{2}{\sqrt{x+1} + \sqrt{x-1}} > 0$$

함수 $y_1 = \sqrt{x+1} + \sqrt{x-1}$ 은 정의역 내에서 증가함수이다. 그러므로 $x=1$일 때 y_1은 최솟값 $\sqrt{2}$ 를 가진다. 이때 y의 최댓값은 $\sqrt{2}$ 이다. 그러므로 구하려는 함수의 치역은 $(0, \sqrt{2}]$이다.

(2) 함수의 단조성(증감성) 응용

함수의 단조성은 함숫값의 대소를 비교하는 데 많이 이용되며 부등식의 풀이나 부등식의 증명에도 이용된다.

예제 03

$a > b > 1$일 때 $\log_a b$와 $\log_b a$의 대소를 비교하여라.

| 풀이 | $a > b > 1$

$\therefore \log_a x$와 $\log_b x$는 모두 증가함수이다.

$\therefore \log_a b < \log_a a = 1, \ \log_b a > \log_b b = 1$

$\therefore \log_a b < \log_b a$

예제 04

x에 관한 부등식 $a^2 x^2 \leq x^{\log_a x + 1} \ (a > 0, \ a \neq 1)$을 풀어라.

| 풀이 | 분명히 $x > 0$이다.

$a > 1$일 때

부등식의 양변에 a를 밑으로 하는 로그를 취하면

$2 + 2\log_a x \leq (\log_a x + 1) \cdot \log_a x$

즉 $(\log_a x)^2 - \log_a x - 2 \geq 0$

이 부등식을 풀면 $\log_a x \leq -1$ 또는 $\log_a x \geq 2$

$$\therefore 0 < x \le \frac{1}{a} \text{ 또는 } x \ge a^2$$

마찬가지로 $0 < a < 1$일 때

$$(\log_a x)^2 - \log_a x - 2 \le 0$$

$$\therefore -1 \le \log_a x \le 2$$

$$\therefore a^2 \le x \le \frac{1}{a}$$

예제 05

다음 부등식을 증명하여라.

(1) $0 < a < b$, $m \ge 0$이면 $\dfrac{a+m}{b+m} \ge \dfrac{a}{b}$이다.

(2) $\dfrac{|a+b|}{1+|a+b|} \le \dfrac{|b|}{1+|a|} + \dfrac{|a|}{1+|b|}$

|증명| (1) $f(x) = \dfrac{a+x}{b+x}$ $(x \ge 0)$라 하고 임으로 취한 x_1, x_2가

$0 < x_1 < x_2 < +\infty$라 하자.

$$f(x_1) - f(x_2) = \frac{a+x_1}{b+x_1} - \frac{a+x_2}{b+x_2} = \frac{(a-b)(x_2-x_1)}{(b+x_1)(b+x_2)}$$

$a - b < 0$, $x_2 - x_1 > 0$, $(b+x_1)(b+x_2) > 0$

$\therefore f(x_1) < f(x_2)$ 즉 $f(x)$는 $[0, +\infty)$에서 증가함수이다.

그런데 $m \ge 0$ $\therefore f(m) \ge f(0)$

즉 $\dfrac{a+m}{b+m} \ge \dfrac{a}{b}$

(2) $f(x) = \dfrac{x}{1+x}$ $(x \ge 0)$라 하고 임으로 취한 x_1, x_2가

$0 < x_1 < x_2 < +\infty$라고 하자.

$$f(x_1) - f(x_2) = \frac{x_1}{1+x_1} - \frac{x_2}{1+x_2} = \frac{x_1-x_2}{(1+x_1)(1+x_2)}$$

주어진 조건에 의하여

$(1+x_1)(1+x_2) > 0$, $x_1 - x_2 < 0$

$\therefore f(x_1) < f(x_2)$, 즉 $f(x)$는 $[0, +\infty)$에서 증가함수이다.

$|a+b|\leq|a|+|b|$이므로

$f(|a+b|)\leq f(|a|+|b|)$

따라서

$$\frac{|a+b|}{1+|a+b|}\leq\frac{|a|+|b|}{1+|a|+|b|}=\frac{|b|}{1+|a|+|b|}$$

$$+\frac{|a|}{1+|a|+|b|}\leq\frac{|b|}{1+|a|}+\frac{|a|}{1+|b|}$$

| 설명 | 예제 5의 두 부등식의 증명에서는 함수의 증감성을 이용하였다. 이와 같은 증명 방법을 '모함수'법이라고 한다. 그 요점은 다음과 같다.

증명하려는 부등식의 구성 특징에 의하여 상응한 모함수 $f(x)$를 찾고 $f(x)$의 증감성을 알아낸다. 그 다음 $f(x)$에서 x가 부등식에서의 상응한 값을 취하게 하면 증명하려는 부등식이 얻어진다.

(3) 함수의 기우성의 응용

기우성은 흔히 단조성과 역함수에 관한 지식과 결부하여 응용한다. y축에 대하여 대칭인 두 구간에서 기함수는 같은 단조성을 가지고 우함수는 반대의 단조성을 가진다. 역함수를 가지는 기함수의 역함수 역시 기함수이다(스스로 증명하여 보라). 우함수는 역함수를 가지지 않는다(왜 그런가?).

예제 06

함수 $f(x)=\dfrac{x}{1-x^2}$의 단조성을 증명하여라.

| 분석 | $f(x)$의 정의역은 $(-\infty,\ -1)\cup(-1,\ 1)\cup(1,\ +\infty)$이다. $f(-x)=-f(x)$이므로 $f(x)$는 기함수이다. 그러므로 원점에 대하여 대칭인 두 구간에서 같은 단조성을 가진다. 그러므로 $(0,\ 1)$과 $(1,\ +\infty)$에서 그 단조성을 증명하면 된다.

| 증명 | $f(x_1)-f(x_2)=\dfrac{(x_1-x_2)(1+x_1x_2)}{(1-x_1^2)(1-x_2^2)}$

$0<x_1<x_2<1$이면 $x_1-x_2<0$

$(1-x_1^2)(1-x_2^2)>0$

$\therefore f(x_1)<f(x_2)$

$1<x_1<x_2<+\infty$이면 마찬가지로 $f(x_1)<f(x_2)$

그러므로 $f(x)$는 구간 $(-\infty,\,-1),\,(-1,\,1),\,(1,+\infty)$에서 모두 증가함수이다.

예제 07

$f(x)$는 $(-1,\,1)$에서 정의된 우함수이고 $(0,\,1)$에서 증가함수이다. $f(a-2)-f(4-a^2)<0$일 때, a가 취하는 값의 범위를 구하여라.

| 풀이 | $f(x)$가 우함수이고 $(0,\,1)$에서 증가함수이므로 $f(x)$는 $(-1,\,0)$에서 감소함수이며 $f(4-a^2)=f(a^2-4)$이다.

따라서 주어진 부등식에 의하여 $f(a-2)<f(a^2-4)$

(1) $a-2$와 a^2-4가 모두 구간 $(0,\,1)$에 있을 때

$$\begin{cases} 0<a-2<1 \\ 0<a^2-4<1 \\ a-2<a^2-4 \end{cases}$$

이것을 풀면

$$\begin{cases} 2<a<3 \\ -\sqrt{5}<a<-2 \ \text{또는} \ 2<a<\sqrt{5} \\ a<-1 \ \text{또는} \ a>2 \end{cases}$$

이때 a가 취하는 값의 범위는 $(2,\,\sqrt{5})$이다.

(2) $a-2$와 a^2-4가 모두 구간 $(-1,\,0)$에 있을 때

$$\begin{cases} -1<a-2<0 \\ -1<a^2-4<0 \\ a-2>a^2-4 \end{cases}$$

이것을 풀면

$$\begin{cases} 1 < a < 2 \\ -2 < a < -\sqrt{3} \text{ 또는 } \sqrt{3} < a < 2 \\ -1 < a < 2 \end{cases}$$

이때 a가 취하는 값의 범위는 $(\sqrt{3},\, 2)$이다.

(3) $a-2$와 a^2-4가 각각 $(-1,\, 0)$, $(0,\, 1)$ 또는 $(0,\, 1)$, $(-1,\, 0)$에 있을 때의 연립부등식은 해가 없다.

상술한 것을 종합하면 조건을 만족하는 a값의 범위는 $(\sqrt{3},\, 2) \cup (2,\, \sqrt{5})$이다.

2. 합성함수 및 그 단조성

$y=f(u)$, $u=\varphi(x)$일 때 $y=f[\varphi(x)]$를 **합성함수**라 하고 u를 **매개변수**, f를 **외함수**, φ를 **내함수**라고 한다. 합성함수의 정의역과 치역을 구하는 방법은 앞에서 설명한 것과 마찬가지이다. 여기서는 주로 함수의 합성 변형과 합성함수의 단조성을 증명한다.

합성함수의 단조성을 증명할 때는 먼저 함수의 정의역을 결정한 다음 $y=f(u)$와 $u=\varphi(x)$의 단조성을 각각 증명하고 마지막에 다음 규칙에 따라 결론을 내린다.

(1) 외함수 $y=f(u)$와 내함수 $u=\varphi(x)$가 상응한 구간에서 같은 단조성을 가지면, 합성함수 $y=f[\varphi(x)]$는 x의 상응한 구간에서 증가함수이다.

(2) 외함수 $y=f(u)$와 내함수 $u=\varphi(x)$가 상응한 구간에서 상반되는 단조성을 가지면, 합성함수 $y=f[\varphi(x)]$는 x의 상응한 구간에서 감소함수이다.

함수의 단조성의 정의에 의하여 스스로 이 두 가지 결론을 증명해 보아라.

예제 08

$f(x)=x-x^{-1}$이 주어졌을 때

(1) $[f(x)]^3=f(x^3)-3f(x)$를 증명하여라.

(2) $f[f(x)]=x$를 성립시키는 x의 값을 구하여라.

| 풀이 | (1) $f(x^3)=x^3-x^{-3}$, $3f(x)=3x-3x^{-1}$

그러므로 $[f(x)]^3=(x-x^{-1})^3=x^3-x^{-3}-3(x-x^{-1})$
$$=f(x^3)-3f(x)$$

(2) $f[f(x)]=(x-x^{-1})-\dfrac{1}{x-x^{-1}}=\dfrac{x^2-1}{x}-\dfrac{x}{x^2-1}$

$$=\dfrac{x^4-3x^2+1}{x(x^2-1)}$$

$\dfrac{x^4-3x^2+1}{x(x^2-1)}=x$를 간단히 하면 $2x^2=1$

그러므로 구하는 $x=\pm\dfrac{\sqrt{2}}{2}$ 이다.

예제 09

$f(x)=\log_{0.5}(2x^2-5x+3)$ 의 단조성을 결정하여라.

| 풀이 | $2x^2-5x+3>0$에 의하여 $f(x)$의 정의역은

$$(-\infty,1)\cup\left(\dfrac{3}{2},+\infty\right)$$

$u=\varphi(x)=2x^2-5x+3=2\left(x-\dfrac{5}{4}\right)^2-\dfrac{1}{8}$이라 하면 외함수

$y=\log_{0.5}u(u>0)$는 감소함수이다.

그런데 $x<1\left(1<\dfrac{5}{4}\right)$일 때 내함수 $\varphi(x)$는 감소함수이다.

이때 합성함수 $f(x)=\log_{0.5}(2x^2-5x+3)$은 증가함수이다.

$x>\dfrac{3}{2}\left(\dfrac{3}{2}>\dfrac{5}{4}\right)$일 때 내함수 $\varphi(x)$는 증가함수이다. 이때 합성

함수 $f(x)=\log_{0.5}(2x^2-5x+3)$은 감소함수이다.

상술한 것을 종합하면 $x<1$일 때 $f(x)$는 증가함수이고,

$x>\dfrac{3}{2}$일 때 $f(x)$는 감소함수이다.

예제 10

이차항의 계수가 양수인 이차함수 $f(u)$가 $f(1-u)=f(1+u)$
를 만족할 때 $f(2^x)$과 $f(3^x)$의 대소를 비교하여라.

| 풀이 | $y=f(u)$의 그래프는 아래로 볼록한 포물선이다.

$f(1-u)=f(1+u)$에서 그 대칭축이 $u=1$이라는 것을 알 수 있다. 즉 $u<1$일 때 $y=f(u)$는 감소함수이고 $u>1$일 때 $y=f(u)$는 증가함수이다.

그러므로 $x<0$일 때, $3^x<2^x<1 \; \therefore f(2^x)<f(3^x)$

$\qquad\qquad x>0$일 때, $3^x>2^x>1 \; \therefore f(2^x)<f(3^x)$

$\qquad\qquad x=0$일 때, $3^x=2^x \; \therefore f(2^x)=f(3^x)$

예제 11

함수 $y=\log_{2a-1}(1-a^{x-1})\left(a>\dfrac{1}{2},\, a\neq1\right)$의 단조성을 증명하여라.

| 증명 | 로그의 정의에 의하여 $1-a^{x-1}>0$ 즉 $a^{x-1}<1$이다.

$a>1$일 때 $x<1$이고, $\dfrac{1}{2}<a<1$일 때 $x>1$이다.

그러므로 함수의 정의역은 $a>1$일 때 $x<1$이고, $\dfrac{1}{2}<a<1$일 때 $x>1$이다.

(1) $\dfrac{1}{2}<a<1$일 때, 내함수 $u=1-a^{x-1}$은 $x>1$에서 증가함수이고 외함수 $y=\log_{2a-1}u$는 감소함수이다. 그러므로 $\dfrac{1}{2}<a<1$일 때 합성함수 $y=\log_{2a-1}(1-a^{x-1})$은 그 정의역의 구간 $(1,\,+\infty)$에서 감소함수이다.

(2) $a>1$일 때 $x<1$에서 $1-a^{x-1}$은 감소함수이고 $y=\log_{2a-1}u$는 증가함수이다. 그러므로 $y=\log_{2a-1}(1-a^{x-1})$은 그 정의역 $(-\infty,\,1)$에서 감소함수이다.

3. 함수의 최댓값, 최솟값(극값)

(1) 기본 개념

만약 함수 $y=f(x)$가 그 정의역 M 내에서 모든 x에 대하여

$f(x) \leq f(x_0)$(또는 $f(x) \geq f(x_0)$)이 언제나 성립하는 한 점 x_0이 존재하면, $f(x)$는 $x=x_0$일 때 최댓(최솟)값을 가진다고 한다. 폐구간에서 정의된 단조함수는 언제나 그 끝점에서 최댓값 또는 최솟값을 취한다.

만약 함수 $y=f(x)$가 $x=x_0$ 부근에서 의미를 가지며, $x=x_0$ 부근의 모든 x에 대하여 언제나 $f(x)<f(x_0)$(또는 $f(x)>f(x_0)$)이면 $f(x_0)$을 $f(x)$의 한 극댓(극솟)값이라고 한다.

최댓값, 최솟값은 전체 정의역 내에서 논하는 것이고 극값은 국부적인 구간에서 논하는 것이다. 함수의 극값은 존재하지 않을 수도 있고 또 여러 개 있을 수도 있다. 또한 극솟값이 다른 한 극댓값보다 클 수도 있다.

(2) 이차함수의 최댓값, 최솟값

함수 $y=ax^2+bx+c\,(a \neq 0)$는

$a>0$일 때 $x=-\dfrac{b}{2a}$에서 최솟값 $y_{\min}=\dfrac{4ac-b^2}{4a}$을 가지며

$a<0$일 때 $x=-\dfrac{b}{2a}$에서 최댓값 $y_{\max}=\dfrac{4ac-b^2}{4a}$을 가진다.

$y=ax^2+bx+c\,(a \neq 0)$의 폐구간 $[\alpha,\,\beta]$에서의 최댓값과 최솟값은 그래프를 이용하여 설명할 수 있다.

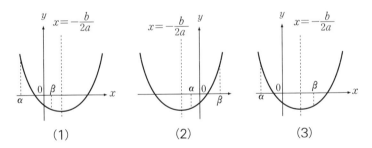

(1)　　　　　　(2)　　　　　　(3)

$a>0$인 경우를 예로 들어 보자.

(1) $\beta \leq -\dfrac{b}{2a}$이면, $[\alpha,\,\beta] \subset \left(-\infty,\, -\dfrac{b}{2a}\right]$이므로

$y_{\max}=f(\alpha)$, $y_{\min}=f(\beta)$(그림 (1))

(2) $\alpha \geq -\dfrac{b}{2a}$이면, $[\alpha,\,\beta] \subset \left[-\dfrac{b}{2a},\, +\infty\right)$이므로

$y_{\min}=f(\alpha)$, $y_{\max}=f(\beta)$(그림 (2))

(3) $\alpha < -\dfrac{b}{2a} < \beta$이면, y_{max}는 $f(\alpha)$와 $f(\beta)$ 중에서 큰 것이고

$y_{min} = \dfrac{4ac - b^2}{4a}$ 이다(그림 (3)).

(3) 함수의 최댓값, 최솟값을 구하는 방법

위에서 설명한 이차함수의 최댓값, 최솟값을 구하는 방법 외에, 사인함수와 코사인함수의 성질, 일원이차방정식의 판별식 및 기본 부등식을 이용하여 최댓값, 최솟값을 구할 수도 있다. 최댓값, 최솟값에 관한 문제에는 다음과 같은 두 가지 결론이 있다.

(1) 몇 개의 양수의 곱이 일정한 값이면, 그 양수의 값이 서로 같을 때 그 합은 최솟값을 가진다.

(2) 몇 개의 양수의 합이 일정한 값이면, 그 양수의 값이 서로 같을 때 그 곱은 최댓값을 가진다.

☷ 위의 두 결론은 산술 기하 부등식을 이용하면 자명하다.

예제 12

$y = x^2 \log a + 2x + 4\log a$가 최댓값 -3을 가질 때의 a와 y가 최댓값을 취할 때의 x의 값을 구하여라.

| 풀이 | 이차함수 $y = x^2 \log a + 2x + 4\log a$가 최댓값 -3을 가지므로

$\log a < 0$, $\dfrac{4(\log a)^2 - 1}{\log a} = -3$, 즉 $4(\log a)^2 + 3\log a - 1 = 0$

$\therefore \log a = \dfrac{1}{4}$ 또는 $\log a = -1$

$\log a < 0$이므로 $\log a = -1$

$\therefore a = 10^{-1}$

$y_{max} = -3$이므로 $x = -\dfrac{1}{\log a}$

따라서 $x = 1$

$$y = \frac{x^2 - x + 4}{x^2 + 2x + 4} \text{ 의 최댓값과 최솟값을 구하여라.}$$

┃ 풀이 ┃ $x^2 + 2x + 4 = (x+1)^2 + 3 > 0$

그러므로 함수의 정의역은 실수이다.

주어진 함수식에 의하여 $(y-1)x^2 + (2y+1)x + 4(y-1) = 0$

$y \neq 1$일 때 방정식은 x에 관한 일원이차방정식이다.

이 방정식은 언제나 실근을 가진다.

따라서 $D = (2y+1)^2 - 16(y-1)^2 \geq 0$

이 부등식을 풀면 $\frac{1}{2} \leq y \leq \frac{5}{2} (y \neq 1)$

주어진 함수에서 $y = 1$일 때 $x = 0$이다.

그러므로 $y_{\min} = \frac{1}{2} (x = 2$일 때$)$, $y_{\max} = \frac{5}{2} (x = -2$일 때$)$

$$y = \sqrt{x^2 + 3x + 4} + \frac{4}{x^2 + 3x + 4} \text{ 의 최댓값 또는 최솟값을 구하}$$

여라.

┃ 풀이 ┃ $x^2 + 3x + 4 = \left(x + \frac{3}{2}\right)^2 + \frac{7}{4} > 0$이므로 x는 실수이다.

$u = \sqrt{x^2 + 3x + 4}$, $u^2 = x^2 + 3x + 4$라 하면 주어진 함수는

$y = u + \dfrac{4}{u^2} = \dfrac{1}{2}\left(u + u + \dfrac{8}{u^2}\right)(u > 0)$로 된다.

그런데 $u \cdot u \cdot \dfrac{8}{u^2} = 8$(일정한 값)이다. 그러므로 $u = \dfrac{8}{u^2}$일 때

최솟값을 갖는다. 따라서 $x = 0$ 또는 $x = -3$일 때

$$y_{\min} = \frac{1}{2} \times 3 \sqrt[3]{u \cdot u \cdot \frac{8}{u^2}} = 3$$

여기서는 y의 최댓값은 없다.

직선 $y=-3x+2$ 위의 점이며, $xy>0$을 만족하는 한 점 $\mathrm{M}(x,y)$를 구하여라. 그리고 $\dfrac{1}{x}+\dfrac{1}{y}$의 최솟값을 구하여라.

| 풀이 | $y=-3x+2$의 그래프 및 $xy>0$에서 $x>0$, $y>0$을 얻는다.

$z=\dfrac{1}{x}+\dfrac{1}{y}$이라고 하면

$$z=\frac{1}{x}+\frac{1}{y}=\frac{1}{2}\times 2\times\left(\frac{1}{x}+\frac{1}{y}\right)$$

$$=\frac{1}{2}(3x+y)\left(\frac{1}{x}+\frac{1}{y}\right)$$

$$=\frac{1}{2}\left(4+\frac{3x}{y}+\frac{y}{x}\right)\geq\frac{1}{2}\left(4+2\sqrt{\frac{3x}{y}\cdot\frac{y}{x}}\right)$$

$$=2+\sqrt{3}=z_{\min}$$

등식이 성립할 조건은 $\dfrac{3x}{y}=\dfrac{y}{x}$ 즉 $y=\sqrt{3}x\,(x>0,\,y>0)$이다.

연립방정식 $\begin{cases} y=\sqrt{3}x \\ 3x+y=2 \end{cases}$ 를 풀면 $\begin{cases} x=1-\dfrac{\sqrt{3}}{3} \\ y=\sqrt{3}-1 \end{cases}$

그러므로 구하려는 점 $\mathrm{M}\left(1-\dfrac{\sqrt{3}}{3},\,\sqrt{3}-1\right)$이고 $\dfrac{1}{x}+\dfrac{1}{y}$의 최솟값은 $2+\sqrt{3}$이다.

연습문제 01

01 다음 조건을 만족하는 $f(x)$를 구하여라.

(1) $f\left(\dfrac{x+1}{2}\right) = x^2 - 1$

(2) $2f(x) + f(-x) = 3x - \dfrac{2}{x}$

02 $f(x)$의 정의역이 $[a, b]$ $(a>0)$일 때 함수 $f(x^2 - a)$의 정의역을 구하여라.

03 다음 함수의 치역을 구하여라.

(1) $y = \dfrac{1}{(x-1)(2x-1)}$

(2) $y = x - \sqrt{3x-2}$

04 다음 함수의 정의역, 치역, 단조성을 구하고 개략적인 그래프를 그려라.

(1) $f(x) = x^2 - 2|x| + 3$

(2) $f(x) = \log(2x^2 - 5x + 3)$

(3) $f(x) = 3^{-x^2 + 4x - 3}$

05 $f(x) = ax^2 - 2(a+1)x + 4$가 주어졌다. $f(x)$의 그래프가 x축의 위쪽 (x축은 포함하지 않는다)에 놓여 있을 때 x가 취하는 값 전체의 집합을 구하여라.

05 $f(x)=ax^2-2(a+1)x+4$가 주어졌다. $f(x)$의 그래프가 x축의 위쪽 (x축은 포함하지 않는다)에 놓여 있을 때 x가 취하는 값 전체의 집합을 구하여라.

06 $f(x)$는 실수에서 정의된 우함수이고 $(-\infty,\ 0)$에서 감소함수이다. 실수 a가 $f(2a^2+a-1)<f(3a^2-2a-1)$을 만족할 때 a가 취하는 값 전체의 집합을 구하여라.

07 $f(x)$는 실수에서 정의된 함수이고 $f(x+y)=f(x)+f(y)$를 만족한다. 다음을 증명하여라.

(1) $f(0)=0$;
(2) $f(x)$는 기함수이다.

08 $x<0$이고 $f(x)$가 $2f(x)-f(x^{-1})=x$를 만족할 때 $f(x)$의 최댓값 또는 최솟값을 구하여라.

09 구간 $[0, 2]$에서 $y=|2x-1|-|x-1|$의 최댓값 또는 최솟값을 구하여라.

10 직선 l_1 ; $y=4x$, l_2 ; $y=(3-k)x+k$라면 실수 k가 어떤 값을 가질 때 제1사분면에서 l_1, l_2 및 x축으로 둘러싸인 삼각형의 넓이가 최소로 되겠는가? 그 최솟값을 구하여라.

02 지수와 로그

지수와 로그의 성질 및 그 연산법칙을 알아야 지수와 로그에 대한 문제를 풀 수 있다. 특히 로그의 밑 변환공식, 항등변환 및 그 응용에 대해서는 확실히 알아두어야 한다.

1. 간단히 하기와 연산

지수 연산은 합리적으로 신속하게 해야 한다. 일반적으로 지수가 분수인 거듭제곱은 제곱근식으로 고치지 않고, 지수가 음수인 거듭제곱도 분수식으로 고치지 않는다. 반대로 제곱근식은 지수가 분수인 거듭제곱으로 고친다.

연산에서 약분할 수 있는 것은 되도록 약분하여 간단히 하고, 연산 결과는 일반적으로 제곱근식이나 분수식으로 고치며 분모를 유리화한다.

로그 연산에서는 지수의 연산 성질을 역으로 이용한다. 밑이 다른 로그의 값을 구할 때에는 일반적으로 밑 변환공식을 이용하여 밑이 같은 로그로 고치고 계산한다.

예제 01

$x^{\frac{1}{2}}+x^{-\frac{1}{2}}=3$일 때 $\dfrac{x^2+x^{-2}-2}{x^{\frac{3}{2}}+x^{-\frac{3}{2}}-3}$ 의 값을 구하여라.

| 풀이 | $x^{\frac{1}{2}}+x^{-\frac{1}{2}}=3$

$\therefore x+x^{-1}=7,\ x^2+x^{-2}=47$

준식 $=\dfrac{x^2+x^{-2}-2}{(x^{\frac{1}{2}}+x^{-\frac{1}{2}})(x-1+x^{-1})-3}$

$=3$

예제 02

$\log_{18}9=a\,(a\neq 2)$, $18^{b}=5$일 때 $\log_{36}45$를 구하여라.

| 풀이 | $18^{b}=5$에서 $\log_{18}5=b$를 얻는다.

$$\log_{36}45=\frac{\log_{18}45}{\log_{18}36}=\frac{\log_{18}9+\log_{18}5}{\log_{18}18+\log_{18}2}$$

$$=\frac{a+b}{1+\log_{18}\left(\frac{18}{9}\right)}=\frac{a+b}{1+\log_{18}18-\log_{18}9}$$

$$=\frac{a+b}{2-a}$$

예제 03

$(\log_{6}3)^{2}+\dfrac{\log_{6}18}{\log_{2}6}$ 을 계산하여라.

| 풀이 | 준식 $=(\log_{6}3)^{2}+\log_{6}2\cdot\log_{6}18$

$$=(\log_{6}3)^{2}+\log_{6}2\cdot\log_{6}(3^{2}\times 2)$$

$$=(\log_{6}3)^{2}+2\log_{6}3\cdot\log_{6}2+(\log_{6}2)^{2}$$

$$=(\log_{6}3+\log_{6}2)^{2}$$

$$=1$$

| 설명 | $\log_{a}a=1$을 이용하여 $\log_{6}3+\log_{6}2=1$을 얻는 것이 이 문제를 푸는 요점이다.

예제 04

m, n, r는 실수이고 모두 0이 아니다. $mn+mr+nr=mnr$, $\log_{a}x=m$, $\log_{b}x=n$, $\log_{c}x=r$일 때 x를 구하여라.

| 풀이 | m, n, r은 0이 아니다.

$mn+mr+nr=mnr$에서 $\dfrac{1}{m}+\dfrac{1}{n}+\dfrac{1}{r}=1$

즉 $\dfrac{1}{\log_{a}x}+\dfrac{1}{\log_{b}x}+\dfrac{1}{\log_{c}x}=1$

$$\therefore \frac{\log a + \log b + \log c}{\log x} = 1, \ \log x = \log abc$$

$$\therefore x = abc$$

예제 05

$a^{\frac{1}{x}} = b^{\frac{1}{y}} = ab \, (1 < a < b)$일 때 $\log a$와 $\log b$로 $\sqrt{x^3 - x^2 y - xy^2 + y^3}$을 나타내어라.

| 풀이 | $a^{\frac{1}{x}} = b^{\frac{1}{y}} = ab$

$$\therefore \frac{1}{x} \log a = \frac{1}{y} \log b = \log a + \log b$$

따라서 $x = \dfrac{\log a}{\log a + \log b}$, $y = \dfrac{\log b}{\log a + \log b}$

또 $1 < a < b$ $\therefore 0 < \log a < \log b$

그러므로 $x + y = 1$, $x < y$

$$\therefore \sqrt{x^3 - x^2 y - xy^2 + y^3} = \sqrt{(x-y)^2 (x+y)}$$

$$= y - x = \frac{\log b - \log a}{\log a + \log b}$$

2. 밑 변환공식 및 로그항등식의 응용

밑 변환공식은 로그식의 항등변환을 할 때 기본이 된다. 또한 밑 변환공식은 로그식의 계산과 간단히 하기 외에, 로그항등식과 로그부등식의 증명, 로그방정식과 로그부등식의 풀이 등에서 중요한 역할을 한다.

(1) 밑 변환공식의 몇 가지 증명 방법

교과서에서 소개한 방법 외에 두 가지 간단한 증명 방법을 소개한다.

① 로그항등식 $N = b^{\log_b N}$의 양변에 a를 밑으로 하는 로그를 취하면

$$\log_a N = \log_a b^{\log_b N} = \log_b N \cdot \log_a b$$

그런데 $b \neq 1$, $\log_a b \neq 0$

$$\therefore \log_b N = \frac{\log_a N}{\log_a b}$$

(2) $\dfrac{\log_a \mathrm{N}}{\log_a b} = x$ 라고 하면 $\log_a \mathrm{N} = x \log_a b = \log_a b^x$

$$\therefore \mathrm{N} = b^x,\ x = \log_b \mathrm{N},\ \text{즉}\ \log_b \mathrm{N} = x$$

(2) 밑 변환공식의 몇 가지 중요한 따름정리

〔따름정리 1〕 $\log_a b = \dfrac{1}{\log_b a}$, 즉 $\log_a b \cdot \log_b a = 1$

여기서 뒤의 형태는 다음과 같이 확장할 수 있다.

〔따름정리 2〕 $\log_{a^n} b^m = \dfrac{m}{n} \log_a b$

특별히 $\log_{\frac{1}{a}} \dfrac{1}{b} = \log_a b,$ $\qquad \log_{\frac{1}{a}} b = -\log_a b$

$\qquad\quad \log_{a^n} b^n = \log_a b,$ $\qquad \log_{a^n} b = \dfrac{1}{n} \log_a b$

예제 06

$a^{\frac{\log_b(\log_b a)}{\log_b a}} = \log_b a$ 임을 증명하여라.

| 증명 | $a^{\frac{\log_b(\log_b a)}{\log_b a}} = a^{\log_a(\log_b a)} = \log_b a$

| 설명 | 첫 절차에서 밑 변환공식을 거꾸로 이용하였다. 즉 지수에서 분자의 $\log_b a$를 N으로 보면 지수는 $\dfrac{\log_b \mathrm{N}}{\log_b a} = \log_a \mathrm{N} = \log_a(\log_b a)$ 이다. 둘째 절차에서는 로그항등식을 이용하였다.

예제 07

$x = (\log_a k)^2,\ y = \log_a k^2,\ z = \log_a \dfrac{1}{\log_k a}$ 이고, $1 < k < a$일 때 $x,\ y,\ z$의 크기를 비교하여라.

주어진 조건에 의하여

$$x=(\log_a k)^2, \ y=2\log_a k, \ z=\log_a(\log_a k)$$

$$0<\log_a k<\log_a a=1$$

그러므로 $x>0, y>0, z<0$

$$y-x=2\log_a k-(\log_a k)^2=(\log_a k)(2-\log_a k)>0$$

그러므로 $y>x>z$

예제 08

a, b, c가 순서대로 직각삼각형의 직각을 낀 두 변의 길이와 빗변의 길이라 할 때 다음을 증명하여라.

$$\log_{(b+c)}a+\log_{(c-b)}a=2\log_{(c+b)}a\cdot\log_{(c-b)}a$$

| 증명 | 주어진 조건에 의하여 $a^2+b^2=c^2$

$$\therefore \text{좌변}=\frac{1}{\log_a(b+c)}+\frac{1}{\log_a(c-b)}$$

$$=\frac{\log_a(c-b)+\log_a(b+c)}{\log_a(b+c)\cdot\log_a(c-b)}$$

$$=\frac{\log_a(c^2-b^2)}{\log_a(b+c)\cdot\log_a(c-b)}$$

$$=\frac{\log_a a^2}{\log_a(b+c)\cdot\log_a(c-b)}$$

$$=2\cdot\frac{1}{\log_a(b+c)}\cdot\frac{1}{\log_a(c-b)}$$

$$=2\log_{(b+c)}a\cdot\log_{(c-b)}a=\text{우변}$$

예제 09

$\log_a x, \ \log_b x, \ \log_c x(a, \ b, \ c, \ x$는 모두 0보다 크며 1이 아닌 실수이다$)$가 $2\log_b x=\log_a x+\log_c x$를 만족할 때, $c^2=(ac)^{\log_a b}$ 임을 증명하여라. 그리고 그 역명제도 성립함을 증명하여라.

| 증명 | $2\log_b x=\log_a x+\log_c x$이면 $x>0, \ x\neq1$ 및 변환공식의 따름 정리 1에 의하여

$$\frac{2}{\log_x b} = \frac{1}{\log_x a} + \frac{1}{\log_x c} = \frac{\log_x(ac)}{\log_x a \cdot \log_x c}$$

그러므로 $2\log_x a \cdot \log_x c = \log_x b \cdot \log_x(ac)$

또 $a > 0$, $a \neq 1$이므로 $\log_x a \neq 0$

$$\therefore 2\log_x c = \frac{\log_x b}{\log_x a} \cdot \log_x(ac)$$

밑 변환공식에 의하여

$$\log_x c^2 = \log_a b \cdot \log_x(ac) = \log_x(ac)^{\log_a b}$$

그러므로 $c^2 = (ac)^{\log_a b}$

반대로 $c^2 = (ac)^{\log_a b}$일 때 위의 추리 절차마다 역추리하면

$$2\log_b x = \log_a x + \log_c x$$

예제 10

연립방정식 $\begin{cases} \log_3 x + \log_5 y = 4 \\ (\log_5 x)(\log_3 y) = 3 \end{cases}$ 을 풀어라.

| 풀이 | 둘째 방정식에서 밑 변환공식 및 따름정리 1을 이용하면

$$3 = \log_5 x \cdot \log_3 y = \frac{\log_3 x}{\log_3 5} \cdot \frac{\log_5 x}{\log_5 3} = \log_3 x \cdot \log_5 y$$

이 결과와 첫째 방정식은 $\begin{cases} a + b = 4 \\ a \cdot b = 3 \end{cases}$ 과 같은 형태이다.

근과 계수의 관계에 의하여 해를 구하면

$$\begin{cases} x = 3 \\ y = 125 \end{cases} \quad \text{또는} \quad \begin{cases} x = 27 \\ y = 5 \end{cases}$$

3. 로그의 지표와 가수에 대한 문제

예제 11

$(1.25)^n$의 정수 부분이 8자리수일 때 정수 n이 취하는 값의 범위를 구하여라(단, $\log 2 = 0.3010$).

주어진 조건에 의하여

$$10^7 \leq (1.25)^n < 10^8$$

$$\therefore \log 10^7 \leq \log 1.25^n < \log 10^8, \ \ 즉 \ 7 \leq n \log 1.25 < 8$$

또 $\log 1.25 > \log 1 = 0$

$$\therefore \frac{7}{\log 1.25} \leq n < \frac{8}{\log 1.25}$$

그런데 $\log 1.25 = \log \dfrac{10}{8} = 1 - 3\log 2 = 0.0970$

$$\therefore 72.2 < n < 82.5$$

$$\therefore n은 \ 73, 74, 75, \cdots, 82를 \ 취한다.$$

예제 12

a가 자연수이고 a^{100}이 120자리의 수일 때, $\dfrac{1}{a}$은 소수점 아래 몇 번째 자리에서 처음으로 0이 아닌 숫자가 나타나겠는가?
a^b이 10자리의 자연수일 때 자연수 b의 값을 구하여라.

| 풀이 | a^{100}은 120자리의 순이다.

$$\therefore 119 \leq \log a^{100} < 120$$

$$\therefore 1.19 \leq \log a < 1.2, \ \ -1.2 < -\log a \leq -1.19$$

즉 $\bar{2}.8 < \log \dfrac{1}{a} \leq \bar{2}.81$

$$\therefore \dfrac{1}{a}은 \ 소수점 \ 아래 \ 두번째 \ 자리에서 \ 처음으로 \ 0이 \ 아닌 \ 숫자$$
가 나타난다.

a^b이 10자리의 자연수이면

$$9 \leq \log a^b < 10$$

즉 $9 \leq b \log a < 10$

그런데 $1.19 \leq \log a < 1.2$

$$\therefore 1.19b \leq b \log a < 1.2b$$

$$\therefore 9 \leq 1.19b \leq b \log a < 1.2b \leq 10$$

따라서 $7.6 < b < 8.3$

$$\therefore b = 8$$

4. 지수, 로그에 대한 일부 조건등식의 증명

조건등식에 대한 증명에는 일반적으로 두 가지 방법이 있다. 하나는 주어진 조건을 증명하는 식의 양변에 대입하여 각각 간단히 하는 것이고, 다른 하나는 주어진 조건으로부터 출발하여 변형을 거쳐 증명하는 등식을 유도해 내는 것이다.

예제 13

$\dfrac{x(y+z-x)}{\log_a x}=\dfrac{y(z+x-y)}{\log_a y}=\dfrac{z(x+y-z)}{\log_a z}$ 가 주어졌을 때,

$y^z z^y = z^x x^z = x^y y^x$임을 증명하여라.

|증명| 주어진 등식이 $\dfrac{1}{k}$과 같다고 하면

$$\log_a x = kx(y+z-x)$$
$$\log_a y = ky(z+x-y)$$
$$\log_a z = kz(x+y-z)$$

즉 $x=a^{kx(y+z-x)},\ y=a^{ky(z+x-y)},\ z=a^{kz(x+y-z)}$

$\therefore y^z z^y = [a^{ky(x+z-y)}]^z \cdot [a^{kz(x+y-z)}]^y = a^{2kxyz}$

마찬가지로 $z^x x^z = a^{2kxyz},\ x^y y^x = a^{2kxyz}$

$\therefore y^z z^y = z^x x^z = x^y y^x$

예제 14

$\log_{2a} a = x,\ \log_{3a} 2a = y$일 때 $2^{1-xy}=3^{y-xy}$을 증명하여라.

|증명| 주어진 조건에 의하여

$$x=\log_{2a} a = \frac{\log_{3a} a}{\log_{3a}(2a)},\ y=\log_{3a}(2a)$$

$\therefore xy = \log_{3a} a$

$1-xy = 1-\log_{3a} a$

$\qquad = \log_{3a} 3a - \log_{3a} a = \log_{3a} 3$

$$\therefore 3 = (3a)^{1-xy}$$

$$3^{y-xy} = [(3a)^{1-xy}]^{y-xy} = (3a)^{(1-xy)(y-xy)} \qquad \cdots\cdots ①$$

그런데 $y - xy = \log_{3a}(2a) - \log_{3a}a = \log_{3a}2$

$$\therefore 2 = (3a)^{y-xy}$$

$$\therefore 2^{1-xy} = [(3a)^{y-xy}]^{1-xy} = (3a)^{(1-xy)(y-xy)} \qquad \cdots\cdots ②$$

①, ②에서 $2^{1-xy} = 3^{y-xy}$

예제 15

$3^{\alpha} = 4^{\beta} = 6^{\gamma}$ 일 때 $\dfrac{1}{2\beta} = \dfrac{1}{\gamma} - \dfrac{1}{\alpha}$ 을 증명하여라.

| 증명 | 가정에 의하여 α, β, γ는 모두 0이 아니다.

$x = 3^{\alpha} = 4^{\beta} = 6^{\gamma}$ 라 하고 로그를 취하면

$$\log x = \alpha \log 3 = 2\beta \log 2 = \gamma(\log 2 + \log 3)$$

$$\therefore \frac{1}{2\beta} = \frac{\log 2}{\log x}, \ \frac{1}{\alpha} = \frac{\log 3}{\log x}, \ \frac{1}{\gamma} = \frac{\log 2 + \log 3}{\log x}$$

따라서 $\dfrac{1}{2\beta} = \dfrac{1}{\gamma} - \dfrac{1}{\alpha}$

01   $9^{a+1}=45$, $\log_7 3=\dfrac{1}{b}$ 일 때 $\left(\dfrac{343}{45}\right)^x=105$ 에서 x의 값을 구하여라.

02   $(\log x+\log y)^2=\log x\log y+\log x-\log y-1$ 일 때 x, y를 구하여라.

03   a, b, x는 부호가 같은 실수이고, $(\log ax)(\log bx)+1=0$ 이다.
$\dfrac{a}{b}$가 취하는 값의 범위를 구하여라.

04   $(\log 2x)(\log 3x)=-a^2$ 이 서로 다른 실수해를 가질 때
   (1) 실수 a의 범위를 구하여라.
   (2) 이 두 실수해의 곱을 구하여라.

05   방정식 $\left(\dfrac{x}{10^{100}}\right)^{(\log x^{\log x}-\log x^7+10)^{10^5}}=\dfrac{\log 10^x}{x}$ 을 풀어라.

06 $\dfrac{1}{1+x^{a-b}+x^{a-c}}+\dfrac{1}{1+x^{b-c}+x^{b-a}}+\dfrac{1}{1+x^{c-a}+x^{c-b}}=1$ 임을 증명하여라.

07 $n,\ a,\ b,\ c$는 자연수이고 1이 아니며, $b^2=ac$일 때 다음을 증명하여라.

$$\frac{\log_a n}{\log_c n}=\frac{\log_a n-\log_b n}{\log_b n-\log_c n}$$

08 $(11.2)^a=(0.0112)^b=1000$일 때 $\dfrac{1}{a}-\dfrac{1}{b}=1$임을 증명하여라.

09 방정식 $\sqrt{\log_x\sqrt{3x}}\cdot\log_3 x=-1$을 풀어라.

10 $a>b>c>0$일 때 $a^{2a}b^{2b}c^{2c}>a^{b+c}b^{c+a}c^{a+b}$을 증명하여라.

11 $\log 4.6065 = 0.6634$, $\log 1.908 = 0.2805$가 주어졌을 때 $1.908^{-1.2}$을 구하여라.

12 $b^2 = ac$일 때 $a^2 b^2 c^2 \dfrac{1}{a^3 + b^3 + c^3} \left(\dfrac{1}{a^3} + \dfrac{1}{b^3} + \dfrac{1}{c^3} \right)$의 값을 구하여라.

13 $a^2 + b^2 = 7ab$일 때 다음 식을 증명하여라.

$$\log_c \left[\frac{1}{3}(a+b) \right] = \frac{1}{2} \left(\log_c a + \log_c b \right)$$

14 a, b, c가 1이 아닌 양수이고, $c = ab$, $a^x = b^y = c^z$일 때 $z = \dfrac{xy}{x+y}$를 증명하여라.

15 $\log x$, $\log \dfrac{10}{x}$의 지표가 각각 m, n이다. x가 어떤 값을 가질 때, $m^2 - 2n^2$이 최댓값을 가지겠는가? 또 그 최댓값은 얼마인가?

03 함수 그래프 변환

함수의 그래프는 함수의 변량들 사이의 관계를 시각적으로 나타낸다. 따라서 함수 그래프 변환을 연구하면 함수의 이해를 돕고 문제 풀이 능력을 향상시킬 수 있다. 이 밖에 '변환' 이라는 중요한 수학 개념을 이해하는 데 도움이 된다.

1. 함수 그래프의 평행이동

함수 그래프의 평행이동 변환은 함수의 모든 독립변수 또는 함숫값이 어떤 상수만큼 커지게 하는 변환이다. 이러한 변환에 다음과 같은 것이 있다.

(1) $y=f(x)$에서 $y=f(x-h)$로의 변환

그래프의 특징 : $y=f(x-h)$의 그래프는 $y=f(x)$의 그래프를 x축의 방향으로 h만큼 평행이동시킨 것이다. $h>0$일 때 x축의 양의 방향(오른쪽)으로 그래프를 이동하고, $h<0$일 때 x축의 음의 방향(왼쪽)으로 그래프를 이동한다.

　예 $y=(x+1)^2$, $y=(x-1)^2$과 $y=x^2$의 그래프 사이의 관계는 다음 그림과 같다.

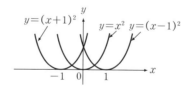

(2) $y=f(x)$에서 $y=f(x)+k$로의 변환

그래프의 특징 : $y=f(x)+k$의 그래프는 $y=f(x)$의 그래프를 y축의 반향으로 k만큼 평행이동시킨 것이다. $k>0$일 때 그래프를 y축의 양의 방향(위쪽)으로 이동하고, $k<0$일 때 그래프를 y축의 음의 방향(아래쪽)으로 이동한다.

예 $y=(x-1)^2+1$, $y=(x-1)^2-1$과 $y=(x-1)^2$의 그래프 사이의 관계는 다음 그림과 같다.

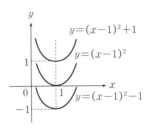

2. 함수 그래프의 확대·축소 변환

함수 그래프의 확대, 축소 변환은 함수의 모든 독립변수 또는 함숫값을 k배로 확대 또는 축소하는 변환이다. 이런 변환에 다음과 같은 것들이 있다.

(1) $y=f(x)$에서 $y=mf(x)(m>0)$로의 변환

그래프의 특징 : $y=mf(x)(m>0)$의 그래프는 $y=f(x)$의 그래프에서 각 점의 가로좌표를 그대로 두고 세로좌표를 원래의 m배로 확대하여 얻은 것이다. 여기서 $m>1$일 때 그래프는 세로 방향으로 확대되고, $0<m<1$일 때 그래프는 세로 방향으로 축소된다.

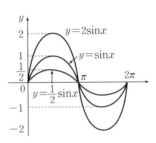

예 $y=2\sin x$, $y=\frac{1}{2}\sin x$와 $y=\sin x$의 그래프 사이의 관계는 오른쪽 그림과 같다.

(2) $y=f(x)$에서 $y=f(nx)(n>0)$로의 변환

그래프의 특징 : $y=f(nx)(n>0)$의 그래프는 $y=f(x)$의 그래프에서 각 점의 세로좌표를 그대로 두고 가로좌표를 원래의 $\frac{1}{n}$배로 고쳐서 얻은 것이다. 여기서 $n>1$일 때 그래프는 가로 방향으로 축소되고, $0<n<1$일 때 그래프는 가로 방향으로 확대된다.

예 $y=\sin 2x$, $y=\sin\dfrac{1}{2}x$와 $y=\sin x$의 그래프 사이의 관계는 다음 그림과 같다.

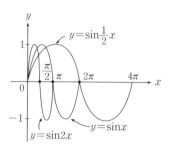

3. 함수 그래프의 대칭이동

(1) **$y=f(x)$에서 $y=-f(x)$로의 이동**

  그래프의 특징 : $y=-f(x)$의 그래프와 $y=f(x)$의 그래프는 x축을 대칭축으로 하는 선대칭도형이다.

(2) **$y=f(x)$에서 $y=f(-x)$로의 이동**

  그래프의 특징 : $y=f(-x)$의 그래프와 $y=f(x)$의 그래프는 y축을 대칭축으로 하는 선대칭도형이다.

(3) **$y=f(x)$에서 $y=-f(-x)$로의 이동**

  그래프의 특징 : $y=-f(-x)$의 그래프와 $y=f(x)$의 그래프는 원점을 대칭축으로 하는 점대칭도형이다.

  위의 세 가지 그래프의 변환에서 다음을 알 수 있다. 함수 그래프를 평행이동시키면 그래프와 좌표축의 상대 위치가 변할 뿐 그래프의 꼴과 크기는 변하지 않는다. 그래프를 확대, 축소 변환하면 그래프의 꼴과 크기는 모두 변한다. 대칭이동에서는 그래프의 꼴과 크기가 변하지 않고 좌표계에서의 그래프의 상대 위치만 변한다.

4. 문제 풀이에서의 그래프 변환의 응용

예제 01

방정식 $|x-1|+|y-1|=1$에 의하여 결정되는 곡선으로 둘러싸여 생긴 도형의 넓이는 (　　　)

(A) 1　　　　(B) 2　　　　(C) 3　　　　(D) 4

| 분석 |　함수의 $f(x-a, y-b)=0$에서 두 번 평행이동을 하면 $f(x, y)=0$이 되는데, 그 꼴과 크기는 변하지 않는다. 그러므로 $|x-1|+|y-1|$ $=1$로 둘러싸인 도형의 넓이는 $|x|+|y|=1$로 둘러싸인 도형의 넓이와 같다.

| 풀이 |　$|x-1|+|y-1|=1$에서
평행이동을 하면
$|x|+|y|=1$을 얻는다.
$x\ge 0, y\ge 0$ 일 때 $x+y=1$
$x\ge 0, y<0$ 일 때 $x-y=1$
$x<0, y\ge 0$ 일 때 $x-y=-1$
$x<0, y<0$ 일 때 $x+y=-1$

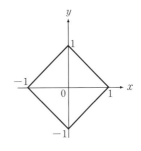

이로부터 $|x|+|y|=1$의 곡선은 위의 그림의 네 선분으로 이루어짐을 알 수 있다. 이 네 선분으로 둘러싸인 도형은 정사각형이고 그 넓이 $S=2$이다. 그러므로 (B)가 정답이다.

예제 02

방정식 $xy-3x+2y-7=0$은 어떤 곡선을 표시하는가? 여기서 함수 $y=f(x)$의 정의역, 치역과 단조구간을 구하여라.

| 풀이 |　주어진 방정식에서 $x(y-3)+2(y-3)=1$
$\therefore (x+2)(y-3)=1$
분명히 $x+2\ne 0$
$\therefore y=\dfrac{1}{x+2}+3$
이 그래프는 $y=\dfrac{1}{x}$의 그래프를 x축

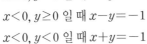

방향으로 −2만큼 평행이동시킨 다음 y축 방향으로 3만큼 평행
이동시킨 것이다(그림 참조). 따라서 이 그래프가 표시하는 곡
선은 쌍곡선이다. 또 함수의 정의역은 $x \neq -2$인 모든 실수이
고, 치역은 $y \neq 3$인 모든 실수이며, 두 개의 단조감소구간은
$(-\infty, -2)$, $(-2, +\infty)$이다.

예제 03

$f(x)$는 구간$(-\infty, +\infty)$에서 정의되어 있고 주기가 2인 함수
이다. $k \in Z$에 대하여 I_k로 구간 $(2k-1, 2k+1]$을 표시한다.
$x \in I_0$일 때 $f(x) = x^2$이다. I_k에서의 $f(x)$의 함수식을 구하여라
(단, Z는 정수의 집합이다).

| 풀이 | $f(x)$는 2를 주기로 하는 주기함수이고 각 구간 I_k의 길이는 2이
다. 그러므로 구하는 함수식은 I_0에서의 $f(x)$를 x축의 방향으로
I_k까지 평행이동하여 얻은 것으로 볼 수 있다. 이때 함수의 각 점
의 세로좌표는 변하지 않고 가로좌표는 $2k$만큼 커진다.
∴ I_k에서의 $f(x)$의 표시식은 $(x-2k)^2$이다.
즉 $f(x) = (x-2k)^2$, $k \in Z$, $x \in I_k$

예제 04

함수 $y = x^2$의 그래프에서 어떻게 함수 $y = 2x^2 - 4|x| + 3$의 그
래프를 얻을 수 있는가?

| 풀이 | $y = 2x^2 - 4|x| + 3 = 2(|x| - 1)^2 + 1$
이는 우함수이고 그 그래프는 y축에 대하여 대칭이다. 그러므로
$x \geq 0$인 경우만 고려하면 된다.
먼저 확대변환을 한다. $y = x^2(x \geq 0)$의 그래프 위의 모든 점의
세로좌표를 원래의 2배로 확대하면 $y = 2x^2(x \geq 0)$의 그래프
가 얻어진다.
그 다음 평행이동 변환을 한다.
$y = 2x^2(x \geq 0)$의 그래프를 x축 방향과 y축 방향으로 각각

1만큼 평행이동하면 $y=2(x-1)^2+1(x\geq0)$의 그래프가 얻어진다. 그 다음 y축에 대한 $y=2(x-1)^2+1(x\geq0)$의 대칭도형을 그리면 $y=2(|x|-1)^2+1$의 그래프가 얻어진다.(그림 참조)

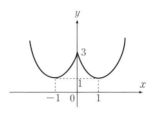

| 설명 | 비교적 복잡한 함수 $y=mf(nx-h)+k=mf\left[n\cdot\left(x-\dfrac{h}{n}\right)\right]+k$

의 그래프는 $y=f(x)$의 그래프를 적당히 평행이동하거나 확대, 축소(대칭이동도 포함한다)하여 얻을 수 있다. 먼저 x축의 방향으로 평행이동$\left(\dfrac{h}{n}$만큼$\right)$하고 x축의 방향으로 축소변환$\left(\dfrac{1}{n}$배$\right)$을 한 다음, y축의 방향으로 확대변환(m배)을 하며, 마지막으로 y축의 방향으로 평행이동(k만큼)한다.

예제 05

함수 $y=f(x)$의 그래프가 그림과 같다. 다음 함수들의 개략적인 그래프를 그려라.

(A) $y=f(|x|)$

(B) $y=|f(x)|$

(C) $y=|f(|x|)|$

(D) $|y|=f(x)$

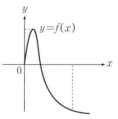

| 풀이 | (1) y축의 방향으로 대칭이동을 한다.

(2) $f(x)<0$인 부분에 대하여 x축의 방향으로 대칭이동을 한다.

(3) y축의 방향으로 대칭이동을 한 다음 x축의 방향으로 대칭이동을 한다.

(4) $f(x) \geq 0$이므로 원래 함수 $y=f(x)$의 그래프에서 0보다 크거나 같은 부분에 대하여 x축의 방향으로 대칭이동을 한다.

그 개략적인 그래프는 다음 그림과 같다.

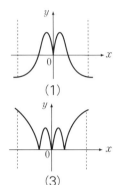

(1)

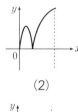

(2)

(3)

(4)

예제 06

$f(x)$는 전체 실수의 집합에서 정의된 우함수이고, 그 그래프는 $x=2$에 대하여 대칭이다. $x \in (-2, 2]$일 때 $f(x)$의 함수식이 $-x^2+1$이면, $x \in (-6, -2)$일 때 $f(x)$의 함수식은?

(A) $-x^2+1$

(B) $-(x-2)^2+1$

(C) $-(x+2)^2+1$

(D) $-(x+4)^2+1$

| 풀이 | $x \in (-2, 2]$일 때 $f(x)=-x^2+1$이고 그 그래프는 $x=2$에 대하여 대칭이므로, $x \in (2, 6)$일 때 $f(x)=-(x-4)^2+1$이다. 또 $f(x)$가 우함수이면 그 그래프는 y축에 대하여 대칭이다. 그러므로 $x \in (-6, -2)$일 때 $f(x)=-(x+4)^2+1$이다(그림 참조). 그러므로 (D)가 정답이다.

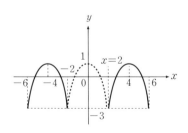

예제 07

첫항의 계수가 양수인 이차함수 $f(x)$가 $f(1+x)=f(1-x)$를 만족할 때 다음을 증명하여라. $\left(\text{단, } 0\leq\sin^{-1} x\leq\dfrac{\pi}{2}\right)$

$$f\left(\sin^{-1}\frac{1}{3}\right)>f\left(\sin^{-1}\frac{2}{3}\right)$$

| 증명 | $f(1+x)=f(1-x)$에 의하여 이차함수 $f(x)$의 그래프는 직선 $x=1$에 대하여 대칭이라는 것을 알 수 있다.

그런데 $\sin^{-1}\dfrac{1}{3}<\sin^{-1}\dfrac{2}{3}<\sin^{-1}\dfrac{\sqrt{2}}{2}=\dfrac{\pi}{4}<1$

또 $f(x)$의 첫항의 계수가 양수이므로 그 그래프는 아래로 볼록하다. 그러므로 $x\leq1$일 때 $f(x)$는 감소한다.

그러므로 $f\left(\sin^{-1}\dfrac{1}{3}\right)>f\left(\sin^{-1}\dfrac{2}{3}\right)$

| 설명 | 이 문제의 증명에서는 사실상 다음과 같은 결론을 이용하였다. 함수 $y=f(x)$의 그래프가 직선 $x=m$에 대하여 대칭이면 임의의 $x\in$R(실수의 집합)에 대하여 $f(m+x)=f(m-x)$이다. 반대인 경우도 역시 성립한다. 이 결론에 따르는 따름 결론은 다음과 같다. 모든 $x\in$R에 대하여 함수 $f(x)$가 $f(m-x)=f(x)$를 만족하면 $f(x)$의 그래프는 직선 $x=\dfrac{m}{2}$에 대하여 대칭이다.

그 증명은 스스로 해 보아라.

예제 08

함수 $f(x)$는 실수의 집합에서 정의되어 있고, 모든 실수 x에 대하여 $f(x)$가 등식 $f(2+x)=f(2-x)$와 $f(7+x)=f(7-x)$를 만족한다. $x=0$이 $f(x)=0$의 한 근이라 하고, 구간 $-1000\leq x\leq1000$에서의 $f(x)=0$의 근의 개수를 N으로 표시하였을 때 N의 최솟값을 구하여라.

| 풀이 | $f(2+x)=f(2-x), f(7+x)=f(7-x)$ 및 $f(x)=0$에 의하여 $f(x)$의 그래프는 원점을 지나며 직선 $x=2$와 $x=7$에 대하여 대칭이라는 것을 알 수 있다.

대칭축이 $x=2$와 $x=7$이므로

$0=f(0)=$

$$\begin{cases} f(2-2)=f(2+2)=f(4)=f(7-3) \\ \qquad\quad =f(7+3)=f(10)=f(2+8) \\ \qquad\quad =f(2-8)=f(-6)=f(7-13)=f(7+13) \\ \qquad\quad =f(20)=f(-16)=f(30)=\cdots \\ f(7-7)=f(7+7)=f(14)=f(2+12) \\ \qquad\quad =f(2-12)=f(-10)=f(24) \\ \qquad\quad =f(-20)=f(34)=f(-30) \end{cases}$$

여기서 $-1000 \le x \le 1000$에서 $f(x)=0$은 적어도 다음과 같은 근을 가진다는 것을 알 수 있다.

$$\begin{cases} 4, 14, 24, 34, \cdots, 994 ; (100개) \\ 10, 20, 30, 40, \cdots, 1000 ; (100개)) \\ -6, -16, -26, -36, \cdots, -996 ; (100개) \\ -10, -20, -30, -40, \cdots, -1000 ; (100개) \\ 및 \ 0 \end{cases}$$

그러므로 $\mathrm{N}_{\min}=100+100+100+100+1$
$\qquad\qquad\quad =401(개)$

예제 09

함수 $y=f(x)\,(x \in \mathrm{R})$의 그래프가 두 직선 $x=a$와 $x=b\,(b>a)$에 대하여 대칭일 때, 함수 $y=f(x)$는 $2(b-a)$를 주기로 하는 주기함수라는 것을 증명하여라.(단, R는 실수의 집합)

| 증명 | 가정에 의하여 임의의 $x \in \mathrm{R}$에 대해서
$$f(a+x)=f(a-x), f(b+x)=f(b-x)$$

따라서 $f[x+2(b-a)]$
$$=f[b+(x+b-2a)]$$
$$=f[b-(x+b-2a)]$$
$$=f(2a-x)=f[a+(a-x)]$$
$$=f[a-(a-x)]=f(x)$$

그러므로 $f(x)$는 $2(b-a)$를 주기로 하는 주기함수이다.

예제 10

모든 실수 x에 대하여 함수 $f(x)$는 $f(2+x)=f(2-x)$를 만족한다. 만약 방정식 $f(x)=0$이 네 개의 서로 다른 실근을 가진다면 이 네 실근의 합은 얼마이겠는가?

| 풀이 | $f(2+x)=f(2-x)$이므로 $f(x)$의 그래프는 직선 $x=2$에 대하여 대칭이다. 따라서 방정식 $f(x)=0$의 모든 근은 $x=2$의 좌우 양변에서 쌍(대칭)을 이루어 나타나며, 각 쌍의 실근의 합은 4이다($(2+x)+(2-x)=4$). 또 $f(x)=0$이 네 개의 서로 다른 근을 가지므로 $x=2$는 반드시 $f(x)=0$의 근이 아니다. 만일 $x=2$가 방정식 $f(x)=0$의 근이라면 $x=2$는 자기 자신과 대칭될 수밖에 없다. 그러면 $f(x)=0$은 세 개의 서로 다른 근만 가지게 되어 문제의 가설과 모순된다.

그러므로 방정식 $f(x)=0$은 두 쌍의 실근을 가지며 그 네 근의 합은 8이다.

01 다음 두 식으로 이루어진 구역의 넓이를 구하여라.
$$\begin{cases} x^2+y^2-2x-4y \leq 0 \\ |x-1|+|y-2| \geq 3 \end{cases}$$

02 x에 관한 방정식 $x^2-2|x|-1=a(a \in \mathrm{R})$가 서로 다른 두 실수해를 가질 때 a가 취하는 값의 범위를 구하여라.(R은 실수의 집합)

03 답안 선택 문제(정확한 것은 하나뿐이다)

(1) 임의의 함수 $f(x)$에 대해 동일한 직각좌표계에서 함수 $y=f(x-1)$과 함수 $y=f(-x+1)$의 그래프의 관계는 어떠한가?

(A) x축에 대하여 대칭이다.

(B) 직선 $x=1$에 대하여 대칭이다.

(C) 직선 $x=-1$에 대하여 대칭이다.

(D) y축에 대하여 대칭이다.

(2) 함수가 세 개 있는데 첫째 함수는 $y=\varphi(x)$이고, 둘째 함수는 첫째 함수의 역함수이며, 셋째 함수의 그래프는 둘째 함수의 그래프와 직선 $x+y=0$에 대하여 대칭이다. 셋째 함수는?

(A) $y=-\varphi(x)$　　　　(B) $y=-\varphi(-x)$

(C) $y=-\varphi^{-1}(x)$　　　(D) $y=-\varphi^{-1}(-x)$

(3) $f(x)$는 실수의 집합에서 정의된 주기가 2인 주기함수이며 우함수이다. $x \in [2, 3]$일 때 $f(x)=x$이면, $x \in [-2, 0]$일 때 $f(x)$의 방정식은?

(A) $f(x)=x+4$ (B) $f(x)=2-x$

(C) $f(x)=3-|x+1|$ (D) $f(x)=2+|x+1|$

(4) 함수 $y=\tan^{-1}x$의 그래프를 x축의 양의 방향으로 2만큼 평행이동하여 그래프 C를 얻었다. 그래프 C′와 C가 원점에 대하여 대칭이라면 C′에 대응하는 함수는?

(A) $y=-\tan^{-1}(x-2)$ (B) $y=\tan^{-1}(x-2)$

(C) $y=-\tan^{-1}(x+2)$ (D) $y=\tan^{-1}(x+2)$

04 포물선 $y=ax^2-1$ 위에 직선 $x+y=0$에 대하여 대칭인 두 점이 있다면 a가 취하는 값의 범위는 어떠하겠는가?

05 $y=f(x)$가 우함수라고 하자. 만일 $f(x)$가 주기함수이면 $y=f(x)$가 $x=a$, $x=a'$에 대하여 대칭되게 하는 두 수 a, a'가 반드시 존재함을 증명하여라. 또한 반대인 경우도 성립함을 증명하여라.

06 함수 $y=f(x)\,(x \in R)$의 그래프가 점 $A(a, y_0)$과 직선 $x=b\,(b>a)$에 대하여 대칭일 때, 함수 $y=f(x)$는 $4(b-a)$를 주기로 하는 주기함수임을 증명하여라.(R은 실수의 집합)

04 필요충분조건

1. 기초 지식

어떤 명제(이를테면 정리)에는 반드시 '가정 부분'(A로 표시한다)과 '결론 부분'(B로 표시한다)이 있다.

〔정의 1〕 A이면 B일 때(즉 A⇒B), A를 B의 **충분조건**이라고 한다. 즉 조건 A가 만족되면 결론 B가 성립하는 데 충분하다.

ㅇㅖ $a>0$, $b>0 \Rightarrow ab>0$을 $a>0$, $b>0$은 $ab>0$이기 위한 충분조건이라고 한다.

〔정의 2〕 A가 아니면 B가 아닐 때, A를 B의 **필요조건**이라고 한다. 이때 B 이면 반드시 A이다(즉 B⇒A). 즉 B가 성립하려면 A이어야 한다.

ㅇㅖ a, b가 실수일 때 $a>b$는 $ac^2>bc^2$이기 위한 필요조건이다. 왜냐하면 $ac^2>bc^2$ ($c \neq 0$이다)에서 $a>b$를 얻을 수 있기 때문이다.

〔정의 3〕 A이면 B이고 B이면 A일 때 A를 B의 **필요충분조건**이라고 하며 A⇒B, B⇒A 또는 간단히 A⇔B로 표시한다.

ㅇㅖ '두 쌍의 대변이 각각 같다'는 '사각형이 평행사변형이다' 이기 위한 필요충분조건이다.

일반적으로 정의 형식으로 나타나는 조건은 필요충분조건이다. 이를테면 $f(x)$는 우함수이다. ⇔ $f(-x)=f(x)$

주 (1) 어떤 결론이 성립하기 위한 충분조건, 필요조건 또는 필요충분조건에는 여러 가지 표현 형식이 있다.

(2) 충분조건은 필요조건이 아닐 수도 있다(ㅇㅖ $a>0$, $b>0$은 $ab>0$이기 위한 충분조건이지만 필요조건은 아니다). 또 필요조건은 충분조건이 아닐 수도 있다(ㅇㅖ a, b가 실수일 때 $a>b$는 $ac^2>bc^2$이기 위한 필요조건이기는 하지만 충분조건은 아니다. 왜냐하면 $c=0$일 때 $a>b$에서 $ac^2>bc^2$을 얻을 수 없기 때문이다).

(3) 필요충분조건은 가역성과 전이성을 가진다.
즉 A⇔B이면 B⇔A이고, A⇔B, B⇔C이면 A⇔C이다.

(4) 필요충분조건인 명제의 다른 네 가지 형식(원, 역, 이, 대우)은 모두 참명제이다.

2. 필요충분조건에 대한 탐구

예제 01

방정식 $x^2+ax+b=0$과 $x^2+bx+a=0$의 공통근이 하나만 존재하기 위한 필요조건은 무엇인가?

│풀이│ 두 방정식의 공통근을 x_0라고 하면

$$x_0^2+ax_0+b=0 \quad \cdots\cdots ①$$

$$x_0^2+bx_0+a=0 \quad \cdots\cdots ②$$

①$-$②, $(a-b)x_0+b-a=0$, $(a-b)(x_0-1)=0$

만일 $a=b$이면 두 방정식이 같으므로 공통근은 여러 개 있게 된다. 이것은 문제의 뜻에 부합되지 않는다. 그러므로 $a \neq b$이다. 따라서 $x_0=1$이다. $x_0=1$을 ① 또는 ②에 대입하면 $a+b+1=0$을 얻는다. 이것이 곧 구하려는 필요조건이다.

반대로 $a+b+1=0$일 때 $a=-(b+1)$을 주어진 두 방정식에 대입하면 첫째 방정식의 두 근은 $x_1=1$, $x_2=b$이고, 둘째 방정식의 두 근은 $x_3=1$, $x_4=-b-1$이다. $b=-\frac{1}{2}(b=-b-1$에서 얻는다)일 때 두 방정식은 두 개의 공통근을 가지는데, 이것은 '하나의 공통근만 가진다'는 것과 모순된다.

그러므로 $a+b+1=0$은 두 방정식이 하나의 공통근만 가지기 위한 필요조건이기는 하지만 충분조건은 아니다.

예제 02

방정식

$$a_1x+b_1y+c_1=0 \quad \cdots\cdots ①$$

$$a_2x+b_2y+c_2=0 \quad \cdots\cdots ②$$

$$a_3x+b_3y+c_3=0 \quad \cdots\cdots ③$$

이 세 직선이 한 점에서 만나기 위한 필요충분조건은 무엇인가?

│풀이│ 직선 ①, ②, ③이 한 점에서 만나기 위해서는

①과 ②의 해 $x=\dfrac{b_1c_2-b_2c_1}{a_1b_2-a_2b_1}$, $y=\dfrac{a_2c_1-a_1c_2}{a_1b_2-a_2b_1}$는 방정식 ③

도 만족한다. 그러므로

$$a_3 \cdot \frac{b_1 c_2 - b_2 c_1}{a_1 b_2 - a_2 b_1} + b_3 \cdot \frac{a_2 c_1 - a_1 c_2}{a_1 b_2 - a_2 b_1} + c_3 = 0$$

정리하면

$$a_1 b_2 c_3 + a_2 b_3 c_1 + a_3 b_1 c_2 = a_1 b_3 c_2 + a_2 b_1 c_3 + a_3 b_2 c_1 \quad \cdots\cdots \;④$$

이것이 주어진 세 직선이 한 점에서 만나기 위한 필요조건이다. 또 위의 각 절차는 모두 역추리할 수 있으므로 ④는 직선 ①, ②, ③이 한 점에서 만나기 위한 충분조건이다.

예제 03

함수 $f(x) = ax^2 + bx + c \,(a \neq 0)$ 가 우함수이기 위한 필요충분 조건은 무엇인가?

| 풀이 | $f(x)$ 가 우함수이면 $f(-x) = f(x)$ 이다. 즉

$$ax^2 + b(-x) + c = ax^2 + bx + c$$

즉 $2bx = 0$ (x 는 실수)

그러므로 $b = 0$

반대로 $b = 0$ 이면 $f(x) = ax^2 + c$ 는 $f(-x) = f(x)$ 이다. 즉 $f(x)$ 는 우함수이다. 구하려는 필요충분조건은 '$b = 0$' 이다.

| 설명 | 예제 3의 증명 과정을 다음과 같이 간단히 나타낼 수 있다.

$f(x)$ 는 우함수이다. $\Leftrightarrow f(-x) = f(x)$
$$\Leftrightarrow a(-x)^2 + b(-x) + c = ax^2 + bx + c$$
$$\Leftrightarrow 2bx = 0 \Leftrightarrow b = 0$$

위의 세 예제에서 필요충분조건을 찾는 절차를 알 수 있다. 결론으로부터 추리를 거쳐 얻은 결과(간단한 형식)가 곧 구하려는 필요조건이다. 그 다음 위의 추리가 '절차' 마다 가역인가를 보는데, '절차' 마다 가역이면 필요충분조건이고 그렇지 않으면 필요조건일 뿐이다(충분조건은 아니다).

3. 필요충분조건의 증명

예제 04

$\triangle \mathrm{ABC}$의 세 변을 a, b, c라고 하자. $x^2+2ax+b^2$과 $x^2+2cx-b^2$이 일차의 공통인수를 가지기 위한 필요충분조건은 $\mathrm{A}=90°$임을 증명하여라.

| 증명 | (1) 충분조건의 증명($\leftarrow$)

$\mathrm{A}=90°$이면 $a^2=b^2+c^2$이다.

그러므로

$$x^2+2ax+b^2=x^2+2ax+a^2-c^2$$
$$=(x+a+c)(x+a-c)$$
$$x^2+2cx-b^2=x^2+2cx+c^2-a^2$$
$$=(x+c+a)(x+c-a)$$

따라서 $x^2+2ax+b^2$과 $x^2+2cx-b^2$은 일차의 공통인수 $x+a+c$를 가진다.

(2) 필요조건의 증명($\rightarrow$)

$x^2+2ax+b^2$과 $x^2+2cx-b^2$이 일차의 공통인수 $x+m$을 가진다고 하면

$$x^2+2ax+b^2=(x+m)\left(x+\frac{b^2}{m}\right), \quad m+\frac{b^2}{m}=2a \cdots\cdots ①$$

$$x^2+2cx-b^2=(x+m)\left(x-\frac{b^2}{m}\right), \quad m-\frac{b^2}{m}=2c \cdots\cdots ②$$

①+②,

$$m=a+c$$

$m=a+c$를 ①(또는 ②)에 대입하면

$$a+c+\frac{b^2}{a+c}=2a$$

즉 $b^2+c^2=a^2$

그러므로 $\mathrm{A}=90°$이다.

(1), (2)를 종합하면 명제가 증명된다.

$0° < \alpha < 45°$일 때 2α가 세 변의 길이가 정수인 직각삼각형의 내각이기 위한 필요충분조건은 $\tan\alpha$의 값이 유리수인 것임을 증명하여라.

| 증명 |　(1) 필요조건의 증명($\Rightarrow$)

주어진 조건을 만족하는 삼각형을 Rt△ABC라 하고 $\angle C = 90°$, $\angle BAC = 2\alpha$, 세 변의 길이 a, b, c가 모두 정수라고 하자(그림 (1)), $\overline{CA}$를 $\overline{AD} = \overline{AB} = c$가 되도록 D까지 연장하여 B와 D를 맺으면 $\angle D = \alpha$이고 $\tan\alpha = \dfrac{\overline{BC}}{\overline{DC}} = \dfrac{a}{b+c}$이다. a, b, c가 모두 양의 정수이므로 $\tan\alpha$는 유리수이다.

따라서 필요조건이 증명되었다.

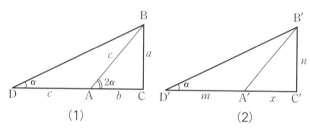

(1)　　　　　　　　　　　　(2)

(2) 충분조건의 증명($\Leftarrow$)

$\tan\alpha$가 유리수이면 $0° < \alpha < 45$이므로 $\tan\alpha = \dfrac{n}{m}$이 되게 하는 양의 정수 m, $n (m > n)$이 반드시 있게 된다.

$\angle C' = 90°$, $\overline{B'C'} = n$, $\overline{D'C'} = m$인 Rt△D'B'C'를 그린다 (그림 (2)). $\overline{D'C'}$ 위에서 $\overline{A'C'} = x$가 $x^2 + n^2 = (m-x)^2$을 만족하게 한다. 위 식을 풀면 $x = \dfrac{m^2 - n^2}{2m}$, 따라서 $m - x = \dfrac{m^2 + n^2}{2m}$이다.

$$\overline{A'C'} = x = \dfrac{m^2 - n^2}{2m}, \quad \overline{B'C'} = n$$

$$\overline{A'B'} = \sqrt{n^2 + x^2} = m - x = \dfrac{m^2 + n^2}{2m} \quad \cdots\cdots \; (*)$$

이 되도록 Rt△A'B'C'를 그리면 $\angle B'A'C' = 2\alpha$임을 알 수

있다. 여기서 Rt△A′B′C′는 한 내각의 크기가 2α이고, (∗) 의 유리수를 세 변의 길이로 하는 삼각형이다. 만일 이 삼각형의 세 변의 길이를 모두 $2m$배 하면 △A′B′C′의 닮음도형 △ABC를 얻는다. 이 △ABC가 곧 한 내각이 2α이고 세 변의 길이가 정수(m^2-n^2, $2mn$, m^2+n^2)인 직각삼각형이다. 따라서 충분조건이 증명되었다.

(1), (2)를 종합하면 명제가 증명된다.

예제 06

원 O는 △ABC의 외접원이고 P는 호 AB 위의 한 점이다. P에서 $\overline{OA}$와 $\overline{OB}$에 수선을 긋고 $\overline{AC}$, $\overline{BC}$와의 교점을 S, T, $\overline{AB}$와의 교점을 각각 M, N이라 하였을 때 $\overline{PM}=\overline{MS}$이기 위한 필요충분조건이 $\overline{PN}=\overline{NT}$임을 증명하여라.

| 증명 | 그림과 같이 $\overline{PS}$와 $\overline{PT}$를 연장하여 원과 만나는 점을 Q, R라고 하자. $\overline{OA}\perp\overline{PQ}$, $\overline{OB}\perp\overline{PR}$이므로 $\widehat{AP}=\widehat{AQ}$, $\widehat{BP}=\widehat{BR}$, $\angle PAB=$ $\angle BPR$, $\angle APQ=\angle ABP$이다.

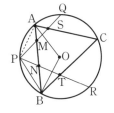

$\therefore \triangle AMP \backsim \triangle PNB$

$\therefore \dfrac{\overline{PN}}{\overline{AM}}=\dfrac{\overline{BN}}{\overline{PM}}$ ...... ①

또 $\angle AOC=2\angle ABC$, $\angle OAS=\dfrac{180°-2\angle ABC}{2}$

$=90°-\angle ABC$, $\angle ASP=90°-\angle OAS=\angle ABC$

$\therefore \angle ABC=\angle ASP$. 마찬가지 방법으로 $\angle BAC=\angle BTN$임을 알 수 있다.

$\therefore \triangle MAS \backsim \triangle BNT$

$\therefore \dfrac{\overline{BN}}{\overline{MS}}=\dfrac{\overline{NT}}{\overline{AM}}$ ...... ②

①, ②에 의하여 $\dfrac{\overline{PN}}{\overline{NT}}=\dfrac{\overline{MS}}{\overline{PM}}$임을 알 수 있다. 그러므로

$\overline{PM}=\overline{MS}$이기 위한 필요충분조건은 $\overline{PN}=\overline{NT}$이다.

01 $A \cap (B \cap C) = B \cap C$는 $A \cup (B \cup C) = A$이기 위한
(A) 충분조건이지만 필요조건은 아니다.
(B) 필요조건이지만 충분조건은 아니다.
(C) 필요충분조건이다.
(D) 필요조건도 아니고 충분조건도 아니다.

02 x가 실수일 때 $(1 - |x|)(1 + x)$가 양수이기 위한 필요충분조건은 _____
(A) $|x| < 1$ (B) $x < 1$
(C) $|x| > 1$ (D) $x < 1,\ x \neq -1$

03 $0 < m < p \leq 1$이면 $a > b$는 $a\log_m p > b\log_m p$이기 위한 _____
(A) 충분조건이지만 필요조건은 아니다.
(B) 필요조건이지만 충분조건은 아니다.
(C) 필요충분조건이다.
(D) 필요조건도 아니고 충분조건도 아니다.

04 $f(x) = \dfrac{1}{1+x}$ 은 $f[f(x)] = \dfrac{x+1}{x+2}$ 이기 위한 _____
(A) 충분조건이지만 필요조건은 아니다.
(B) 필요조건이지만 충분조건은 아니다.
(C) 필요충분조건이다.
(D) 필요조건도 아니고 충분조건도 아니다.

05 n차 다항식 $p(x)$가 우함수이기 위한 필요충분조건을 구하여라.

06 a, b가 실수일 때, 부등식 $a>b$, $\dfrac{1}{a}>\dfrac{1}{b}$이 동시에 성립하기 위한 필요충분조건을 구하고 증명하여라.

07 x에 관한 실수 계수방정식 $Ax^2+Bx+C=0\,(A\neq0)$이 하나의 양의 근과 하나의 음의 근을 가지기 위한 필요충분조건을 구하고 증명하여라.

08 방정식 $x^2-(k+3)x+k^2-k-2=0$의 두 근이 각각 개구간 $(0,1)$과 $(1,2)$에 있기 위한 필요충분조건은 (   )
   (A) $-2\leq k\leq-1$ (B) $3\leq k\leq4$
   (C) $-2<k<4$ (D) $1-\sqrt{5}<k<-1$

09 x, y, z가 모두 양수이기 위한 필요충분조건이 다음과 같음을 증명하여라. 임의의 음이 아닌 실수 a, b, c에 대하여 그 중의 하나라도 0이 아니기만 하면 $ax+by+cz$는 언제나 양수이다.

10 $A=\{x\,|\,x^2-2x-8\leq0\}$, $B=\{x\,|\,x^2-2ax+a+2\leq0\}$일 때 $A\supset B$이기 위한 필요조건을 구하여라.

05 다면체

이 장에서는 직선, 평면 및 다면체에 관한 문제들을 개략적으로 분류하고 그에 상응한 해법을 공부한다.

1. 직선, 평면의 위치 관계

직선, 평면 등 개념에 직접 관계되는 문제들은 우리가 흔히 보는 문제이다. 예를 들면 어떤 조건을 만족하는 직선 또는 평면이 존재하는가, 있다면 몇 개 있는가 등과 같은 문제들이다. 이런 문제를 풀려면 어느 정도의 공간 지각력이 있어야 하고, 공간에서의 각 요소들 사이의 위치 관계에 대해 정확한 판단을 내릴 수 있어야 하며, 여러 가지 가능한 경우를 세심하게 고려해야 한다. 여기서 평면기하 지식이 때로는 매우 중요한 역할을 한다.

예제 01

A, B, C, D는 공간에서 한 평면 위에 있지 않은 네 점이다. 그 네 점에서 평면 α까지의 거리의 비는 차례로 1:1:1:2이다. 이런 조건을 만족하는 평면 α의 개수는 몇 개인가?

| 풀이 | △ABC를 포함하는 평면에 평행한 평면 가운데 두 평면이 요구에 부합된다(그림 ⑴, 그림 ⑵). 또 △ABC의 두 변의 중점을 연결한 선분(중간선)을 포함하는 평면 가운데 두 평면이 요구에 부합된다(그림 ⑶). 그런데 △ABC의 두 변의 중점을 연결한 선분은 모두 3개 있으므로 요구에 부합되는 평면의 총 개수는 2＋2×3＝8개이다.

예제 02

정육면체에 대칭축이 n개 있을 때 n은 몇 개인가?

(A) 3　　　　(B) 4　　　　(C) 9　　　　(D) 13

| 풀이 | 정육면체의 네 대각선은 대칭축이다. 또한 마주 놓인 두 모서리의 중점을 연결한 6개의 선분도 대칭축이고, 마주 놓인 면의 중심을 연결한 3개의 선분도 대칭축이다. 따라서 대칭축이 모두 13개 있으므로 (D)가 정답이다.

정육면체에 대칭평면은 몇 개 있는가? 한번 생각해 보아라.

예제 03

점 A, B와 직선 l이 한 평면 위에 있지 않을 때 직선 l 위에서 $\overline{PA}+\overline{PB}$를 최소로 되게 하는 한 점 P를 구하여라.

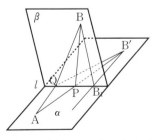

| 풀이 | 그림에서와 같이 A와 l, B와 l이 이루는 평면을 각각 α, β라고 하자. 평면 β 위에서 B를 지나 l에 수선을 긋고 그 수선의 발을 B_1이라 한다. 평면 α 위에서 B_1을 지나 l에 수선을 긋고

$\overline{B_1B'}=\overline{B_1B}$(B'와 A는 직선 l의 양쪽에 놓인다)가 되도록 B'를 취한다. A와 B'를 연결하여 l과 만나는 점을 P라고 하면 P는 구하려는 점이 된다. 증명은 다음과 같다.

$Rt\triangle PB_1B \equiv RtPB_1B'$임은 쉽게 증명할 수 있다.

$\therefore \overline{PB}=\overline{PB'}$

따라서 $\overline{PA}+\overline{PB}=\overline{PA}+\overline{PB'}=\overline{AB'}$

Q를 l 위에서 P와 다른 임의의 한 점이라 하자. Q와 A, Q와 B, Q와 B'를 연결하면 마찬가지로 $Rt\triangle QB_1B \equiv Rt\triangle QB_1B'$임을 쉽게 증명할 수 있다. 따라서 $\overline{QB}=\overline{QB'}$. 그러므로

$$\overline{QA}+\overline{QB}=\overline{QA}+\overline{QB'}>\overline{AB'}=\overline{PA}+\overline{PB}$$

| 설명 |　예제 3을 푸는 방법은 평면도형에서 이미 배웠다. 예를 들면 "한 평면 위에서 직선 l의 같은 쪽에 두 점 P, Q가 있을 때, l 위에서 $\overline{PR}+\overline{RQ}$를 최소로 되게 하는 한 점 R를 구하여라." 라는 문제를 풀 때 이용한 '연장'의 방법은 예제 3의 풀이 방법과 비슷하다. 사실상 대부분의 입체도형 문제는 모두 평면도형 지식을 배경으로 하고 있으며 문제 풀이의 방법도 거의 같다.

예제 04

$A_1, A_2, \cdots, A_n$은 공간에서 한 직선 위에 있지 않은 점들이다. $f(X)=\overline{A_1X}+\overline{A_2X}+\cdots+\overline{A_nX}$에서 $\overline{A_iX}(i=1, 2, n)$는 점 A_i와 X 사이의 거리이다. P와 Q는 $A_1, A_2, \cdots, A_n$과 다르고 또 서로 일치되지 않는 두 점이며, $f(P)=f(Q)=s$이다. $f(K)<s$인 한 점 K가 존재함을 증명하여라.

| 증명 |　K를 $\overline{PQ}$의 중점이라 하자. A_i가 $\overline{PQ}$ 위에 있지 않으면 $\overline{A_iK}$는 $\triangle PA_iQ$의 한 중선이다. 그러면 평면도형 지식에 의하여 $2\overline{A_iK}<\overline{PA_i}+\overline{QA_i}$이다. 그러므로

$$2f(K)=2(\sum_{n=1}^{n}\overline{A_iK})<f(Q)+f(P)=2s$$

즉 $f(K)<s$. 모든 A_i가 모두 한 직선 위에 있지 않으므로 위에서 얻은 부등식에서는 등호가 나타나지 않는다.

2. 꼬인 위치에 있는 직선

꼬인 위치에 있는 직선에 관한 문제는 일반적으로 꼬인 위치에 있는 두 직선 사이의 거리를 구하는 것이다. 때로는 꼬인 위치에 있는 직선 사이의 끼인 각을 구하기도 한다. 꼬인 위치에 있는 직선 사이의 거리를 구하는 방법에는 주로 다음과 같은 것이 있다.

(1) **정의법** : 꼬인 위치에 있는 두 직선의 공통수선을 그을 수 있거나 찾을 수 있으면 그 공통수선의 길이를 구하면 된다.

(2) **전환법** : 직선 사이의 거리를 직선과 평면 또는 평면과 평면 사이의 거리로 전환시킨다. 즉 꼬인 위치에 있는 두 직선 가운데 한 직선을 포함하고 다른 한 직선에 평행인 평면을 그린다. 이때 다른 한 직선과 평면 사이의 거리가 곧 원래의 꼬인 위치에 있는 두 직선 사이의 거리이다(그림 참조).

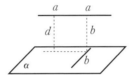

이 직선과 평면 사이의 거리는 일반적으로 직선 위에서 적당한 점을 정하고 그 점에서 평면에 수선을 그은 다음, 삼각비, 부피공식 등을 이용하여 계산한다. 어떤 경우에는 꼬인 위치에 있는 두 직선 사이의 거리를 구하는 문제를, 그 두 직선을 포함한 평행한 평면 사이의 거리를 구하는 문제로 전환시키면 더욱 쉽게 풀 수 있다.

(3) **극치법** : 주어진 조건에서(특히 정육면체 또는 정사면체에서) 꼬인 위치에 있는 두 직선 사이의 거리에 관한 함수를 얻을 수 있으면, 그 함수의 최솟값이 곧 꼬인 위치에 있는 두 직선 사이의 거리이다.

(4) **공식법** : 오른쪽 그림과 같이 꼬인 위치에 있는 직선 m, n 중의 한 직선 m 위의 두 점 A, D에서 다른 한 직선 n에 그은 수선($\overline{AB}$, $\overline{CD}$)의 길이를 a, b라 하고, $\overline{AB}$와 $\overline{CD}$ 두 선분 사이의 각을 θ 라고 하면 꼬인 위치에 있는 두 직선 m, n 사이의 거리는 다음과 같다.

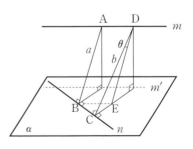

$$d = \frac{ab\sin\theta}{\sqrt{a^2+b^2-2ab\cos\theta}}$$

(스스로 위의 공식을 증명해 보아라.)

특수한 경우로 $\theta=90°$일 때 $d=\dfrac{ab}{\sqrt{a^2+b^2}}$

예제 05

직육면체 ABCD−A′B′C′D′가 주어졌을 때, 12개의 직선 AB′, BA′, CD′, DC′, AD′, DA′, BC′, CB′, AC, BD, A′C′, B′D′에 꼬인 위치에 있는 직선은 몇 쌍 있는가?

(A) 30쌍　　(B) 60쌍　　(C) 24쌍　　(D) 48쌍

| 풀이 | 그림에서 알 수 있듯이 문제에서 주어진 직선은 직육면체 6개 면의 대각선이다. $\overline{AB'}$와 만나는 대각선은 $\overline{AC}$, $\overline{AD'}$, $\overline{B'D'}$, $\overline{B'C}$, $\overline{A'B}$이고, $\overline{AB'}$에 평행한 대각선은 $\overline{DC'}$이므로 $\overline{AB'}$와 꼬인 위치에 있는 대각선은 모두 5개이다. 직육면체의 각 면에

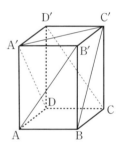

대각선이 모두 12개 있으므로 꼬인 위치에 있는 직선은 모두 $\dfrac{1}{2}\times5\times12$(쌍) 있다. 계산식에서 2로 나눈 것은 꼬인 위치에 있는 직선들이 한 번씩 거듭 계산되었기 때문이다. 그러므로 (A)가 정답이다.

예제 06

모서리의 길이가 1인 정육면체 ABCD−A′B′C′D′에서 M, N은 각각 $\overline{BB'}$, $\overline{B'C'}$의 중점이고 P는 $\overline{MN}$의 중점이다. 직선 DP와 AC′ 사이의 거리를 구하여라.

| 풀이 | 그림에서와 같이 평면 AB′C′D 에서 D를 지나 $\overline{AC'}$에 평행한 선분을 긋고 $\overline{B'C'}$의 연장선과 만나는 점을 E라고 하면, $\overline{AC'}$ ∥△DPE인 평면이 만들어진 다. $\overline{DP}$와 $\overline{AC'}$ 사이의 거리는 |

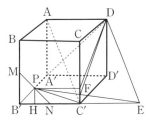

곧 $\overline{AC'}$에서 평면 DPE까지의 거리이다.

이 거리는 삼각뿔 C′−DEP의 높이이다. 그 높이를 d라고 하면 삼각뿔에서 $V_{C'-DEP} = V_{D-C'EP}$

즉 $\dfrac{1}{3}d \cdot S_{\triangle DEP} = \dfrac{1}{3}\overline{DC} \cdot S_{\triangle C'EP}$

P에서 $\overline{B'C'}$, $\overline{CC'}$에 수선의 발 H, F를 내린다.

다음 D와 F를 연결한다.

그러면 $S_{\triangle C'EP} = \dfrac{1}{2}\overline{PH} \cdot \overline{C'E} = \dfrac{1}{8}$, $\overline{DE} = \sqrt{3}$

$\overline{PE} = \sqrt{\overline{HE^2} + \overline{PH^2}} = \dfrac{5\sqrt{2}}{4}$

Rt△DFP에서 $\overline{DP} = \sqrt{\overline{PF^2} + \overline{DF^2}} = \dfrac{\sqrt{34}}{4}$

헤론의 공식에 의하여

$$S_{\triangle DEP} = \dfrac{\sqrt{86}}{8}$$

$$\therefore d = \dfrac{\overline{DC} \cdot S_{\triangle C'EP}}{S_{\triangle DEP}} = \dfrac{\sqrt{86}}{86}$$

3. 이면각

a를 변으로 하고 α, β를 두 개의 면으로 하는 **이면각**에서 a 위의 한 점 O를 지나 면 α, β 위에 각각 a와 수직인 반직선 OA, OB를 그었을 때, ∠AOB를 그 **이면각의 평면각**이라 한다.

이면각을 구하는 것은 실상 그 이면각의 평면각을 구하는 것이다. 평면각을 그릴 때에는 일반적으로 변 위에서 알맞은 점을 정한 다음, 두 반평면 내에 변에 수직인 반직선을 긋는다. 그러면 두 수선 사이의 끼인각이 곧 이면각의 평면각이 된다.

만일 이면각의 변이 주어진 도형에 나타나지 않는데 이면각을 구하라 할 때에는 먼저 변을 그려야 한다. 주어진 도형에서 변 위의 한 점이 주어지고 두 반평면 위에 있는 두 직선이 평행할 때에는, 위의 주어진 점을 지나 이 두 평행선에 평행한 직선을 그으면 곧 이면각의 변이 된다.

주어진 도형에서 변 위의 한 점이 주어지고 또 두 반평면 위에 있는 두 직선이 교점을 가질 때, 그 교점과 위의 주어진 점을 연결한 선이 큰 이면각의 변이 된다.

'넓이의 사영정리'를 이용하면 이면각에 관한 일부 계산을 간단하게 할 수 있다. 만일 다각형 Q를 포함한 평면과 평면 P가 이루는 이면각이 α이고, 평면 P 위에서의 Q의 정사영이 Q'이면

$$S_{\text{다각형 } Q'} = S_{\text{다각형 } Q} \cdot |\cos\alpha|$$

$$\therefore |\cos\alpha| = \frac{S_{\text{다각형 } Q'}}{S_{\text{다각형 } Q}}$$

이렇게 하면 이면각을 구하는 문제가 두 다각형의 넓이를 구하는 문제로 전환된다. 일반적인 경우에 다각형의 넓이는 쉽게 구할 수 있다.

예제 07

사면체 SABC에서 $\angle ASB = \dfrac{\pi}{2}$, $\angle ASC = \alpha\left(0 < \alpha < \dfrac{\pi}{2}\right)$,

$\angle BSC = \beta\left(0 < \beta < \dfrac{\pi}{2}\right)$이다. $\overline{SC}$를 변으로 하는 이면각의 평면

각이 $\theta = \pi - \cos^{-1}(\cot\alpha \cdot \cot\beta)$임을 증명하여라.

| 증명 | 변 SC 위에서 알맞은 점 D를 취한 후, D에서 평면 ASC와 평면 BSC 위에 변 SC의 수선을 긋고 $\overline{SA}$와 만나는 점을 E, $\overline{SB}$와 만나는 점을 F라 한다. 그리고 E와 F를 연결한다(그림 참조). $\overline{SD}=1$이라 하면 $\text{Rt}\triangle ESD$에서 $\overline{ED}=$

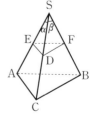

$\tan\alpha$, $\overline{ES}=\sec\alpha$이고, Rt$\triangle$FSD에서 $\overline{FD}=\tan\beta$, $\overline{FS}=\sec\beta$이며,

Rt$\triangle$EFS에서 $\overline{EF^2}=\overline{ES^2}+\overline{FS^2}=\sec^2\alpha+\sec^2\beta$이다.

그런데 $\triangle$EDF에서 $\angle$EDF$=\theta$이므로

$$\cos\theta=\frac{\overline{ED^2}+\overline{FD^2}-\overline{EF^2}}{2\overline{ED}\cdot\overline{FD}}$$

$$=-\cot\alpha\cot\beta$$

$$\therefore \theta=\cos^{-1}(-\cot\alpha\cdot\cot\beta)$$

$$=\pi-\cos^{-1}(\cot\alpha\cdot\cot\beta)$$

예제 08

다음 그림의 정육면체 ABCD$-$A$_1$B$_1$C$_1$D$_1$에서 E는 $\overline{BC}$의 중점이고, F는 $\overline{AA_1}$ 위에 있으며 $\overline{A_1F}:\overline{FA}=1:2$이다. 평면 B$_1$EF와 밑면 A$_1B_1C_1D_1$이 이루는 이면각을 구하여라.

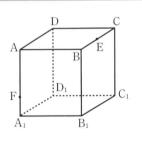

| 풀이 | 그림과 같이 평면 B$_1$EF와 평면 AA$_1$D$_1$D와의 교선은 평면 AA$_1$D$_1$D 위에 있으며 B$_1$E와 평행하다(평면 AA$_1$D$_1$D // 평면 BB$_1$C$_1$C이기 때문이다).

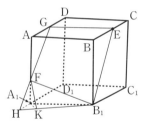

F를 지나 $\overline{B_1E}$와 평행한 선분을 그어 $\overline{AD}$와 만나는 점을 G, $\overline{FG}$의 연장선이 $\overline{D_1A_1}$의 연장선과 만나는 점을 H라 한다. G와 E를 연결하면 평면 B$_1$EGF는 곧 평면 B$_1$EF이다. $\overline{FA}/\!/\overline{B_1B}$이므로 $\angle$AFG$=\angle$BB$_1$E이다.

$$\therefore \tan\angle AFG=\frac{\overline{BE}}{\overline{BB_1}}=\frac{1}{2}=\tan\angle HFA_1$$

정육면체의 모서리 길이를 6이라 하면 $\overline{A_1F}=2$, $\overline{FA}=4$

$\overline{HA_1}=\overline{A_1F}\cdot\tan\angle HFA_1=1$, $\overline{HB_1}=\sqrt{\overline{A_1H^2}+\overline{A_1B_1^2}}=\sqrt{37}$

A$_1$에서 $\overline{HB_1}$에 수선을 내리고 그 교점을 K라 한다.

F와 K를 연결하면 $\angle FKA_1$은 구하려는 이면각의 평면각이다.

$$\overline{A_1K}=\frac{\overline{A_1H}\cdot\overline{A_1B_1}}{\overline{HB_1}}=\frac{6}{\sqrt{37}},\ \tan\angle FKA_1=\frac{\overline{FA_1}}{\overline{A_1K}}=\frac{\sqrt{37}}{3}$$

$$\therefore\ \angle FKA_1=\tan^{-1}\frac{\sqrt{37}}{3}$$

이 문제는 또 $\triangle FHB_1$과 평면 $A_1B_1C_1D_1$ 위에서의 $\triangle FHB_1$의 정사영 $\triangle A_1HB_1$의 넓이 사이의 관계에 의하여 이면각의 평면각 θ의 코사인을 구할 수도 있다. 즉

$$S_{\triangle A_1HB_1}=3,\ S_{\triangle FHB_1}=\sqrt{46}\ \ \therefore\ \cos\theta=\frac{3}{\sqrt{46}},\ \theta=\cos^{-1}\frac{3}{\sqrt{46}}$$

여기서 $S_{\triangle FHB_1}=\sqrt{46}$은 쉽게 구할 수 있다.

4. 단면

위의 예제 8에서 평면과 다면체가 만날 때 구체적인 단면을 그리는 것이 문제 풀이에서 가장 중요하다는 것을 알 수 있다.

입체도형의 단면을 그리려면 평면과 입체도형의 표면의 교선을 찾으면 된다. 여기서 이용되는 중요한 원리는 평면의 기본 성질(이를테면 "두 평면에 두 개의 공유점이 있으면 그 두 평면의 교선은 그 두 공유점을 지나는 직선이다", "만일 두 평면이 공유점을 한 개 가지면 그 두 평면의 교선은 반드시 그 점을 지난다"), 두 평행평면의 성질에 관한 정리 및 "세 평면이 둘씩 만나서 생긴 세 교선은 한 점에서 만나거나 서로 평행하다" 등이다.

단면을 그리는 과정은 절차마다 근거가 있어야 한다. 일반적으로 가정을 근거로 하여 구하려는 교선 위의 두 점을 찾는다. 만일 구하려는 교선이 주어진 직선에 평행하면 구하려는 교선 위에서 한 점을 정하고 평행선을 긋는다.

예제 09

$ABCDEF-A_1B_1C_1D_1E_1F_1$은 정육각기둥이고 M은 $\overline{DE}$의 중점이다. 세 점 A_1, C, M을 포함하는 단면은?

(A) 삼각형　　(B) 사각형　　(C) 오각형

(D) 육각형　　(E) 칠각형

| 풀이 | M과 C를 연결한다. 점 A_1을 지나 $\overline{MC}$에 평행한 직선을 긋고 (위 밑면과 아래 밑면은 평행하다) $\overline{C_1B_1}$의 연장선과 만나는 점을 R이라 한다. C와 R를 연결하고 $\overline{BB_1}$과 만나는 점을 N이라 한다(세 평면의 교선은 한 점에서 만난다). 또 A_1과 N을 맺는다. 그리고 점 M을 지나 $\overline{MP}/\!/\overline{A_1N}$이 되도록 $\overline{MP}$를 긋고 $\overline{E_1E}$와 만나는 점을 P라고 한다. 또 P를 지나 $\overline{PQ}/\!/\overline{CN}$이 되도록 $\overline{PQ}$를 긋고 $\overline{F_1F}$와 만나는 점을 Q라고 한다. 그러면 육각형 A_1NCMPQ가 곧 구하려는 단면이다. 그러므로 (D)가 정답이다.

예제 10

다음 그림의 직육면체 $ABCD-A'B'D'C'$는 밀폐된 물통이다. $\overline{AA'}=a$, $\overline{AB}=b$, $\overline{AC}=c$이고 모서리 AA', CC', AB 위에 각각 작은 구멍 P, Q, R가 있다. $\overline{AR}=m$, $\overline{AP}=n$, $\overline{CQ}=p$일 때 물통에 물을 최대 얼마나 넣을 수 있겠는가?

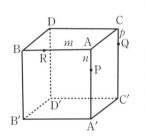

| 풀이 | P, Q, R 세 점이 이루는 평면이 $\overline{AC}$의 연장선과 F에서 만나고 $\overline{CD}$와 Q'에서 만난다고 하자. 그러면 점 F는 세 직선 PQ, AC, RQ'의 교점이다. 구하려는 부피를 V^*, 전체 물통의 부피를 V, 삼각

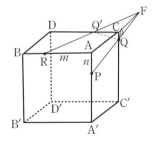

뿔대 $APR-CQQ'$의 부피를 V_0이라 하면 $V^*=V-V_0$이다 (오른쪽 그림 참조).

$\overline{CA}\perp$평면 APR이므로 $\overline{AC}$는 삼각뿔대 $APR-CQQ'$의 높이이다.

$\triangle CQQ' \backsim \triangle APR$에 의하여 $\overline{CQ} = \dfrac{mp}{n}$ 임을 알 수 있다. 따라서 주어진 값에 의하여 $\triangle CQQ'$와 $\triangle APR$의 넓이를 계산하면 각각 $\dfrac{mp^2}{2n}$, $\dfrac{mn}{2}$ 이다.

$$\therefore V_0 = \frac{cm(n^2 + np + p^2)}{6n}$$

그러므로 구하려는 부피 $V^* = abc - \dfrac{cm(n^2 + np + p^2)}{6n}$

다음 그림에서 $ABCD - A'B'D'C'$는 모서리의 길이가 1인 정육면체이고 $\overline{BM} = \dfrac{\overline{MB'}}{2}$, $\overline{D'N} = \dfrac{\overline{NC'}}{2}$ 이다. $\overline{MN}$의 중점을 지나며 $\overline{MN}$에 수직인 평면으로 정육면체를 잘라서 얻은 단면은 어떤 도형이겠는가?

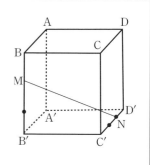

| 풀이 | 그림에서와 같이 $\overline{MN}$의 중점을 O, $\overline{MN}$의 수직이등분면과 $\overline{B'C'}$가 만나는 점을 E라고 하자. $\overline{B'E} = x$라고 하면 $\overline{EM} = \overline{EN}$이므로 $x^2 + \left(\dfrac{2}{3}\right)^2 = (1-x)^2 + \left(\dfrac{2}{3}\right)^2$, $x = \dfrac{1}{2}$, 즉

$$\overline{B'E} = \frac{1}{2}$$

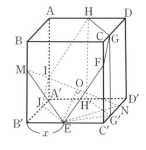

$\overline{MN}$의 수직이등분면과 $\overline{CC'}$, $\overline{CD}$, $\overline{DA}$가 만나는 점을 F, G, H라고 하면 같은 방법으로 $\overline{CF} = \dfrac{1}{4}$, $\overline{CG} = \dfrac{1}{4}$, $\overline{AH} = \dfrac{1}{2}$ 을 얻을 수 있다.

"두 평행한 평면이 세번째 평면으로 잘려 생긴 두 교선은 평행하다"는 것에 의하여 $\overline{MN}$의 수직이등분면과 $\overline{AA'}$, $\overline{A'B'}$의 교점 I, J를 구하고 $\overline{A'I}=\dfrac{1}{4}$, $\overline{A'J}=\dfrac{1}{4}$을 얻을 수 있다.

위의 것을 종합해 보면 구하려는 단면은 육각형 EFGHIJ이다. 여기서 세 쌍의 대변이 각각 평행하며 서로 그 길이가 같다.

5. 다면체의 투영

다면체의 투영에 관한 문제는 흔히 볼 수 있는 문제이다. 예를 들면 어느 한 평면 위에서의 다면체의 투영 넓이의 크기라든가 일부 선분의 상호 관계 등을 증명하는 문제들이다. 이런 유형의 문제를 푸는 요점도 투영한 후 어떤 관계와 수량이 변하고 어떤 것이 변하지 않는가를 파악하는 것이다. 그 다음으로 변한 수량, 변하기 전후의 관계가 어떠한가를 정확히 알아야 한다.

예제 12

> 정사각뿔 P의 밑변은 각 변이 2인 정사각형이며 높이는 h이다. 평면 π와 정사각형의 한 대각선은 평행하며 π와 P의 밑면이 이루는 교각은 α이다. P를 π 위에 정투영하였을 때 α가 어떤 값을 취하면 얻어진 도형의 넓이가 최대로 되는가? 또 그 최댓값은 얼마인가?

| 풀이 | 그림 (1)에서와 같이 S－ABCD를 주어진 정사각뿔이라 하고 O를 밑면의 중심이라고 하자. π가 $\overline{AC}$를 포함하고 π 위에서의 A, B, C, D, O, S의 투영(즉 사영)이 각각 A′, B′, C′, D′, O′, S′라고 하자. 평면 SBD$\perp\overline{AC}$이므로 네 점 B′, O′, S′, D′는 반드시 $\overline{A'C'}$(즉 $\overline{AC}$의 투영)의 수직이등분선 위에 놓인다. 따라서 A′B′C′D′는 마름모이다(그림 (2)). $h'=\overline{O'S'}$라고 하면 $h'=h\sin\alpha$이다.

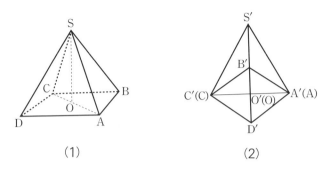

(1)   (2)

i) $h' \leq \overline{O'B'}$일 때 S'는 마름모 $A'B'C'D'$ 내부나 변두리에 있게 되므로 투영 P'의 넓이는

$$S_{P'} = S_{A'B'C'D'} = S_{ABCD} \cdot \cos\alpha = 4\cos\alpha$$

$\alpha = 0$일 때 $(S_{p'})_{\text{최대}} = 4$ $\cdots\cdots$ ①

ii) $h' > \overline{O'B'}$일 때

$$S_{P'} = S_{\triangle A'D'C'} + S_{\triangle A'C'S'} = 2\cos\alpha + \frac{1}{2} \cdot 2\sqrt{2} \cdot h\sin\alpha$$

$$= \sqrt{4 + 2h^2} \sin(\alpha + \varphi)   \cdots\cdots ②$$

여기서 $\varphi = \tan^{-1}\left(\dfrac{\sqrt{2}}{h}\right)$는 양의 예각을 취한다.

그러므로 $\alpha = \dfrac{\pi}{2} - \varphi$일 때

$$(S_{p'})_{\text{최대}} = \sqrt{4 + 2h^2}$$

만일 이 값이 $\alpha = 0$일 때의 최댓값 4(①을 보라)보다 크면 $\sqrt{4 + 2h^2} > 4$, 즉 $h > \sqrt{6}$이어야 한다. 그런데 $h \leq \sqrt{6}$일 때 ②에 의하여 $S_{p'} \leq \sqrt{4 + 2h^2} \leq 4$임을 알 수 있다. 그러므로

$$(S_{p'})_{\text{최대}} = \begin{cases} 4 \ [h \leq \sqrt{6}\,(\alpha = 0)\text{일 때}] \\ \sqrt{4 + 2h^2} \ [h > \sqrt{6}\,(\alpha = \dfrac{\pi}{2} - \varphi)\text{일 때}] \end{cases}$$

01 임의의 사면체에는 다음 조건을 만족하는 꼭짓점이 반드시 하나 있다. 즉, 그 꼭짓점에서 나가는 세 모서리를 세 변으로 하는 삼각형을 만들 수 있다. 이것을 증명하여라.

02 점 P는 단위 정육면체 $ABCD-A_1B_1C_1D_1$의 모서리 CD 위에서 이동한다. 세 점 P, A, C_1을 포함하는 단면을 그려라. 또 그 단면의 넓이의 최솟값은 얼마인가?

03 한 평면 위에 있지 않은 네 점이 주어졌을 경우, 공간에서 각 점까지의 거리가 모두 같은 평면을 몇 개 그릴 수 있는가?

04 삼각뿔 $P-ABC$의 꼭짓점에 있는 세 면각이 모두 60°이고, 세 옆면의 넓이가 각각 $\dfrac{\sqrt{3}}{2}$, 2, 1이다. 이 삼각뿔의 부피는 얼마인가?

05 직육면체 $ABCD-A_1B_1C_1D_1$에서 $\overline{AB_1}$과 $\overline{BC_1}$이 이루는 각은 α이고, $\overline{AC}$와 $\overline{BC_1}$이 이루는 각은 β이며, $\overline{A_1C_1}$과 $\overline{CD_1}$이 이루는 각은 γ이다. $\alpha+\beta+\gamma=\pi$임을 증명하여라.

06 정삼각형 ABC에서 D, E는 각각 변 AB, AC의 중점이다. $\triangle$ABC를 $\overline{DE}$에 따라 이면각 $A-DE-CB=60°$가 되도록 접었다. $\overline{BC}=10\sqrt{13}$일 때 꼬인 위치에 있는 직선 AE와 BD 사이의 거리는 얼마인가?

07 정삼각기둥 $ABC-A_1B_1C_1$의 옆면의 세 대각선 AB_1, BC_1, CA_1에서 $\overline{AB_1}\perp\overline{BC_1}$일 때 $\overline{A_1C}\perp\overline{AB_1}$임을 증명하여라.

08 수평평면 위에서의 직육면체의 투영이 최대로 되게 하려면 직육면체를 어떻게 놓아야 하는가?

06 회전체

원기둥, 원뿔, 원뿔대, 구는 흔히 보는 회전체이다. 이 장에서는 주로 회전체에 관계되는 세 요소(점, 선, 면) 사이의 관계(**예** 거리, 각도, 삽입) 및 회전체의 겉넓이, 부피에 관한 문제를 공부한다. 회전체에 관한 문제를 풀 때에는 항상 축을 포함하는 단면(축단면)에 연결시킨다.

1. 거리 문제

흔히 볼 수 있는 두 요소가 들어 있는 거리에는 두 점 사이의 거리, 점과 직선 사이의 거리, 점과 평면 사이의 거리, 두 직선(평행선 또는 꼬인 위치에 있는 직선) 사이의 거리, 서로 평행한 직선과 평면 사이의 거리, 평행평면 사이의 거리 등이 있다. 이런 거리를 구할 때 흔히 사용하는 방법에는 다음과 같은 것들이 있다.

(1) 거리에 관한 정의에 의하여 직접 구한다.

(2) 이 두 요소가 들어 있는 문제를 다른 두 요소가 들어 있는 문제로 전환시켜 간접적으로 그 거리를 구한다.

(3) 거리는 두 요소 중에서 각기 한 점씩 취하여 연결한 선분 가운데 제일 짧은 것이므로 함수의 최솟값을 구하는 문제로 전환시켜 풀 수 있다.

예제 01

직선 l은 원기둥의 옆면과 점 A에서 접하는 원기둥의 밑변과 θ의 각을 이루며, 밑면을 포함하는 평면과 점 C에서 만난다. 원기둥의 밑면의 원의 중심 O와 A 사이의 거리가 a이고, 밑면의 원의 반지름의 길이가 b일 때 O에서 직선 l까지의 거리를 구하여라.

| 풀이 | 다음 그림에서와 같이 점 A를 지나는 모선을 $\overline{AB}$라고 하면 $\overline{AB}$는 원기둥의 밑면을 포함한 평면 π에 수직이다. B와 C를 연결하면 $\overline{BC}$는 원 O의 접선이고 $\angle ACB$는 직선 l과 평면 π가 이루는 각 θ이다. 평면 ABC 위에서 $\overline{BD} \perp \overline{AC}$가 되도록 $\overline{BD}$를 긋고 수선의 발을 D라고 한다.

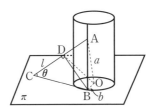

$\overline{OB} \perp \overline{BC}$, $\overline{OB} \perp \overline{AB}$이므로 $\overline{OB} \perp$평면 ABC이다. 그러므로 $\overline{BD}$는 평면 ABC 위에서의 $\overline{OD}$의 사영이다. 삼수선의 정리에 의하여 $\overline{OD} \perp \overline{AC}$, 즉 $\overline{OD}$의 길이는 O에서 직선 l까지의 거리이다.

Rt△AOB에서 $\overline{AB} = \sqrt{\overline{OA}^2 - \overline{OB}^2} = \sqrt{a^2 - b^2}$

Rt△ABC에서 $\overline{BC} = \overline{AB}\cot\theta = \sqrt{a^2 - b^2}\cot\theta$

Rt△BCD에서 $\overline{BD} = \overline{BC}\sin\theta$
$$= \sqrt{a^2 - b^2}\cot\theta\sin\theta = \sqrt{a^2 - b^2}\cos\theta$$

Rt△OBD에서 $\overline{OD} = \sqrt{\overline{OB}^2 + \overline{BD}^2}$
$$= \sqrt{b^2 + (a^2 - b^2)\cos^2\theta}$$
$$= \sqrt{a^2\cos^2\theta + b^2\sin^2\theta}$$

즉 점 O에서 직선 l까지의 거리는 $\sqrt{a^2\cos^2\theta + b^2\sin^2\theta}$이다.

공간의 한 점에서 평면 위의 한 직선까지의 거리를 구할 때에는 삼수선의 정리를 이용한다. 먼저 평면 위에서의 그 점의 사영을 구한 다음, 평면 위에서의 그 점의 사영에서 주어진 직선에 수선을 긋는다. 주어진 점과 이 수선의 발을 연결하여 얻은 선분의 길이가 구하려는 거리이다.

또 다른 거리 문제는 곡면 위에서의 두 점 사이의 표면 거리를 구하는 문제이다. 이런 유형의 문제는 곡면 위에서의 두 점 사이의 표면 거리의 정의 및 곡면의 성질을 이용하여 푼다. 곡면을 평면으로 전개할 수 있으면 그 표면을 전개하여 곡면 거리에 관한 문제를 평면 거리에 관한 문제로 고쳐서 푼다.

다음 그림에서 ABCD는 원뿔대 OO_1의 축을 포함하는 단면이다. 원뿔대 윗밑면의 반지름의 길이 $\overline{O_1A}=5cm$이고, 아랫밑면의 반지름의 길이 $\overline{OB}=10cm$이며 $\overline{AB}=10cm$이다. $\overline{CD}$의 중점 M에서부터 원뿔대의 옆면을 따라 점 B까지 실을 감았을 때 이 실의 최소 길이를 구하여라. 그리고 이 실 위의 점에서 원뿔대 윗밑면의 원주 위에 있는 점까지의 최단 거리를 구하여라.

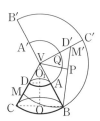

| 풀이 | 구하려는 실의 길이는 두 점 M, B 사이의 표면 거리이다. 실 위의 점에서 윗밑면의 원주 위 점까지의 거리는 원뿔대의 모선이 실에 잘려서 생긴 두 선분 중에서 윗면에 가까운 선분의 길이이다. 원뿔대 OO_1이 속하였던 원뿔대를 VD라고 하면 $\overline{O_1A}:\overline{OB}=\overline{VA}:\overline{VB}$이다.

$\overline{VA}=x(cm)$라고 하면 $5:10=x:(x+10)$이다.

$\therefore x=10$, $\overline{VB}=20$

원뿔의 옆면의 전개도에서 부채꼴의 중심각

$$\angle BVB'=\frac{\overline{OB}}{\overline{VB}}\times360°=\frac{10}{20}\times360°=180°$$

$\therefore \angle BVC'=90°$

Rt△BVM′에서 $\overline{VB}=20$

$\overline{VM'}=\overline{VD'}+\overline{D'M'}=10+5=15$

$\therefore \overline{BM'}=\sqrt{\overline{VB}^2+\overline{VM'}^2}=\sqrt{20^2+15^2}=25(cm)$

점 V에서 $\overline{BM'}$에 수선을 내리고 발을 P, 윗밑면의 원주와 만나는 점을 Q라고 하면

$$\overline{VP}=\overline{VB}\times\frac{\overline{VM'}}{\overline{BM'}}=20\times\frac{15}{25}=12$$

$\therefore \overline{PQ}=\overline{VP}-\overline{VQ}=12-10=2(cm)$

즉 실의 최소 길이는 25cm이고 실 위의 점에서 원뿔대 윗밑면의 원주 위에 있는 점까지의 최단 거리는 2cm이다.

예제 03

다음 그림에서 P는 지름이 길이가 1인 구면 위의 한 점이다. P 를 지나 둘씩 서로 수직인 세 현을 그렸다. 그 중의 한 현의 길이 가 다른 한 현의 2배일 때 이 세 현의 길이의 합의 최댓값을 구하 여라.

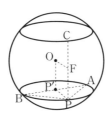

| 풀이 | 구 O의 지름 길이를 1, $\overline{PA}$, $\overline{PB}$, $\overline{PC}$를 구 O의 둘씩 만나는 세 현, $\overline{PB}=2\overline{PA}$라고 하자.

점 P가 구면 위에 있으므로 $\overline{AB}$의 중점에 대한 점 P의 대칭점 P′도 구면 위에 있고, 중심 O에 대한 P′의 대칭점은 C이다. 구 안에 APBP′를 밑면으로 하고 $\overline{PC}$를 높이로 하는 직육면체를 그리면 모든 꼭짓점이 구면 위에 놓인다는 것을 쉽게 알 수 있 다. $\overline{PA}=x$라고 하면 $\overline{PB}=2x$, 따라서

$$x^2+(2x)^2+(\overline{PC})^2=1$$

$$\therefore \overline{PC}=\sqrt{1-5x^2}, \ 0<x\leq\frac{1}{\sqrt{5}}$$

세 현의 길이의 합을 y라고 하면 $y=3x+\sqrt{1-5x^2}$, 이항한 후 양변을 제곱하고 정리하면

$$14x^2-6yx+y^2-1=0 \ \cdots\cdots ①$$

①을 만족하는 실수 x는 반드시 존재한다.

$$\therefore D=(6y)^2-4\times14(y^2-1)\geq0$$

즉 $y^2\leq\frac{14}{5}$

그런데 $y>0$ $\therefore 0<y<\sqrt{\frac{14}{5}}$

$y=\sqrt{\frac{14}{5}}=\frac{\sqrt{70}}{5}$ 일 때 ①에 의하여 $x=\frac{3\sqrt{70}}{70}<\frac{1}{\sqrt{5}}$

그러므로 주어진 세 현의 길이의 합의 최댓값은 $\frac{\sqrt{70}}{5}$ 이다.

2. 각도 문제

 공간에서 점이 아닌 두 요소(직선, 평면)의 위치 관계를 결정하려면 그 거리를 고려해야 하는 것 외에, 그것들이 이루는 각의 크기도 고려해야 한다.

 공간에서 점이 아닌 두 요소가 이루는 각에는 두 직선이 이루는 각(한 평면에 있는 두 직선이 이루는 각과 꼬인 위치에 있는 두 직선이 이루는 각), 직선과 평면이 이루는 각 및 이면각이 있다. 이러한 각의 크기는 모두 대응하는 평면각을 이용하여 정의하였다. 그러므로 공간에서 점이 아닌 두 요소로 이루어진 각을 결정하려면 먼저 그에 대응하는 평면각을 찾은 다음 그 크기를 구하면 된다.

예제 04

> 반지름의 길이가 1인 구에 원뿔이 외접하였다. 원뿔의 모선과 밑면이 이루는 각이 2θ이다. 각 θ가 어떤 값을 취할 때 원뿔의 겉넓이가 제일 작겠는가?

| 풀이 | 다음 그림에서 △VAB는 원뿔의 축을 포함한 단면이고, O는 반지름의 길이가 1인 구의 중심이며, D는 구 O와 모선 VA의 접점이고, M은 원뿔 밑면의 중심이다. 그렇게 하면 O는 $\overline{VM}$ 위에 있으며 $\overline{OD}\perp\overline{VA}$, $\overline{VM}\perp\overline{AB}$이고, $\angle VAB$

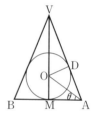

는 모선 VA와 원뿔의 밑면이 이루는 각이다. 즉
$$\angle VAB=2\theta, \overline{OD}=\overline{OM}=1, \angle OAM=\theta$$
원뿔의 모선 $\overline{VA}=l$이라 하고 밑면의 원의 반지름을 r이라고 하자.

Rt△OAM에서 $r=\overline{MA}=\overline{OM}\cot\angle OAM=\cot\theta$

네 점 O, M, A, D가 한 원 위에 있으므로
$$\angle VOD=\angle DAM=2\theta$$
Rt△VOD에서 $\overline{VD}=\overline{OD}\tan\angle VOD=\tan2\theta$
$$\therefore l=\overline{VD}+r=\tan2\theta+\cot\theta$$
$$\therefore l+r=\tan2\theta+2\cot\theta$$
$$=\frac{2\tan\theta}{1-\tan^2\theta}+\frac{2}{\tan\theta}=\frac{2}{\tan\theta(1-\tan^2\theta)}$$

$$S_{겉넓이} = \pi r l + \pi r^2 = \pi r (r + l)$$

$$= \pi \cdot \frac{1}{\tan\theta} \cdot \frac{2}{\tan\theta(1 - \tan^2\theta)}$$

$$= \frac{2\pi}{\tan^2\theta(1 - \tan^2\theta)}$$

$S_{겉넓이}$가 최소로 되려면 그 분모 $\tan^2\theta(1-\tan^2\theta)$가 최대로 되어야 한다.

$$\tan^2\theta + (1 - \tan^2\theta) = 1$$

$\therefore \tan^2\theta = 1 - \tan^2\theta$ 즉 $\tan\theta = \dfrac{\sqrt{2}}{2}$ (θ는 예각)일 때

$\tan^2\theta(1-\tan^2\theta)$는 최대로 된다. 이때 $S_{겉넓이}$가 최소이다.

즉 $\theta = \tan^{-1}\dfrac{\sqrt{2}}{2}$ 일 때 원뿔의 겉넓이가 제일 작다.

예제 05

반구 모양의 용기에 물을 가득 채우면 144cm³이 된다(그림 (1)). 용기를 경사지게 놓아 물이 99cm³ 흘러 나왔을 때(그림 (2)) 용기의 윗면인 큰 원과 수평면이 이루는 이면각의 각도를 구하여라.

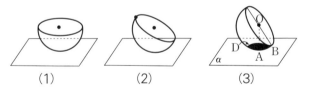

(1)　　　　　　(2)　　　　　　(3)

| 풀이 | 그림 (3)에서와 같이 반구의 중심을 O, 수평면 α 위에 경사지게 놓았을 때 평면 α와 구 O의 접점을 A, 반구의 윗면인 큰 원에서 최저점을 B라고 하면, 수평면 α는 점 B를 지나고 $\overline{OA}$에 수직인 작은 원 D를 포함하는 평면에 평행하다. 따라서 $\angle OBD$는 구하려는 반구의 평면인 원과 수평면이 이루는 이면각의 평면각이다.

구의 반지름 길이를 $R(\text{cm})$라고 하면 $\dfrac{1}{2} \cdot \dfrac{4}{3}\pi R^3 = 144$

$\therefore R = \dfrac{6}{\sqrt[3]{\pi}}$

경사지게 놓였을 때 남은 물은 $144-99=45$이다. 이때 물이 담긴 부분은 작은 원 D의 반구이다. 작은 반구의 높이 $\overline{\mathrm{AD}}=x$ 라 하면 $\pi x^2\left(R-\dfrac{x}{3}\right)=45$ 즉

$$\pi x^3-18\sqrt[3]{\pi^2}x^2+135=0$$

$\sqrt[3]{\pi}x=y$라고 하면 $y^3-18y^2+135=0$

즉 $(y-3)(y^2-15y-45)=0$

문제의 뜻에 부합되는 해는 $y=3$뿐이다.

$$\therefore x=\frac{3}{\sqrt[3]{\pi}}$$

$$\therefore \overline{\mathrm{OD}}=R-x=\frac{6}{\sqrt[3]{\pi}}-\frac{3}{\sqrt[3]{\pi}}=\frac{3}{\sqrt[3]{\pi}}=\frac{R}{2}$$

그러므로 $\angle \mathrm{OBD}=30°$, 즉 경사지게 놓였을 때 용기의 윗면 인 큰 원과 수평면이 이루는 이면각은 $30°$이다.

예제 06

다음 그림에서 원뿔의 축을 포함한 단면 의 꼭지각 $\angle \mathrm{ASB}=60°$이고 밑면의 지 름의 길이 $\overline{\mathrm{AB}}=2$이다. 꼭짓점 S를 포함하는 평면에 잘려 생긴 호 AC는 밑 면의 둘레 길이의 $\dfrac{1}{4}$이다. M은 호 AC 위에서 움직이는 점이고 M에서 $\overline{\mathrm{AO}}$에 내린 수선의 발은 N이다.

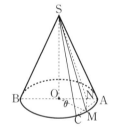

(1) M이 어느 위치에 있을 때 각뿔 S−MON의 부피가 최대이 겠는가?

(2) 각뿔 S−MON의 부피가 최대일 때 단면 SMN과 밑면이 이루는 이면각을 구하여라.

| 풀이 | (1) 주어진 조건에 의하면 축을 포함하는 단면은 정삼각형이고 높이 $\overline{\mathrm{SO}}=\sqrt{3}$이며, 밑면의 반지름 $\mathrm{AO}=1$이고 $\angle \mathrm{AOC}$ $=\dfrac{\pi}{2}$이다.

$\angle \mathrm{AOM}=\theta$라고 하면 $0\leq\theta\leq\dfrac{\pi}{2}$이다. $\overline{\mathrm{ON}}=\cos\theta$, $\overline{\mathrm{NM}}=\sin\theta$이므로 $V_{\mathrm{S-MON}}=\dfrac{\overline{\mathrm{SO}}}{3}\cdot\dfrac{1}{2}\overline{\mathrm{ON}}\cdot\overline{\mathrm{NM}}=\dfrac{\sqrt{3}}{12}\sin2\theta$

유일하게 $2\theta=\dfrac{\pi}{2}$, 즉 $\theta=\dfrac{\pi}{4}$일 때만 $(V_{\mathrm{S-MON}})_{\text{최대}}=\dfrac{\sqrt{3}}{12}$

(2) $\overline{\mathrm{SO}}\perp$평면 ABC, $\overline{\mathrm{SO}}\perp\overline{\mathrm{MN}}$, $\overline{\mathrm{ON}}\perp\overline{\mathrm{MN}}$이므로 $\overline{\mathrm{MN}}\perp$평면 SAB이고 $\angle\mathrm{SNO}$는 단면 SMN과 밑면이 이루는 이면각의 평면각이다.

$V_{\mathrm{S-MON}}=\dfrac{\sqrt{3}}{12}$일 때 $\overline{\mathrm{ON}}=\dfrac{\sqrt{2}}{2}$, $\tan\angle\mathrm{SNO}=\dfrac{\overline{\mathrm{SO}}}{\overline{\mathrm{ON}}}=\sqrt{6}$

이므로 $\angle\mathrm{SNO}=\tan^{-1}\sqrt{6}$이 구하려는 각이다.

3. 넓이와 부피에 관한 계산 문제

예제 07

원 $x^2+y^2=12$와 세 직선 $y=\dfrac{\sqrt{3}}{3}x+4$, $x=-3\sqrt{3}$, x축으로 둘러싸인 도형을 x축을 축으로 한 바퀴 회전시켜서 얻은 입체도형의 겉넓이를 구하여라.

| 풀이 | 연립방정식 $\begin{cases} x^2+y^2=12 \\ y=\dfrac{\sqrt{3}}{3}x+4 \end{cases}$

를 풀면 직선 $y=\dfrac{\sqrt{3}}{3}x+4$와 원 $x^2+y^2=12$는 접하고 접점은 $\mathrm{A}(-\sqrt{3},\,3)$이라는 것을 알 수 있다.

직선 $y=\dfrac{\sqrt{3}}{3}x+4$와 직선 $x=-3\sqrt{3}$

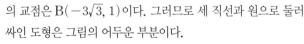

의 교점은 $\mathrm{B}(-3\sqrt{3},\,1)$이다. 그러므로 세 직선과 원으로 둘러싸인 도형은 그림의 어두운 부분이다.

$\overline{\mathrm{AB}}=\sqrt{(3-1)^2+(-\sqrt{3}+3\sqrt{3})^2}=4$

$$\therefore S_{회전체} = S_{원뿔대의 옆면} + S_{원뿔대의 윗밑면} + S_{구관}$$
$$= \pi \cdot (1+3) \cdot 4 + \pi \cdot 1^2 + 2\pi \cdot 2\sqrt{3} \cdot \sqrt{3}$$
$$= 29\pi$$

즉 구하려는 회전체의 겉넓이는 29π이다.

🔑 구관이란 구를 한 평면으로 잘랐을 때의 잘린 구의 구면 부분이다.

예제 08

원뿔과 원기둥의 밑면이 한 평면 위에 있고 원뿔과 원기둥이 공유 내접구를 가진다. 원뿔의 부피를 V_1, 원기둥의 부피를 V_2라 하자.

(1) V_1과 V_2가 같을 수 없음을 증명하여라.

(2) $V_1 = kV_2$일 때 k의 최솟값을 구하여라.

| 풀이 | 원뿔과 원기둥의 공유축단면(축을 포함하는 단면)은 그림과 같다. 원뿔과 원기둥의 밑면의 반지름을 각각 r_1, r_2, 원뿔의 높이를 h, 구의 반지름의 r 이라고 하면 $r_2 = r$임이 분명하다. 또 원뿔의 모선과 밑면이 이루는 각을 2θ 라고 하면 $r = r_1\tan\theta$, $h = r_1 \times \tan2\theta$이다. $V_1 = kV_2$이면

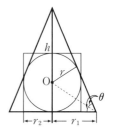

$$\frac{1}{3}\pi r_1^3 \tan2\theta = 2k\pi r_1^3 \times \tan^3\theta$$

즉 $3k\tan^4\theta - 3k\tan^2\theta + 1 = 0$　　…… ①

$\tan\theta$는 실수값을 가지므로 $D = 9k^2 - 12k \geq 0$이다.

그런데 $k > 0$

$$\therefore k \geq \frac{4}{3}$$

$k = \frac{4}{3}$일 때 ①에서 $\tan\theta = \frac{\sqrt{2}}{2}$를 얻는다. 그러므로 k의 최솟값은 $\frac{4}{3}$이다. 따라서 $V_1 \neq V_2$임이 분명하다.

4. 삽입 문제

삽입 문제에서는 어떤 방식으로 삽입하여 삽입의 최댓값이 얼마인가 하는 것을 공부한다. 회전체에서 이런 문제의 풀이는 모두 그것들의 정점, 접선, 접평면에 관계된다.

> **예제 09**
>
> 반지름의 길이가 1인 세 구가 둘씩 외접하였다. 이 세 구와 세 구의 공유접평면 사이에 한 구를 삽입하였다. 최대구의 반지름의 길이를 구하여라.

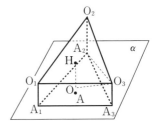

| 풀이 | 다음 그림에서와 같이 반지름의 길이가 1인 세 구의 중심을 각각 O_1, O_2, O_3이라 하고, 공유접평면 α와 세 구의 접점을 각각 A_1, A_2, A_3이라고 하면 $\overline{O_1A_1}=\overline{O_2A_2}=\overline{O_3A_3}=1$이고 $\overline{O_1O_2}=\overline{O_2O_3}=\overline{O_3O_1}=2$이다. 분명히 삽입한 최대구 O는 평면 α와 접하며 또 세 개의 구 O_1, O_2, O_3과도 접한다. 구 O와 평면 α의 접점을 A, 정삼각형 $O_1O_2O_3$의 외심을 H, 구 O의 반지름을 r라고 하면 $\overline{O_1O}=\overline{O_2O}=\overline{O_3O}=1+r$이다. 그러므로 평면 $O_1O_2O_3$ 위에서의 O의 사영은 $\triangle O_1O_2O_3$의 외심 즉 H이다. 그러므로 $\overline{OH}\perp$평면 $O_1O_2O_3$이다.

또 평면 $O_1O_2O_3$ // 평면 α이므로 $\overline{OH}\perp$평면 α이다. $\overline{OA}\perp$평면 α. 그러므로 세 점 H, O, A는 한 직선 위에 있다.

$\triangle O_1O_2O_3$은 변의 길이가 2인 정삼각형이다.

그러므로 정삼각형의 외접원의 반지름 길이 $\overline{O_3H}=\dfrac{2\sqrt{3}}{3}$이다.

Rt$\triangle OHO_3$에서 $\overline{OO_3}^2=\overline{OH}^2+\overline{O_3H}^2$

즉 $(1+r)^2=(1-r)^2+\left(\dfrac{2\sqrt{3}}{3}\right)^2$

$\therefore r=\dfrac{1}{3}$. 즉 삽입한 최대구의 반지름의 길이는 $\dfrac{1}{3}$이다.

A, B는 서로 외접한 반지름의 길이가 다른 두 구인데, 원뿔 안에 있으며 원뿔 C의 모든 모선과 접한다. 원뿔 안에는 또 n개의 구 O_1, O_2, $\cdots$, O_n이 A, B 두 구 사이를 빙 둘러 있는데, 각 구는 원뿔의 옆면에 접하고 구 A, B와도 접하며 인접한 구들끼리 각각 외접한다. n의 가능한 값을 구하여라.

| 풀이 | i번째 구의 중심을 지나 원뿔 C의 축단면을 그린다(그림 참조). 구 O_i와 접하는 모선이 구 A, B 및 O_i와 각각 D, E, F에서 접한다고 하면, $\overline{AD}$, $\overline{BE}$, $\overline{O_iF}$는 모두 모선 CE에 수직이므로 $\overline{AD} /\!/ \overline{BE}$ $/\!/ \overline{O_iF}$이며, 사각형 $ADFO_i$, $BEFO_i$, ABED는 직각사다리꼴이다.

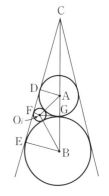

직각사다리꼴 ABED에서 $\overline{DE}^2 = \overline{AB}^2 - (\overline{BE} - \overline{AD})^2$이다. 구 A와 B의 반지름을 r, R라고 하면

$$\overline{DE}^2 = (R+r)^2 - (R-r)^2 = 4Rr$$
$$\therefore \overline{DE} = 2\sqrt{Rr}$$

i번째 구의 반지름을 x라고 하면 마찬가지로 하여

$$\overline{DF} = 2\sqrt{rx}, \quad \overline{EF} = 2\sqrt{Rx}$$

$\overline{DE} = \overline{DF} + \overline{EF}$에 의하여 $2\sqrt{Rx} = 2\sqrt{rx} + 2\sqrt{Rx}$

$$\therefore \sqrt{x} = \frac{\sqrt{Rr}}{\sqrt{R} + \sqrt{r}} \qquad \cdots\cdots ①$$

그러므로 n개 구의 반지름은 모두 같다.

$\overline{CB}$ 위에서의 O_i의 정사영을 G라고 하면 이 n개 구의 중심 O_1, O_2, $\cdots$, O_n은 모두 G를 포함하며 $\overline{CB}$에 수직인 평면 위에 있다. 이 평면 위에서 각 구의 중심과 G 사이의 거리는 모두 $\overline{O_iG}$와 같다. $\overline{O_iG} = y$라 하고 직각사다리꼴 ABED의 넓이를 구하면

$$(R+r)\sqrt{Rr} = (r+x)\sqrt{rx} + (R+x)\sqrt{Rx} + \frac{y(R+r)}{2}$$

$$\cdots\cdots ②$$

①, ②에서

$$\frac{y(R+r)}{2}=(R+r)\sqrt{Rr}-(R+x)\sqrt{Rx}-(r+x)\sqrt{rx}$$

$$=(R+r)\sqrt{Rr}-(\sqrt{R}+\sqrt{r})x\sqrt{x}$$
$$\quad-\sqrt{x}(R\sqrt{R}+r\sqrt{r})$$
$$=(R+r)\sqrt{Rr}-x\sqrt{Rr}-(R-\sqrt{Rr}+r)\sqrt{Rr}$$
$$=Rr-x\sqrt{Rr}=x(\sqrt{R}+\sqrt{r})^2-x\sqrt{Rr}$$
$$=x(R+r+\sqrt{Rr})$$

$$\therefore \frac{y}{x}=\frac{2(R+r)+2\sqrt{Rr}}{R+r}=2+\frac{2\sqrt{Rr}}{R+r}$$

$R\neq r$이므로 $R+r>2\sqrt{Rr}$

$$\therefore 2<\frac{y}{x}<3$$

$$\therefore \frac{1}{3}<\sin\frac{\pi}{n}=\frac{x}{y}<\frac{1}{2}$$

(그림 참조)

$$\frac{\pi}{10}<\sin^{-1}\frac{1}{3}<\frac{\pi}{9}\leq\frac{\pi}{n}<\sin^{-1}\frac{1}{2}=\frac{\pi}{6}$$

$\therefore 6<n\leq9$, 즉 n의 가능한 값은 7, 8, 9이다.

예제 11

밑면의 지름의 길이가 $4R$이고 높이가 $22R$인 원기둥 안에 반지름의 길이가 R인 구를 최대 몇 개 넣을 수 있겠는가?

| 풀이 | 다음 그림에서와 같이 제일 밑층에 구를 두 개 넣을 수 있다. 그 두 구를 O_1, O_2라고 하면 O_1, O_2는 서로 접하며 원기둥과도 접한다. 구 O_1과 O_2 위에 구 O_3, O_4를 놓되, $\overline{O_1O_2}$와 $\overline{O_3O_4}$가 수직되고 네 구에서 임의의 두 구가 모두 접하게 한다(이렇게 하여야 중첩되는 높이가 제일 낮고 구

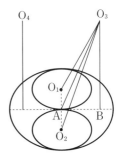

를 최대로 많이 넣게 된다). 이와 같이 더 이상 넣을 수 없을 때까지 넣는다.

이와 같이 넣으면 밑층의 두 구의 중심이 원기둥의 밑변보다 R 만큼 높게 된다. 이제 구의 중심 O_3, O_4가 밑층 구의 중심 O_1, O_2를 포함하며 밑면에 평행한 평면보다 얼마나 높은 곳에 있는가를 계산하여 보자. O_1, O_2를 포함하면서 원기둥의 밑면에 평행한 평면으로 구 O_1, O_2 및 원기둥을 자르면(얻어진 단면은 원이다), 구하려는 높이는 O_3에서 이 평면(단면)까지의 거리 $d = \overline{O_3 B}$이다. 구 O_1과 O_2가 점 A에서 접한다고 하면 $\overline{O_1 O_3} = 2R$, $\overline{O_2 O_3} = 2R$, $\overline{O_1 A} = \overline{O_2 A} = R$이므로 $\overline{O_3 A} = \sqrt{3} R$ 이다.

또 구 O_3과 원기둥이 접하므로 $\overline{AB} = 2R - R = R$이다.
$d = \overline{O_3 B} = \sqrt{\overline{O_3 A}^2 - \overline{AB}^2} = \sqrt{2} R$이다.
구 O_1과 O_2 위에 k층 넣을 수 있다고 하면(넣는 방법은 위에서와 같다) k는 다음 식을 만족한다.
$$22R - \sqrt{2}R < R + \sqrt{2}R \cdot k + R \leq 22R$$
이 부등식을 풀면 양의 정수 $k = 14$를 얻는다. 그러므로 구를 최대로 $(2 + 2 \times 14) = 30$(개) 넣을 수 있다.

01 다음 그림에서와 같이 길이가 11cm이고 밑변의 둘레의 길이가 6cm인 원기둥 모양의 관이 있다. 이 관에 가는 쇠줄을 감았는데 10개의 사선이 되었고 쇠줄의 두 끝이 원기둥의 동일 모선 위에 놓였다. 쇠줄의 길이는 최소 얼마인가?

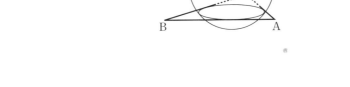

02 다음 그림의 △ABC에서 $\overline{AB}=13$, $\overline{BC}=14$, $\overline{CA}=15$이고 세 변은 모두 반지름의 길이가 6인 구 O와 접한다. 구의 중심 O에서 평면 ABC까지의 거리를 구하여라.

03 반지름의 길이가 1, 2, 3인 세 구 O_1, O_2, O_3을 둘씩 외접하게 책상면 위에 놓았다. 이때 평면 $O_1O_2O_3$과 책상면이 이루는 이면각의 크기를 구하여라.

04 원 $x^2+y^2=8$의 외부와 직선 $y=x+4$ 및 x축으로 이루어진 닫힌 도형을 x축을 축으로 하여 한 바퀴 회전시켜 얻은 입체의 부피를 구하여라.

05 모서리의 길이가 $2a$인 정육면체 용기 안에 제일 큰 구가 들어 있다. 이 용기 안에 또 8개의 작은 구를 넣었다. 작은 구의 반지름의 길이는 최대로 얼마인가? 작은 구의 반지름의 길이가 최대인 경우 8개 작은 구의 부피는 큰 구의 부피의 몇 퍼센트인가?

06 다음 그림에서와 같이 점 A, B를 지나 $\overline{AB}$에 수직인 꼬인 위치에 있는 두 직선 m, n을 그었다. 그리고 직선 m 위에서 원 O와 만나는 점 B와 다른 점 C를 취하고 직선 n 위에서 점 A와 다른 점 D를 취하였다. 선분 $\overline{AB}=d$, $\overline{CD}=l$, m, n 사이의 끼인각이 φ이고 d, l, φ가 $l^2-d^2\cos^2\varphi>0$을 만족할 때 A, B, C, D를 지나는 구의 반지름의 길이를 구하여라.

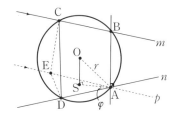

07 변의 길이가 2인 정삼각형이 중간선에 의하여 네 개의 작은 삼각형으로 나뉘었다. 중간의 작은 삼각형을 제외하고 나머지 세 개의 작은 삼각형을 밑면으로 하여 같은 쪽에 각각 높이가 2인 정삼각뿔을 그렸다. 어떤 한 구가 원래의 삼각형을 포함한 평면과 접하고, 또 각 삼각뿔의 한 옆면과도 모두 접하였다. 이 구의 반지름의 길이를 구하여라.

08 다음 그림에서와 같이 모서리의 길이가 1인 정육
면체 ABCD−A′B′C′D′ 안에 두 구 O_1, O_2가
외접되어 있는데 구 O_1은 면 A′B′C′D′,
ABB′A′, ADD′A′와 접하고 구 O_2는 면
ABCD, BCC′B′, DCC′D′와 접한다.

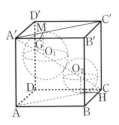

(1) 두 구의 반지름의 길이의 합을 구하여라.
(2) 두 구의 반지름의 길이가 각각 얼마일 때 그 부피의 합이 제일 작겠는
가? 또 두 구의 반지름의 길이가 각각 얼마일 때 그 부피의 합이 제일
크겠는가?

09 A, B, C는 구 O 내부에 있는 세 점이고 $\overline{AB}$, $\overline{AC}$는 A점을 지나는 지
름에 수직이며, 세 점 A, B, C를 지나는 두 구 O_1, O_2는 구 O와 접한다.
구 O_1, O_2의 반지름의 길이의 합이 구 O의 반지름의 길이와 같다는 것을
증명하여라.

10 각뿔 M−ABCD의 밑면은 정사각형이고 $\overline{MA}=\overline{MD}$, $\overline{MA}\perp\overline{AB}$이
다. △AMD의 넓이가 1일 때 이 각뿔에 넣을 수 있는 제일 큰 구의 반지
름의 길이를 구하여라.

07 삼각항등변환

삼각항등변환은 삼각공식을 이용하여 주어진 삼각함수식을 직접 변형(대수항등 변형을 망라함)하는 것이다. 변환을 통하여 복잡한 삼각식을 간단히 하거나 직접 그 값을 구할 수 있고, 삼각식 사이의 항등관계, 부등관계를 추리, 증명할 수 있으며, 또 삼각형의 면, 각에 관한 일부 문제를 풀 수 있다.

1. 삼각식을 간단히 하기

삼각식을 간단히 하려면 다음과 같은 조건을 갖추어야 한다. 함수의 종류와 각의 종류가 제일 적고, 항의 개수가 제일 적어야 하며, 삼각함수의 지수가 제일 낮고, 될수록 분모에 삼각함수식이 들어 있지 말아야 하며, 될수록 특수각의 삼각함수의 값을 대입하여 간단히 해야 한다(또는 직접 그 값을 구한다).

삼각함수식을 간단히 하는 방법은 다음과 같다. 일반적으로 다른 각을 같은 각으로, 차수가 다른 것을 같은 것으로, 다른 삼각함수를 같은 삼각함수로 고친다. 간단히 하는 과정에서는 특수값과 특수각의 삼각함수 사이의 대체를 이용하는 것이 요점이다.

예제 01

$$\cos\frac{\pi}{7}+\cos\frac{3\pi}{7}+\cos\frac{5\pi}{7} \text{ 를 간단히 하여라.}$$

| 풀이 | 준식 $=\cos\dfrac{\pi}{7}+2\cos\dfrac{4\pi}{7}\cos\dfrac{\pi}{7}$

$$=\cos\frac{\pi}{7}\left(1+2\cos\frac{4\pi}{7}\right)$$

$$=\cos\frac{\pi}{7}\left\{1+2\left(1-2\sin^2\frac{2\pi}{7}\right)\right\}$$

$$=\frac{\sin\frac{2\pi}{7}}{2\sin\frac{\pi}{7}}\left(3-4\sin^2\frac{2\pi}{7}\right)$$

$$=\frac{3\sin\frac{2\pi}{7}-4\sin^3\frac{2\pi}{7}}{2\sin\frac{\pi}{7}}$$

$$=\frac{\sin\frac{6\pi}{7}}{2\sin\frac{\pi}{7}}=\frac{1}{2}$$

| 설명 | 특수각이 아닌 삼각함수의 합을 구할 때에는 알맞은 '조합'을 취하고(이 예제에서 처음 두 항을 '조합'해도 된다), 합을 곱으로 고치는 공식과 인수분해를 이용하여 간단히 한다.

예제 02

$\cos\dfrac{\pi}{15}\cos\dfrac{2\pi}{15}\cos\dfrac{3\pi}{15}\cos\dfrac{4\pi}{15}\cos\dfrac{6\pi}{15}\cos\dfrac{7\pi}{15}$ 의 값을 구하여라. $\left(\text{단, }\sin18°=\dfrac{\sqrt{5}-1}{4}\right)$

| 풀이1 | 준식$=\cos12°\cos24°\cos36°\cos48°\cos60°\cos72°\cos84°$

$$=\cos60°(\cos12°\cos48°)(\cos24°\cos84°)\cos36°\cos72°$$

$$=\frac{1}{2}\cdot\frac{1}{2}(\cos60°+\cos36°)\cdot\frac{1}{2}(\cos60°+\cos108°)$$

$$\cdot\cos36°\sin18°$$

$$=\left(\frac{1}{2}\right)^3\left(\frac{1}{2}+1-2\sin^2 18°\right)\left(\frac{1}{2}-\sin18°\right)$$

$$\times(1-2\sin^2 18°)\sin18°$$

$$=\left(\frac{1}{2}\right)^3\left\{\frac{3}{2}-2\left(\frac{\sqrt{5}-1}{4}\right)^2\right\}\left(\frac{1}{2}-\frac{\sqrt{5}-1}{4}\right)$$

$$\times\left\{1-2\left(\frac{\sqrt{5}-1}{4}\right)^2\right\}\times\frac{\sqrt{5}-1}{4}$$

$$=\left(\frac{1}{2}\right)^3 \cdot \frac{3+\sqrt{5}}{4} \cdot \frac{3-\sqrt{5}}{4} \cdot \frac{\sqrt{5}+1}{4} \cdot \frac{\sqrt{5}-1}{4} = \frac{1}{128}$$

| 풀이2 | $A = \cos\frac{\pi}{15}\cos\frac{2\pi}{15}\cos\frac{3\pi}{15}\cos\frac{4\pi}{15}\cos\frac{5\pi}{15}\cos\frac{6\pi}{15}\cos\frac{7\pi}{15}$,

$B = \sin\frac{\pi}{15}\sin\frac{2\pi}{15}\sin\frac{3\pi}{15}\sin\frac{4\pi}{15}\sin\frac{5\pi}{15}\sin\frac{6\pi}{15}\sin\frac{7\pi}{15}$

라고 하면 $2^7 \cdot A \cdot B = \sin\frac{2\pi}{15}\sin\frac{4\pi}{15}\sin\frac{6\pi}{15}\cdots\sin\frac{14\pi}{15}$

그런데 $\sin\frac{8\pi}{15} = \sin\frac{7\pi}{15}$, $\sin\frac{10\pi}{15} = \sin\frac{5\pi}{15}$

$\sin\frac{12\pi}{15} = \sin\frac{3\pi}{15}$, $\sin\frac{14\pi}{15} = \sin\frac{\pi}{15}$

$\therefore 2^7 \cdot A \cdot B$

$= \sin\frac{\pi}{15}\sin\frac{2\pi}{15}\sin\frac{3\pi}{15}\sin\frac{4\pi}{15}\sin\frac{5\pi}{15}\sin\frac{6\pi}{15}\sin\frac{7\pi}{15}$

$= B$

그러므로 $A = \left(\frac{1}{2}\right)^7 = \frac{1}{128}$

| 설명 | 풀이 1에서는 각의 관계에 따라 삼각식에 대해서 알맞은 '조합'을 취한 다음, 곱을 합과 차로 바꾸는 공식, 전환 공식 및 코사인의 배각의 공식을 이용하여 서로 다른 각의 삼각함수를 같은 각의 삼각함수로 고쳤다. $\sin 18°$는 특수각의 삼각함숫값이므로 직접 그 값을 대입하여 결과를 구하였다. 풀이 2에서는 7개의 여함수 및 인수 2^7을 곱하고 사인의 배각의 공식과 전환 공식을 이용하여 간단히 하였다. 여기서 인수는 변형에 도입되었다가 소거되는데, 화학에서의 촉매제와 같다.

예제 03

$y = a\sin^2 x + b\sin x\cos x + c\cos^2 x\,(b \neq 0)$의 최댓값, 최솟값을 구하여라.

| 풀이 | $y = a \cdot \frac{1-\cos 2x}{2} + \frac{b}{2}\sin 2x + c \cdot \frac{1+\cos 2x}{2}$

$$= \frac{1}{2}[a+c+\{b\sin 2x + (c-a)\cos 2x\}]$$

$$= \frac{1}{2}\{a+c+\sqrt{b^2+(c-a)^2}\sin(2x+\theta)\}$$

$\therefore \sin(2x+\theta)=1$일 때

$$y_{\max}=\frac{1}{2}\{a+c+\sqrt{b^2+(c-a)^2}\}$$

$\therefore \sin(2x+\theta)=-1$일 때

$$y_{\min}=\frac{1}{2}\{a+c-\sqrt{b^2+(c-a)^2}\}$$

| 설명 | 삼각함수의 최댓값, 최솟값을 구할 때에는 삼각항등변환과 삼각함수의 성질을 종합적으로 응용한다. 일반적으로 사인 또는 코사인 함수로 고친 다음 $|\sin x| \le 1$, $|\cos x| \le 1$을 이용하여 최댓값, 최솟값을 구한다.

예제 04

$\cos\left(\alpha - \dfrac{\beta}{2}\right) = -\dfrac{1}{9}$, $\sin\left(\dfrac{\alpha}{2} - \beta\right) = \dfrac{2}{3}$이고 $\dfrac{\pi}{2} < \alpha < \pi$,

$0 < \beta < \dfrac{\pi}{2}$일 때 $\sin(\alpha + \beta)$의 값을 구하여라.

| 분석 | 먼저 주어진 조건과 결론 사이의 각의 관계를 고려해야 한다.

그러면 $\alpha + \beta = 2 \cdot \dfrac{\alpha+\beta}{2} = 2\left\{\left(\alpha - \dfrac{\beta}{2}\right) - \left(\dfrac{\alpha}{2} - \beta\right)\right\}$임을 쉽

게 알 수 있다. $\sin(\alpha+\beta) = 2\sin\dfrac{\alpha+\beta}{2}\cos\dfrac{\alpha+\beta}{2}$ 이므로

$\sin\dfrac{\alpha+\beta}{2}$ 또는 $\cos\dfrac{\alpha+\beta}{2}$ 중 하나만 구하면 된다.

| 풀이 | $\dfrac{\pi}{2} < \alpha < \pi$, $0 < \beta < \dfrac{\pi}{2}$

$\therefore \dfrac{\pi}{4} < \alpha - \dfrac{\beta}{2} < \pi$, $-\dfrac{\pi}{4} < \dfrac{\alpha}{2} - \beta < \dfrac{\pi}{2}$

$\cos\left(\dfrac{\alpha}{2} - \beta\right) = \sqrt{1 - \sin^2\left(\dfrac{\alpha}{2} - \beta\right)} = \sqrt{1 - \dfrac{4}{9}} = \dfrac{\sqrt{5}}{3}$

$\sin\left(\alpha - \dfrac{\beta}{2}\right) = \sqrt{1 - \cos^2\left(\alpha - \dfrac{\beta}{2}\right)} = \sqrt{1 - \dfrac{1}{81}} = \dfrac{4\sqrt{5}}{9}$

$$\therefore \cos\left(\frac{\alpha+\beta}{2}\right) = \cos\left\{\left(\alpha - \frac{\beta}{2}\right) - \left(\frac{\alpha}{2} - \beta\right)\right\}$$

$$= \cos\left(\alpha - \frac{\beta}{2}\right)\cos\left(\frac{\alpha}{2} - \beta\right)$$

$$+ \sin\left(\alpha - \frac{\beta}{2}\right)\sin\left(\frac{\alpha}{2} - \beta\right)$$

$$= -\frac{1}{9} \cdot \frac{\sqrt{5}}{3} + \frac{4\sqrt{5}}{9} \cdot \frac{2}{3} = \frac{7\sqrt{5}}{27}$$

$$\frac{\pi}{2} < \alpha + \beta < \frac{3\pi}{2} \qquad \therefore \frac{\pi}{4} < \frac{\alpha+\beta}{2} < \frac{3\pi}{4}$$

$$\sin\left(\frac{\alpha+\beta}{2}\right) = \sqrt{1 - \frac{245}{27^2}} = \frac{22}{27}$$

$$\therefore \sin(\alpha+\beta) = 2\sin\frac{\alpha+\beta}{2}\cos\frac{\alpha+\beta}{2}$$

$$= 2 \cdot \frac{22}{27} \cdot \frac{7\sqrt{5}}{27} = \frac{308\sqrt{5}}{729}$$

| 설명 | ① 제곱관계를 이용하거나 제곱근 공식을 이용하여 값을 구할 때에는 반드시 각이 취하는 값의 범위를 고려한 다음 삼각함수의 부호를 결정해야 한다. 그래야 무연근이 생기거나 해를 빠뜨리는 것을 방지할 수 있다.

② 각은 요구에 따라 다른 형태로 고쳐 쓸 수 있다. 이를테면

$$\alpha = (\alpha+\beta) - \beta = \left(\frac{\alpha}{2} - \beta\right) + \left(\frac{\alpha}{2} + \beta\right)$$

$$= \left(\beta + \frac{\alpha}{2}\right) - \left(\beta - \frac{\alpha}{2}\right)$$

$$\alpha - \beta = 2 \cdot \frac{\alpha-\beta}{2} = 2\left\{\left(\alpha + \frac{\beta}{2}\right) - \left(\frac{\alpha}{2} + \beta\right)\right\}$$

$$= 2\left\{\left(\frac{\beta}{2} - \frac{\alpha}{2}\right) - (\beta - \alpha)\right\}$$

2. 삼각등식의 증명

삼각등식의 증명과 삼각식을 간단히 하는 것에는 본질적인 구별이 없다. 삼각등식의 증명은 간단히 하려는 삼각식과 간단히 한 후의 결론을 등호로 이어 놓아 등식이 되게 하는 것이다. 삼각등식의 증명은 항등식과 조건등식 두 가

지로 나누어진다. 증명은 일반적으로 복잡한 변을 간단히 하여 다른 한 변과 같게 하면 된다. 등식의 좌우 양변이 모두 복잡할 때에는 좌우 양변을 각각 간단히 하여 같은 식이 되게 한다. 여기서는 등식의 양변의 각 및 변과 삼각함수의 상관관계에 주의하여야 한다.

(1) 삼각항등식의 증명

예제 05

다음 식을 증명하여라.

$$\frac{\sin 2\alpha}{(\sin\alpha+\cos\alpha-1)(\sin\alpha-\cos\alpha+1)}=\frac{1+\cos\alpha}{\sin\alpha}$$

| 증명 | 좌변 $=\dfrac{\sin 2\alpha}{\sin^2\alpha-\cos^2\alpha+2\cos\alpha-1}$

$$=\frac{2\sin\alpha\cos\alpha}{1-2\cos^2\alpha+2\cos\alpha-1}$$

$$=\frac{2\sin\alpha\cos\alpha}{2\cos\alpha(1-\cos\alpha)}$$

$$=\frac{\sin\alpha}{1-\cos\alpha}=\frac{1+\cos\alpha}{\sin\alpha}=우변$$

예제 06

$$(2\cos\theta-1)(2\cos 2\theta-1)(2\cos 2^2\theta-1)\cdots(2\cos 2^{n-1}\theta-1)$$

$$=\frac{2\cos 2^n\theta+1}{2\cos\theta+1}$$ 임을 증명하여라.

| 증명 1 | $2\cos\theta-1=\dfrac{(2\cos\theta-1)(2\cos\theta+1)}{2\cos\theta+1}$

$$=\frac{4\cos^2\theta-1}{2\cos\theta+1}=\frac{2\cos 2\theta+1}{2\cos\theta+1}$$

$$2\cos 2\theta-1=\frac{(2\cos 2\theta-1)(2\cos 2\theta+1)}{2\cos 2\theta+1}$$

$$=\frac{4\cos^2 2\theta-1}{2\cos 2\theta+1}=\frac{2\cos 2^2\theta+1}{2\cos 2\theta+1}$$

마찬가지로 $2\cos2^2\theta-1=\dfrac{2\cos2^3\theta+1}{2\cos2^2\theta+1}$, ...

$$2\cos2^{n-1}\theta-1=\dfrac{2\cos2^n\theta+1}{2\cos2^{n-1}\theta+1}$$

위의 n개의 등식을 변끼리 곱하고 우변을 약분하면 증명하려는 등식이 얻어진다.

| 증명2 | $f(n)=\dfrac{2\cos2^n\theta+1}{2\cos\theta+1}$ 이라고 하면

$$\frac{f(n)}{f(n-1)}=\frac{\dfrac{2\cos2^n\theta+1}{2\cos\theta+1}}{\dfrac{2\cos2^{n-1}\theta+1}{2\cos\theta+1}}$$

$$=\frac{2\cos2^n\theta+1}{2\cos2^{n-1}\theta+1}$$

$$=\frac{2(2\cos^22^{n-1}\theta-1)+1}{2\cos2^{n-1}\theta+1}$$

$$=2\cos2^{n-1}\theta-1$$

$$\therefore f(n)=(2\cos2^{n-1}\theta-1)f(n-1)$$

즉 $f(n)=(2\cos2^{n-1}\theta-1)(2\cos2^{n-2}\theta-1)f(n-2)$

$$=(2\cos2^{n-1}\theta-1)(2\cos2^{n-2}\theta-1)\cdots$$

$$(2\cos2\theta-1)f(1)$$

$f(1)=2\cos\theta-1$, 그러므로 주어진 등식은 성립한다.

| 설명 | ① 몇 개의 인수를 곱하는 문제에서는 흔히 곱하고 약분하는 방법을 이용한다. 이와 비슷하게 몇 개 항을 더한 합을 구하는 문제는 더해 주고 소거하는 방법으로 풀 수 있다.

② 역에 관한 항등식도 증명 2의 방법을 이용하여 증명한다.

(2) 삼각조건등식의 증명

삼각조건등식을 증명하는 데 있어서의 요점은 조건과 결론을 구성하는 요소와 함수식의 특징을 분석하고 종합과 분석을 동시에 이용하는 방법을 이용하는 것이다. 한편으로는 조건을 변형하여 조건이 제공해 주는 정보를 찾고, 다른 한편으로는 결론을 분석하여 조건과 결론 사이의 내재적 관계를 탐구해야 한다. 그러면 증명의 방법을 찾게 된다.

α, β, $\alpha+\beta \in (0,\,\pi)$이고 $\dfrac{\cos\alpha}{\sin\beta}+\dfrac{\cos\beta}{\sin\alpha}=2$일 때 $\alpha+\beta=\dfrac{\pi}{2}$ 임을 증명하여라.

| 분석 | α, β, $\alpha+\beta \in (0,\,\pi)$이므로 $\alpha+\beta=\dfrac{\pi}{2}$를 증명하려면

$\sin(\alpha+\beta)=1$ 또는 $\cos(\alpha+\beta)=0$ 또는 $\tan\dfrac{\alpha+\beta}{2}=1$을 증명

하거나, $\alpha+\beta=\dfrac{\pi}{2}$를 $\alpha=\dfrac{\pi}{2}-\beta$로 변형하여 $\cos\alpha=\sin\beta$ 또는

$\tan\alpha=\cot\beta$를 증명하는 문제로 전환시켜 증명할 수 있다. 이 문제는 먼저 조건에 대해 항등변형을 한 다음 위에서 분석한 증명해야 할 관계식을 찾으면 된다.

| 증명 | 주어진 조건에 의하여

$\sin\alpha\cos\alpha+\sin\beta\cos\beta=2\sin\alpha\sin\beta$

$\Rightarrow \dfrac{1}{2}(\sin2\alpha+\sin2\beta)=2\sin\alpha\sin\beta$

$\Rightarrow \sin(\alpha+\beta)\cos(\alpha-\beta)=\cos(\alpha-\beta)-\cos(\alpha+\beta)$

$\Rightarrow \cos(\alpha+\beta)-\cos(\alpha-\beta)\{1-\sin(\alpha+\beta)\}=0$

$\Rightarrow \left(\cos\dfrac{\alpha+\beta}{2}\right)^2-\left(\sin\dfrac{\alpha+\beta}{2}\right)^2-\cos(\alpha-\beta)$

$\qquad \times\left(\sin\dfrac{\alpha+\beta}{2}-\cos\dfrac{\alpha+\beta}{2}\right)^2=0$

$\Rightarrow \left(\cos\dfrac{\alpha+\beta}{2}-\sin\dfrac{\alpha+\beta}{2}\right)\Big[\cos\dfrac{\alpha+\beta}{2}\cdot\{1-\cos(\alpha-\beta)\}$

$\qquad +\sin\dfrac{\alpha+\beta}{2}\{1+\cos(\alpha-\beta)\}\Big]=0 \qquad \cdots\cdots ①$

α, β, $\alpha+\beta \in (0,\,\pi)$, $\dfrac{\alpha+\beta}{2}\in\left(0,\,\dfrac{\pi}{2}\right)$이므로 ① 식에서 좌변

의 $\{\ \ \}$ 안의 값은 0보다 크다. 그러므로 ① 식에서 다음을 얻을 수 있다.

$$\cos\dfrac{\alpha+\beta}{2}-\sin\dfrac{\alpha+\beta}{2}=0$$

따라서 $\tan\dfrac{\alpha+\beta}{2}=1$

$\therefore \dfrac{\alpha+\beta}{2}=\dfrac{\pi}{4}$, $\alpha+\beta=\dfrac{\pi}{2}$

예제 08

$\sin(2\alpha+\beta)=5\sin\beta$일 때 $3\tan\alpha=2\tan(\alpha+\beta)$임을 증명하여라.

|분석| 결론에서의 각 α, $\alpha+\beta$와 조건에서의 각 β, $2\alpha+\beta$ 사이의 $\beta=(\alpha+\beta)-\alpha$, $2\alpha+\beta=(\alpha+\beta)+\alpha$와 같은 관계가 있다는 것을 쉽게 알 수 있다. 따라서 조건을 변형할 때 먼저 조건에서의 각을 결론에서의 각으로 고쳐야 한다.

|증명| 주어진 조건 $\sin(2\alpha+\beta)=5\sin\beta$에 의하여
$\sin\{(\alpha+\beta)+\alpha\}=5\sin\{(\alpha+\beta)-\alpha\}$,
$\sin(\alpha+\beta)\cos\alpha+\cos(\alpha+\beta)\sin\alpha$
$=5\sin(\alpha+\beta)\cos\alpha-5\cos(\alpha+\beta)\sin\alpha$
정리하면 $3\cos(\alpha+\beta)\sin\alpha=2\sin(\alpha+\beta)\cos\alpha$
문제가 의미를 가지려면 $\alpha+\beta$와 α는 모두 $k\pi+\dfrac{\pi}{2}$(k는 정수)
가 아니다. 그러므로 $\cos(\alpha+\beta)$와 $\cos\alpha$는 0이 아니다.
따라서 $\dfrac{3\cos(\alpha+\beta)\sin\alpha}{\cos(\alpha+\beta)\cos\alpha}=\dfrac{2\sin(\alpha+\beta)\cos\alpha}{\cos(\alpha+\beta)\cos\alpha}$
그러므로 $3\tan\alpha=2\tan(\alpha+\beta)$는 성립한다.

|설명| 조건등식의 증명에서는 대수식의 항등변형에 관한 지식들을 종합적으로 이용해야 한다. 변형 과정에서 두 식을 나누게 되면 제수가 0이 되지 않아야 한다. 만약 제수가 0이 아니라는 조건이 직접 주어지지 않았으면 여러 가지 경우로 나누어 살펴보아야 한다.

예제 09

A, B, C가 동시에
$\sin A+\sin B+\sin C=0$,
$\cos A+\cos B+\cos C=0$
을 만족할 때 $\cos^2 A+\cos^2 B+\cos^2 C$가 정해진 값을 갖는다는 것을 증명하여라.

| 증명 | 주어진 조건에 의하여

$$\sin A + \sin B = -\sin C \qquad \cdots\cdots ①$$

$$\cos A + \cos B = -\cos C \qquad \cdots\cdots ②$$

$①^2 + ②^2$,

$$\cos(A-B) = -\frac{1}{2}$$

마찬가지로

$$\cos(B-C) = \cos(C-A) = -\frac{1}{2}$$

$\varphi = A + B + C$라 하고 $\cos A + \cos B + \cos C = 0$의 양변을 제곱하면

$$\cos^2 A + \cos^2 B + \cos^2 C$$

$$= -(2\cos A\cos B + 2\cos B\cos C + 2\cos C\cos A)$$

$$= -\{\cos(A+B) + \cos(A-B) + \cos(B+C)$$

$$\quad + \cos(B-C) + \cos(C+A) + \cos(C-A)\}$$

$$= -\left\{\cos(\varphi-C) - \frac{1}{2} + \cos(\varphi-A) - \frac{1}{2} + \cos(\varphi-B)\right.$$

$$\quad \left. -\frac{1}{2}\right\}$$

$$= \frac{3}{2} - [\cos\varphi(\cos A + \cos B + \cos C)$$

$$\quad + \sin\varphi(\sin A + \sin B + \sin C)]$$

$$= \frac{3}{2}$$

| 설명 | 매개변수를 도입하는 것은 삼각항등변환에서 비교적 기교가 높은 방법이나 이 예제에서는 $\varphi = A + B + C$를 선택하여 문제를 간단히 하였다.

3. 삼각형의 변, 각 사이의 관계에 관한 문제

삼각함수의 항등변형은 삼각형의 풀이, 삼각형의 모양 판정 및 일부 변과 각 사이의 관계에 관한 종합 문제에도 이용된다.

예각삼각형 ABC에서 $\overline{AC}=1$, $\overline{AB}=c$이고 △ABC의 외접원의 반지름의 길이 $R \le 1$이다.

$\cos A < c \le \cos A + \sqrt{3}\sin A$를 증명하여라.

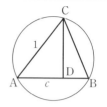

| 증명 | 코사인법칙에 의하여

$$\overline{BC}^2 = \overline{AC}^2 + \overline{AB}^2 - 2\overline{AB}\cdot\overline{AC}\cdot\cos A$$
$$= 1 + c^2 - 2 \times 1 \cdot c \cdot \cos A$$

또 사인법칙에 의하여

$$\overline{BC}^2 = 4R^2\sin^2 A$$

따라서 $1 + c^2 - 2c\cos A = 4R^2\sin^2 A$

그런데 $R \le 1$, $R^2 \le 1$

$\therefore 1 + c^2 - 2c\cos A \le 4\sin^2 A$

즉 $c^2 - (2\cos A)c + (1 - 4\sin^2 A) \le 0$

c에 관한 이차부등식을 풀면

$$\cos A - \sqrt{3}\sin A \le c \le \cos A + \sqrt{3}\sin A$$

C에서 $\overline{AB}$에 수선을 긋고 수선의 발을 D라고 하면 △ABC가 예각삼각형이므로 D는 $\overline{AB}$ 위에 놓인다. 그러므로

$$\overline{AB} = c > \overline{AC}\cdot\cos A = \cos A$$

$\therefore \cos A < c \le \cos A + \sqrt{3}\sin A$

오른쪽 그림의 △ABC에서 각 A, B, C의 대변은 각각 a, b, c이고 $c=10$, $\dfrac{\cos A}{\cos B} = \dfrac{b}{a} = \dfrac{4}{3}$이며, P는 △ABC의 내접원 위의 움직이는 점이다. 점 P에서 꼭짓점 A, B, C까지 거리의 제곱의 합의 최댓값과 최솟값을 구하여라. (단, 점 P와 변 CB사이의 거리는 이보다 작지않다)

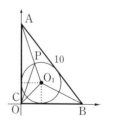

| 풀이 | 주어진 조건 $\dfrac{b}{a} = \dfrac{4}{3}$에 의하여 $b \ne a$, $b > a$를 얻는다.

또 $\dfrac{\cos A}{\cos B}=\dfrac{b}{a},\ a\cos A=b\cos B$

따라서 $2R\sin A\cos A=2R\cdot\sin B\cos B \Rightarrow \sin 2A=\sin 2B$

$\therefore 2A=2B$ 또는 $2A=180°-2B$

그런데 $b\neq a,\ A\neq B$

$\therefore A+B=90°,\ C=90°$

즉 $\triangle ABC$는 직각삼각형이다.

$b=4k,\ a=3k$라고 하면 $a^2+b^2=c^2$에 의하여

$(3k)^2+(4k)^2=10^2,\ k=2$

$\therefore a=6,\ b=8$

그러므로 내접원의 반지름의 길이는

$$r=(a+b)-\dfrac{1}{2}(a+b+c)=2$$

직각좌표계를 만들면 내접원의 방정식은

$$(x-2)^2+(y-2)^2=4$$

움직이는 점 P의 좌표를 $(x,\ \sqrt{4x-x^2}+2)$라고 하면

$$\overline{PA}^2=x^2+(\sqrt{4x-x^2}+2-8)^2$$
$$=4x-12\sqrt{4x-x^2}+36$$
$$\overline{PB}^2=(x-6)^2+(\sqrt{4x-x^2}+2)^2$$
$$=-8x+4\sqrt{4x-x^2}+40$$
$$\overline{PC}^2=x^2+(\sqrt{4x-x^2}+2)^2$$
$$=4x+4\sqrt{4x-x^2}+4$$

점 P에서 꼭짓점 A, B, C까지 거리의 제곱의 합을 $f(x)$라고 하면

$$f(x)=\overline{PA}^2+\overline{PB}^2+\overline{PC}^2$$
$$=-4\sqrt{4x-x^2}+80$$

$x=2$일 때 $y=4x-x^2$은 최댓값 4을 가진다.

$\therefore f_{min}=-4\times2+80=72$

$\sqrt{4x-x^2}\geq0 \quad \therefore x\in[0,\ 4]$

$x=0,\ 4$일 때 $y=4x-x^2$은 최솟값 0을 가진다.

$\therefore f_{max}=80$

그러므로 점 P에서 꼭짓점 A, B, C까지 거리의 제곱의 합의 최댓값은 80이고 최솟값은 72이다.

삼각식의 항등변형에 관한 지식은 삼각부등식의 증명에서도 널리 이용된다. 이것은 다음 장 '삼각부등식'에서 체계적으로 설명하게 된다.

01 다음 식을 간단히 하여라.

(1) $\cos\dfrac{2}{7}\pi\cos\dfrac{4}{7}\pi+\cos\dfrac{4}{7}\pi\cos\dfrac{6}{7}\pi+\cos\dfrac{6}{7}\pi\cos\dfrac{2}{7}\pi$

(2) $\sin\dfrac{\pi}{7}\sin\dfrac{2\pi}{7}\sin\dfrac{3\pi}{7}$

02 $\dfrac{1}{\sin2\alpha}+\dfrac{1}{\sin4\alpha}+\dfrac{1}{\sin8\alpha}+\cdots+\dfrac{1}{\sin2^{n}\alpha}=\cot\alpha-\cot2^{n}\alpha$를 증명하여라.

03 $0<\alpha<\pi$, $0<\beta<\pi$이고, $\cos\alpha+\cos\beta-\cos(\alpha+\beta)=\dfrac{3}{2}$일 때 $\alpha=\beta=\dfrac{\pi}{3}$임을 증명하여라.

04 $\cos\dfrac{\pi}{18}\cos\dfrac{3\pi}{18}\cos\dfrac{5\pi}{18}\cos\dfrac{7\pi}{18}=\dfrac{3}{16}$을 증명하여라.

05 $\triangle$ABC에서 다음을 증명하여라.
$$\sin^2B+\sin^2C-2\sin B\sin C\cos A$$
$$=\cos^2B+\cos^2C+2\cos B\cos C\cos A=\sin^2A$$

06 θ와 φ가 방정식 $a\cos x+b\sin x=c(abc\neq0)$의 두 근이고 $\theta-\varphi\neq2k\pi(k\in Z)$일 때 다음 식을 증명하여라.($Z$는 정수의 집합)
$$\frac{a}{\cos\dfrac{\theta+\varphi}{2}}=\frac{b}{\sin\dfrac{\theta+\varphi}{2}}=\frac{c}{\cos\dfrac{\theta-\varphi}{2}}$$

07 $\triangle ABC$에서 $A=\dfrac{C}{2}$일 때, $\dfrac{b}{3}<c-a<\dfrac{b}{2}$ (a, b, c는 세 변의 길이이다)
임을 증명하여라.

08 $\triangle ABC$에서 각 A, B, C의 대변은 각각 a, b, c이고 $c=4$,
$\dfrac{a}{\cos\dfrac{A}{2}}=\dfrac{b}{\cos\dfrac{B}{2}}=\dfrac{c}{\cos\dfrac{C}{2}}$이며, D는 $\overline{BC}$ 위의 한 점이고 $\overline{CD}=1$이
다. P는 $\overline{AD}$ 위의 움직이는 한 점이고, P에서 세 변 AB, BC, CA까지
의 거리는 각각 X, Y, Z이다.
$\overline{PD}$가 어떤 값을 취할 때 함수 $f=X\cdot Y\cdot Z$가 최댓값을 가지겠는가? 그
최댓값을 구하여라.

09 예각삼각형 ABC에서, $\cos A=\cos\alpha\cdot\sin\beta$, $\cos B=\cos\beta\cdot\sin\gamma$,
$\cos C=\cos\gamma\cdot\sin\alpha$일 때, $\tan\alpha\cdot\tan\beta\cdot\tan\gamma=1$임을 증명하여라.

10 $a>1$이고 a, θ는 실수이다. θ가 변할 때 함수
$f(\theta)=\dfrac{(a+\sin\theta)(4+\sin\theta)}{1+\sin\theta}$의 최솟값을 구하여라.

08 삼각부등식

미지수가 들어 있는 삼각함수로 이루어진 부등식을 삼각부등식이라고 한다.

삼각부등식 역시 부등식이므로 삼각부등식에 관한 문제에서는 부등식의 모든 성질 및 기본 정리를 그대로 이용할 수 있고 또 삼각함수의 성질, 삼각식의 변형 규칙도 그대로 이용할 수 있다.

1. 삼각부등식의 증명

예제 01

$(\sin^2\alpha + \csc^2\alpha)(\cos^2\alpha + \sec^2\alpha) \geq \dfrac{25}{4}$ 임을 증명하여라.

| 증명 | 좌변 $= \left(\sin^2\alpha + \dfrac{1}{\sin^2\alpha}\right)\left(\cos^2\alpha + \dfrac{1}{\cos^2\alpha}\right)$

$= \left(\dfrac{1-\cos 2\alpha}{2} + \dfrac{2}{1-\cos 2\alpha}\right)$

$\qquad \cdot \left(\dfrac{1+\cos 2\alpha}{2} + \dfrac{2}{1+\cos 2\alpha}\right)$

$= \dfrac{(1-\cos 2\alpha)^2 + 4}{2(1-\cos 2\alpha)} \cdot \dfrac{(1+\cos 2\alpha)^2 + 4}{2(1+\cos 2\alpha)}$

$= \dfrac{25 + 6\cos^2 2\alpha + \cos^4 2\alpha}{4\sin^2 2\alpha} \geq \dfrac{25}{4}$

$2\alpha = k\pi + \dfrac{\pi}{2}$ (k는 정수)일 때만 등호가 성립한다.

예제 02

$\dfrac{1}{3} \leq \dfrac{\tan^2 x - \tan x + 1}{\tan^2 x + \tan x + 1} \leq 3$ 임을 증명하여라.

| 증명 | $\tan x = t$라 하면

$$y \ne \frac{\tan^2 x - \tan x + 1}{\tan^2 x + \tan x + 1} = \frac{t^2 - t + 1}{t^2 + t + 1}$$

이것을 정리하면 $(y-1)t^2 + (y+1)t + (y-1) = 0$ ······ ①

$y \ne 1$일 때 실수 $t = \tan x$가 위의 일원이차방정식을 만족하므로 그 판별식은 음이 아니다. 즉

$$(y+1)^2 - 4(y-1)^2 \ge 0$$

이 부등식을 풀면 $\dfrac{1}{3} \le y \le 3$ ······ ②

$y = 1$일 때(이때 ①에서 $\tan x = t = 0$임을 알 수 있다.) 그 값은 ②에 있게 되므로 원 부등식은 성립한다.

| 설명 | 이 예제에서는 치환을 통하여 삼각부등식을 2차함수로 고쳤다. 그리고 이차함수를 증명하는 방법을 이용하여(즉 판별식을 이용) 증명하려는 삼각부등식을 증명하였다.

예제 03

$p+q = 1$일 때 $\triangle ABC$에서 $p \sin^2 A + q \sin^2 B > pq \sin^2 C$임을 증명하여라.

| 증명 | 부등식은 사인함수에 관한 동차식이다. $\triangle ABC$의 외접원의 지름의 길이 $2R = 1$이라 하고 사인법칙을 이용하여 각을 변으로 고치면

$$\begin{aligned}
\text{좌변} - \text{우변} &= pa^2 + qb^2 - pqc^2 \\
&= pa^2 + qb^2 - pq(a^2 + b^2 - 2ab\cos C) \\
&= p(1-q)a^2 + q(1-p)b^2 + 2pqab\cos C \\
&= p^2 a^2 + q^2 b^2 + 2pqab\cos C > p^2 a^2 + q^2 b^2 \\
&\quad - 2|pqab| \\
&= (|pa| - |qb|)^2 \ge 0
\end{aligned}$$

좌변 > 우변. 따라서 명제가 증명되었다.

삼각형에 관한 부등식에서 때로는 변과 각 사이의 관계에 관한 정
리를 이용하여 각을 변으로 고친 다음 대수적 방법을 이용하여 수
리 논증한다(이 문제에서는 차를 구하는 방법을 이용하였고 증명
과정에서 코사인함수의 성질을 이용하였다).

예제 04

x, y, z가 임의의 실수이고 $A+B+C=\pi$이면

$x^2+y^2+z^2 \geq 2yz\cos A+2zx\cos B+2xy\cos C$ ······① 에서

등호는 $\begin{cases} x=y\cos C+z\cos B \\ y\sin C=z\sin B \end{cases}$ 일 때만 성립한다는 것을 증명하

여라.

| 증명 | ①식의 양변에서

$$좌변-우변 = x^2-2(y\cos C+z\cos B)x+y^2+z^2$$
$$-2yz\cos A$$

그 판별식은

$$D=4(y\cos C+z\cos B)^2-4\{y^2+z^2-2yz\cos(\pi-B-C)\}$$
$$=-4(y^2\sin^2 C+z^2\sin^2 B-2yz\sin B\sin C)$$
$$=-4(y\sin C-z\sin B)^2 \leq 0 \quad ······②$$

그러므로 좌변-우변 ≥ 0

또 ②에서 $D=0$은 $y\sin C=z\sin B$일 때만 성립한다. 그런데
이때 x에 관한 일원이차방정식은 중근을 가진다. 그러므로
$x=y\cos C+z\cos B$이다. 이상을 종합하면 명제는 증명된다.

| 설명 | 이 예제의 조건에서 $A+B+C=\pi$는 A, B, C가 삼각형의 세 내
각이라는 것보다 더 보편성을 띤다. x, y, z가 임의의 실수이면 x,
y, z가 한 삼각형의 세 변인 경우도 포함한다. 그러므로 이 결론에
의하여 삼각형에 관한 일부 결론을 얻을 수 있다. 예를 들면

$x=y=z$를 취하면 $\triangle ABC$에서 $\cos A+\cos B+\cos C \leq \dfrac{3}{2}$을 얻

는다.

예제 05

x, y, z가 예각이고 $\cos^2 x + \cos^2 y + \cos^2 z = 1$일 때 다음을 증명하여라.

(1) $\tan x + \tan y + \tan z > \cot x + \cot y + \cot z$

(2) $\cos x + \cos y + \cos z < \cos(y-z) + \cos(z-x)$
   $+ \cos(x-y)$

| 증명 | 가정에 의하여

$$0 \le |x-y| < \frac{\pi}{2}$$

$$\therefore \cos(x-y) = \cos|x-y| > 0$$

또 $0 < \cos^2 z = 1 - \cos^2 x - \cos^2 y$

$$= 1 - \frac{1 + \cos 2x}{2} - \frac{1 + \cos 2y}{2}$$

$$= -\frac{1}{2}(\cos 2x + \cos 2y)$$

$$= -\cos(x+y)\cos(x-y)$$

$-\cos(x+y) > 0$, 즉 $\cos(x+y) < 0$

$$\therefore x + y = \frac{\pi}{2} \qquad \cdots\cdots ①$$

마찬가지로 $y + z > \dfrac{\pi}{2} \qquad \cdots\cdots ②$

$$z + x > \frac{\pi}{2} \qquad \cdots\cdots ③$$

$$\therefore \frac{\pi}{2} > x > \frac{\pi}{2} - y > 0$$

$$\tan x > \tan\left(\frac{\pi}{2} - y\right) = \cot y \qquad \cdots\cdots ④$$

마찬가지로 $\tan y > \cot z \qquad \cdots\cdots ⑤$

$$\tan z > \cot x \qquad \cdots\cdots ⑥$$

④, ⑤, ⑥을 변끼리 더하면 (1)식이 얻어진다.

①에서 $x > \dfrac{\pi}{2} - y > z - y$

③에서 $z + x > \dfrac{\pi}{2} > y$

$$\therefore x > y - z$$

따라서 $\dfrac{\pi}{2}>x>|y-z|$, $\cos x<\cos(y-z)$

마찬가지로 $\cos y<\cos(z-x)$, $\cos z<\cos(x-y)$

마지막 세 식을 변끼리 더하면 (2)식이 얻어진다.

예제 06

다음을 증명하여라.

(1) $\alpha_1,\ \alpha_2,\ \alpha_3\in(0,\ \pi)$일 때

$$\sin\alpha_1+\sin\alpha_2+\sin\alpha_3\leq3\sin\left(\dfrac{\alpha_1+\alpha_2+\alpha_3}{3}\right)^2$$

(2) $\alpha_1,\ \alpha_2,\ \alpha_3\in\left(-\dfrac{\pi}{2},\ \dfrac{\pi}{2}\right)^2$일 때

$$\cos\alpha_1+\cos\alpha_2+\cos\alpha_3\leq3\cos\left(\dfrac{\alpha_1+\alpha_2+\alpha_3}{3}\right)^2$$

| 증명 | (1) $\sin\alpha_1+\sin\alpha_2+\sin\alpha_3+\sin\dfrac{\alpha_1+\alpha_2+\alpha_3}{3}$

$$=2\sin\dfrac{\alpha_1+\alpha_2}{2}\cos\dfrac{\alpha_1-\alpha_2}{2}+2\sin\dfrac{\alpha_3+\dfrac{\alpha_1+\alpha_2+\alpha_3}{3}}{2}$$

$$\times\cos\dfrac{\alpha_3-\dfrac{\alpha_1+\alpha_2+\alpha_3}{3}}{2}$$

$$\leq2\left(\sin\dfrac{\alpha_1+\alpha_2}{2}+\sin\dfrac{\alpha_1+\alpha_2+4\alpha_3}{6}\right)$$

$$=4\sin\dfrac{\alpha_1+\alpha_2+\alpha_3}{3}\cdot\cos\dfrac{\alpha_1+\alpha_2-2\alpha_3}{6}$$

$$\leq4\sin\dfrac{\alpha_1+\alpha_2+\alpha_3}{3}$$

위 식에서 '$\leq$'의 등호는 $\alpha_1=\alpha_2$, $\alpha_3=\dfrac{\alpha_1+\alpha_2+\alpha_3}{3}$

즉 $\alpha_1=\alpha_2=\alpha_3$일 때만 성립한다.

$\therefore\ \sin\alpha_1+\sin\alpha_2+\sin\alpha_3\leq3\sin\dfrac{\alpha_1+\alpha_2+\alpha_3}{3}$

마찬가지로 (2)를 증명할 수 있다.

| 설명 | 삼각부등식을 증명할 때에는 흔히 삼각공식과 함수의 단조성을 이용한다. 이 예제에서는 항을 더하는 방법을 이용하였다. 이 예제의 결과를 이용하여 삼각형에 관계되는 많은 부등식을 유도해 낼 수 있다. 예를 들면 $\triangle ABC$에서

$$\sin A + \sin B + \sin C \leq 3\sin\frac{\pi}{3} = \frac{3\sqrt{3}}{2}$$

$$\cos A + \cos B + \cos C \leq 3\cos\frac{\pi}{3} = \frac{3}{2}$$

☝ 위의 부등식들은 함수의 볼록성($convex$)을 이용하면 자명하다.

(젠센 부등식을 이용, $\sum\limits_{i=1}^{n} w_i = 1$, $w_i \in R_0^{+}$,이고

$x_1 \leq x_2 \leq \cdots \leq x_n$의 구간에 대하여 $f(x)$가 볼록 함수일 때

$\sum\limits_{i=1}^{n} w_i f(x_i) \geq f(\sum\limits_{i=1}^{n} w_i x_i)$가 성립.)

예제 07

$a, b, c \in \left(0, \dfrac{\pi}{2}\right)$이고 $a = \cos a$, $b = \sin(\cos b)$, $c = \cos(\sin c)$
일 때 $c > a > b$임을 증명하여라.

| 증명 | 〈귀류법〉 $a \leq b$라고 가정하면 $\cos a \leq \sin(\cos b)$

주어진 조건하에서 $\cos b \in \left(0, \dfrac{\pi}{2}\right)$이다.

또 부등식 $\sin x < x \, (x > 0)$를 이용하면

$\sin(\cos b) < \cos b$ ∴ $\cos a < \cos b$ 따라서 $a > b$

이것은 가정과 모순된다. 그러므로 $a > b$는 성립한다.

마찬가지 방법으로 $a < c$를 증명할 수 있다. ∴ $c > a > b$

예제 08

다음 부등식을 증명하여라.

$1 \leq \sin^{10}x + 10\sin^2 x\cos^2 x + \cos^{10}x \leq \dfrac{41}{16}$

| 증명 | $y=\sin^{10}x+10\sin^2x\cos^2x+\cos^{10}x$라 하고 변형하면

$$y=\left(\frac{1-\cos2x}{2}\right)^5+\frac{5}{2}(\sin2x)^2+\left(\frac{1+\cos2x}{2}\right)^5$$

$$=\frac{10\cos^42x-60\cos^22x+82}{32}=\frac{5(\cos^22x-3)^2}{16}-\frac{1}{4}$$

$u=\cos^22x$라고 하면 $0\le u\le1$

따라서 $y=f(u)=\dfrac{5(u-3)^2}{16}-\dfrac{1}{4}$

이차함수의 성질에 의하여

$f(1)\le f(u)\le f(0)$, 즉 $1\le f(u)\le\dfrac{41}{16}$

$\therefore 1\le\sin^{10}x+10\sin^2x\cos^2x+\cos^{10}x\le\dfrac{41}{16}$

2. 삼각부등식의 응용

부등식 $f(x)\ge a$ 또는 $f(x)\le a$(a는 상수)를 증명하고, 또 등호가 성립하는 조건이 구비되면 실제 $f(x)$의 최댓값 또는 최솟값을 구하는 것이다. 문자 대신에 삼각식을 넣거나 기하도형에서 각을 취하여 매개변수로 하면 대수 또는 기하부등식에 관한 증명 및 최댓값, 최솟값을 구하는 문제를 삼각부등식으로 풀 수 있다.

예제 09

함수 $y=\sqrt{3x+2}+\sqrt{1-4x}$의 치역을 구하여라.

| 풀이 | $\begin{cases}3x+2\ge0\\1-4x\ge0\end{cases}$ 에 의하여 $-\dfrac{2}{3}\le x\le\dfrac{1}{4}$

즉 $0\le12x+8\le11$, $0\le\dfrac{12x+8}{11}\le1$

$\dfrac{12x+8}{11}=\sin^2\alpha\left(0\le\alpha\le\dfrac{\pi}{2}\right)$라고 하면

$x=\dfrac{11\sin^2\alpha-8}{12}$

따라서 $y = \dfrac{\sqrt{11}}{2}\sin\alpha + \sqrt{\dfrac{11}{3}}\cos\alpha$

$\qquad = \sqrt{\dfrac{77}{12}}\sin(\alpha + \varphi)\left(\cos\varphi = \sqrt{\dfrac{3}{7}},\ \sin\varphi = \sqrt{\dfrac{4}{7}}\right)$

그러므로 $\alpha + \varphi = \dfrac{\pi}{2}$ 일 때 $y_{\max} = \sqrt{\dfrac{77}{12}}$

$\left(\text{이때 } \sin\alpha = \cos\varphi = \sqrt{\dfrac{3}{7}},\ x = \dfrac{11\sin^2\alpha - 8}{12} = -\dfrac{23}{84}\right)$

또 $0 \le \alpha \le \dfrac{\pi}{2}$, $\varphi \le \alpha + \varphi \le \varphi + \dfrac{\pi}{2}$

또 $\dfrac{\pi}{4} < \varphi < \dfrac{\pi}{2}\left(\sqrt{\dfrac{4}{7}} > \dfrac{\sqrt{2}}{2}\right)$

$\therefore \sin(\alpha + \varphi) \ge \sin\left(\dfrac{\pi}{2} + \varphi\right) = \cos\varphi = \sqrt{\dfrac{3}{7}}$

그러므로 $\alpha = \dfrac{\pi}{2}$ 즉 $x = \dfrac{1}{4}$ 일 때 $y_{\min} = \sqrt{\dfrac{77}{12}} \times \sqrt{\dfrac{3}{7}} = \dfrac{\sqrt{11}}{2}$

$\therefore \dfrac{\sqrt{11}}{2} \le y \le \sqrt{\dfrac{77}{12}}$

예제 10

정삼각형 ABC의 내심을 회전 중심으로 하여 $\triangle$ABC를 각 $\theta\left(0 < \theta < \dfrac{2\pi}{3}\right)$만큼 회전시켜 원래의 삼각형과 부분적으로 중첩된 육각형을 얻었다. 이 육각형의 넓이를 S라 하였을 때, $S \ge \dfrac{2S_{\triangle ABC}}{3}$ 임을 증명하여라. $\left(\theta = \dfrac{\pi}{3}\text{ 일 때만 등호를 취한다.}\right)$

| 증명 | 오른쪽 그림에서와 같이 $\triangle$ABC의 변의 길이를 a, 내접원의 반지름의 길이를 r, $\triangle$ABC를 그 내심 O의 둘레로 θ각 회전시켜 얻은 삼각형을 A′B′C′라 하고, A와 O, A′와 O, C′와 O를 연결하여 연장한 후 대변과 만나는 점을 각각 O_1, O_2, O_3이라 한다.

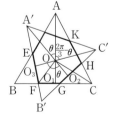

그러면 $\angle O_1OO_2 = \angle AOA' = \theta$, $\overline{OO_1} = \overline{OO_2} = r$,
$\overline{OO_1} \perp \overline{BC}$, $\overline{OO_2} \perp \overline{B'C'}$

$$\therefore \overline{O_1G} = \overline{O_2G} = r\tan\frac{\theta}{2}$$

또 $\angle A'OC' = \dfrac{2\pi}{3}$

$$\therefore \angle O_1OO_3 = \angle AOC' = \angle A'OC' - \angle AOA' = \frac{2\pi}{3} - \theta$$

$$\therefore \overline{O_1F} = r\tan\frac{\dfrac{2\pi}{3} - \theta}{2} = r\tan\left(\frac{\pi}{3} - \frac{\theta}{2}\right)$$

$$\overline{FG} = \overline{O_1G} + \overline{O_1F} = r\left\{\tan\frac{\theta}{2} + \tan\left(\frac{\pi}{3} - \frac{\theta}{2}\right)\right\}$$

$$= \frac{r \cdot \sqrt{3}\left(1 + \tan^2\dfrac{\theta}{2}\right)}{1 + \sqrt{3}\tan\dfrac{\theta}{2}}$$

마찬가지로 육각형의 나머지 각 변의 길이는 $\overline{FG}$와 같다.

$$\therefore S = \frac{1}{2} \cdot 6\overline{FG} \cdot r = 3r^2 \cdot \frac{\sqrt{3}\left(1 + \tan^2\dfrac{\theta}{2}\right)}{1 + \sqrt{3}\tan\dfrac{\theta}{2}}$$

$$= 3 \cdot \left(\frac{\sqrt{3}}{6}a\right)^2 \cdot \frac{\sqrt{3}\left(1 + \tan^2\dfrac{\theta}{2}\right)}{1 + \sqrt{3}\tan\dfrac{\theta}{2}}$$

$$= S_{\triangle ABC} \cdot \frac{1 + \tan^2\dfrac{\theta}{2}}{1 + \sqrt{3}\tan\dfrac{\theta}{2}}$$

$$= S_{\triangle ABC} \cdot \frac{\dfrac{2}{3}\left(1 + \sqrt{3}\tan\dfrac{\theta}{2}\right) - \dfrac{2}{3}\left(1 + \sqrt{3}\tan\dfrac{\theta}{2}\right) + 1 + \tan^2\dfrac{\theta}{2}}{1 + \sqrt{3}\tan\dfrac{\theta}{2}}$$

$$= S_{\triangle ABC}\left\{\frac{2}{3} + \frac{\left(\sqrt{3}\tan\dfrac{\theta}{2} - 1\right)^2}{3\left(1 + \sqrt{3}\tan\dfrac{\theta}{2}\right)}\right\} \geq \frac{2}{3}S_{\triangle ABC}$$

위 식은 $\sqrt{3}\tan\dfrac{\theta}{2} - 1 = 0$ 즉 $\theta = \dfrac{\pi}{3}$ 일 때 등호가 성립한다.

연습문제 08

01 다음 부등식을 증명하여라.

$$-\frac{1}{4} \le 5\cos^2 x - 5\cos^4 x + 5\sin x \cos x + 1 \le \frac{19}{4}$$

02 $0 < x, \ y < \dfrac{\pi}{2}$, $\tan x = 3\tan y$일 때 $x - y \le \dfrac{\pi}{6}$임을 증명하여라.

03 $\triangle ABC$에서 $\dfrac{\pi}{3} \le \dfrac{Aa + Bb + Cc}{a + b + c} < \dfrac{\pi}{2}$임을 증명하여라.

04 $0 < x < \pi$일 때 $\dfrac{2 - \cos x}{\sin x} \ge \sqrt{3} \left(x = \dfrac{\pi}{3}$일 때 등호를 취한다$\right)$임을 증명하여라.

05 $\sec\alpha\sec\beta + \tan\alpha\tan\beta = \tan\gamma$일 때 $\cos 2\gamma \le 0$임을 증명하여라.

06 $0 < x < \pi$, n은 자연수일 때 $\cot\dfrac{x}{2^n} - \cot x \ge n$임을 증명하여라.

07 α, β, γ가 예각이고 $\cos^2\alpha+\cos^2\beta+\cos^2\gamma=1$일 때 $\tan\alpha\tan\beta\tan\gamma$
$\geq 2\sqrt{2}$임을 증명하여라.

08 $0\leq x\leq 1$일 때 $\cos(\sin^{-1}x)<\sin^{-1}(\cos x)$를 증명하여라.

09 $\triangle ABC$에서 $\tan\dfrac{B}{2}\tan\dfrac{C}{2}\leq\left(\dfrac{1-\sin\dfrac{A}{2}}{\cos\dfrac{A}{2}}\right)^2$임을 증명하여라.

10 $-\dfrac{1}{3}\leq\dfrac{6\cos x+\sin x-5}{2\cos x-3\sin x-5}\leq 3$임을 증명하여라.

11 n은 자연수일 때, $\sqrt{2\sin\dfrac{1}{n}-\sin\dfrac{1}{n^2}}<\sqrt{\dfrac{2}{n}-\dfrac{1}{n^2}}$을 증명하여라.

12 $\triangle ABC$에서 $\sin^2 A + \sin^2 B + \sin^2 C \leq \dfrac{9}{4}$ 임을 증명하여라.

13 $0 < \alpha, \beta, \gamma < \dfrac{\pi}{2}$, $a, b, c > 0$, $a+b+c=m$이고 $a\tan\alpha + b\tan\beta + c\tan\gamma$ $= n$일 때 $a\sec\alpha + b\sec\beta + c\sec\gamma \geq \sqrt{m^2+n^2}$ 을 증명하여라.

14 $(\cot^2 x - 1)(3\cot^2 x - 1)(\cot 3x \tan 2x - 1) \leq -1$을 증명하여라.

15 $\triangle ABC$의 내각 A, B, C의 이등분선과 외접원이 A′, B′, C′에서 만날 때 $S_{\triangle A'B'C'} \geq S_{\triangle ABC}$ 임을 증명하여라.

16 a, b, c가 양의 상수이고 x, y가 예각이며 $a\tan x \times b\tan y = c$일 때 $a\sec x + b\sec y$의 최솟값을 구하여라.

09 역삼각함수

1. 역삼각함수

삼각함수는 주기성을 가진 초등함수이다. 역삼각함수는 삼각함수의 특정된 단조구간에서의 역함수를 가리킨다. 그러므로 문제 풀이에서 역삼각함수의 정의역, 치역에 중점을 두어야 한다.

계산의 편리를 위하여 먼저 일부 공식들을 소개하기로 한다.

θ	$0°$	$30°$	$45°$	$60°$	$90°$
$\sin\theta$	0	$\dfrac{1}{2}$	$\dfrac{\sqrt{2}}{2}$	$\dfrac{\sqrt{3}}{2}$	1
$\cos\theta$	1	$\dfrac{\sqrt{3}}{2}$	$\dfrac{\sqrt{2}}{2}$	$\dfrac{1}{2}$	0

x	0	$\dfrac{1}{2}$	$\dfrac{\sqrt{2}}{2}$	$\dfrac{\sqrt{3}}{2}$	1
$\sin^{-1}x$	$0°$	$30°$	$45°$	$60°$	$90°$
$\cos^{-1}x$	$90°$	$60°$	$45°$	$30°$	$0°$

◆**공식 1** (예각의 공식)

① $\sin^{-1}x + \cos^{-1}x = \dfrac{\pi}{2}$, $|x| \leq 1$

② $\tan^{-1}x + \cot^{-1}x = \dfrac{\pi}{2}$, 단, x는 실수

이 공식은 x의 역사인, 역코사인(또는 역탄젠트, 역코탄젠트)함수를 서로 바꿀 수 있어 문제 풀이 과정을 간단히 할 수 있다.

◆**공식 2** (동일한 역삼각함수의 합)

x, $y \geq 0$이고 $x^2 + y^2 \leq 1$이면

① $\sin^{-1}x + \sin^{-1}y \leq \dfrac{\pi}{2}$ ($x^2 + y^2 = 1$일 때만 등호가 성립한다)

② $\sin^{-1}x + \sin^{-1}y = \sin^{-1}(x\sqrt{1-y^2} + y\sqrt{1-x^2})$

공식 2에 의하여 다음 결론을 얻을 수 있다.

$x, y \geq 0$이고 $x^2 + y^2 \leq 1$이면

③ $\dfrac{\pi}{2} \leq \cos^{-1}x + \cos^{-1}y \leq \pi$

④ $\cos^{-1}x + \cos^{-1}y = \cos^{-1}(xy - \sqrt{1-x^2} \cdot \sqrt{1-y^2})$

상술한 공식은 $x^2 + t^2 > 1 (x, y \geq 0)$인 경우에까지 확장할 수 있다. 그 결과는 스스로 유도해 보아라.

예제 01

$$\sin^{-1}\frac{4}{5} + \sin^{-1}\frac{5}{13} - \cos^{-1}\frac{16}{65}$$ 의 값을 구하여라.

| 풀이 | 준식 $= \sin^{-1}\dfrac{4}{5} + \sin^{-1}\dfrac{5}{13} - \dfrac{\pi}{2} + \sin^{-1}\dfrac{16}{65}$

또 $\left(\dfrac{4}{5}\right)^2 + \left(\dfrac{5}{13}\right)^2 < 1$, 공식 2의 ②에 의하여

$\sin^{-1}\dfrac{4}{5} + \sin^{-1}\dfrac{5}{13}$

$= \sin^{-1}\left\{\dfrac{4}{5} \times \sqrt{1 - \left(\dfrac{5}{13}\right)^2} + \dfrac{5}{13} \times \sqrt{1 - \left(\dfrac{4}{5}\right)^2}\right\}$

$= \sin^{-1}\dfrac{63}{65}$

$\therefore$ 준식 $= \sin^{-1}\dfrac{63}{65} + \sin^{-1}\dfrac{16}{65} - \dfrac{\pi}{2}$

$\left(\dfrac{63}{65}\right)^2 + \left(\dfrac{16}{65}\right)^2 = 1$, 공식 2의 ①에 의하여

$\sin^{-1}\dfrac{63}{65} + \sin^{-1}\dfrac{16}{65} = \dfrac{\pi}{2}$

$\therefore$ 준식 $= \dfrac{\pi}{2} - \dfrac{\pi}{2} = 0$

| 설명 | 동일한 역삼각함수의 합은 공식을 직접 이용하여 구할 수 있다. 역삼각함수가 다를 때에는 공식을 이용하여 먼저 동일한 역삼각함수로 고쳐야 한다.

(1) 역삼각함수의 삼각연산과 삼각함수의 역삼각연산

이 두 가지 연산은 역삼각함수에서 흔히 볼 수 있는 연산이다. 역삼각함수는 상응한 구간에서의 한 각으로 볼 수 있으므로 그 각의 삼각함수를 취하여 삼각연산을 할 수 있다. 반대로 삼각함수에 대해서 역삼각연산을 할 수 있다. 그런데 역삼각함수의 치역의 제한으로 말미암아 각의 구간을 변화시켜야만 결과를 얻을 수 있다. 일부 특수한 문제는 치환법으로 해결할 수도 있다.

예제 02

$\tan^{-1}\dfrac{1}{3}+\tan^{-1}\dfrac{1}{5}+\tan^{-1}\dfrac{1}{7}+\tan^{-1}\dfrac{1}{8}$ 의 값을 구하여라.

$\left(\text{단},\ 0<\tan^{-1}x<\dfrac{\pi}{2}\right)$

| 풀이 | $\alpha=\tan^{-1}\dfrac{1}{3}$, $\beta=\tan^{-1}\dfrac{1}{5}$, $\gamma=\tan^{-1}\dfrac{1}{7}$, $\theta=\tan^{-1}\dfrac{1}{8}$ 이라고 하면

$\tan\alpha=\dfrac{1}{3}$, $\tan\beta=\dfrac{1}{5}$, $\tan\gamma=\dfrac{1}{7}$, $\tan\theta=\dfrac{1}{8}$

$\tan(\alpha+\beta)=\dfrac{\tan\alpha+\tan\beta}{1-\tan\alpha\,\text{tna}\beta}=\dfrac{\dfrac{1}{3}+\dfrac{1}{5}}{1-\dfrac{1}{3}\times\dfrac{1}{5}}=\dfrac{4}{7}$

마찬가지로 $\tan(\gamma+\theta)=\dfrac{3}{11}$

$\therefore \tan(\alpha+\beta+\gamma+\theta)$

$=\dfrac{\tan(\alpha+\beta)+\tan(\gamma+\theta)}{1-\tan(\alpha+\beta)\tan(\gamma+\theta)}$

$=\dfrac{\dfrac{4}{7}+\dfrac{3}{11}}{1-\dfrac{4}{7}\times\dfrac{3}{11}}=\dfrac{65}{65}=1$

역탄젠트함수는 단조증가함수이므로

$0<\theta<\gamma<\beta<\alpha<\dfrac{\pi}{6}$

따라서 $0<\alpha+\beta+\gamma+\theta<\dfrac{2\pi}{3}$

$$\therefore \alpha+\beta+\gamma+\theta=\frac{\pi}{4}$$

즉, 준식 $=\dfrac{\pi}{4}$

예제 03

$\sin^{-1}(\cos 5)+\cos^{-1}(-\sin 4)$ 의 값을 구하여라.

| 풀이 | $\sin^{-1}(\cos 5)=\dfrac{\pi}{2}-\cos^{-1}(\cos 5)$

그런데 $5\notin(0,\pi)$, $2\pi-5\in(0,\pi)$

$2\pi-5=\alpha$ 라고 하면 $5=2\pi-\alpha$, $\alpha\in(0,\pi)$

전환 공식 $\cos 5=\cos(2\pi-\alpha)=\cos\alpha$ 및 공식 1의 ①에 의하여

$$\sin^{-1}(\cos 5)=\frac{\pi}{2}-\cos^{-1}(\cos\alpha)=\frac{\pi}{2}-\alpha$$
$$=\frac{\pi}{2}-(2\pi-5)=5-\frac{3\pi}{2}$$

마찬가지로 $\cos^{-1}(-\sin 4)=\cos^{-1}(\sin 4)$
$$=\frac{\pi}{2}-\sin^{-1}(-\sin 4)=\frac{3}{2}\pi-4$$

$\therefore \sin^{-1}(\cos 5)+\cos-^{1}(-\sin 4)=1$

| 설명 | (1) $\cos^{-1}(\cos 5)$ 를 계산하는 순서는 다음과 같다.

"구간을 고치고 α 를 설정한다 → 전환 공식을 이용한다 → 역삼각함수의 값을 구한다 → α 를 도로 바꾼다."

① 주어진 범위가 아닌 단조구간에서의 역삼각함수를 구한다.

　예 $x\in(-\pi,\pi)$ 에서 함수 $y=\cos x$의 역함수를 구할 수 있다.

② 주어진 범위가 아닌 구간에서 역삼각함수의 형식으로 각을 표시한다.

　예 $\cos x=1-a$, $1<a<2$ 이고 x 가 제3사분면의 각일 때 x 를 구할 수 있다.

(2) 예제 3은 또 다음과 같이 풀 수 있다.

$$\alpha = \sin^{-1}(\cos 5), \ \alpha \in \left(-\frac{\pi}{2}, \frac{\pi}{2}\right) \text{라고 하면 삼각방정식}$$

$$\sin\alpha = \cos 5 \text{를 얻는다. 여기서 } \alpha = 5 - \frac{3\pi}{2} \text{를 얻는다.}$$

예제 04

$$2\tan^{-1}x - \tan^{-1}\left(\frac{2x}{1-x^2}\right)\text{의 값을 구하여라.}$$

| 분석 | $\dfrac{2x}{1-x^2}$에서 탄젠트의 배각의 공식을 연상할 수 있다. 따라서 $x = \tan\theta$로 설정할 수 있다.

| 풀이 | $x = \tan\theta$라고 하면 $x \neq \pm 1$이므로 $\theta \in \left(-\dfrac{\pi}{2}, \dfrac{\pi}{2}\right)$,

$\theta \neq \pm\dfrac{\pi}{4}$인 각 θ를 취할 수 있다. 그러면

$$\frac{2x}{1-x^2} = \frac{2\tan\theta}{1-\tan^2\theta} = \tan 2\theta, \ 2\theta \in (-\pi, \pi), \ 2\theta \neq \pm\frac{\pi}{2}$$

준식$= 2\tan^{-1}(\tan\theta) - \tan^{-1}(\tan 2\theta)$

(1) $|x| < 1$일 때 $\theta \in \left(-\dfrac{\pi}{4}, \dfrac{\pi}{4}\right)$, $2\theta \in \left(-\dfrac{\pi}{2}, \dfrac{\pi}{2}\right)$

$\quad \therefore$ 준식$= 2\theta - 2\theta = 0$

(2) $x < -1$일 때 $\theta \in \left(-\dfrac{\pi}{2}, -\dfrac{\pi}{4}\right)$, $2\theta \in \left(-\pi, -\dfrac{\pi}{2}\right)$,

$\quad \pi + 2\theta \in \left(0, \dfrac{\pi}{2}\right)$

$\quad \therefore$ 준식$= 2\theta - \tan^{-1}[\tan(\pi + 2\theta)]$

$\qquad = 2\theta - \pi - 2\theta = -\pi$

(3) $x > 1$일 때 $\theta \in \left(\dfrac{\pi}{4}, \dfrac{\pi}{2}\right)$, $2\theta \in \left(\dfrac{\pi}{2}, \pi\right)$,

$\quad \pi - 2\theta \in \left(0, \dfrac{\pi}{2}\right)$

$\quad \therefore$ 준식$= 2\theta - \tan^{-1}\{-\tan(\pi - 2\theta)\}$

$\qquad = 2\theta + \pi - 2\theta = \pi$

$$\text{종합하면 준식} = \begin{cases} \pi, \ x \in (1, +\infty) \\ 0, \ x \in (-1, 1) \\ -\pi, \ x \in (-\infty, -1) \end{cases}$$

| 설명 | 삼각공식과 대비하여 연상하는 것은 미지수를 바꾸는 요점이 된다.

다음 공식들을 항수가 비교적 많은 역삼각함수의 합을 구하는 데 이용하면 편리하다.

◆**공식 3** $a, b \geq 0$이면

$$\tan^{-1} \frac{a-b}{1+ab} = \tan^{-1} a - \tan^{-1} b$$

또는 $\tan^{-1} \dfrac{a-b}{1+ab} = \tan^{-1} \dfrac{1}{b} - \tan^{-1} \dfrac{1}{a} \ (a \neq 0, \ b \neq 0)$

◆**공식 4** $0 \leq a \leq 1, \ 0 \leq b \leq 1$이면

$$\sin^{-1}(a\sqrt{1-b^2} - b\sqrt{1-a^2}) = \sin^{-1} a - \sin^{-1} b$$

이런 공식들은 쉽게 증명할 수 있다.

여기서 다음 두 가지를 주의하여야 한다.

(1) 양변에 탄젠트(또는 사인)를 취하면 그 값이 같아야 한다.

(2) 양변의 구간이 같아야 한다.

예제 05

$$\sum_{k=1}^{k} \tan^{-1} \frac{2}{k^2} \ (n \text{은 자연수})를 구하여라.$$

| 풀이 | $\dfrac{2}{k^2} = \dfrac{(k+1)-(k-1)}{1+(k+1)(k-1)}$ 이면 공식 3에 의하여

$$\tan^{-1} \frac{2}{k^2} = \tan^{-1}(k+1) - \tan^{-1}(k-1)$$

$$\text{따라서} \sum_{k=1}^{k} \tan^{-1}\frac{2}{k^2}$$
$$= (\tan^{-1}2 - \tan^{-1}0) + (\tan^{-1}3 - \tan^{-1}1)$$
$$\quad + (\tan^{-1}4 - \tan^{-1}2) + \cdots + [\tan^{-1}(n+1)$$
$$\quad - \tan^{-1}(n-1)]$$
$$= \tan^{-1}n + \tan^{-1}(n+1) - \frac{\pi}{4}$$

2. 역삼각항등식과 간단한 역삼각방정식

역삼각항등식의 증명에서 직접 증명하는 경우는 매우 적다. 보통 '동치 동구간법'을 이용한다. 즉 등식의 양변의 동일한 삼각함수의 값이 같다는 것을 증명하고, 또 양변의 각이 동시에 그 삼각함수의 어느 한 단조구간 내에 있다는 것을 증명한다. 특수한 경우에 치환법을 이용할 수도 있다.

예제 06

$0 \le x \le 1$일 때 다음 식을 증명하여라.
$$\frac{1}{2}\sin^{-2}x = \cos^{-1}\frac{\sqrt{1+x}+\sqrt{1-x}}{2}$$

| 증명1 | $\sin^{-1}x = \alpha$라고 하면 $\sin\alpha = x$이다.

$0 \le x \le 1$이므로 $\alpha \in \left(0, \dfrac{\pi}{2}\right)$이다. 따라서 양변에 $\sin$을 취하면,

좌변 : $\sin\left(\dfrac{1}{2}\sin^{-1}x\right) = \sin\dfrac{\alpha}{2} = \sqrt{\dfrac{1-\cos\alpha}{2}}$

$\qquad = \sqrt{\dfrac{1-\sqrt{1-\sin^2\alpha}}{2}} = \sqrt{\dfrac{1-\sqrt{1-x^2}}{2}}$

우변 : $\sin\left(\cos^{-1}\dfrac{\sqrt{1+x}+\sqrt{1-x}}{2}\right)$

$\qquad = \sqrt{1-\left(\dfrac{\sqrt{1+x}+\sqrt{1-x}}{2}\right)^2} = \sqrt{\dfrac{1-\sqrt{1-x^2}}{2}}$

또 $\dfrac{1}{2}\sin^{-1}x = \dfrac{\alpha}{2} \in \left[0, \dfrac{\pi}{4}\right]$이다.

$$y=\sqrt{1+x}+\sqrt{1-x}$$ 라고 하면

$$y^2=2+2\sqrt{1-x^2},\ 0\leq x\leq 1$$

$$\therefore\ y_{\max}=2,\ y_{\min}=\sqrt{2}$$

$$\therefore\ 0\leq\cos^{-1}\frac{\sqrt{1+x}+\sqrt{1-x}}{2}\leq\frac{\pi}{4}$$

즉 $\dfrac{1}{2}\sin^{-1}x$와 $\cos^{-1}\dfrac{\sqrt{1+x}+\sqrt{1-x}}{2}$는 모두 사인함수의 단

조구간 $\left(-\dfrac{\pi}{2},\ \dfrac{\pi}{2}\right)$ 내에 있다. 그러므로 주어진 식이 성립한다.

| 증명2 | $x=\cos\theta$라고 하면 $\theta=\cos^{-1}x,\ \theta\in\left(0,\ \dfrac{\pi}{2}\right)$

$$우변=\cos^{-1}\frac{\sqrt{1+\cos\theta}+\sqrt{1-\cos\theta}}{2}$$

$$=\cos^{-1}\frac{\sqrt{2}\left(\cos\dfrac{\theta}{2}+\sin\dfrac{\theta}{2}\right)}{2}$$

$$=\cos^{-1}\left\{\cos\left(\frac{\pi}{4}-\frac{\theta}{2}\right)\right\}$$

$\theta\in\left(0,\ \dfrac{\pi}{2}\right)$이므로 $\dfrac{\pi}{4}-\dfrac{\theta}{2}\in\left(0,\ \dfrac{\pi}{4}\right)$이다.

$$\therefore\ 우변=\frac{\pi}{4}-\frac{\theta}{2}=\frac{\pi}{4}-\frac{1}{2}\cos^{-1}x$$

$$=\frac{\pi}{4}-\frac{1}{2}\left(\frac{\pi}{2}-\sin^{-1}x\right)$$

$$=\frac{1}{2}\sin^{-1}x=좌변$$

　　역삼각함수에 삼각함수를 취하면 얻어진 결과는 원래의 역삼각함수를 독립
변수로 하는 대수식이 되므로, 역삼각방정식을 풀 때에는 일반적으로 방정식
의 양변에 어느 한 삼각함수를 취하여 대수방정식으로 바꾸어 해를 구한다.
역삼각함수의 치역은 제한되어 있으므로 방정식의 양변에서 각의 구간이 통
일되지 않을 수 있다. 이때문에 무연근이 생길 수 있으므로 역삼각방정식을
푼 후에는 반드시 검산해 보아야 한다.

$$\tan^{-1}(x-1)+\cot^{-1}(x+1)=\tan^{-1}\frac{1}{2}$$ 을 풀어라.

| 풀이 | $x \neq -1$일 때 $\cot^{-1}(x+1)=\tan^{-1}\dfrac{1}{x+1}$ 이다.

$$\therefore \tan^{-1}(x-1)+\tan^{-1}\frac{1}{x+1}=\tan^{-1}\frac{1}{2}$$

양변에 탄젠트를 취하면

$$\frac{(x-1)+\dfrac{1}{x+1}}{1-(x-1)\cdot\dfrac{1}{x+1}}=\frac{1}{2}$$

이 방정식을 풀면

$x=1(\because x \neq -1)$

검산하여 보면 $x=1$은 원 방정식의 근이다.

$x=-1$일 때 직접 원 방정식에 대입해 보면 $x=-1$도 원 방정식의 근이라는 것을 알 수 있다.

01 함수 $y = \dfrac{1}{3}\cos^{-1}3x + \cot^{-1}\sqrt{3}x$의 치역을 구하여라.(단, $0 \le y \le 2\pi$)

02 $\cos^{-1}\dfrac{1}{7} + \sin^{-1}\left(-\dfrac{11}{14}\right)$의 값을 구하여라.

03 $\sin x = -\dfrac{1}{5}$, $x \in \left(\pi, \dfrac{3\pi}{2}\right)$일 때 x를 역사인함수로 표시하여라.

04 $\tan^{-1}(-\tan 30°)$의 값을 구하여라.

05 $\tan\left[\cos^{-1}\left\{\sin\cos^{-1}\left(-\dfrac{1}{2}\right)\right\}\right]$을 계산하여라.

06 역코사인함수를 역탄젠트함수로 표시하여라.

07 $|x| < 1$일 때 다음을 증명하여라.

$$\sin^{-1}\sqrt{\dfrac{1+x^2}{2}} + \tan^{-1}\sqrt{\dfrac{1-x^2}{1+x^2}} = \dfrac{\pi}{2}$$

08 방정식 $\sin^{-1}x + \cos^{-1}y = \dfrac{k\pi}{2}\,(k \in Z)$가 주어졌을 때, x와 y의 관계식을 구하고 방정식이 표시하는 곡선을 그려라.(Z는 정수의 집합)

09 등식 $3\sin^{-1}x = \sin^{-1}(3x - 4x^3)$을 성립시키는 x의 범위를 구하여라.

10 다음 식을 증명하여라.

$$\sum_{k=1}^{n}\sin^{-1}\left\{\dfrac{\sqrt{(2k+1)^2-1}}{4k^2-1} - \dfrac{\sqrt{(2k-1)^2-1}}{4k^2-1}\right\}$$
$$= \dfrac{\pi}{2} - \sin^{-1}\dfrac{1}{2n+1}$$

10 직선과 이차곡선

1. 정의와 개념을 이용하여 풀기

직선과 이차곡선은 평면기하의 기초 지식이다. 그 정의와 기본 개념을 정확히 이해하고 활용하는 것은 문제 풀이에서 매우 중요하다.

예제 01

방정식 $mx+ny^2=0$과 $mx^2+ny^2=1(mn \neq 0)$이 표시하는 곡선은 다음 중 어느 것인가?

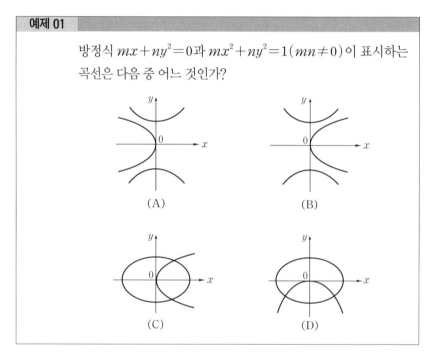

|풀이| 포물선, 타원, 쌍곡선의 표준형을 이용하여 검토해 본다.

우선 $mn \neq 0$일 때 주어진 방정식은 $y^2=-\dfrac{m}{n}x$인데 그 곡선은 x축에 대하여 대칭이다. 따라서 (D)를 제외한다. 방정식 $mx^2+ny^2=1$은 타원(m, n이 양수일 때)이거나 쌍곡선(m, n의 부호가 다를 때)일 수밖에 없다. 따라서 (C)에서 $m>0$, $n>0$이고 $-\dfrac{m}{n}<0$이어야 하는데 이것은 불가능하다. (A)

에서 $m<0$, $n>0$이고 $-\dfrac{m}{n}<0$이어야 하는데 불가능하다.

그러므로 (B)가 답이다. 사실상 (B)에서 $n>0$, $m<0$,

$-\dfrac{m}{n}>0$은 서로 모순되지 않으며 서로 보충된다.

예제 02

타원 $\dfrac{x^2}{a^2}+\dfrac{y^2}{b^2}=1\,(a>b>0)$의 초점을 공유하는 직각쌍곡선과 타원의 한 교점이 M이다. $\angle MF_1F_2=\alpha$, $\angle MF_2F_1=\beta$일 때 $\cos\alpha\times\cos\beta=\dfrac{2e^2-1}{2-e^2}$ 임을 증명하여라. 여기서 e는 타원의 이심률이다.

| 증명 | 오른쪽 그림은 공유초점에 관한 문제이다. 타원의 초점 거리 $\overline{F_1F_2}=2c$라고 하면 직각쌍곡선의 방정식은

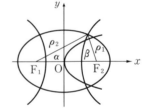

$$x^2-y^2=\frac{a^2-b^2}{2}$$

$\overline{MF_1}=\rho_1$, $\overline{MF_2}=\rho_2$라고 하면 타원과 쌍곡선의 정의에 의하여

$$\rho_1+\rho_2=2a,\ |\rho_1-\rho_2|=2\sqrt{\frac{a^2-b^2}{2}}$$

따라서 $\rho_1\rho_2=\dfrac{(\rho_1+\rho_2)^2-(\rho_1-\rho_2)^2}{4}=\dfrac{a^2+b^2}{2}$

$\triangle MF_1F_2$에서 코사인법칙에 의하여

$$\cos\alpha\cos\beta=\frac{\rho_1^2+(2c)^2-\rho_2^2}{2\rho_1\cdot2c}\cdot\frac{\rho_2^2+(2c)^2-\rho_1^2}{2\rho_2\cdot2c}$$

$$=\frac{16c^4-8a^2c^2}{8(a^2+b^2)c^2}=\frac{2c^2-a^2}{2a^2-c^2}$$

$$=\frac{2\cdot\dfrac{c^2}{a^2}-1}{2-\dfrac{c^2}{a^2}}=\frac{2e^2-1}{2-e^2}$$

예제 03

타원 $\dfrac{x^2}{a^2} + \dfrac{y^2}{b^2} = 1\,(a > b > 0)$의 장축을 n 등분한 후 각 등분점을 지나 장축에 수선을 그어 타원과의 교점을 $2n$개 얻었다. 이 $2n$개 점에서 오른쪽 초점까지의 거리를 각각 $r_1,\ r_2,\ r_3,\ \cdots\cdots,$ r_{2n}이라 하였을 때 $\displaystyle\sum_{i=1}^{2n} r_i$를 구하여라.

| 분석 | 초점 반지름의 공식 $\overline{PF_1} = a + ex,\ \overline{PF_2} = a - ex$(여기서 P는 타원 위의 한 점이고, $F_1,\ F_2$는 왼쪽 초점과 오른쪽 초점이다)를 이용하여 이 문제를 풀려면 매우 복잡하다. 사실 타원의 대칭성을 이용하여 오른쪽 초점 반지름과 왼쪽 초점 반지름을 함께 계산할 수 있다. 그러면 타원의 정의 $\overline{PF_1} + \overline{PF_2} = 2a$를 이용하여 간단히 풀 수 있다.

| 풀이 | 타원 위에서 $2n$개 교점 중 임의로 한 점 P_i를 취하면 타원의 정의에 의하여 $\overline{P_iF_1} + \overline{P_iF_2} = 2a\,(i = 1,\ 2,\ \cdots 2n)$이다.

그러면 $\displaystyle\sum_{i=1}^{2n} (\overline{P_iF_1} + \overline{P_iF_2}) = 2n(2a) = 4na$이다. 대칭성에 의하여 구하려는 오른쪽 초점 반지름의 합 $\displaystyle\sum_{i=1}^{n} r_i = \dfrac{4na}{2} = 2na$ 이다.

상술한 풀이에서 정의와 개념을 이용하여 때로는 문제를 아주 쉽게 풀 수 있다는 것을 알 수 있다. 해석기하에서 많은 문제들은 번잡한 계산을 거쳐야 목적에 도달하곤 하는데, 보다 간결한 풀이 방법을 찾아보자.

예제 04

길이가 $l\,(l \geq 1)$인 선분 $\overline{P_1P_2}$의 두 끝점 $P_1,\ P_2$가 포물선 $y = x^2$ 위에서 움직인다. $\overline{P_1P_2}$의 중점이, M일 때 x축에서 제일 가까이에 있는 점 M의 좌표를 구하여라.

| 분석 | $y=x^2$의 준선이 x축에 평행하므로 원 문제는 '포물선의 준선에 제일 가까이에 있는 점 M을 구하는 것'과 같다. 그러면 포물선의 정의에 의해 풀이 방법을 찾을 수 있다. 또 이 문제를 M의 y좌표(주어진 조건에서)의 최솟값을 구하는 문제로 볼 수도 있다. 이리하여 다음과 같이 두 가지 방법으로 풀 수 있다.

| 풀이1 | 그림에서와 같이 포물선의 준선 위에서의 $P_1(x_1,\ y_1)$, $M(x,\ y)$, $P_2(x_2, y_2)$의 사영을 H_1, H, H_2라 하면 M이 중점이라는 것과 포물선의 정의에 의하여

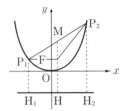

$$2\overline{MH}=\overline{P_1H_1}+\overline{P_2H_2}=\overline{P_1F}+\overline{P_2F}\geq\overline{P_1P_2}=l$$

즉 $\overline{MH}\geq\dfrac{l}{2}$

이로부터 P_1, F, P_2가 한 직선 위에 있을 때 즉 $\overline{P_1P_2}$가 초점을 지나는 현일 때 $\overline{MH}=\dfrac{l}{2}$이라는 것을 알 수 있다. 이때 점 M에서 준선까지의 거리가 제일 가깝다. 준선의 방정식이 $y=-\dfrac{1}{4}$이므로 구하려는 제일 가까운 거리는 $y_{\min}=\overline{MH}-\dfrac{1}{4}=\dfrac{2l-1}{4}$이다. 이제 이때의 M의 좌표를 구하여 보자.

직선 P_1P_2가 초점을 지날 때 그 방정식을 $y=kx+\dfrac{1}{4}$이라 하고 $y=x^2$과 연립시킨 후 y를 소거하면

$$x^2-kx-\dfrac{1}{4}=0$$

따라서 $x_1+x_2=k,\ x_1\cdot x_2=-\dfrac{1}{4}$

$$\therefore \overline{P_1P_2}^2=(x_1-x_2)^2+(y_1-y_2)^2=(x_1-x_2)^2+(kx_1-kx_2)^2$$
$$=(1+k^2)(x_1-x_2)^2=(1+k^2)\left\{k^2-4\left(-\dfrac{1}{4}\right)\right\}$$
$$=(1+k^2)^2$$

따라서 $l=1+k^2$ $\therefore k=\pm\sqrt{l-1}$

또 M의 x좌표 $x=\dfrac{x_1+x_2}{2}$이다.

$$\therefore \ \mathrm{M}\!\left(\dfrac{\pm\sqrt{l-1}}{2},\ \dfrac{2l-1}{4}\right)$$

|풀이 2| 직선 $\mathrm{P_1P_2}$의 방정식을

$$\begin{cases} x=x_1+t\cos\alpha \\ y=y_1+t\sin\alpha \end{cases}$$

(t는 매개변수이고 α는 직선 $\mathrm{P_1P_2}$의 경사각이다)

라고 하면

$$\begin{cases} x_2=x_1+l\cos\alpha \\ y_2=y_1+l\sin\alpha \end{cases} \ \ \xrightarrow{\ \ \ \ } \ \ \begin{cases} x_2-x_1=l\cos\alpha \\ x_2^2-x_1^2=l\sin\alpha \end{cases}$$

이 연립방정식을 풀면

$$x_1=\dfrac{\tan\alpha-l\cos\alpha}{2},\ x_2=\dfrac{\tan\alpha+l\cos\alpha}{2}$$

$$\therefore\ x=\dfrac{x_1+x_2}{2}=\dfrac{\tan\alpha}{2}$$

$$y=\dfrac{y_1+y_2}{2}=\dfrac{\tan^2\alpha+l^2\cos^2\alpha}{4}$$

따라서 $y+\dfrac{1}{4}=\dfrac{\sec^2\alpha+l^2\cos^2\alpha}{4}\geq\dfrac{l}{2}$

$$y_{\min}=\dfrac{l}{2}-\dfrac{1}{4}=\dfrac{2l-1}{4}$$

이때 $l^2\cos^2\alpha=\sec^2\alpha$

이 삼각방정식을 풀면

$$\tan\alpha=\pm\sqrt{l-1}$$

$$\therefore\ x=\dfrac{\tan\alpha}{2}=\dfrac{\pm\sqrt{l-1}}{2}$$

$$\therefore\ \mathrm{M}\!\left(\pm\dfrac{\sqrt{l-1}}{2},\ \dfrac{2l-1}{4}\right)$$

|설명| 할선(현)의 길이에 관한 문제에서는 직선의 매개변수방정식을 이용하면 훨씬 간단해진다. 풀이 2는 그러한 예이다.

예제 05

조건 : (1) 반원의 지름 AB의 길이는 $2r$이다. (2) 반원 밖의 직선 l과 BA의 연장선은 수직이고 그 교점은 T이며 $\overline{AT}=2a\,(2a<\dfrac{r}{2}$이다. (3) 반원 위에 있는 서로 다른 두 점 M, N에서 직선 l까지의 거리 $\overline{MP}$, $\overline{NQ}$는 $\overline{MP}:\overline{AM}=\overline{NQ}:\overline{AN}=1:1$을 만족한다. $\overline{AM}+\overline{AN}=\overline{AB}$임을 증명하여라.

| 분석 | 조건 (3)에 의하여 $\overline{MP}=\overline{AM}$, $\overline{NQ}=\overline{AN}$이다. M, N이 포물선 위의 점, A가 초점, P, Q가 주어진 선 위에서의 M, N의 사영이라면, 위의 두 식이 성립하므로 다음 풀이 1을 얻을 수 있다.

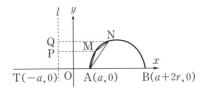

| 증명1 | 위의 그림에서와 같이 좌표계를 만들면 M, N은
포물선 $y^2=4ax$ …… ① 위에 있으며, 또
원 $[x-(a+r)]^2+y^2=r^2$ …… ② 위에 있다.
①, ②를 연립시키면
$$x^2+(2a-2r)x+2ra+a^2=0$$
포물선의 정의에 의하여 $M(x_1,\,y_1)$, $N(x_2,\,y_2)$라면
$$\overline{AM}=\overline{MP}=x_1+a,\quad \overline{AN}=\overline{NQ}=x_2+a$$
$$\therefore\ \overline{AM}+\overline{AN}=(x_1+x_2)+2a$$
$$=(2r-2a)+2a=2r=\overline{AB}$$

| 증명2 | 극좌표를 이용하면 더 간단한 풀이 방법을 얻을 수 있다.
A를 극으로 하고 반직선 AB를 극축으로 하여 극좌표계를 만들면, 점 M, N은 반원 $\rho=2r\cos\theta$, $\theta\in\left(0,\ \dfrac{\pi}{2}\right)$ 위에 있으며
또 포물선 $\rho=\dfrac{2a}{1-\cos\theta}$ 위에 있다. 두 방정식을 연립시켜 $\cos\theta$를 소거하면
$$\rho^2-2r\rho+4ra=0$$
$$\therefore\ \overline{AM}+\overline{AN}=\rho_1+\rho_2=2r=\overline{AB}$$

2. 조건을 종합적으로 이용하여 풀기

 풀이 과정에서 문제의 가설과 조건을 충부히 이용하는 것이 중요하다. 만약 가설 중의 은폐된 조건을 찾고 이를 확장한다면 문제를 보다 쉽게 풀 수 있을 것이다. 따라서 어려운 문제를 푸는 과정에서는 이런 조건을 종합 이용하는 기능이 요구된다.

예제 06

 그림에서와 같이 원점을 지나는 직선이 반원 $(x-2)^2+y^2=1(y\geq0)$과 두 점 P, Q에서 만난다. $\overline{OP}=2\overline{PQ}$일 때 이 직선의 방정식을 구하여라.

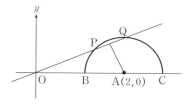

| 풀이 | 먼저 흔히 쓰이는 풀이 방법을 소개하기로 한다.

 구하려는 직선 OQ의 방정식을 $y=kx$라고 하자. 여기서 k는 미정계수이다. 그러면 주어진 조건 $\overline{OP}=2\overline{PQ}$를 이용하여 k를 구하면 된다. $y=kx$와 원의 방정식 $(x-2)^2+y^2=1$ $(y\geq0)$을 연립시키고 y를 소거하면 $(k^2+1)x^2-4x+3=0$을 얻는다.

 $P(x_1, y_1)$, $Q(x_2, y_2)$라고 하면

$$x_1+x_2=\frac{4}{k^2+1}, \, x_1-x_2=\frac{3}{k^2+1}$$

$$\therefore \overline{PQ}^2=(x_1-x_2)^2+(y_1-y_2)^2=(x_1-x_2)^2(1+k^2)$$

$$=[(x_1+x_2)^2-4x_1x_2](1+k^2)$$

$$=\frac{16}{k^2+1}-12$$

방멱의 정리에 의하여 $\overline{OP}\cdot\overline{OQ}=\overline{OB}\cdot\overline{OC}=3$이다.

또 주어진 조건 $\overline{OP}=2\overline{PQ}$에 의하여 $\overline{OQ}=3\overline{PQ}$이다.

$$\therefore 2\overline{PQ}\cdot3\overline{PQ}=3 \ \ \text{즉} \ \ \overline{PQ}^2=\frac{1}{2}$$

이리하여 미정계수 k에 관한 다음 방정식을 얻는다.

$$\frac{16}{k^2+1} - 12 = \frac{1}{2}$$

이 방정식을 풀면 $k = \frac{\sqrt{7}}{5}$ (음의 근은 버린다)

그러므로 구하려는 직선의 방정식은 $y = \frac{\sqrt{7}}{5}x$이다.

| 설명 | 선분을 주어진 비로 나누는 점에 관한 지식을 이용하여 k를 간단히 구할 수도 있다. 주어진 조건(변형) $\overline{OP} : \overline{PQ} = 2 : 1$에 의하여 $x_1 = \frac{2}{3}x_2$, $y_1 = \frac{2}{3}y_2$를 얻는다. 이것을 원의 방정식에 대입하면

$$(x_2-2)^2 + y_2^2 = 1, \quad \left(\frac{2}{3}x_2 - 2\right)^2 + \left(\frac{2}{3}y_2\right)^2 = 1$$

연립시켜 풀면

$$x_2 = \frac{15}{8}, \quad y_2 = \frac{3\sqrt{7}}{8}$$

$$\therefore k = \frac{y_2}{x_2} = \frac{\sqrt{7}}{5}$$

풀이 1은 흔히 쓰이는 방법이지만 역시 조건을 종합 이용해야 한다. 특히 $\overline{PQ}^2$을 구하는 표시식 $\frac{16}{k^2+1} - 12$에서 P, Q의 구체적인 좌표를 구하지 않았다. 이런 방법은 해석기하에서 자주 이용되고 있다.

| 풀이2 | 직선의 방정식을

$$\begin{cases} x = t\cos\alpha \\ y = t\sin\alpha \end{cases} \quad (t\text{는 매개변수이고 } \alpha\text{는 직선 } \overline{OP}\text{의 경사각이다})$$

라 하고 원의 방정식에 대입한 후 정리하면

$$t^2 - 4t\cos\alpha + 3 = 0$$

이 방정식의 두 근 t_1, t_2는 $\overline{OP}$, $\overline{OQ}$의 길이이다.

$t_1 + t_2 = 4\cos\alpha$, $t_1 t_2 = 3$, 또 $\overline{OP} = 2\overline{PQ}$에 의하여 $3\overline{OP} = 2\overline{OQ}$를 얻는다. 그러므로 $3t_1 = 2t_2$이다.

이것을 위 식에 대입하면

$$t_1 = \sqrt{2}, \quad t_2 = \frac{3\sqrt{2}}{2} \text{ 를 얻는다.}$$

따라서 $\cos\alpha = \frac{5\sqrt{2}}{8}$, $\sin\alpha = \frac{\sqrt{14}}{8}$

그러므로 직선 OP의 방정식은 $x=\dfrac{5\sqrt{2}}{8}t$, $y=\dfrac{\sqrt{14}}{8}t$

즉 $y=\dfrac{\sqrt{7}}{5}x$이다.

예제 07

직선 a는 포물선 $y^2=2px(p>0)$의 초점을 지나며 포물선과 두 점 $\mathrm{A}(x_1,\,y_1)$, $\mathrm{B}(x_2,\,y_2)$에서 만난다. $\overline{\mathrm{CD}}$가 이 포물선의 임의의 한 현일 때 직선 a는 $\overline{\mathrm{CD}}$의 수직이등분선이 아니라는 것을 증명하여라.

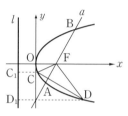

| 증명 | (1) $a\perp x$축이면 결론은 분명히 성립한다.(그림 참조)

(2) a가 x축에 수직되지 않는 경우에 두 가지 서로 다른 측면으로 귀류법을 이용하여 결론이 성립한다는 것을 증명한다.

〈귀류법 1〉 주어진 조건에 의하여 a의 방정식을

$y=k\left(x-\dfrac{p}{2}\right)(k\neq 0)$, $\mathrm{C}\left(\dfrac{t_1^2}{2p},\,t_1\right)$, $\mathrm{D}\left(\dfrac{t_2^2}{2p},\,t_2\right)$($t_1$, t_2는 임의의 상수이고 $t_1\neq t_2$라고 하자), a가 현 CD의 수직이등분선이라면

$\dfrac{t_2-t_1}{\dfrac{t_2^2}{2p}-\dfrac{t_1^2}{2p}}=-\dfrac{1}{k}$, 즉 $t_1+t_2=-2pk$와

$\dfrac{t_1+t_2}{2}=k\left(\dfrac{t_1^2+t_2^2}{2}-\dfrac{p}{2}\right)$ ($\because \overline{\mathrm{CD}}$의 중점이 a 위에 있기 때문이다)가 동시에 성립되어야 한다. 이 두 방정식을 연립시킨 후 k를 소거하면

$-p=\dfrac{t_1^2+t_2^2}{4p}-\dfrac{p}{2}$, 즉 $t_1^2+t_2^2=-2p^2$

그런데 $t_1^2+t_2^2=-2p^2$은 성립하지 않는다. 그러므로 a는 $\overline{\text{CD}}$ 의 수직이등분선이 아니다.

〈귀류법 2〉 a를 $\overline{\text{CD}}$의 수직이등분선이라고 하자. C, D에서 준선 l에 수선을 긋고 수선의 발을 C_1, D_1이라 한다. C와 F, D와 F를 연결하면 $\overline{\text{CF}}=\overline{\text{DF}}$이다. 포물선의 정의에 의하여 $\overline{\text{CF}}=\overline{\text{CC}_1}$, $\overline{\text{DF}}=\overline{\text{DD}_1}$이다. 그러므로 $\text{CC}_1=\text{DD}_1$이고 $\overline{\text{CC}_1}$ $/\!/\overline{\text{DD}_1}$이다. DD_1C_1C는 직사각형이고 $\overline{\text{CD}}/\!/\overline{C_1D_1}$이다. 즉 $\overline{\text{CD}}\perp x$축이다. 가설 $a\perp\overline{\text{CD}}$에 의하면 a는 x축에 평행한데 이것은 a가 포물선과 두 개의 교점을 가진다는 것과 모순이다. 그러므로 a는 $\overline{\text{CD}}$의 수직이등분선이 아니다.

| 설명 | 해석기하에서는 평면기하 지식을 충분히 이용하는 것 역시 하나의 중요한 방법이다.

예제 08

쌍곡선 $\dfrac{y^2}{12}-\dfrac{x^2}{13}=1$ 위의 서로 다른 세 점

$A(x_1, y_1)$, $B(\sqrt{26}, 6)$, $C(x_2, y_2)$에서 초점 $F(0, 5)$까지의 거리가 등차수열을 이룰 때 선분 AC의 수직이등분선이 반드시 어느 한 정해진 점을 지난다는 것을 증명하여라.

| 증명 | 가정에 의하여 $a^2=13$, $b^2=12$, $c^2=25$, 이심률 $e=\dfrac{5}{2\sqrt{3}}$

쌍곡선의 정의에 의하여 $\overline{\text{AF}}=\sqrt{x_1^2+(y_1-5)^2}$에

$x^2=\dfrac{13y^2}{12}-13$을 대입하고 정리하면,

$\overline{\text{AF}}=\dfrac{5}{2\sqrt{3}}\left(y_1-\dfrac{12}{5}\right)e$, 즉 $\overline{\text{AF}}=\left(y_1-\dfrac{12}{5}\right)e$

마찬가지로 $\overline{\text{CF}}=\left(y_2-\dfrac{12}{5}\right)e$이다.

주어진 조건 $2\overline{\text{BF}}=\overline{\text{AF}}+\overline{\text{CF}}$를 대입하면

$$2\sqrt{27}=\left(y_1+y_2-\dfrac{24}{5}\right)\cdot\dfrac{5}{2\sqrt{3}}$$

즉 $y_1+y_2=12$ \qquad\qquad …… ①

$\therefore$ 선분 AC의 중점의 좌표는 $\left(\dfrac{x_1+x_2}{2},\ 6\right)$ 이다. 그리고 $\overline{AC}$ 의 수직이등분선의 방정식은

$$y-6=-\frac{x_1-x_2}{y_1-y_2}\left(x-\frac{x_1+x_2}{2}\right) \quad \cdots\cdots ②$$

또 $\dfrac{y_1^2}{12}-\dfrac{x_1^2}{13}=1 \quad\qquad\qquad\qquad \cdots\cdots ③$

$\qquad \dfrac{y_2^2}{12}-\dfrac{x_2^2}{13}=1 \quad\qquad\qquad\qquad \cdots\cdots ④$

③$-$④, $y_1^2-y_2^2=\dfrac{12}{13}(x_1^2-x_2^2)$

①을 대입하면 $12(y_1-y_2)=\dfrac{12}{13}(x_1-x_2)(x_1+x_2)$

즉 $\dfrac{x_1-x_2}{y_1-y_2}=\dfrac{13}{x_1+x_2} \quad\qquad\qquad \cdots\cdots ⑤$

⑤를 ②에 대입하면 $y-6=-\dfrac{13}{x_1+x_2}\left(x-\dfrac{x_1+x_2}{2}\right)$

즉 $y-\dfrac{25}{2}=-\dfrac{13}{x_1+x_2}(x-0)$

이 식은 $\overline{AC}$의 수직이등분선이 반드시 정해진 점 $\left(0,\ \dfrac{25}{2}\right)$를 지난다는 것을 설명한다.

| 설명 | 상술한 풀이 방법에서는 교점의 좌표를 구하는 절차를 피하고 '연립하여 대입'하거나 '전체를 대입'하는 방법을 이용하였다. 이런 방법은 해석기하의 문제 풀이에서 자주 쓰이는 것이다.

예제 09

타원 $b^2x^2+a^2y^2=a^2b^2$과 직선 $Ax+By=1\,(A\cdot B\neq 0)$이 두 점 P, Q에서 만난다. $\overline{OP}\perp\overline{OQ}$이기 위한 필요충분조건을 구하여라.

| 풀이 | P, Q의 좌표를 $(x_1,\ y_1)$, $(x_2,\ y_2)$라고 하면 $\overline{OP}\perp\overline{OQ}$이기 위한 필요충분조건은

$$\frac{y_1}{x_1}\cdot\frac{y_2}{x_2}=-1$$

즉 $y_1y_2+x_1x_2=0$

직선의 방정식을 타원의 방정식에 대입하고 정리하면

$$(\text{B}^2b^2+\text{A}^2a^2)x^2-2\text{A}a^2x+a^2-a^2b^2\text{B}^2=0$$

또 $a^2\text{A}^2+b^2\text{B}^2>1(\text{D}>0$이기 때문이다$)$

위의 방정식의 두 근을 x_1, x_2라고 하면

$$x_1+x_2=\frac{2a^2\text{A}}{a^2\text{A}^2+b^2\text{B}^2}, \ x_1x_2\frac{a^2-a^2b^2\text{B}^2}{a^2\text{A}^2+b^2\text{B}^2}$$

또 $y_1y_2=\left(\dfrac{1}{\text{B}}-\dfrac{\text{A}}{\text{B}}x_1\right)\left(\dfrac{1}{\text{B}}-\dfrac{\text{A}}{\text{B}}x_2\right)$

$\qquad =\dfrac{1}{\text{B}^2}-\dfrac{\text{A}}{\text{B}^2}(x_1+x_2)+\dfrac{\text{A}^2}{\text{B}^2}x_1x_2$

$\qquad =\dfrac{1}{\text{B}^2}-\dfrac{2a^2\text{A}^2}{\text{B}^2(a^2\text{A}^2+b^2\text{B}^2)}+\dfrac{\text{A}^2(a^2-a^2b^2\text{B}^2)}{\text{B}^2(a^2\text{A}^2+b^2\text{B}^2)}$

x_1x_2, y_1y_2를 $y_1y_2+x_1x_2=0$에 대입하고 정리하면

$$a^2+b^2-a^2b^2(\text{A}^2+\text{B}^2)=0$$

위의 추리는 절차마다 가역이므로 $\overline{\text{OP}}\perp\overline{\text{OQ}}$이기 위한 필요충분조건은

$$a^2+b^2-a^2b^2(\text{A}^2+\text{B}^2)=0 \ \ (a^2\text{A}^2+b^2\text{B}^2>1)$$

3. 전환을 이용하여 풀기

수학 문제를 푸는 과정은 문제를 계속 전환시키는 과정이라 할 수 있다. 즉, 변형, 치환 등을 통하여, 주어진 문제를 익숙하게 알고 있는 지식으로 풀 수 있는 문제로 전환시키는 과정이다. 해석기하 문제 풀이에서 '전환' 방법은 없어서는 안 될 중요한 방법이다.

예제 10

중심이 원점에 있고 장축이 x축 위에 있으며 이심률 $e=\dfrac{\sqrt{3}}{2}$인 타원이 있다. $\text{P}\left(0,\dfrac{3}{2}\right)$에서 타원 위의 점까지의 제일 먼 거리가 $\sqrt{7}$일 때 그 타원의 방정식을 구하여라. 그리고 타원 위에서 점 P까지의 거리가 $\sqrt{7}$인 점의 좌표를 구하여라.

주어진 조건에 의하여 타원의 방정식을 $\dfrac{x^2}{a^2}+\dfrac{y^2}{b^2}=1\,(a>b$

$>0)$이라 할 수 있다. $\dfrac{b}{a}=\sqrt{1-e^2}=\dfrac{1}{2}$에 의하여 $a=2b$를 얻

는다. 점 P에서 타원 위의 점 (x,y)까지의 거리를 d라고 하면

$$d^2=x^2+y\left(y-\frac{3}{2}\right)^2$$

$$=a^2\left(1-\frac{y^2}{b^2}\right)+\left(y-\frac{3}{2}\right)^2$$

$$=-3\left(y+\frac{1}{2}\right)^2+4b^2+3$$

그러면 주어진 문제는 다음과 같은 문제로 전환된다.

점 $Q(x,y)$가 타원 $\dfrac{x^2}{4b^2}+\dfrac{y^2}{b^2}=1$ 위에 있고 $d^2=-3\left(y+\dfrac{1}{2}\right)^2$

$+4b^2+3$이다. d의 최댓값이 $\sqrt{7}$일 때 b의 값은 얼마이겠는가?

이때 Q의 좌표는 어떠하겠는가?

$(\sqrt{7})^2=4b^2+3$에서 $b=1$을 쉽게 구할 수 있다. 이때 Q의 좌

표는 $\left(\pm\sqrt{3},\,-\dfrac{1}{2}\right)$이다.

| 설명 | 만일 타원의 매개변수방정식을 $x=2b\cos\theta,\,y=b\sin\theta(\theta$는 매개변

수)라고 하면

$$d^2=4b^2\cos^2\theta+\left(b\sin\theta-\frac{3}{2}\right)^2$$

$$=-3b^2\left(\sin\theta+\frac{1}{2b}\right)^2+4b^2+3$$

이다. 그러면 역시 같은 결과를 얻을 수 있다.

예제 11

a,b는 실수이고 집합 $A=\{(x,y)\,|\,x=m,\,y=am+b,\,m\in Z\}$,

집합 $B=\{(x,y)\,|\,x=n,\,y=3n^2+15,\,n\in Z\}$,

집합 $C=\{(x,y)\,|\,x^2+y^2\leq144\}$이다. $A\cap B\neq\phi$와 $(a,b)\in C$

를 동시에 만족하는 a,b가 존재하는가를 증명하여라.(단, Z는 정

수의 집합)

| 전환1 | $A \cap B \neq \phi \iff$ ① 연립방정식 $\begin{cases} y = ax + b \\ y = 3x^2 + 15 \end{cases}$

가 정수해를 가지고 $(a, b) \in C$이다. $\iff$ $a^2 + b^2 \leq 144$.

그러므로 주어진 문제는 다음과 같은 문제로 전환된다.

연립방정식 ①의 부등식이 ②의 조건하에서 정수해(x, y)를 가지는가, 가지지 않는가?

이렇게 하면 비교적 추상적이던 문제가 비교적 익숙한 문제로 된다. 그 풀이 방법은 다음과 같다.

연립방정식 ①에서 $3x^2 - ax + 15 - b = 0$. $D = a^2 + 12b - 180 \geq 0$ 이므로 $a^2 \geq 180 - 12b$이다. 그러므로 부등식 ②에서 $180 - 12b + b^2 \leq 144$, 즉 $(b-6)^2 \leq 0$을 얻는다.

$\therefore b = 6$. $b = 6$을 부등식 ②에 대입하면 $a^2 \leq 108$. 그런데 $b = 6$일 때 $D \geq 0$에서 $a^2 \geq 108$을 얻는다. 그러므로 $a^2 = 108$이다.

$b = 6$, $a = \pm\sqrt{108}$을 연립방정식 ①에 대입하고 해를 구하면 $x = \pm\sqrt{3} \notin Z$이다. 따라서 문제의 조건에 부합되는 a, b는 존재하지 않는다고 할 수 있다.

| 전환2 | a, b를 좌표변수로 보면 직각좌표계 $a0b$에서 $A \cap B \neq \phi$, $(a, b) \in C$에 의하여 〈전환 1〉의 등가 형태가 여전히 성립한다. 그러면 주어진 문제는 다음과 같은 문제로 전환된다.

$a0b$ 좌표계에서 원의 중심$(0, 0)$에서 직선 $x \cdot a + b - y = 0$ 까지의 거리 $d \leq 12$일 때 연립방정식 ①이 정수해를 가지는가?

그 풀이 방법은 다음과 같다.

$x^2 = \dfrac{y-15}{3}$를 $d = \dfrac{|y|}{\sqrt{x^2+1}} \leq 12$에 대입하고 정리하면

$(y-24)^2 \leq 0$ $\therefore y = 24$

따라서 $x = \pm\sqrt{3} \notin Z$이다.

그러므로 조건에 부합되는 a, b는 존재하지 않는다고 할 수 있다.

01 직선 $y=ax+1$과 쌍곡선 $3x^2-y^2=1$이 두 점 A, B에서 만난다.

 (1) $\overline{AB}$를 지름으로 하는 원의 원점을 지나게 하는 a의 값이 존재하는가?

 (2) 두 교점 A, B가 직선 $y=2x$에 대하여 선대칭이 되게 하는 a가 존재하지 않는다는 것을 증명하여라.

02 포물선 $x^2-2x+y=0\,(x>0)$ 위의 두 점 A$(x_1,\ y_1)$, B$(x_2,\ y_2)$ $(x_1<x_2)$가 주어졌다. 직선 $\overline{AB}$의 기울기는 -2이고 x축과 점 C에서 만난다.
$\overline{AC}:\overline{CB}=1:2$일 때 직선 $\overline{AB}$의 방정식을 구하여라.

03 왼쪽 꼭짓점을 원점으로 하고, 왼쪽 초점이 F$_1(m,\ 0)\,(m>0)$이며 이심률이 e인 타원이 있다.

 (1) 그 타원의 방정식을 구하여라.

 (2) 타원의 오른쪽 꼭짓점이 A이고 중심이 O$'$이다. e가 어떤 조건을 만족할 때 타원 위에서 $\angle O'PA=90°$인 점 P가 적어도 한 개 있겠는가?

04 타원의 방정식 $\dfrac{x^2}{a^2}+\dfrac{y^2}{b^2}=1\,(a>b>0)$이 주어졌다. F$_1$, F$_2$는 두 초점이고, P는 타원 위의 한 점이다. $\sin\angle F_1PF_2$의 최댓값을 구하여라.

05 포물선 $C;y=\dfrac{1}{4}x^2$ 위에 있는 두 점 A$(x_1,\ y_1)$ B$(x_2,\ y_2)$가 $\overline{AB}=y_1+y_2+2$를 만족할 때 점 A, B와 포물선의 초점 F가 한 직선 위에 있다는 것을 증명하여라.

06 점 $M(-1, 2)$, 직선 l_1 ; $y=a(x+1)$, 곡선 C ; $y=\sqrt{x^2+1}$이 주어졌다. l_1과 곡선 C는 두 점 A, B에서 만나고 선분 AB의 중점은 N이다. 직선 l_2는 두 점 M, N을 지나며 x절편이 m이다.

① m을 a의 함수 $m=f(a)$로 표시하여라.
② $f(a)$의 정의역을 구하여라.

07 직사각형 ABCD의 꼭짓점 C, D는 곡선 $y^2=4(x+4)(-4 \le x \le 4)$ 위에서 움직이고, A, B는 직선 $2x+y-4=0$ 위에서 움직인다. 직사각형 ABCD의 넓이의 최댓값을 구하여라.

08 함수 $u(x, y)=\dfrac{1}{x^2+y^2}$의 정의역 G는 G ; $\dfrac{(x-4)^2}{9}+\dfrac{y^2}{25} \le 1$이다. 함수 $u(x, y)$의 최댓값과 최솟값을 구하여 $u(x, y)$가 최댓값과 최솟값을 가질 때의 점의 좌표를 찾아라.

09 직선 l의 방정식 $x=-\dfrac{p}{2}(p>0)$가 주어졌다. 중심이 $D\left(2+\dfrac{p}{2}, \ 0\right)$에 있고, 초점이 x축 위에 있으며 장축이 2이고 단축이 1인 타원이 있는데, 타원의 한 꼭짓점이 $A\left(\dfrac{p}{2}, \ 0\right)$이다. p가 어느 범위 내의 값을 취할 때 타원 위에 있는 네 점에서 점 A까지의 거리가, 네 점에서 직선 l까지의 거리와 같겠는가?

10 타원 C의 직각좌표방정식 $\dfrac{x^2}{4}+\dfrac{y^2}{3}=1$이 주어졌다. m이 어느 범위 내의 값을 취할 때 타원 C 위의 서로 다른 두 점이 직선 l ; $y=4x+m$에 대하여 대칭이겠는가?

11 자취의 방정식

자취의 방정식을 구하는 문제는 해석기하에서 가장 기본적이고 중요한 문제의 하나이다. 자취의 방정식을 구하는 문제는 유형이 많고 형식이 다양하여 풀이 방법도 다양하다. 흔히 쓰이는 방법은 대체로 다음과 같은 몇 가지이다.

1. 직접 구하는 방법

자취 위의 점이 만족하는 조건이 직접 주어졌을 때에는 흔히 직접 그 방정식을 구한다. 그 일반적 절차는 다음과 같다.

(1) 적당한 좌표계를 만들고 각 점의 좌표를 설정한다.

(2) $P(x, y)$(극좌표계이면 $P(\rho, \theta)$라 한다)를 자취 위의 임의의 한 점이라 한다. 자취의 조건에 의하여 P가 만족하는 등식을 쓰고 좌표 x, y(또는 ρ, θ)에 관한 방정식이 얻어진다.

(3) 얻어진 방정식을 간단히 하면 구하려는 자취의 방정식 $F(x, y) = 0$(또는 $F(\rho, \theta) = 0$)이 얻어진다.

예제 01

평면 위의 세 원 (A) $x^2 + y^2 = 9$, (B) $(x-4)^2 + (y-3)^2 = 4$, (C) $(x-5)^2 + (y+3)^2 = 1$과 원 밖의 움직이는 점 P가 있다. 점 P에서 세 원 (A), (B), (C)에 그은 접선의 길이를 각각 d_1, d_2, d_3이라 하였을 때 $d_1^2 + d_2^2 + d_3^2 = 99$를 만족하는 P의 자취의 방정식을 구하여라.

| 풀이 | $P(x, y)$라고 하면

$$d_1^2 = x^2 + y^2 - 9$$
$$d_2^2 = (x-4)^2 + (y-3)^2 - 4$$
$$d_3^2 = (x-5)^2 + (y+3)^2 - 1$$

$d_1^2 + d_2^2 + d_3^2 = 99$에 의하여 P점의 자취의 방정식을 구하면

$$x^2 - 6x + y^2 - 18 = 0, \ 즉 \ (x-3)^2 + y^2 = 27 \qquad \cdots\cdots ①$$

이것은 $(3, 0)$을 중심으로 하고 $\sqrt{27}$ 을 반지름으로 하는 원이다. 이 원과 원 (A)가 만나므로 이 원에서 원 (A) 내부에 있는 호는 제외해야 한다. 즉 $3 - 3\sqrt{3} \leq x \leq -\dfrac{3}{2}$을 제외해야 한다. 그러므로 ①에서 $x \in \left(-\dfrac{3}{2}, \ 3 + 3\sqrt{3}\right)$이다.

예제 02

평면 위에 정해진 두 점 O, A가 있는데 $\overline{OA} = a$이다. 점 P는 $\angle OPA = \dfrac{\pi}{3}$를 만족하면서 이동한다. 선분 OP의 연장선 위에서 $\overline{PQ} = \overline{PA}$가 되도록 한 점 Q를 취하였을 때 점 Q의 자취의 방정식을 구하여라.

| 풀이 1 | 정해진 점과 반직선에 의하여 극좌표계를 만들 수 있다. O를 극으로 하고 $\overline{OA}$가 놓인 반직선을 극축으로 하여 극좌표계를 만든다. $Q(\rho, \ \theta)(\rho > 0)$라 하고 A와 Q를 연결한다.

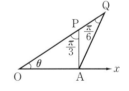

$$\overline{PQ} = \overline{PA} \quad \therefore \angle PAQ = \angle PQA = \dfrac{\pi}{6}$$

그러므로 P가 극축의 위쪽에 있을 때 $\angle AOQ = \theta$이다.

사인법칙에 의하여

$$\dfrac{\overline{OQ}}{\sin \angle QAO} = \dfrac{\overline{OA}}{\sin \angle Q}, \ 즉 \ \dfrac{\rho}{\sin\left(\dfrac{5\pi}{6} - \theta\right)} = \dfrac{\rho}{\sin \dfrac{\pi}{6}}$$

간단히 하면 $\rho=a(\sqrt{3}\sin\theta+\cos\theta)$

그러므로 P가 극축의 위쪽에 있을 때 Q의 자취는 원 $\rho=a(\sqrt{3}\sin\theta+\cos\theta)$에서 극축이 놓이는 직선의 위쪽에 있는 호이다.

P가 극축의 아래쪽에 있을 때 $\angle AOQ=2\pi-\theta$이므로 마찬가지로 $\rho=a(-\sqrt{3}\sin\theta+\cos\theta)$를 얻을 수 있다. 그러므로 이때 Q의 자취는 원 $\rho=a(-\sqrt{3}\sin\theta+\cos\theta)$에서 극축이 놓이는 직선의 아래쪽에 있는 호이다.

| 풀이 2 | 평면기하의 기본 자취를 이용하여 직접 자취의 방정식을 유도할 수 있다. 이때 반드시 도형의 여러 가지 가능한 위치와 움직이는 점의 변화 범위를 충분히 고려해야 한다.

평면기하 지식에 의하여 P점의 자취는 $\overline{OA}$를 현으로 하고 $\dfrac{\pi}{6}$을 원주각으로 하는 활 모양의 두 개의 호라는 것을 알 수 있다. $\overline{OA}$가 놓이는 직선을 x축으로 하고 $\overline{OA}$의 수직이등분선을 y축으로 하여 직각좌표계를 만든다. 특수한 경우로 원의 중심을 구한다.

△OAP가 정삼각형일 때 원의 중심 P의 좌표는 $\left(0,\ \pm\dfrac{\sqrt{3}}{2}a\right)$이다. 그러므로 Q의 자취의 방정식은

$$x^2+\left(y\pm\frac{\sqrt{3}}{2}a\right)^2=a^2\left(-\frac{a}{2}<x<\frac{a}{2}\ \text{위의 열호를 제외한다}\right)$$

2. 간접적으로 구하는 방법

움직이는 점 Q가 주어진 곡선 위에서 움직이고, Q와 관계가 있는 다른 한 움직이는 점 P가 Q의 움직임에 따라 움직일 때 P의 자취의 방정식은 흔히 간접적으로 구한다. 그 일반적인 절차는 다음과 같다.

(1) $P(x, y)$를 구하려는 자취 위의 임의의 한 점이라 하고 $Q(x_1,\ y_2)$를 P에 상응한 주어진 곡선 위의 점이라 한다.

(2) P, Q 사이의 관계에 의하여 x, y로 x_1, y_1을 표시한다.

(3) x_1, y_1을 주어진 곡선의 방정식에 대입하고 간단히 하면 구하려는 움직이는 점 P의 자취의 방정식이 얻어진다(일반적으로 증명은 하지 않는다).

예제 03

A $(0, a)$에서 원 $x^2+y^2=a^2$에 접선을 긋는다. S는 접선 위에 있는 움직이는 점이다. S에서 원에 다른 한 접선을 긋고 접점을 R라 하였을 때 △ARS의 수심 H의 자취를 구하여라.

| 풀이 | 그림에서와 같이 H(x, y),
R(x_1, y_1)이라고 한다.
$\overline{SA}$가 원 O의 접선이므로 $\overline{AS}$는 x축에 평행하다. 또 H는 수심이므로 $\overline{RH} \perp \overline{AS}$이다.

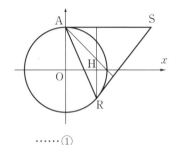

∴ $\overline{RH} \perp OX$, $x=x_1$ ……①

또 $\overline{SR}$가 원 O의 접선이므로

$\overline{OR} \perp \overline{SR}$ ∴ $\overline{AH} /\!/ \overline{OR}$

∴ AORH는 평행사변형이다. 따라서 $y_1=y-a$

또 $x_1^2+y_1^2=a^2$이므로 $x^2+(y-a)^2=a^2$이다. 이것은 $(0, a)$를 중심으로 하고 a를 반지름으로 하는 원이다. 이 원과 y축의 두 교점, 즉 원점 O와 $(0, 2a)$는 각각 S가 A점에서 제일 멀리 떨어져 있을 때와 제일 가까이에 있을 때의 H의 극한 위치이다. 그러므로 이 두 점은 제외해야 한다. 따라서 H의 자취의 방정식은 $x^2+(y-a)^2=a^2$(원점과 점 $(0, 2a)$는 제외한다)이다. 곡선이 주어졌을 때 한 직선에 대한 대칭곡선의 방정식은 선대칭의 성질을 이용하여 간접적으로 구할 수 있다.

예제 04

직선 $x-y-1=0$에 대한 곡선 C;$F(x, y)=0$의 대칭곡선 C′의 방정식을 구하여라.

| 풀이 | Q(x_1, y_1)을 곡선 C 위의 임의의 한 점이라 하고 직선 $x-y-1=0$에 대한 Q의 대칭점을 P(x, y)라고 하면 $\overline{PQ}$가 주어진 직선에 수직이므로

$$\frac{y_1-y}{x_1-x}=-1, \ \text{즉} \ x_1+y_1=x+y \qquad \cdots\cdots ①$$

또 $\overline{PQ}$의 중점이 주어진 직선 위에 있으므로

$$\frac{x+x_1}{2}-\frac{y+y_1}{2}-1=0 \qquad \cdots\cdots ②$$

①, ②를 연립시켜 풀면 $x_1=y+1, \ y_1=x-1 \qquad \cdots\cdots ③$

(x_1, y_1)이 주어진 곡선 C 위에 있으므로 $\mathrm{F}(x_1, y_1)=0$이다. 그러므로 구하려는 곡선 C′의 방정식은 $\mathrm{F}(y+1, \ x-1)=0$ 이다.

| 설명 | 위의 풀이에서처럼 '선대칭인 곡선'을 구하는 요점은 조건 (i) '수직'(①을 얻는다)과 (ii) '중점이 대칭축 위에 있다'(②를 얻는다)를 이용하는 것이다. ①, ②를 얻은 후, ①, ②에 의하여 대칭점의 좌표에 관한 관계식(③)을 얻고 다시 주어진 곡선의 방정식에 대입하면 구하려는 방정식이 얻어진다.

예제 05

직선 $l \ ; x-2y+1=0$과 점 $\mathrm{A}(1, 0)$이 주어졌다. 점 A를 지나며 l에 잘려서 생긴 현의 길이가 4인 원의 중심의 자취의 방정식을 구하여라.

| 분석 | 주어진 직선과 원의 교점이 두 개 있으므로 조건을 이용하여 이 두 점의 좌표를 소거하면 원의 중심의 자취의 방정식을 얻는다. 이런 방법을 소거법이라고도 한다.

| 풀이 | 원의 중심의 좌표를 (x_0, y_0), 원 위의 한 점을 (x, y)라고 하면 $\mathrm{A}(1, \ 0)$이 원 위에 있으므로 원의 방정식을 구하면

$$(x-x_0)^2+(y-y_0)^2=(1-x_0)^2+y_0^2$$

원과 $x-2y+1=0$의 두 교점을 $\mathrm{M}_1(x_1, y_1)$, $\mathrm{M}_2(x_2, y_2)$라고 하자. $x=2y-1$을 원의 방정식에 대입하고 정리하면

$$5y^2-(4+4x_0+2y_0)y+4x_0=0$$

$$\therefore y_1+y_2=\frac{4+4x_0+2y_0}{5}, \ y_1y_2=\frac{4}{5}x_0 \qquad \cdots\cdots ①$$

$\overline{M_1M_2}=4$이므로 $\sqrt{(x_1-x_2)^2+(y_1-y_2)^2}=4$ $\quad$ ······ ②

또 $x_1-x_2=(2y_1-1)-(2y_2-1)=2(y_1-y_2)$ $\quad$ ······ ③

$$(y_1-y_2)^2=(y_1+y_2)^2-4y_1y_2$$

①, ③, ④를 ②에 대입하고 정리하면

$$4x_0^2+y_0^2+4x_0y_0-12x_0+4y_0-16=0$$

그러므로 구하려는 원의 중심의 자취의 방정식은

$$4x^2+y^2+4xy-12x+4y-16=0$$

3. 매개변수를 이용하는 방법

움직이는 점의 자취를 직접 구하기 어려울 때에는 문제의 특징에 근거하여 알맞은 매개변수를 이용할 수 있다. 움직이는 점의 전반 운동 과정을 매개변수의 변화로 나타내고, 움직이는 점의 좌표와 매개변수의 관계를 찾아내면 움직이는 점의 자취의 방정식의 얻어진다. 앞에서 설명한 간접적으로 구하는 방법 역시 매개변수를 이용한 것이다. 물체의 운동을 구하는 때에는 흔히 시간 t 를 매개변수로 취하고, 움직이는 점이 회전하여 생긴 자취를 구할 때에는 흔히 회전각 θ를 매개 변수로 취한다. 곡선계에 관한 문제를 풀 때에는 흔히 곡선계 중의 매개변수를 매개변수로 취하고, 직선계와 이차곡선이 만나는 문제를 풀 때에는 흔히 직선계 방정식 중의 매개변수를 매개변수로 취한다.

> **예제 06**
>
> 직사각형의 한 변은 삼각형의 밑변 위에 있고 다른 두 꼭짓점은 각각 정해진 삼각형의 다른 두 변 위에 있다. 직사각형의 두 대각선의 교점의 자취의 방정식을 구하여라.

| 풀이 | △ABC를 정해진 삼각형이라 하고, 또 직사각형 DEFG의 변 EF가 △ABC의 밑변 AB 위에 놓이며, 꼭짓점 D, G가 각각 $\overline{AC}$, $\overline{BC}$ 위 있

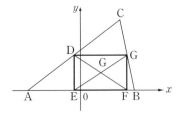

다고 하자. 직사각형 DEFG의 중심을 P라 하고, 그림에서와 같이 $\overline{AB}$가 놓이는 직선을 x축으로 하며, $\overline{AB}$의 중점을 원점으로 하여 직각좌표계를 만든다.

$\overline{AB}=2a$라고 하면 $A(-a, 0)$, $B(a, 0)$이다. 또 $C(b, c)$라고 하면 직선 AC, BC의 방정식은

$$y=\frac{c}{a+b}x+\frac{ac}{a+b},\ y=\frac{c}{b-a}x-\frac{ac}{b-a}$$

직선 DG의 방정식을 $y=k(0<k<c)$라고 하면

$$D\left(-a+\frac{a+b}{c}k,\ k\right),\ E\left(-a+\frac{a+b}{c}k,\ 0\right),$$

$$G\left(a+\frac{b-a}{c}k,\ k\right)$$

가정에 의하면 P는 $\overline{EG}$의 중점이다.

그러므로 P점의 좌표는 $x=\frac{bk}{c}$, $y=\frac{k}{2}$이다.

k(매개변수)를 소거하면 $cx-2by=0$

또 $0<k<c$　∴ $0<y<\frac{c}{2}$

그러므로 구하려는 방정식은

$$cx-2by=0\left(0<y<\frac{c}{2}\right)$$

예제 07

$\overline{PP'}$는 타원 $\dfrac{x^2}{a^2}+\dfrac{y^2}{b^2}=1$에서 y축에 평행한 임의의 한 현이고, A, A′는 x축 위의 두 꼭짓점이며, 직선 A′P와 AP′는 Q에서 만난다. 점 Q의 자취의 방정식을 구하여라.

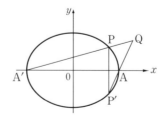

| 풀이 | 점 P의 좌표를 $(a\cos\theta, b\sin\theta)$라고 하면($\theta$는 매개변수이다) 점 P'의 좌표는 $(a\cos\theta, -b\sin\theta)$이다.

따라서 $\overline{A'P}$; $y = \dfrac{b\sin\theta}{a(1+\cos\theta)}(x+a)$

$\qquad \overline{AP'}$; $y = \dfrac{b\sin\theta}{a(1-\cos\theta)}(x-a)$

두 식을 변끼리 곱하면

$$y^2 = \frac{b^2}{a^2}(x^2-a^2), \ 즉 \ \frac{x^2}{a^2} - \frac{y^2}{b^2} = 1$$

그러므로 점 Q의 자취는 쌍곡선이다(쌍곡선의 꼭짓점은 극한 위치이다).

| 설명 | 간접적으로 구하는 방법을 이용할 수도 있다.

예제 08

A, B는 포물선 $y^2 = 4ax$ 위에서 움직이는 두 점이고, O는 원점이며 $\overline{OA} \perp \overline{OB}$이다. $\overline{AB}$ 위에서의 점 O의 정사영의 자취를 구하여라.

| 분석 | 포물선의 방정식을 매개변수 방정식으로 고치고 두 개의 매개변수를 도입하여 움직이는 점이 만족하는 관계식을 표시한다. 매개변수를 소거하면 그 자취의 방정식이 얻어진다.

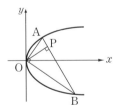

| 풀이 | 포물선 위의 움직이는 점 A, B의 좌표를 $(at_1^2, 2at_1)$, $(at_2^2, 2at_2)$ $(t_1t_2 \neq 0, \ t_1, \ t_2$는 매개변수이다)라고 하면 $\overline{AB}$의 방정식은

$$2x - (t_1+t_2)y + 2at_1t_2 = 0 \qquad \cdots\cdots ①$$

또 $\overline{OA} \perp \overline{OB}$

$$\therefore \ \frac{2at_1}{at_1^2} \cdot \frac{2at_2}{at_2^2} = 1, \ 즉 \ t_1t_2 = -4$$

$\overline{\text{OP}}$의 방정식은 $y = -\dfrac{t_1 + t_2}{2} x$

여기서 $t_1 + t_2 = -\dfrac{2y}{x}$, 이것을 ①에 대입하여 t_1, t_2를 소거하면

$$x^2 + y^2 - 4ax = 0$$

즉 구하려는 자취는 $(2a, 0)$을 중심으로 하고 $2|a|$를 반지름으로 하는 원이다(원점은 자취의 극한 위치이다).

예제 09

곡선 C : $16x^2 + 4y^2 - 32x\cos\theta - 16y\sin^2\theta - 4\sin^2 2\theta = 0$의 중심의 자취를 구하여라.

| 분석 | 곡선의 중심의 좌표가 만족하는 조건을 이용하면 자취의 매개변수 방정식이 얻어진다.

| 풀이 | 원 방정식을 변형하면

$$(x - \cos\theta)^2 + \frac{(y - 2\sin^2\theta)^2}{4} = 1$$

그러므로 곡선 C는 타원(계)이고 그 중심은 $P(x, y) : x = \cos\theta$, $y = 2\sin^2\theta$이다. θ를 소거하면 $y = -2x^2 + 2$

$$y = 2\sin^2\theta \geq 0, \quad -1 \leq x = \cos\theta \leq 1$$

그러므로 곡선 C의 중심의 자취는 $(0, 2)$를 꼭짓점으로 하고 y축을 대칭축으로 하는 포물선 $y = -2x^2 + 2$에서 x축의 위쪽에 있는 부분(x축과의 교점을 포함한다),

즉 $y = -2x^2 + 2$ ($|x| \leq 1$)이다.

---

4. 미정계수법

문제에서 구하려는 곡선의 유형에 근거하여 미정계수가 들어 있는 곡선의 방정식을 설정한 다음, 주어진 조건을 이용하여 그 미정계수를 결정한다. 그러면 구하려는 곡선의 방정식이 얻어진다.

예제 10

대칭축을 좌표축으로 하는 타원이 있는데, 짧은 축의 한 끝점과 두 초점이 정삼각형을 이루며 초점에서 타원까지의 최단 거리는 $\sqrt{3}$이다. 이 타원의 방정식을 구하여라.

| 풀이 | 그림에서 타원의 방정식을

$$\frac{x^2}{a^2}+\frac{y^2}{b^2}=1\,(a>b>0)$$이라

하고 초점 $F_1(-c, 0)$, $F_2(c, 0)$
이라 하자.

여기서 $c=\sqrt{a^2-b^2}$이다.

$\triangle BF_1F_2$는 정삼각형이다.

$\therefore \overline{BF_1}=\overline{BF_2}=\overline{F_1F_2}$

또 $\overline{BF_1}+\overline{BF_2}=2a$

$\qquad \overline{F_1F_2}=2c \quad \therefore a=2c$ ……①

P를 타원 위의 임의의 한 점이라고 하면

$\qquad \overline{PF_1}+\overline{PF_2}=2a=(a+c)+(a-c)$

$\overline{OP}\le a$이므로 $\overline{PF_2}\ge a-c$이다.

그러므로 초점에서 타원까지의 최단 거리는

$$a-c=\sqrt{3}$$ ……②

①, ②를 연립시켜 풀면

$$c=\sqrt{3}, \ a=2\sqrt{3}, \ b^2=a^2-c^2=9$$

따라서 구하려는 방정식은

$$\frac{x^2}{12}+\frac{y^2}{9}=1$$

마찬가지로 타원의 장축이 y축 위에 있을 때 구하려는 방정식은

$\dfrac{x^2}{9}+\dfrac{y^2}{12}=1$이다.

5. 정의를 이용하는 방법

직선과 원뿔곡선의 정의를 이용하여 자취의 방정식을 구할 수도 있다.

y축에 평행한 단축을 가지며 초점이 $F(3, 1)$인 타원이 있다. 초점 F를 지나며 경사각이 $\dfrac{\pi}{3}$인 직선에 잘려 생긴 현의 길이가 $\dfrac{16}{5}$일 때 이 타원의 방정식을 구하여라.

| 분석 | 원뿔곡선의 통일된 극좌표방정식에 의거하여 미정계수법으로 푼다.

| 풀이 | $F(3, 1)$을 극점으로 하고 F에서 y축에 내린 수선의 반대 방향으로의 연장선을 주축으로 하여 극좌표계를 만든다.

$p=3$이므로 타원의 방정식을 $\rho=\dfrac{3e}{1-e\cos\theta}$로 설정할 수 있다.(제**12**장 **4** 참조) 그러면

$$\frac{3e}{1-\dfrac{1}{2}e}+\frac{3e}{1+\dfrac{1}{2e}}=\frac{16}{5}$$

방정식을 풀면 $e=\dfrac{1}{2}$

타원의 방정식은 $\rho=\dfrac{\dfrac{3}{2}}{1-\dfrac{1}{2}\cos\theta}=\dfrac{3}{2-\cos\theta}$

직각좌표방정식으로 고치면

$$\frac{(x-4)^2}{4}+\frac{(y-1)^2}{3}=1$$

반지름의 길이가 r인 두 개의 정해진 원 O_1, O_2가 있다. 움직이는 원 P는 한 원과는 외접하고 다른 한 원과는 내접한다. 움직이는 원의 중심 P의 자취를 구하여라.

| 분석 | 정해진 두 원의 위치에 따라 두 원이 서로 다른 두 점에서 만나는 경우, 만나지 않는 경우, 외접하는 경우로 나누어 점 P와 정해진 두 점 O_1, O_2 사이의 거리의 합 또는 차가 정해진 값인가를 고찰해야 한다.

| 풀이 | $\overline{O_1O_2}$의 중점을 원점으로 취하고 직선 O_1O_2를 x축으로 하여 직각좌표계를 만든다. $\overline{O_1O_2}=2c$, 정해진 두 원의 반지름을 r, 움직이는 원과 정해진 두 원의 접점을 Q_1, Q_2라 하자.

(1) 오른쪽 그림에서 와 같이 정해진 두 원 O_1, O_2가 서로 다른 두 점에서 만나면 $c<r$이다. 원 P가 원 O_1과 외접하고 원 O_2와 내접하면

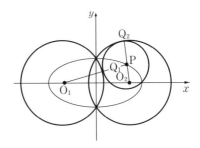

$$\overline{PO_1}+\overline{PO_2}=r+\overline{PQ_1}+r-\overline{PQ_2}=2r$$

만일 원 P가 원 O_1과 내접하고 원 O_2와 외접하여도 역시 위의 관계가 성립한다.

타원의 정의에 의하면 점 P의 자취는 O_1, O_2를 초점, $2c$를 초점거리, $2r$을 장축의 길이로 하는 타원이다. 그 방정식은

$$\frac{x^2}{r^2}+\frac{y^2}{r^2-c^2}=1$$

즉 $(r^2-c^2)x^2+r^2y^2=r^2(r^2-c^2)$ $\qquad$ ……①

(2) 다음 그림에서와 같이 정해진 두 원 O_1, O_2가 만나지 않으면 $c>r$이다.

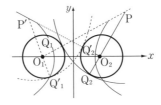

$$\overline{PO_1}-\overline{PO_2}=(\overline{PQ_1}+r)-(\overline{PQ_2}-r)=2r$$
또는 $\overline{P'O_2}-\overline{P'O_1}=(\overline{P'Q_2'}+r)-(\overline{P'Q_1'}-r)=2r$

쌍곡선의 정의에 의하여 점 $P(P')$의 자취는 O_1, O_2를 초점, $2c$를 초점거리, $2r$을 주축으로 하는 쌍곡선이다.

그 방정식은 $\dfrac{x^2}{r^2}-\dfrac{y^2}{c^2-r^2}=1$이다. 즉

$$(c^2-r^2)x^2-r^2y^2=r^2(c^2-r^2) \qquad \cdots\cdots ②$$

(3) 다음 그림에서와 같이 정해진 두 원이 외접하면 $r=c$이다.

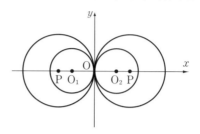

이때 두 원에 각각 내접, 외접하는 원 P의 접점은 모두 점 O
이다. 그러므로 P점은 두 원의 중심을 이은 선분 $O_1 O_2$ 위
에 있게 된다. 이때 P점의 자취는 x축이다. 그 방정식은

$$y=0$$

방정식 ①, ②, ③은 다음과 같이 쓸 수 있다.

$$(r^2-c^2)x^2+r^2y^2=r^2(r^2-c^2)$$

6. 평면기하 지식을 이용하는 방법

자취의 방정식을 구하는 일부 문제는 도형의 기하 특징을 분석하고 평면 기
하의 지식과 방법을 이용하면 풀이 과정이 훨씬 간단해진다.

예제 13

P(a, b)는 원 $x^2+y^2=r^2$ 내부의 정해진 한 점이다. $\overline{PA}\perp\overline{PB}$
가 되도록 두 선분을 긋고 원과 만나는 점을 A, B라고 한다.
A, P, B를 세 꼭짓점으로 하여 직사각형을 그렸을 때 직사각형
의 네번째 꼭짓점 Q의 자취를 구하여라.

| 풀이 | 그림에서 대각선 $\overline{PQ}$, $\overline{AB}$가 M에서 만난다고 하면 $\overline{AB}=\overline{PQ}$
이다. △OPQ에서 파푸스의 중선 정리에 의하여

$$2\overline{\mathrm{OM}}^2=\overline{\mathrm{OP}}^2+\overline{\mathrm{OQ}}^2-\frac{\overline{\mathrm{PQ}}^2}{2}=\overline{\mathrm{OP}}^2+\overline{\mathrm{OQ}}^2-\frac{\overline{\mathrm{AB}}^2}{2}$$

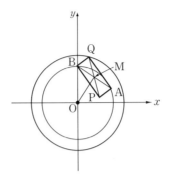

$\triangle$OAB에서 $2\overline{\mathrm{OM}}^2=\overline{\mathrm{OA}}^2+\overline{\mathrm{OB}}^2-\dfrac{\overline{\mathrm{AB}}^2}{2}$

$\therefore \ \overline{\mathrm{OP}}^2+\overline{\mathrm{OQ}}^2=2\overline{\mathrm{OM}}^2+\dfrac{\overline{\mathrm{AB}}^2}{2}=\overline{\mathrm{OA}}^2+\overline{\mathrm{OB}}^2=2r^2 \ \cdots ①$

Q$(x, \ y)$라고 하면

$\overline{\mathrm{OQ}}^2=x^2+y^2, \ \overline{\mathrm{OP}}^2=a^2+b^2, \ \overline{\mathrm{OQ}}^2=2r^2-\overline{\mathrm{OP}}^2$(①에서)

즉 $x^2+y^2=2r^2-(a^2+b^2)$

그러므로 점 Q의 자취는 원점을 중심으로 하고

$\sqrt{2r^2-(a^2+b^2)}$ 을 반지름으로 하는 원이다.

7. 복소수를 이용하는 방법

일부 문제는 복소평면 위의 점 (x, y)와 복소수 $x+yi$의 일대일 대응 및 복소수 연산의 기하 의미를 이용하여 자취의 방정식을 구할 수 있다.

예제 14

그림에서 포물선 $y^2=4x$의 초점 반지름 FB를 대각선으로 하여 정사각형 FABC(꼭짓점은 시계 바늘과 반대의 방향으로 배열되었다)를 그렸을 때 꼭짓점 C의 자취를 구하여라.

| 풀이 | $p=1$ $\therefore$ F$(1, 0)$

C의 좌표를 (x, y)라고 하면

$$\overrightarrow{\text{FC}}=(x-1)+yi, \quad \overrightarrow{\text{FA}}=\overrightarrow{\text{FC}}\Big[\cos\Big(-\frac{\pi}{2}\Big)+i\sin\Big(-\frac{\pi}{2}\Big)\Big]$$

$$=[(x-1)+yi]\,(-i)=y-(x-1)i$$

$$\overrightarrow{\text{FB}}=\overrightarrow{\text{FC}}+\overrightarrow{\text{FA}}=(x-1+y)+(y-x+1)i$$

그러므로 B점의 좌표는 $(x+y, \ y-x+1)$

B는 포물선 위의 점이므로 $(y-x+1)^2=4(x+y)$

그러므로 점 C의 자취의 방정식은

$$x^2+y^2-2xy-6x-2y+1=0$$

예제 15

포물선 $y^2=2px$에 내접한 정삼각형의 중심의 자취를 구하여라.

| 분석 | 세 개의 매개변수를 도입하여 포물선의 방정식을 매개변수 방정식으로 고친다. 정다각형의 중심이 만족하는 조건과 복소수를 이용하여 이 세 매개변수를 소거하면 중심의 자취의 방정식이 얻어진다.

| 풀이 | 포물선 $y^2=2px$에 내접한 정삼각형의 세 꼭짓점의 좌표를 $P_i(2pt_i^2, \ 2pt_i)(i=1, 2, 3)$라 하고, 삼각형의 중심 P$(x, y)$라고 하면

$$x=\frac{2}{3}p(t_1^2+t_2^2+t_3^2) \qquad \cdots\cdots ①$$

$$y=\frac{2}{3}p(t_1+t_2+t_3) \qquad\qquad \cdots\cdots ②$$

P_1, P_2, P_3이 시계 바늘과 반대 방향으로 배열된 순서라면 $\triangle P_1P_2P_3$이 정삼각형이므로

$$\overrightarrow{P_1P_3}=\overrightarrow{P_1P_2}\Big(\cos\frac{\pi}{2}+i\sin\frac{\pi}{3}\Big)$$

따라서 $2p(t_3^2-t_1^2)+2p(t_3-t_1)i$

$$=[2p(t_2^2-t_1^2)+2p(t_2-t_1)i]\Big(\cos\frac{\pi}{3}+i\sin\frac{\pi}{3}\Big)$$

실수 부분이 같으므로

$$2t_3^2 - 2t_1^2 = t_2^2 - t_1^2 - \sqrt{3}(t_2 - t_1),$$

$$2t_3^2 - t_1^2 - t_2^2 = -\sqrt{3}(t_2 - t_1),$$

$$(2t_3^2 - t_1^2 - t_2^2)(t_1 + t_2) = -\sqrt{3}(t_2^2 - t_1^2) \quad \cdots\cdots ③$$

허수 부분이 같으므로

$$(t_2 - t_1)[1 + \sqrt{3}(t_2 + t_1)] = 2(t_3 - t_1)$$

$$\therefore \sqrt{3}(t_2^2 - t_1^2) = 2t_3 - t_1 - t_2 \quad \cdots\cdots ④$$

④를 ③에 대입하면

$$(2t_3^2 - t_1^2 - t_2^2)(t_1 + t_2) = -(2t_3 - t_1 - t_2)$$

즉 $(3t_3^2 - t_1^2 - t_2^2 - t_3^2)(t_1 + t_2) = -(3t_3 - t_1 - t_2 - t_3) \cdots ⑤$

①, ②를 ⑤를 대입하면

$$\left(3t_3^2 - \frac{3x}{2p}\right)\left(\frac{3y}{2p} - t_3\right) = \frac{3y}{2p} - 3t_3$$

$$\overrightarrow{P_3P_2} = \overrightarrow{P_3P_1}\left(\cos\frac{\pi}{3} + i\sin\frac{\pi}{3}\right)$$

$$\left(3t_2^2 - \frac{3x}{2p}\right)\left(\frac{3y}{2p} - t_2\right) = \frac{3y}{2p} - 3t_2$$

또 $\overrightarrow{P_2P_1} = \overrightarrow{P_2P_3}\left(\cos\dfrac{\pi}{3} + i\sin\dfrac{\pi}{3}\right)$에 의하여

$$\left(3t_1^2 - \frac{3x}{2p}\right)\left(\frac{3y}{2p} - t_1\right) = \frac{3y}{2p} - 3t_1$$

$\therefore t_1, t_2, t_3$은 방정식

$$t^3 - \frac{3y}{2p}t^2 - \left(1 + \frac{x}{2p}\right)t + \frac{y}{2p} + \frac{3xy}{4p^2} = 0$$

의 근이다. 근과 계수와의 관계에 의하여

$$t_1t_2 + t_2t_3 + t_3t_1 = -\left(1 + \frac{x}{2p}\right)$$

또 $t_1^2 + t_2^2 + t_3^2 + 2(t_1t_2 + t_2t_3 + t_1t_3) = (t_1 + t_2 + t_3)^2$

$$\therefore \frac{3x}{2p} - 2\left(1 + \frac{x}{2p}\right) = \left(\frac{3y}{2p}\right)^2$$

$$9y^2 = 2p(x - 4p)$$

그러므로 구하려는 자취는 $(4p, 0)$을 꼭짓점으로 하고

$\left(\dfrac{p}{18}, 0\right)$을 초점으로 하는 포물선이다.

01 정해진 선분 AB가 놓인 직선 위에서의 M의 사영이 N이고 $\overline{MA}^2$: $\overline{MB}^2 = \overline{NA}$: $\overline{NB}$일 때 점 M의 자취를 구하여라.

02 $\overline{OA}$는 반지름이 a인 원 C의 정해진 지름이고, $\overline{AN}$은 원 C의 접선이다. O와 원 위의 한 점 Q를 연결하고, 직선 OQ 위에서 한 점 P를 잡아 P부터 직선 AN까지의 거리 $\overline{PN}$과 $\overline{PQ}$가 같도록 취하였을 때 점 P의 자취를 구하여라.

03 A, F는 각각 포물선의 꼭짓점과 초점이고, P는 포물선 위의 임의의 한 점이다. P에서 포물선의 준선에 수선을 긋고 수선의 발을 Q라 한다. 직선 AP와 FQ가 R에서 만나고, P가 포물선 위에서 움직일 때 점 R의 자취를 구하여라.

04 타원의 서로 수직인 두 접선의 교점의 자취를 구하여라.

05 직사각형 ABCD에서 $\overline{BC}=a$, $\overline{AB}=b$이고 E, F는 각각 $\overline{AB}$, $\overline{AD}$ 위에 있으며 $\dfrac{\overline{BE}}{\overline{BA}} = \dfrac{\overline{AF}}{\overline{AD}} \neq 0$이다. 직선 CE와 BF의 교점의 자취를 구하여라.

06 움직이는 곡선 $C_1; \dfrac{ax}{\cos\theta} - \dfrac{by}{\sin\theta} = a^2 - b^2$과

$C_2; \dfrac{ax\sin\theta}{\cos^2\theta} + \dfrac{by\cos\theta}{\sin^2\theta} = 0$의 교점의 자취를 구하여라.

07 쌍곡선의 두 점근선의 방정식 $3x - 4y - 2 = 0$과 $3x + 4y - 10 = 0$이고, 한 준선의 방정식이 $y = -\dfrac{4}{5}$이다. 이 쌍곡선의 방정식을 구하여라.

08 움직이는 원이 정해진 점 $(c, 0)$을 지나며, 정해진 원 $(x+c)^2 + y^2 = 4a^2$ $(a > 0, c > 0)$과 접한다. 몇 가지 경우로 나누어 움직이는 원의 중심의 자취를 구하여라.

09 반지름의 길이가 가각 $r, R(0 < r < R)$인 동심원이 주어졌다. 작은 원에서 지름 AB를 취하였을 때, 두 점 A, B를 지나며 큰 원의 접선을 준선으로 하고, $e\left(\dfrac{r}{R} < e < 1\right)$를 이심률로 하는 타원의 초점의 자취를 구하여라.

10 B는 b를 반지름으로 하는 정해진 원 O 위에서 움직이는 점이고, A는 원 밖의 정해진 점이며 $\overline{OA} = a$이다. $\overline{AB}$를 한 변으로 하여 정삼각형 ABC(A, B, C는 시계 바늘과 같은 방향으로 배열되었다)를 그렸을 때 점 C의 자취를 구하여라.

12 극좌표와 매개변수방정식

매개변수방정식과 극좌표는 평면해석기하의 중요한 내용이며, 평면기하 문제를 풀이하는 중요한 방법과 수단이 된다. 이 장에서는 매개변수와 극좌표를 이용하여 직선과 원뿔곡선에 관한 문제를 푸는 것에 대해 공부한다.

1. 직접 구하는 방법

직선의 매개변수방정식에서 매개변수 t의 기하학적 의미를 이용하여 선분의 길이에 관한 일부 문제를 풀 수 있다.

예제 01

한 포물선의 꼭짓점이 원점에 있고, 초점이 원 $C;x^2+y^2-4x=0$의 중심에 있다. 초점을 지나며 기울기가 2인 직선 l을 그었을 때, l에서 원과 포물선 사이에 끼인 두 선분의 합을 구하여라. 또한 포물선에 의해 잘린 직선의 현의 중점에서 초점까지의 거리를 구하여라.

| 풀이 | 초점은 $F(2, 0)$이고 꼭짓점은 원점에 있다.

∴ 포물선의 방정식은 $y^2=8x$이고 직선 l의 매개변수방정식은

$$\begin{cases} x=2+\dfrac{1}{\sqrt{5}}t \\ y=\dfrac{2}{\sqrt{5}}t \end{cases}$$

($k=\tan\theta=2$에 의하여 $\cos\theta=\dfrac{1}{\sqrt{5}}$, $\sin\theta=\dfrac{2}{\sqrt{5}}$이고, t는 매개변수이다)

x, y를 포물선의 방정식에 대입하면

$$t^2 - 2\sqrt{5}t - 20 = 0$$

l을 의해 잘려 생긴 포물선이 현의 길이는

$$\mathrm{L} = |t_1 - t_2|$$
$$= \sqrt{(t_1 + t_2)^2 - 4t_1 t_2} = 10$$

그러므로 구하려는 두 선분의 합은 $10 - 4 = 6$이다.

현의 중점에서 초점까지의 거리는

$$d = \left| \frac{t_1 + t_2}{2} \right| = \sqrt{5}$$

| 설명 | 일반적으로 $\begin{cases} x = x_0 + t\cos\theta \\ y = y_0 + t\sin\theta \end{cases}$ (t는 매개변수)를 직선의 매개변수

방정식의 표준형이라고 한다. 여기서 매개변수 t의 기하학적 의미는 다음과 같다. t는 점 (x_0, y_0)에서부터 직선을 따라 점 (x, y)까지 이동하였을 때의 방향 변위이다(위를 양으로 하고 아래를 음으로 하는 방향이다).

방정식 $\begin{cases} x = x_0 + at \\ y = y_0 + bt \end{cases}$ (t는 매개변수)도 직선을 표시한다.

$a^2 + b^2 = 1$일 때 그 중의 t는 상술한 표준형에 있는 t의 기하학적 의미를 가진다.

$a^2 + b^2 \neq 1$일 때 $t = \dfrac{t'}{\sqrt{a^2 + b^2}}$ 라고 하면

$$\begin{cases} x = x_0 + \dfrac{a}{\sqrt{a^2 + b^2}} t' \\ y = y_0 + \dfrac{b}{\sqrt{a^2 + b^2}} t' \end{cases}$$

이렇게 하면 매개변수 t' 역시 표준형에서의 t의 기하학적 의미를 가지게 된다.

위의 예제의 풀이에서 다음과 같은 명제를 유도해 낼 수 있다. 또 이 명제를 이용하면 이 예제와 같은 유형의 문제를 아주 간단하게 풀 수 있다.

[명제 1] 방정식 $Ax^2+Bxy+Cy^2+Dx+Ey+F=0$ ······ ①과
$\begin{cases} x=x_0+t\cos\theta \\ y=y_0+t\sin\theta \end{cases}$ ······②에서 x, y를 소거하여 매개변수 t에 관한 일원이

차방정식 $at^2+bt+c=0$을 얻을 수 있으며, $D=b^2-4ac\geq0$일 때 곡선 ①에

의해 잘려 생긴 ②의 현의 길이 $L=\dfrac{\sqrt{D}}{|a|}$이고, $P_0(x_0,\ y_0)$에서 현의 중점까지

의 거리 $d=\left|\dfrac{b}{2a}\right|$이다.

예제 02

원점을 지나는 두 직선이 포물선 $y^2=4(x+1)$과 각각 A, B와
C, D에서 만난다. $\overline{AB}\perp\overline{CD}$이고 AB의 경사각이 θ일 때

(1) $\overline{AB}+\overline{CD}$를 θ로 표시하여라.
(2) $\overline{AB}+\overline{CD}$가 최소일 때의 θ의 값을 구하여라.

| 풀이 | (1) 그림에서 $\overline{AB}$의 방정식을

① $\begin{cases} x=t\cos\theta \\ y=t\sin\theta \end{cases}$ 라고 하면

$\overline{CD}$의 방정식은

② $\begin{cases} x=t\cos\left(\theta+\dfrac{\pi}{2}\right) \\ y=t\sin\left(\theta+\dfrac{\pi}{2}\right) \end{cases}$

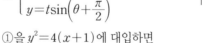

①을 $y^2=4(x+1)$에 대입하면

$t^2\sin^2\theta-4t\cos\theta-4=0(\sin^2\theta>0)$

$\therefore \overline{AB}=\dfrac{\sqrt{D}}{|a|}=\dfrac{\sqrt{16\cos^2\theta+16\sin^2\theta}}{|\sin^2\theta|}$

$=\dfrac{4}{\sin^2\theta}$

마찬가지로 $\overline{CD}=\dfrac{4}{\sin^2\left(\theta+\dfrac{\pi}{2}\right)}=\dfrac{4}{\cos^2\theta}$

$\therefore \overline{AB}+\overline{CD}=\dfrac{4}{\sin^2\theta}+\dfrac{4}{\cos^2\theta}=\dfrac{16}{\sin^2 2\theta}$

즉 $\overline{AB}+\overline{CD}=\dfrac{32}{1-\cos4\theta}$

(2) $\cos4\theta=-1$, $\theta=\dfrac{\pi}{4}$ 일 때 $\overline{AB}+\overline{CD}=16$은 최소이다.

예제 03

> 타원 $b^2x^2+a^2y^2=a^2b^2\,(a>b>0)$의 꼭짓점 $B(0,\ b)$를 직각 으로 하는 타원에 내접하는 직각이등변삼각형 ABC를 몇 개 그릴 수 있는가?

| 풀이 | 그림에서 $\overline{AB}$의 방정식을

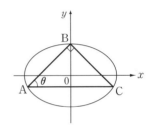

① $\begin{cases} x=t\cos\theta \\ y=b+t\sin\theta \end{cases}$ 라고 하면

$\overline{CB}$의 방정식은

② $\begin{cases} x=t\cos\left(\theta+\dfrac{\pi}{2}\right) \\ y=b+t\sin\left(\theta+\dfrac{\pi}{2}\right) \end{cases}$

$\left(t\text{는 매개변수이고 } 0<\theta<\dfrac{\pi}{2}\text{이다}\right)$

①을 $b^2x^2+a^2y^2=a^2b^2$에 대입하고 간단히 하면

$(a^2\sin^2\theta+b^2\cos^2\theta)t^2+2a^2bt\sin\theta=0$

$\therefore \overline{AB}=\dfrac{2a^2b\sin\theta}{a^2\sin^2\theta+b^2\cos^2\theta}$

마찬가지로 $\overline{CB}=\dfrac{2a^2b\sin\left(\theta+\dfrac{\pi}{2}\right)}{\left[a^2\sin^2\left(\theta+\dfrac{\pi}{2}\right)+b^2\cos^2\left(\theta+\dfrac{\pi}{2}\right)\right]}$

$\qquad =\dfrac{2a^2b\cos\theta}{a^2\cos^2\theta+b^2\sin^2\theta}$

그런데 $\overline{AB}=\overline{CB}$이다.

$\therefore \dfrac{2a^2b\sin\theta}{a^2\sin^2\theta+b^2\cos^2\theta}=\dfrac{2a^2b\cos\theta}{a^2\cos^2\theta+b^2\sin^2\theta}$

즉 $(\tan\theta-1)[b^2\tan^2\theta+(b^2-a^2)\tan\theta+b^2]=0$

$\therefore \tan\theta=1$ $\qquad\qquad$ ······ ③

또는 $b^2\tan^2\theta+(b^2-a^2)\tan\theta+b^2=0$ ...... ④

③을 풀면 $\theta=45°$

④에서 판별식 $D=(a^2+b^2)(a^2-3b^2)$

(1) $D=0$, 즉 $a=\sqrt{3}b$일 때 $\tan\theta=1$이다.

(2) $D>0$, 즉 $a>\sqrt{3}b$일 때 방정식 ④는 1인 아닌 서로 다른 두 실근을 가진다.

따라서 다음 결론을 얻는다.

$a>\sqrt{3}b$일 때 조건에 부합되는 $\triangle ABC$는 모두 3개 그릴 수 있고, $b<a\leq\sqrt{3}b$일 때 조건에 부합되는 $\triangle ABC$는 오직 한 개뿐이다.

2. 원뿔곡선의 매개변수방정식의 응용

원뿔곡선의 매개변수방정식을 이용하면 원뿔곡선 위의 점과 관계있는 최댓값, 최솟값 또는 정해진 값에 관한 일부 문제는 매우 간단하게 풀이된다.

예제 04

실수 x, y가 $x^2+y^2-8x-6y+21=0$을 만족할 때 $m=\sqrt{x^2+y^2+3}$의 최댓값과 최솟값을 구하여라.

| 풀이 | $(x-4)^2+(y-3)^2=4$이므로 $x=4+2\cos\theta$, $y=3+2\sin\theta$ 라고 설정할 수 있다. 그러면

$$m=\sqrt{(4+2\cos\theta)^2+(3+2\sin\theta)^2+3}$$
$$=\sqrt{32+20\sin\left(\theta+\tan^{-1}\frac{4}{3}\right)}$$
$$\therefore 2\sqrt{3}\leq m\leq 2\sqrt{13}$$

| 설명 | 이 문제의 풀이에서는 (x, y)를 원 위의 움직이는 점으로 보고, 원의 매개변수방정식을 이용하여 움직이는 점의 매개변수 좌표를 설정하였다. 이와 같이 다원 문제를 일원 문제로 전환시키면 문제를 쉽게 풀 수 있다.

예제 05

△ABC는 세 변의 길이가 3, 4, 5이고 P는 그 내접원 위의 한 점이다. $\overline{PA}$, $\overline{PB}$, $\overline{PC}$를 지름으로 하는 세 원의 넓이의 합의 최댓값과 최솟값을 구하고, 이때의 P의 좌표를 구하여라.

| 풀이 | 그림에서와 같이 직각좌표계를 만들면 A(0, 4), B(0, 0), C(3, 0)이다. 내접원의 성질에 의하여 지름

$$r=\frac{\overline{AB}\cdot\overline{BC}}{\overline{AB}+\overline{BC}+\overline{AC}}=1$$이다.

내접원의 방정식을

① $\begin{cases} x=1+\cos\theta \\ y=1+\sin\theta \end{cases}$ (θ는 매개변수)

라고 하자. 또 P가 내접원 위의 임의의 한 점이므로 P점의 좌표를 $(1+\cos\theta, 1+\sin\theta)$라고 할 수 있다. 그러면

$$\overline{PA}^2=(1+\cos\theta)^2+(\sin\theta-3)^2=11+2\cos\theta-6\sin\theta$$

$$\overline{PB}^2=(1+\cos\theta)^2+(1+\sin\theta)^2=3+2\cos\theta+2\sin\theta$$

$$\overline{PC}^2=(\cos\theta-2)^2+(1+\sin\theta)^2=6-4\cos\theta+2\sin\theta$$

$\therefore$ 넓이의 합 $S=\frac{\pi}{4}(\overline{PA}^2+\overline{PB}^2+\overline{PC}^2)=\frac{\pi}{4}(20-2\sin\theta)$

$\therefore$ $\sin\theta=1$일 때 $S_{\min}=\frac{9\pi}{2}$이다. 이때 점 P의 좌표는 $(1, 2)$

이다. $\sin\theta=-1$일 때 $S_{\max}=\frac{11\pi}{2}$이다. 이때 점 P의 좌표는

$(1, 0)$이다. 즉 P는 $\overline{BC}$ 위에 있다.

예제 06

타원 $b^2x^2+a^2y^2=a^2b^2$ $(a>b>0)$ 위에 두 점 P, Q가 있다. 점 A$(-a, 0)$과 Q를 이은 직선은 OP에 평행하며, y축과 점 R에서 만난다. $\dfrac{\overline{AQ}\cdot\overline{AR}}{\overline{OP}^2}$이 일정한 값을 가진다는 것을 증명하여라.

| 증명 | 그림에서 $\mathrm{P}(a\cos\theta,\ b\sin\theta)$, $\mathrm{Q}(a\cos\varphi,\ b\sin\varphi)$ 라고 하면 $\overline{\mathrm{AQ}}/\!/\overline{\mathrm{OP}}$ 이므로 그 기울기는 서로 같다.

즉 $\dfrac{b\sin\varphi}{a\cos\varphi+a}=\dfrac{b\sin\theta}{a\cos\theta}$

$\therefore \dfrac{\sin\varphi}{1+\cos\varphi}=\tan\theta$

즉 $\tan\dfrac{\varphi}{2}=\tan\theta$, $\varphi=2\theta+2k\pi$, k는 정수

$\therefore \mathrm{Q}(a\cos2\theta,\ b\sin2\theta)$

또 $\overline{\mathrm{AQ}}$의 방정식은 $\dfrac{y}{x+a}=\dfrac{b\sin\theta}{a\cos\theta}=\dfrac{b}{a}\tan\theta$

$x=0$이라고 하면 R의 좌표는 $(0,\ b\tan\theta)$이다.

$\overline{\mathrm{AR}}^2=a^2+b^2\tan^2\theta$

$\begin{aligned}\overline{\mathrm{AQ}}^2 &=(a\cos2\theta+a)^2+(b\sin2\theta)^2\\ &=4(a^2\cos^2\theta+b^2\sin^2\theta)\cos^2\theta\\ &=4\overline{\mathrm{OP}}^2\cdot\cos^2\theta\end{aligned}$

$\begin{aligned}(\overline{\mathrm{AR}}\cdot\overline{\mathrm{AQ}})^2 &=4\overline{\mathrm{OP}}^2\cdot\cos^2\theta(a^2+b^2\tan^2\theta)\\ &=4\overline{\mathrm{OP}}^2\cdot(a^2\cos^2\theta+b^2\sin^2\theta)\\ &=(2\overline{\mathrm{OP}}^2)^2\end{aligned}$

$\therefore \dfrac{\overline{\mathrm{AQ}}\cdot\overline{\mathrm{AR}}}{\overline{\mathrm{OP}}^2}=2$는 일정한 값이다.

3. 매개변수가 들어 있는 곡선의 방정식

문자로 된 상수 k가 들어 있는 직각좌표방정식 $\mathrm{F}(x,\ y,\ k)=0$에서 k가 어느 일정한 값 k_0을 취할 때 방정식은 하나의 일정한 곡선을 표시하고, k가 변할 때(매개변수일 때) 방정식은 일련의 곡선을 표시한다.

이 장에서는 예제를 통하여 방정식 $\mathrm{F}(x,y,k)=0$에 관한 문제를 공부한다.

a는 0이 아닌 실수이다.

(1) 곡선 $y=ax^2+(3a-1)x-(10a+3)$은 언제나 x축과 서로 다른 두 점에서 만난다는 것을 증명하여라.

(2) 위의 포물선은 언제나 서로 다른 두 정해진 점을 지난다는 것을 증명하여라.
그리고 그 일정한 점의 좌표를 구하여라.

| 증명 | (1) 방정식 $ax^2+(3a-1)x-(10a+3)=0$의 판별식

$$D=(3a-1)^2+4a(10a+3)=(3a+1)^2+40a^2>0$$

이므로 방정식은 언제나 서로 다른 두 실수근을 가진다.

즉 곡선과 x축은 서로 다른 두 점에서 만난다.

(2) 방정식을 문자 a에 관하여 정리하면

$$(x^2+3x-10)a-(x+y+3)=0$$

이 등식은 임의의 0이 아닌 실수 a에 대하여 언제나 성립하므로

$$\begin{cases} x^2+3x-10=0 \\ x+y+3=0 \end{cases}$$

이 연립방정식을 풀면

$$\begin{cases} x=-5 \\ y=2 \end{cases} \quad \begin{cases} x=2 \\ y=-5 \end{cases}$$

∴ 주어진 포물선은 언제나 정해진 두 점

$(-5, 2)$와 $(2, -5)$를 지난다.

그림에서와 같이 포물선 $y=\left(x-\dfrac{3}{4}\right)^2$과

직선 $l ; y=x\tan\theta, \theta\in\left(0, \dfrac{\pi}{2}\right)\cup\left(\dfrac{\pi}{2}, \pi\right)$

가 주어졌다. 포물선 위에 직선 l에 대하여 대칭인 점이 존재하려면 θ는 어떤 범위 내의 값을 취해야 하는가?

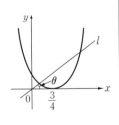

포물선 $y=\left(x-\dfrac{3}{4}\right)^2$ 위에서 직선 $l\,;\,y=x\tan\theta$에 대하여 대칭

인 두 점을 $\mathrm{P}\left[x_1,\left(x_1-\dfrac{3}{4}\right)^2\right]$과 $\mathrm{Q}\left[x_2,\left(x_2-\dfrac{3}{4}\right)^2\right]$이라고 하면

$\overline{\mathrm{PQ}}\perp l$이고 선분 $\overline{\mathrm{PQ}}$의 중점 $\left[\dfrac{x_1+x_2}{2},\dfrac{\left(x_1-\dfrac{3}{4}\right)^2+\left(x_2-\dfrac{3}{4}\right)^2}{2}\right]$
는 직선 l 위에 있다.

$\theta\in\left(0,\dfrac{\pi}{2}\right)\cup\left(\dfrac{\pi}{2},\pi\right)$ $\therefore x_1\neq x_2$

$\overline{\mathrm{PQ}}\perp l$이므로 $\dfrac{\left(x_1-\dfrac{3}{4}\right)^2+\left(x_2-\dfrac{3}{4}\right)^2}{x_1-x_2}\cdot\tan\theta=-1$

즉 $\left(x_1+x_2-\dfrac{3}{2}\right)\tan\theta=-1$　　　　　……①

$\dfrac{\left(x_1-\dfrac{3}{4}\right)^2+\left(x_2-\dfrac{3}{4}\right)^2}{2}=\dfrac{x_1+x_2}{2}\tan\theta$　　　　……②

①에서 $(x_1+x_2)\tan\theta=\dfrac{3}{2}\tan\theta-1$

위 식을 ②에 대입하면

$\dfrac{3}{2}\tan\theta-1=\left(x_1-\dfrac{3}{4}\right)^2+\left(x_2-\dfrac{3}{4}\right)^2$　　　　……③

$\left(x_1-\dfrac{3}{4}\right)^2+\left(x_2-\dfrac{3}{4}\right)^2>\dfrac{1}{2}\left(x_1+x_2-\dfrac{3}{2}\right)^2$

①, ③에서 $\dfrac{3}{2}\tan\theta-1>\dfrac{1}{2\tan^2\theta}$

즉 $3\tan^3\theta-2\tan^2\theta-1>0$

　　$(\tan\theta-1)(3\tan^2\theta+\tan\theta+1)>0$,

　　$3\tan^2\theta+\tan\theta+1=3\left(\tan\theta+\dfrac{1}{6}\right)^2+\dfrac{11}{12}>0$

$\therefore \tan\theta>1$

그러므로 θ가 취하는 값의 범위는 $\left(\dfrac{\pi}{4},\dfrac{\pi}{2}\right)$이다.

| 설명 | 이 문제는 방정식 중의 매개변수 문자의 값을 구하는 문제이다. 이
런 유형의 문제에서는 일반적으로 변수 x, y를 소거하고 매개변수
를 변수로 보아 해를 구한다.

예제 09

곡선 $y=a(x-1)^2 (a>0)$과 $y=-bx^2+1 (b>0)$이 하나의 공유점만을 가질 때 공유점 (x, y)의 자취를 구하여라.

| 분석 | 두 포물선의 방정식을 연립시키면 공유점 (x, y)를 얻을 수 있다. 이것은 a, b 두 문자에 관한 두 개의 방정식이다. 그 다음 "하나의 공유점만을 가진다"는 조건에 의하여 다시 a, b 사이의 관계식을 하나 얻을 수 있다. 세 개의 방정식에서 a, b를 소거하면 공유점의 자취의 방정식이 얻어진다.

| 풀이 | 연립방정식 $\begin{cases} y=a(x-1)^2 \\ y=-bx^2+1 \end{cases}$ 에서 y를 소거하면

$a(x-1)^2=-bx^2+1$

즉 $(a+b)x^2-2ax+a-1=0$ ......①

$a>0, \ b>0 \quad \therefore a+b>0$

그러므로 두 곡선이 하나의 공유점만 가질 조건은

$D=4a^2-4(a+b)(a-1)=0$ 즉 $a+b=ab$

이때 ①식에서 $x=\dfrac{a}{a+b}=\dfrac{1}{b}$

따라서 $y=-bx^2+1=-\dfrac{1}{x}\cdot x^2+1=-x+1$

$\therefore x+y=1$

$a>0, \ b>0 \quad \therefore x>0, \ y>0$

그러므로 공유점의 자취의 방정식은 $x+y=1 (x>0, y>0)$이다. 이것은 제1사분면에서 두 끝점을 포함하지 않는 선분이다.

예제 10

주어진 $x0y$ 평면 위에서 세 점의 집합
$A=\{(x, y) \mid (x-1)^2+y^2 \le 25\}$, $B=\{(x,y) \mid (x+1)^2+y^2 \le 25\}$,
$C=\{(x, y) \mid |x| \le t, |y| \le t, t>0\}$이 주어졌다.
$C \subset (A \cap B)$일 때 t의 최댓값을 구하여라.

| 풀이 | 그림에서와 같이 각 집합이 표
시하는 도형을 그리면 A는
$(1, 0)$을 중심으로 하고 5를
반지름으로 하는 원주와 그 내
부의 점들로 이루어진 집합이
고, B는 $(-1, 0)$을 중심으로
하고 5를 반지름으로 하는 원

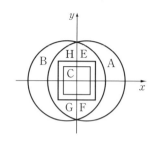

주와 그 내부의 점들로 이루어진 집합이며, C는 E(t, t), F$(t,$
$-t)$, G$(-t, -t)$, H$(-t, t)$를 꼭짓점으로 하는 정사각형
과 그 내부의 점들로 이루어진 집합인데, t가 변할 때 이 정사각
형으로 둘러싸인 구역도 따라서 변한다.

C⊂(A∩B)일 때 t가 최댓값을 가지려면 정사각형 EFGH가
A∩B의 호에 내접하여야 한다.

이때 점 E(t, t)는 $(x+1)^2 + y^2 = 25$ 위에 있으므로
$(t+1)^2 + t^2 = 25$이다. 간단히 하면 $(t+4)(t-3) = 0$.
그런데 $t > 0$ 이므로 $t = 3$이다.

그러므로 C⊂(A∩B)일 때 t의 최댓값은 3이다.

| 설명 | 이 문제에서는 수학에서 자주 쓰이는 수와 도형을 결합시키는 방
법을 이용하였다. 해석기하란 말하자면 '수와 도형'을 결합시킨 것
이다.

4. 원뿔곡선의 통일된 방정식 및 응용

원뿔곡선(여기서 말하는 원뿔곡선은 원을 포함하지 않는다)의 한 초점 F를
극으로 하고 초점을 지나며, 상응한 준선 l의 수선의 반대 방향으로의 연장선
을 극축으로 하여 극좌표계를 만들면 원뿔곡선의 통일된 극좌표방정식은
$\rho = \dfrac{ep}{1 - e\cos\theta}$ $(e > 0)$이다. 여기서 p는 초점에서 준선까지의 거리로서 포물
선에서의 p의 의미와 같다. 그러나 직각좌표계에서의 타원, 쌍곡선에 대해서
는 $p = \dfrac{b^2}{c}$이며 ep는 통경$\left(e = \dfrac{\text{타원 위의 한 점 }p\text{에서 초점까지의 거리}}{\text{타원 위의 한 점 }p\text{에서 준선까지의 거리}}\right)$의
길이의 절반을 표시한다.

이 방정식은 원뿔곡선에 관한 문제를 연구하는 데 새로운 길을 개척하여 주었다. 이 방정식을 응용하여 원뿔곡선의 초점을 지나는 현에 관한 문제를 풀고 현의 길이에 관한 문제를 증명하면 아주 간단해진다.

예제 11

> 타원의 극좌표방정식이 $\rho = \dfrac{2}{3-2\cos\theta}$ 일 때 통경의 길이
> 및 두 준선의 극좌표방정식을 구하여라.

| 풀이 |　$\rho = \dfrac{\dfrac{2}{3}}{1-\dfrac{2}{3}\cos\theta}$　……①

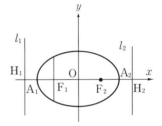

$\therefore e = \dfrac{2}{3}, \ p = 1$

$\therefore$ 통경의 길이 $= 2ep = \dfrac{4}{3}$

그림에서와 같이 두 준선을 각각 l_1, l_2라고 하면 $\overline{F_1 H_1} = p = 1$
이므로 $l_1 ; \rho\cos\theta = -1$이다.

① 에서 $\theta = 0$이라고 하면

$$\overline{F_1 A_2} = a + c = 2 \qquad\qquad ……②$$

$\theta = \pi$라고 하면

$$\overline{F_1 A_1} = a - c = \dfrac{2}{5} \qquad\qquad ……③$$

②, ③을 연립시켜 풀면 $a = \dfrac{6}{5}, c = \dfrac{4}{5}$

$\therefore \overline{F_1 H_1} = 2c + p = \dfrac{13}{5}$

$\therefore l_2 ; \rho\cos\theta = \dfrac{13}{5}$

그러므로 두 준선의 방정식은 $\rho\cos\theta = -1$과 $\rho\cos\theta = \dfrac{13}{5}$이다.

| 설명 |　이 문제를 직각좌표방정식으로 고쳐서 풀면 매우 복잡해진다.

예제 12

반원 P의 지름 BA의 연장선 위에 한 점 C가 있다. 점 C에서 AB에 수직인 직선 l을 그었다. $\overline{AC} < \dfrac{\overline{AB}}{4}$ 일 때 다음을 증명하여라.

A를 초점으로 하고 l을 준선으로 하는 포물선은 반드시 반원 P와 두 개의 교점 M, N을 가지며 $\overline{AM} + \overline{AN} = \overline{AB}$이다.

| 증명 | 그림에서와 같이 A를 극으로 하고 $\overline{AB}$를 극축으로 하여 극좌표계를 만들고 $\overline{AB} = 2r$라고 하면,

반원 P의 방정식은

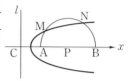

$$\rho = 2r\cos\theta \left(0 \le \theta \le \frac{\pi}{2}\right) \qquad \cdots\cdots ①$$

포물선의 방정식은

$$\rho = \frac{p}{1 - \cos\theta} \left(p = \overline{AC} < \frac{2r}{4} = \frac{r}{2}\right) \qquad \cdots\cdots ②$$

①에서 $\cos\theta = \dfrac{\rho}{2r}$, 이를 ②에 대입하고 간단히 하면

$$\rho^2 - 2r\rho + 2r\rho = 0 \qquad \cdots\cdots ③$$

$p < \dfrac{r}{2}$이므로 ③의 판별식 $D > 0$이다.

그러므로 ③은 두 개의 실근 ρ_1, ρ_2를 가진다.

∴ 두 곡선은 두 개의 교점 M, N을 가지며

$$\overline{AM} + \overline{AN} = \rho_1 + \rho_2 = 2r = \overline{AB}$$이다.

예제 13

타원 $b^2x^2 + a^2y^2 = a^2b^2 (a > b > 0)$과 준선 $x = -\dfrac{a^2}{c}$이 주어졌다. 타원 위에서 세 점을 왼쪽 초점과 연결하여 이루어진 각이 모두 같도록 세 점을 취하였다. 이 세 점에서 준선까지의 거리의 역수의 합이 일정한 값이라는 것을 증명하여라.

| 증명 | 그림에서와 같이 왼쪽 초점 F를 극으로 하고 Fx를 극축으로 하여 극좌표계를 만들면 타원의 극좌표방정식은 $\rho = \dfrac{ep}{1-e\cos\theta}$ 이다.

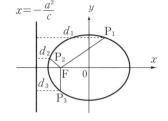

$\overline{\mathrm{FP}}_i = \rho_i$, P_i에서 준선 $x = -\dfrac{a^2}{c}$ 까지의 거리를 $d_i\,(i=1,\ 2,\ 3)$라고 하면 원뿔곡선의 통일된 정의에 의하여

$$\frac{\rho_1}{d_1} = \frac{\rho_2}{d_2} = \frac{\rho_3}{d_3} = e$$

따라서

$$\frac{1}{d_1} + \frac{1}{d_2} + \frac{1}{d_3} = e\left(\frac{1}{\rho_1} + \frac{1}{\rho_2} + \frac{1}{\rho_3}\right)$$

$$= e \cdot \frac{3 - e\left[\cos\theta + \cos\left(\theta + \dfrac{2\pi}{3}\right) + \cos\left(\theta + \dfrac{4\pi}{3}\right)\right]}{ep}$$

$$= e \cdot \frac{3}{ep} = \frac{3}{p}\ (\text{일정한 값})$$

위의 예제의 증명 방법을 응용하여 더욱 일반적인 명제를 유도해 낼 수 있다.

〔명제 2〕 $P_i\,(i=1,\ 2,\ \cdots,\ n)$는 타원(또는 포물선) 위의 n개의 점이고 F는 초점이다. $\overline{\mathrm{FP}}_1,\ \overline{\mathrm{FP}}_2,\ \cdots,\ \overline{\mathrm{FP}}_n$이 원주각 F를 n등분하면 $\displaystyle\sum_{i=1}^{n} \frac{1}{\overline{\mathrm{FP}}_i} = \frac{n}{ep}$ 이다.

01 직선 $x=-2-t$, $y=1+t$에 잘려서 생긴 포물선 $y=x^2-2x\tan\theta$ 3$\left(-\dfrac{\pi}{4}<\theta<\dfrac{\pi}{4}\right)$의 현이 제일 짧을 때의 이 포물선의 꼭짓점의 좌표와 준선의 방정식을 구하여라.

02 포물선의 축 위에서의 초점을 지나는 임의의 현의 정사영의 길이는, 그 현의 중점에서 초점까지의 거리의 2배와 같다. 이것을 증명하여라.

03 점 M(2, 1)에서 타원 $x^2+4y^2=16$의 현 AB를 그었다.
(1) M이 현 AB의 중점일 때, (2) M이 현 AB의 3등분점일 때
현 AB가 놓이는 직선의 방정식을 각각 구하여라.

04 △OAB는 포물선 $y^2=2px$에 내접하고, $\angle AOB=90°$이다. 직선 AB가 일정한 점을 지난다는 것을 증명하여라.

05 P는 쌍곡선 $\dfrac{x^2}{a^2}-\dfrac{y^2}{b^2}=1$ 위의 임의의 한 점이다. P에서 쌍곡선의 두 점 근선에 평행한 직선을 긋고, 다른 점근선과 만나는 점을 각각 Q와 R라고 한다. $\overline{PQ}\cdot\overline{PR}=\dfrac{(a^2+b^2)}{4}$ 임을 증명하여라.

06 타원 $b^2x^2+a^2y^2=a^2b^2(a>b>0)$에 내접한 사다리꼴 APP′A′에서 A$(a, 0)$, A′$(-a, 0)$, $\overline{PP'}/\!/\overline{AA'}$이다. 사다리꼴 APP′A′의 넓이의 최댓값을 구하여라.

07 포물선 위에서 임의로 취한 네 점으로는 평행사변형을 만들 수 없다는 것을 증명하여라.

08 타원 $\dfrac{x^2}{m^2}+y^2=1$ 중에서 $B(0,\,1)$을 꼭짓점으로 하는 내접정삼각형이 3개 있을 때 m이 취하는 값의 범위를 구하여라.

09 포물선의 초점 F에서 준선까지의 거리는 1이고, 그 내접사각형 ABCD의 대각선 $\overline{AC}\perp\overline{BD}$이며 그 교점이 초점 F이다. 사각형 ABCD의 넓이의 최솟값을 구하여라.

10 쌍곡선 $x^2-\dfrac{y^2}{2}=1$이 주어졌다.

(1) 점 $A(2,\,1)$을 지나는 직선이 쌍곡선과 두 점 P_1, P_2에서 만날 때 선분 P_1P_2의 중점 P의 자취의 방정식을 구하여라.

(2) 점 $B(1,\,1)$에서 직선 m을 긋되, m과 쌍곡선의 두 교점이 Q_1, Q_2이고 점 B가 $\overline{Q_1Q_2}$의 중점이 되도록 할 수 있는가? 그런 직선을 그을 수 있다면 그 방정식을 구하고, 그을 수 없다면 그 이유를 설명하여라.

11 P는 타원 $\dfrac{x^2}{a^2}+\dfrac{y^2}{b^2}=1$ 내부에 있는 정해진 한 점이다. P를 지나 기울기가 $\pm\dfrac{a}{b}$인 두 현을 그으면, P는 두 현을 길이가 d_1, d_2, d_3, d_4인 네 선분으로 나눈다. $d_1^2+d_2^2+d_3^2+d_4^2=2(a^2+b^2)$임을 증명하여라.

12 A, B는 쌍곡선 $\dfrac{x^2}{a^2}-\dfrac{y^2}{b^2}=1$의 꼭짓점이고, P_1, P_2는 쌍곡선 위에 있으며 $\overline{P_1P_2}\perp x$축이다. 직선 AP_2와 BP_1의 교점 M의 자취의 방정식을 구하여라.

13 등차수열과 등비수열

어떤 규칙에 따라 배열된 수의 열 a_1, a_2, $\cdots$, a_n, $\cdots$ (간단히 $\{a_n\}$으로 표시한다)을 수열이라고 한다. 수열은 자연수의 집합 N(때로는 0과 음의 정수에까지 확장한다. 예를 들면 a_0, a_{-1})의 함수 $f(n) = a_n$이다.

a_n을 수열 $\{a_n\}$의 일반항이라고 하며 수열의 처음 n항의 합 S_n과 다음 관계를 가진다. 즉 $n = 1$일 때 $a_1 = S_1$, $n \geq 2$일 때 $a_n = S_n - S_{n-1}$

이 장에서는 두 가지 특수한 수열, 즉 등차수열과 등비수열 및 그 합에 관한 문제를 공부한다.

1. 직접 구하는 방법

(1) 등차수열

• 정의 : $a_{n+1} - a_n = d$(상수)이면 $\{a_n\}$을 **등차수열**이라고 부른다.

• 중요한 결론

① $A = \dfrac{a+b}{2} \iff a$, A, b는 등차수열을 이룬다. 이때 A를 a, b의 **등차중항**이라 한다.

② 일반항의 공식 $a_n = a_1 + (n-1)d$

③ 처음 n항의 합
$$S_n = \frac{n(a_1 + a_n)}{2} = \frac{n(2a_1 + (n-1)d)}{2} = na_1 + \frac{n(n-1)}{2}d$$

④ $m + n = r + s \iff a_m + a_n = a_r + a_s$

(2) 등비수열

• 정의 : $\dfrac{a_{n+1}}{a_n} = r$(상수)이면 $\{a_n\}$을 **등비수열**이라고 부른다.

• 중요한 결론

① $G = \pm\sqrt{ab} \iff a$, G, b는 등비수열을 이룬다. 이때 G를 a, b의 **등비중항**이라 한다.

② 일반항의 공식 $a_n = a_1 r^{n-1}$

③ 처음 n항의 합 $S_n = \dfrac{a_1(1-r^n)}{1-r} = \dfrac{a_1 - a_n r}{1-r}\ (r \neq 1)$

$\quad r = 1$일 때 $S_n = na_1$

④ $m + n = r + s \iff a_m \cdot a_n = a_r \cdot a_s$

⑤ $\displaystyle\sum_{n=1}^{\infty} a_n = S = \dfrac{a_1}{1-r}\ (|r| < 1)$

(3) 등차수열과 등비수열이 될 수 있는 조건 정리

- 정리 1 : 수열 $\{a_n\}$이 등차수열이기 위한 필요충분조건은 일반항 a_n이 1차 또는 0차다항식이 되는 것이다.
- 정리 2 : 상수 수열이 아닌 수열 $\{a_n\}$이 등차수열이기 위한 필요충분조건은 수열의 처음 n항의 항 S_n이 n에 관한 2차다항식이고 상수항이 0이 되는 것이다. 즉 $S_n = An^2 + Bn\,(A, B$는 상수이고 $A \neq 0$이다)이다.
- 정리 3 : 양수의 수열 $\{a_n\}$이 등차수열이기 위한 필요충분조건은 수열 $\{\log a_n\}$이 등차수열로 되는 것이다.

이 세 정리는 모두 정의에 의하여 직접 증명할 수 있다. 여기서 증명은 생략한다.

예제 01

수열 $\{a_n\}\,(a_n \neq 0,\ n \geq 1)$이 등차수열이기 위한 필요충분조건은 임의의 정수 $k > 2$에 대하여 다음 등식이 성립하는 것임을 증명하여라.

$$\frac{1}{a_1 a_2} + \frac{1}{a_2 a_3} + \cdots\cdots + \frac{1}{a_{k-1} a_k} = \frac{k-1}{a_1 a_k}$$

| 증명 | (필요조건) $\{a_n\}$이 등차수열이고 d가 공차라면 임의의 $n \geq 1$에 대하여 $a_{n+1} - a_n = d$이다. 따라서

$$\frac{1}{a_i a_{i+1}} = \frac{1}{d}\left(\frac{1}{a_i} - \frac{1}{a_{i+1}}\right)(i \geq 1)$$

$$\therefore \sum_{i=1}^{k-1} \frac{1}{a_i a_{i+1}}$$

$$= \frac{1}{d}\left[\left(\frac{1}{a_1} - \frac{1}{a_2}\right) + \left(\frac{1}{a_2} - \frac{1}{a_3}\right) + \cdots + \left(\frac{1}{a_{k-1}} - \frac{1}{a_k}\right)\right]$$

$$=\frac{1}{d}\left(\frac{1}{a_1}-\frac{1}{a_k}\right)=\frac{1}{d}\cdot\frac{a_k-a_1}{a_1a_k}=\frac{k-1}{a_1a_k}$$

(충분조건) 임의의 정수 $k>2$에 대하여 주어진 등식이 성립한다고 하자. $k=3$이라고 하면

$$\frac{1}{a_1a_2}+\frac{1}{a_2a_3}=\frac{2}{a_1a_3}\implies a_3+a_1=2a_2$$

즉 a_1, a_2, a_3은 등차수열을 이룬다. 또 $k=n$, $n-1$, $n-2$라고 하면

$$\frac{1}{a_1a_2}+\frac{1}{a_2a_3}+\cdots\cdots+\frac{1}{a_{n-1}a_n}=\frac{n-1}{a_1a_n}\qquad\cdots①$$

$$\frac{1}{a_1a_2}+\frac{1}{a_2a_3}+\cdots\cdots+\frac{1}{a_{n-2}a_{n-1}}=\frac{n-2}{a_1a_{n-1}}\qquad\cdots②$$

$$\frac{1}{a_1a_2}+\frac{1}{a_2a_3}+\cdots\cdots+\frac{1}{a_{n-3}a_{n-2}}=\frac{n-3}{a_1a_{n-2}}\qquad\cdots③$$

①$-$②, $\dfrac{1}{a_{n-1}a_n}=\dfrac{n-1}{a_1a_n}-\dfrac{n-2}{a_1a_{n-1}}\qquad\cdots④$

②$-$③, $\dfrac{1}{a_{n-2}a_{n-1}}=\dfrac{n-2}{a_1a_{n-1}}-\dfrac{n-3}{a_1a_{n-2}}\qquad\cdots⑤$

④, ⑤에서 a_1이 각각 같아야 하므로

$$(n-1)a_{n-1}-(n-2)a_n=(n-2)a_{n-2}-(n-3)a_{n-1}$$

즉 $a_{n-1}-a_n=a_{n-2}-a_{n-1}$

위 식은 $n\geq3$일 때 a_{n-2}, a_{n-1}, a_n이 등차수열을 이룬다는 것을 설명한다. n의 임의성에 의하여 $\{a_n\}$이 등차수열이라는 것을 알 수 있다.

예제 02

$\{a_n\}$이 등차수열이고 a_i 및 공차 d가 모두 0이 아닌 실수일 때 $(i=1, 2, \cdots)$ 다음을 증명하여라.

(1) 방정식 $a_ix^2+2a_{i+1}x+a_{i+2}=0(i=1, 2, \cdots)$은 공유근을 가진다. 그 근을 구하여라.

(2) 상술한 방정식의 다른 한 근을 c_i라고 하면 수열 $\left\{\dfrac{1}{c_i+1}\right\}$ $(i=1, 2, \cdots)$은 등차수열이다.

| 증명 | (1) $x = -1$일 때 $a_i + a_{i+2} = 2a_{i+1}(a = 1, 2, \cdots)$이므로 $\{a_n\}$은 등차수열이다. 반대로 $\{a_n\}$이 등차수열이면 $x = -1$이다.

b를 방정식의 공유근이라고 하면

$$a_i b^2 + 2a_{i+1} b + a_{i+2} = 0$$

$$a_{i+1} b^2 + 2a_{i+2} b + a_{i+3} = 0$$

두 식을 변끼리 빼면

$$(a_{i+1} - a_i) b^2 + 2(a_{i+2} - a_{i+1}) b + (a_{i+3} - a_{i+2}) = 0$$

즉 $d(b^2 + 2b + 1) = 0$

$d \neq 0$이므로 $b^2 + 2b + 1 = 0$이다.

$\therefore b = -1$, 원 방정식에 대입하여 검산해 보면 $b = -1$은 공유근이다.

(2) $a_{i+1} = a_i + d$, $a_{i+2} = a_i + 2d$를 원 방정식에 대입하고 인수분해하면

$$(x+1)(a_i x + a_i + 2d) = 0$$

$a_i \neq 0$이므로 $a_i x + a_i + 2d = 0$에서 원 방정식의 다른 한 근 $-1 - \dfrac{2d}{a_i}$를 얻는다. 따라서

$$c_i = -1 - \frac{2d}{a_i}$$

$$\frac{1}{c_{i+1} + 1} - \frac{1}{c_i + 1} = -\frac{a_{i+1}}{2d} - \left(-\frac{a_i}{2d}\right) = \frac{-(a_{i+1} - a_i)}{2d}$$

$$= -\frac{1}{2}$$

$\therefore \left\{\dfrac{1}{c_i + 1}\right\}$은 등차수열이다.

예제 03

a_1, a_2, a_3, a_4, a_5는 0이 아닌 실수이고 $(a_1^2 + a_2^2 + a_3^2 + a_4^2) \times (a_2^2 + a_3^2 + a_4^2 + a_5^2) = (a_1 a_2 + a_2 a_3 + a_3 a_4 + a_4 a_5)^2$이다. 이때 a_1, a_2, a_3, a_4, a_5는 등비수열임을 증명하여라.

| 증명 | 주어진 등식을 각각 전개하여 간단히 한 후 이항하고 완전제곱으로 고치면

$$(a_1a_3-a_2^2)^2+(a_1a_4-a_2a_3)^2+(a_2a_4-a_3^2)^2$$
$$+(a_1a_5-a_2a_4)^2+(a_3a_5-a_4^2)^2+(a_2a_5-a_3a_4)^2=0$$

$\therefore a_1a_3=a_2^2,\ a_1a_4=a_2a_3,\ a_2a_4=a_3^2,$

$\quad a_1a_5=a_2a_4,\ a_3a_5=a_4^2,\ a_2a_5=a_3a_4$

따라서 $\dfrac{a_2}{a_1}=\dfrac{a_3}{a_2}=\dfrac{a_4}{a_3}=\dfrac{a_5}{a_4}$

$\therefore a_1,\ a_2,\ a_3,\ a_4,\ a_5$는 등비수열을 이룬다.

| 설명 | 예제 3의 일반형은 다음과 같다.

수열 $\{x_n\}$ $(n\geq 3,\ x_n\neq 0)$이 조건
$$(x_1^2+x_2^2+\cdots+x_{n-1}^2)(x_2^2+x_3^2+\cdots+x_n^2)$$
$$=(x_1x_2+x_2x_3+\cdots+x_{n-1}x_n)^2$$
을 만족하면 수열 $\{x_n\}$은 등비수열이다.

그 증명은 예제 3과 비슷하다.

예제 04

(1) $\dfrac{1}{a},\ \dfrac{1}{b},\ \dfrac{1}{c}$이 각각 어느 한 등차수열의 r번째 항, m번째항, k번째 항일 때 $(r-m)ab+(m-k)bc+(k-r)ca=0$임을 증명하여라.

(2) 양수 $a,\ b,\ c$가 각각 어느 한 등비수열의 l번째 항, m번째 항, k번째 항일 때 $(m-k)\log a+(k-1)\log b+(l-m)\log c=0$임을 증명하여라.

| 증명 | (1) 이 등차수열의 첫째 항을 a_1, 공차를 d라고 하면
$$a_1+(r-1)d=\frac{1}{a},\ a_1+(m-1)d=\frac{1}{b},$$
$$a_1+(k-1)d=\frac{1}{c}$$
이 세 식에서 둘씩 변끼리 빼고 정리하면
$$(r-m)ab=\frac{b-a}{d},\ (m-k)bc=\frac{c-b}{d},$$
$$(k-r)ca=\frac{a-c}{d}$$

세 식을 변끼리 더하면
$$(r-m)ab+(m-k)bc+(k-r)ca=0$$

(2) 증명하려는 등식을 변형하면
$$\log(a^{m-k}b^{k-l}c^{l-m})=0, \ \text{즉} \ a^{m-k}b^{k-l}c^{l-m}=1$$
이 등비수열의 첫째 항을 a_1, 공비를 r라고 하면
$$a=a_1r^{l-1}, \ b=a_1r^{m-1}, \ c=a_1r^{k-1}$$
$$\therefore a^{m-k}b^{k-l}c^{l-m}$$
$$=a_1^{m-k}r^{(l-1)(m-k)}\cdot a_1^{k-l}r^{(m-1)(k-1)}\cdot a_1^{l-m}r^{(k-1)(l-m)}$$
$$=a_1^0r^0=1$$

| 설명 | 등차수열, 등비수열에 관한 문제를 증명(계산)할 때에는 '미지수를 줄이는' 방법을 이용하여 첫째 항과 공차, 공비에 관한 식으로 고친다. 그렇게 하면 쉽게 결과나 결론을 얻을 수 있다.

예제 05

실수 $a\neq0$이고 수열 $\{a_n\}$은 첫째 항이 a이고 공비가 $-a$인 등비수열이다. $b_n=a_n\log|a_n|$, $S_n=b_1+b_2+\cdots+b_n(n\geq1)$이다.

(1) $a\neq-1$일 때, 임의의 자연수 n에 대하여 다음 식이 성립함을 증명하여라.
$$S_n=\frac{a\log|a|}{(1+a)^2}[1+(-1)^{n-1}(1+n+na)a^n]$$

(2) $0<a<1$일 때 임의의 자연수 n에 대하여 언제나 $b_n\leq b_m$이 성립되게 하는 자연수 m이 존재하는가? 그 결론을 증명하여라.

| 증명 | (1) 문제의 조건에 의하여
$$a_n=a(-a)^{n-1}=(-1)^{n-1}a^n(n\geq1)$$
$$\therefore b_n=(-1)^{n-1}na^n\log|a|(n\geq1)$$
따라서 $S_n=a\log|a|\cdot[1-2a+3a^2-\cdots+(-1)^{n-1}na^{n-1}]$
또 $aS_n=a\log|a|\cdot[a-2a^2+3a^3-\cdots+(-1)^{n-1}na^n]$

위의 두 식을 변끼리 더하면

$$(1+a)S_n = a\log|a| \cdot [1-a+a^2-\cdots+(-1)^{n-2}$$
$$a^{n-1}+(-1)^{n-1}na^n]$$
$$= a\log|a| \cdot \left[\frac{1-(-a)^n}{1-(-a)}+(-1)^{n-1}na^n\right]$$
$$\therefore S_n = \frac{a\log|a|}{(1+a)^2}[1+(-1)^{n+1}a^n(1+n+na)]$$

(2) $0<a<1$이면 $\log|a|=\log a<0$이다. 따라서

n이 홀수일 때 $b_n=(-1)^{n-1}na^n\log a<0$

n이 짝수일 때 $b_n=(-1)^{n-1}na^n\log a>0$

$\{b_n\}$에서 제일 큰 항을 구하려면 n이 짝수인 경우만 고려하면 된다. 임의의 자연수 k에 대하여

$$\frac{b_{2k+2}}{b_{2k}} = \frac{(2k+2)a^2}{2k} = \left(1+\frac{1}{k}\right)a^2$$

그러므로 $\dfrac{1}{k} \geq \dfrac{1}{a^2}-1$일 때 $\left(1+\dfrac{1}{k}\right)a^2 \geq 1$

$$\dfrac{1}{k} < \dfrac{1}{a^2}-1\text{일 때 }\left(1+\dfrac{1}{k}\right)a^2<1$$

p로 $\left(\dfrac{1}{a^2}-1\right)^{-1}$보다 작거나 같은 수 중 제일 큰 정수를 취하면

$$b_{2k+2} \geq b_{2k}(k \leq p), \ b_{2k+2} < b_{2k}(k>p)$$

즉 $b_2 \leq b_4 \leq \cdots \leq b_{2p+2}, \ b_{2p+2}>b_{2p+4}>\cdots$

$\therefore m=2p+2$일 때 임의의 자연수 n에 대하여 언제나 $b_n \leq b_m$이 성립한다.

예제 06

각 항이 모두 양수인 수열 $\{a_n\}$과 $\{b_n\}$에서 a_n, b_n, a_{n+1}이 등차수열을 이루고 b_n, a_{n+1}, b_{n+1}이 등비수열을 이루며 $a_1=1$, $b_1=2$, $a_2=3$이다. 일반항 a_n, b_n을 구하여라.

|풀이| 주어진 조건에 의하여

$$2b_n = a_n + a_{n+1} \qquad \cdots\cdots ①$$

$$a_{n+1}^2 = b_n b_{n+1} \qquad \cdots\cdots ②$$

$\{a_n\}$, $\{b_n\}$이 양의 수열이므로 ②에서

$$a_{n+1} = \sqrt{b_n b_{n+1}}, \ a_{n+2} = \sqrt{b_{n+1} b_{n+2}}$$

이를 ①식에서 $2b_{n+1} = a_{n+1} + a_{n+2}$에 대입하고

양변을 $\sqrt{b_{n+1}}$ 로 나누면

$$2\sqrt{b_{n+1}} = \sqrt{b_n} + \sqrt{b_{n+2}}$$

즉 $\{\sqrt{b_n}\}$은 등차수열이다.

$b_1 = 2$, $a_2 = 3$, $a_2^2 = b_1 b_2$이면 $b_2 = \dfrac{9}{2}$이므로

$$\sqrt{b_n} = \sqrt{2} + (n-1)\left(\sqrt{\dfrac{9}{2}} - \sqrt{2}\right) = \dfrac{\sqrt{2}}{2}(n+1)$$

즉 $b_n = \dfrac{(n+1)^2}{2}$

$$a_n = \sqrt{b_{n-1} b_n} = \sqrt{\dfrac{n^2}{2} \cdot \dfrac{(n+1)^2}{2}} = \dfrac{n(n+1)}{2} \ (n \geq 1)$$

예제 07

△ABC의 세 변 a, b, c가 등비수열을 이룰 때 다음 식을 증명하여라.

$$\cos(A-C) + \cos B + \cos 2B = 1$$

|증명| $b^2 = ac$이므로 사인법칙에 의하여

$\sin^2 B = \sin A \sin C$

따라서 $\cos(A-C) = \cos A \cos C + \sin A \sin C$

$\qquad\qquad\qquad + \sin^2 B + \cos A \cos C \qquad \cdots\cdots ①$

또 $\cos B = \cos[\pi - (A+C)] = -\cos(A+C)$

$\qquad = -\cos A \cos C + \sin A \sin C$

$\qquad = \sin^2 B - \cos A \cos C \qquad \cdots\cdots ②$

$\cos 2B = 1 - 2\sin^2 B \qquad \cdots\cdots ③$

①, ②, ③ 세 식을 변끼리 더하면 증명하려는 식이 얻어진다.

ABC는 변의 길이가 b인 정삼각형이다. 또 세 변 AB, BC, CA 위에서 각각 한 점 A_1, B_1, C_1을 취하여 정삼각형 $A_1B_1C_1$을 얻었다. 이때 $\angle B_1A_1B = \alpha \left(0 < \alpha < \dfrac{\pi}{3} \right)$이다. 이와 같이 계속하여 정삼각형의 수열 $A_2B_2C_2$, $A_3B_3C_3$, $\cdots$, $A_nB_nC_n$, $\cdots$을 얻었다. $\triangle A_nB_nC_n$의 넓이를 S_n이라고 하자. 새로 얻은 삼각형의 넓이를 계속 더하여 얻은 넓이의 합 $\displaystyle\sum_{n=1}^{\infty} S_n$을 $\triangle ABC$의 넓이와 같게 하려면 α의 값은 얼마이어야 하는가?

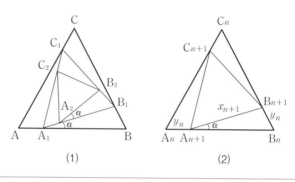

(1)   (2)

| 풀이 | $\overline{A_nB_n} = x_n$, $x_0 = \overline{AB} = b$, $\overline{A_nA_{n+1}} = y_n$이라고 하자. 그러면 그림 (2)에서 알 수 있듯이 $\overline{B_nB_{n+1}} = y_n$이다.

사인법칙에 의하여

$$\frac{x_{n+1}}{\sin\dfrac{\pi}{3}} = \frac{y_n}{\sin\alpha}$$

$$\therefore y_n = \frac{2}{\sqrt{3}} x_{n+1} \sin\alpha$$

또 $x_n = y_n + x_{n+1}\cos\alpha + y_n\cos\dfrac{\pi}{3}$

$$= \frac{3}{2} y_n + x_{n+1}\cos\alpha$$

$$= \frac{3}{2} \cdot \frac{2}{\sqrt{3}} x_{n+1}\sin\alpha + x_{n+1}\cos\alpha$$

$$=2x_{n+1}\sin\left(\alpha+\frac{\pi}{6}\right)$$

$$\therefore \frac{S_{n+1}}{S_n}=\left(\frac{x_{n+1}}{x_n}\right)^2=\frac{1}{4\sin^2\left(\alpha+\frac{\pi}{6}\right)}$$

그러므로 수열 $\{S_n\}$은 첫째 항이 S_1이고

공비 $r=\dfrac{1}{4\sin^2\left(\alpha+\dfrac{\pi}{6}\right)}$인 등비수열이다.

$0<\alpha<\dfrac{\pi}{3}$, $\dfrac{\pi}{6}<\alpha+\dfrac{\pi}{6}<\dfrac{\pi}{2}$이므로

$$\frac{1}{2}<\sin\left(\alpha+\frac{\pi}{6}\right)<1, \ \ \frac{1}{4}<\frac{1}{4\sin^2\left(\alpha+\frac{\pi}{6}\right)}<1$$

$$\therefore \sum_{n=1}^{\infty}S_n=\frac{S_1}{1-\dfrac{1}{4\sin^2\left(\alpha+\dfrac{\pi}{6}\right)}}$$

$$=\frac{\dfrac{1}{4\sin^2\left(\alpha+\dfrac{\pi}{6}\right)}S_{\triangle ABC}}{1-\dfrac{1}{4\sin^2\left(\alpha+\dfrac{\pi}{6}\right)}}=\frac{S_{\triangle ABC}}{4\sin^2\left(\alpha+\dfrac{\pi}{6}\right)-1}$$

$$=S_{\triangle ABC}$$

$$\therefore 4\sin^2\left(\alpha+\frac{\pi}{6}\right)-1=1, \ \ \sin^2\left(\alpha+\frac{\pi}{6}\right)=\frac{1}{2}$$

$$\sin\left(\alpha+\frac{\pi}{6}\right)=\frac{\sqrt{2}}{2}, \ \ \alpha+\frac{\pi}{6}=\frac{\pi}{4}$$

$$\therefore \alpha=\frac{\pi}{4}-\frac{\pi}{6}=\frac{\pi}{12}$$

2. 수열의 합을 구하기

수열의 개념, 성질과 공식을 이용하고 또 주어진 수열을 등차수열, 등비수열로 전환시키는 것은 수열의 처음 n항의 합을 구하는 기본 사고 방법이다. 이제 예제를 들어 몇 가지 방법을 소개하기로 한다.

양의 홀수 수열 1, 3, 5, 7, 9, 11, …을 다음과 같은 조로 나누었다. {1}, {3, 5}, {7, 9, 11}, … n번째 조의 수들의 합과 처음 n개 조의 수들의 총합을 구하여라. 그리고 그 결과를 이용하여 다음 공식을 증명하여라.

$$1^3 + 2^3 + 3^3 + \cdots + n^3 = (1 + 2 + 3 + \cdots + n)^2$$

| 증명 | 이것은 등차수열에서 조를 가르는 문제인데, 등차수열에 관한 지식을 이용하여 직접 구할 수 있다. 처음 n개 조의 수들의 총합에는 홀수 수열이 $(1 + 2 + \cdots + n) = \dfrac{n(n+1)}{2}$개 들어 있으므로, n번째 조의 마지막 수는 $\dfrac{2n(n+1)}{2} - 1 = n^2 + n - 1$ 이다. 이 수는 n번째 조의 마지막 항이므로 뒤로부터 n번째 조의 수들의 합은 공차가 -2인 등차수열의 처음 n항의 합으로 볼 수 있다. 따라서 n번째 조의 수들의 합은

$$S_n = \frac{n\{2(n^2 + n - 1) + (n-1)(-2)\}}{2} = n^3$$

처음 n개 조의 수들의 총합은

$$1 + 3 + 5 + \cdots + (n^2 + n - 1) = \left(\frac{n^2 + n}{2}\right)^2$$

$$= \left[\frac{n(n+1)}{2}\right]^2 = (1 + 2 + 3 + \cdots + n)^2$$

또한 위의 추리에 의하여 k번째 조의 수들의 합은 k^3이라는 것을 알 수 있다. 그러므로 처음 n개 조의 수들의 합은 $1^3 + 2^3 + 3^3 + \cdots + n^3$이다. 따라서

$$1^3 + 2^3 + 3^3 + \cdots + n^3 = (1 + 2 + 3 + \cdots + n)^2$$

수열 $\sqrt{11 - 2}$, $\sqrt{1111 - 22}$, … $\sqrt{\underbrace{11 \cdots 1}_{2n개} - \underbrace{22 \cdots 2}_{n개}}$의 처음 n항의 합 S_n을 구하여라.

| 풀이 | 수열의 일반항은 $a_n=\sqrt{\underbrace{11\cdots1}_{2n개}-\underbrace{22\cdots2}_{n개}}$

등비수열의 합을 구하는 공식에 의하여

$$\underbrace{11\cdots1}_{2n개}=10^{2n-1}+10^{2n-2}+\cdots+1=\frac{10^{2n}-1}{9}$$

$$\underbrace{22\cdots2}_{n개}=2\times\underbrace{11\cdots1}_{n개}=\frac{2}{9}(10^n-1)$$

$$\therefore\ a_n=\sqrt{\frac{10^{2n}-1}{9}-\frac{2}{9}(10^n-1)}=\frac{10^n-1}{3}$$

따라서 $S_n=\sum_{i=1}^{n}a_i=\sum_{i=1}^{n}\frac{10^i-1}{3}=\frac{1}{3}\left[\sum_{i=1}^{n}10^i-n\right]$

$$=\frac{1}{3}\left[\frac{10(10^n-1)}{10-1}-n\right]=\frac{1}{27}(10^{n+1}-9n-10)$$

예제 11

양의 정수 m과 $n(m<n)$ 사이에 있으며 분모가 3인 모든 기약분수의 합을 구하여라.

| 풀이1 | 분모가 3인 m과 n 사이의 모든 분수(기약분수를 망라함)는

$$\frac{3m}{3},\ \frac{3m+1}{3},\ \frac{3m+2}{3},\ \frac{3m+3}{3},\ \frac{3m+4}{3},\ \cdots,$$

$$\frac{3n-2}{3},\ \frac{3n-1}{3},\ \frac{3n}{3}$$

즉 $m,\ m+\frac{1}{3},\ m+\frac{2}{3},\ m+1,\ m+\frac{4}{3},\ \cdots,\ n-\frac{2}{3},\ n-\frac{1}{3},\ n$

이것은 공차 $d=\frac{1}{3}$인 등차수열이다. 항수는 $3n-3m+1$개,

$$S_1=\frac{(m+n)(3n-3m+1)}{2}$$

그중에서 정수인 항은 $m,\ m+1,\ m+2,\ \cdots,\ n-1,\ n$이다.

이런 항들의 합 $S_2=\dfrac{(m+n)(n-m+1)}{2}$이다. 따라서 구하려는 기약분수의 합은 $S=S_1-S_2=n^2-m^2$

| 풀이2 | 분모가 3이고 m과 n 사이에 있는 기약분수의 합은

$$S=\left(m+\frac{1}{3}\right)+\left(m+\frac{2}{3}\right)+\left(m+\frac{4}{3}\right)+\cdots+\left(n-\frac{4}{3}\right)+\left(n-\frac{2}{3}\right)+\left(n-\frac{1}{3}\right)$$

즉 $S = \left(n - \dfrac{1}{3}\right) + \left(n - \dfrac{2}{3}\right) + \left(n - \dfrac{4}{3}\right) + \cdots + \left(m + \dfrac{4}{3}\right)$

$\qquad + \left(m + \dfrac{2}{3}\right) + \left(m + \dfrac{1}{3}\right)$

두 식을 변끼리 더하면

$$2S = \underbrace{(m+n) + (m+n) + (m+n) + \cdots + (m+n)}_{2(n-m)\text{개}}$$

$$= 2(n-m)(m+n) = 2(n^2 - m^2)$$

$$\therefore S = n^2 - m^2$$

예제 12

양수 n^2개로$(n \geq 4)$ n행 n열을 만들었다.

$a_{11} \ a_{12} \ a_{13} \cdots a_{1n}$

$a_{21} \ a_{22} \ a_{23} \cdots a_{2n}$

$\cdots \ \cdots \ \cdots \ \cdots \ \cdots$

$a_{n1} \ a_{n2} \ a_{n3} \cdots a_{nn}$

여기서 각 행의 수는 등차수열을 이루고 각 열의 수는 등비수열을 이루며 모든 공비는 같다. $a_{24} = 1$, $a_{42} = \dfrac{1}{8}$, $a_{43} = \dfrac{3}{16}$일 때 $S = a_{11} + a_{22} + \cdots + a_{nn}$의 값을 구하여라.

| 풀이 | 첫째 행의 수열의 공차는 d라 하고 각 열의 수열의 공비를 r이라고 하면, 둘째 행의 수열의 공차는 dr이고 넷째 행의 수열의 공차는 dr^3이다. 따라서

$$\begin{cases} a_{24} = (a_{11} + 3d)r = 1 \\[2mm] a_{42} = (a_{11} + d)r^3 = \dfrac{1}{8} \\[2mm] a_{43} = \dfrac{1}{8} + dr^3 = \dfrac{3}{16} \end{cases}$$

이 연립방정식을 풀면

$$a_{11} = d = r = \dfrac{1}{2}(\text{음의 해는 버린다}).$$

따라서 임의의 $1 \leq k \leq n$에 대하여

$$a_{kk} = a_{1k}r^{k-1} = [a_{11} + (k-1)d]r^{k-1} = \dfrac{k}{2^k}$$

$$S = \frac{1}{2} + 2 \cdot \frac{1}{2^2} + 3 \cdot \frac{1}{2^3} + \cdots + n \cdot \frac{1}{2^n}$$

$$\frac{1}{2}S = \frac{1}{2^2} + 2 \cdot \frac{1}{2^3} + \cdots + (n-1) \cdot \frac{1}{2^n} + n \cdot \frac{1}{2^{n+1}}$$

위 식에서 둘째 식을 빼면

$$\frac{1}{2}S = \frac{1}{2} + \frac{1}{2^2} + \cdots + \frac{1}{2^n} - n \cdot \frac{1}{2^{n+1}}$$

$$= \left(1 - \frac{1}{2^n}\right) - n \cdot \frac{1}{2^{n+1}}$$

$$\therefore S = 2 - \frac{1}{2^{n+1}} - \frac{n}{2^n}$$

$\{a_n\}$이 등차수열이고 $\{b_n\}$이 공비가 1이 아닌 등비수열일 때, $\{a_n b_n\}$의 처음 n항의 합을 구하려면 S_n에서 S_n에 공비 r를 곱한 곱을 빼면 된다. 그러면 등비수열의 합을 구하는 문제로 전환된다.

예제 13

a, b가 양의 진분수일 때 1, $(1+b)a$, $(1+b+b^2)a^2$, $(1+b+b^2+b^3)a^3$, $\cdots$의 n항의 합을 구하여라.

| 풀이 | $b \neq 1$, k번째 항은

$$\therefore (1+b+b^2+\cdots+b^{k-1})a^{k-1}$$

$$= \frac{a^{k-1}}{1-b} - \frac{b(ab)^{k-1}}{1-b} \ (k=1, 2, \cdots, n-1)$$

따라서 원 수열의 처음 n항의 합은

$$S_n = \left(\frac{1}{1-b} - \frac{1}{1-b}\right) + \left(\frac{a}{1-b} - \frac{b \cdot ab}{1-b}\right) + \cdots$$

$$+ \left[\frac{a^{n-1}}{1-b} - \frac{b(ab)^{n-1}}{1-b}\right]$$

$$= \left(\frac{1}{1-b} + \frac{a}{1-b} + \cdots + \frac{a^{n-1}}{1-b}\right)$$

$$- \left[\frac{b}{1-b} + \frac{b \cdot ab}{1-b} + \cdots + \frac{b(ab)^{n-1}}{1-b}\right]$$

$$= \frac{1}{1-b}(1+a+\cdots+a^{n-1}) - \frac{b}{1-b}[1+ab+\cdots+(ab)^{n-1}]$$

$$= \frac{1}{1-b} \cdot \frac{1-a^n}{1-a} - \frac{b}{1-b} \cdot \frac{1-(ab)^n}{1-ab}$$

위의 예제에서는 원래 수열의 각 항을 두 항의 합(또는 차)으로 갈라놓아 두 개의 기본 수열을 얻은 다음 합을 구하였다. 항을 가르는 것을 간단히 하기 위하여 흔히 일반항을 분해하는 것에서부터 시작한다.

때로는 항을 가르는 방법을 이용할 때 또 다른 경우가 나타난다. 즉 항을 가른 후 두 등차수열, 등비수열의 합을 구하는 문제로 전환되는 것이 아니라 앞뒤 항이 '상쇄' 되는 경우가 나타난다. 예를 들면 다음과 같다.

예제 14

수열 $\dfrac{1}{3 \cdot 1!}$, $\dfrac{1}{4 \cdot 2!}$, $\cdots$, $\dfrac{1}{(n+2) \cdot n!}$, $\cdots$의 처음 n항의 합을 구하여라.

| 풀이 | 수열의 일반항은

$$a_n = \frac{1}{(n+2) \cdot n!} = \frac{n+1}{(n+1)(n+2) \cdot n!}$$

$$= \frac{(n+2)-1}{(n+2)!} = \frac{1}{(n+1)!} - \frac{1}{(n+2)!} \quad (n \geq 1)$$

$$\therefore S_n = \left(\frac{1}{2!} - \frac{1}{3!} \right) + \left(\frac{1}{3!} - \frac{1}{4!} \right) + \cdots$$

$$+ \left[\frac{1}{(n+1)!} - \frac{1}{(n+2)!} \right]$$

$$= \frac{1}{2!} - \frac{1}{(n+2)!} = \frac{1}{2} - \frac{1}{(n+2)!}$$

수열의 처음 n항의 합을 구하는 방법은 매우 많다. 여기서는 그 중에서 흔히 쓰이는 몇 가지 방법만 소개하였다.

01 네 수가 있는데 처음 세 수는 등차수열을 이루고 마지막 세 수는 등비수열을 이루며, 첫 수와 넷째 수의 합은 16이고 둘째 수와 셋째 수의 합은 12이다. 그 네 수를 구하여라.

02 등차수열 $\{a_n\}$에서 $a_6+a_{11}+a_{15}+a_{20}=32$일 때 S_{25}를 구하여라.

03 a, b, c, d는 등비수열을 이루고 공비는 r이며 $r+1 \neq 0$이다. $a+b$, $b+c$, $c+d$가 등비수열을 이룬다는 것을 증명하여라.

04 $\triangle ABC$에서 A, B, C는 세 내각이고 그 대변은 a, b, c이다. a, b, c를 한 변으로 하는 정삼각형을 그렸을 때 그 넓이가 등차수열을 이룬다. $\cot A$, $\cot B$, $\cot C$도 등차수열을 이룬다는 것을 증명하여라.

05 등차수열을 이루는 세 수 a, b, c가 주어졌는데 모두 양수이고 공차는 0이 아니다. 이때 a, b, c의 역수로 이루어진 수열 $\dfrac{1}{a}$, $\dfrac{1}{b}$, $\dfrac{1}{c}$은 등차수열을 이룰 수 없다는 것을 증명하여라.

06 등차수열($d \neq 0$)의 k번째 항, n번째 항, p번째 항이 등비수열의 연속하는 세 항일 때 이 등비수열의 공비를 구하여라.

07 a, b는 양의 정수이다. 등차수열 $\{a_n\}$의 첫째 항은 a이고 공차는 b이며,
    등비수열 $\{b_n\}$의 첫째 항은 b이고 공비는 a이다. 두 수열 사이에는
    $a_1 < b_1 < a_2 < b_2 < a_3$인 관계가 있다.

(1) a의 값을 구하여라.

(2) 어느 한 항 a_m에 대하여 b_n이 $a_m + 1 = b_n$을 만족할 때 b의 값을 구하
    고 m과 n 사이의 관계식을 구하여라.

(3) $\{a_n\}$에서 $a_m + 1 = b_n$을 만족하는 처음 k항의 합을 구하여라.

08 등비수열 $\{a_n\}$에서 a_n은 양수이고 공비는 r이다. 수열 중의 연속되어 있
    는 임의의 세 항이 삼각형의 변의 길이로 되기 위한 필요충분조건이
    $\dfrac{(\sqrt{5}-1)}{2} < r < \dfrac{\sqrt{5}+1}{2}$ 임을 증명하여라.

09 $\{a_n\}$은 등차수열이고 $b_n = \left(\dfrac{1}{2}\right)^{a_n}$, $b_1 + b_2 + b_3 = \dfrac{21}{8}$, $b_1 b_2 b_3 = \dfrac{1}{8}$일 때
    이 수열의 일반항 a_n을 구하여라.

10 수열 a_1, a_2, $\cdots$, a_n, $\cdots$의 처음 n항의 합 S_n과 a_n 사이의 관계는
    $S_n = k a_n + 1$이고 k는 n에 관계되지 않는 실수이며 $k \neq 1$이다. n과 k로
    표시된 a_n의 표시식을 구하여라.

11 임의의 자연수 n에 대하여 $a_n > 0$이고 $\displaystyle\sum_{i=1}^{n} a_i^3 = \left(\sum_{i=1}^{n} a_i\right)^2$이다.
    $a_n = n$임을 증명하여라.

12 수열 $\{a_n\}$에서 n이 홀수일 때 $a_n = 5n + 1$이고 n이 짝수일 때 $a_n = 2^{\frac{n}{2}}$이
    다. 수열 $\{a_n\}$의 처음 $2m$항의 합 S_{2m}을 구하여라.

13 등차수열의 처음 m항의 합이 n이고 처음 n항의 합이 m일 때 이 수열의 처음 $m+n$항$(m \neq n)$의 합을 구하여라.

14 $S_n=1+3x^2+5x^4+\cdots+(2n-1)x^{2(n-1)}$ $(x \neq \pm 1)$을 구하여라.

15 수열 S_1, S_2, $\cdots$, S_n의 일반항은 한 등차수열과 한 등비수열이 대응하는 항의 합이다. $S_1=2$, $S_2=4$, $S_3=7$, $S_4=12$일 때 일반항 S_n을 구하여라.

16 밑면의 반지름이 R이고 모선과 밑면의 끼인각이 θ인 원뿔이 있다. 원뿔 안에 내접구들이 있는데 그 구들은 모두 원뿔의 측면과 접하고 또 구와 구는 서로 외접한다. 이런 구의 개수가 무한히 증가할 때 내접구들의 부피의 합을 구하여라.

17 포물선 $y=x^2$이 주어졌다. $P_0(1, 0)$에서 y축에 평행한 직선을 그으면 포물선과 P_1에서 만나며, P_1에서 포물선의 접선을 그으면 x축과 P_2에서 만난다. 또 P_2를 지나 y축에 평행한 직선을 그으면 포물선과 P_3에서 만나며, P_3에서 포물선의 접선을 그으면 x축과 P_4에서 만난다. 이와 같이 무한히 계속하여 갈 때 다음을 구하여라.

(1) $\overline{P_0P_1}+\overline{P_2P_3}+\overline{P_4P_5}+\cdots$
(2) $S_{\triangle P_0P_1P_2}+S_{\triangle P_2P_3P_4}+S_{\triangle P_4P_5P_6}+\cdots$

18 한 원뿔 안에 내접 등변원기둥을 그렸다(원기둥의 한 밑면이 원뿔의 밑면 위에 있다). 등변원기둥의 윗밑면을 밑면으로 하는 원뿔 안에 다시 작은 내접 등변원기둥을 그렸다. 이와 같이 무한히 계속하여 그린다. 원래의 원뿔의 부피가 V이고 이런 등변원기둥의 부피의 합이 $\dfrac{3V}{7}$일 때 제일 큰 등변원기둥의 부피를 구하여라.

14 간단한 점화수열

수열을 이루는 규칙은 일반항의 공식으로 주어지는데, 흔히 점화관계식(간단히 점화식이라고 한다)으로 주어지기도 한다.

점화식이란 수열 $\{x_n\}$에서 n번째 항 x_n과 그 앞의 몇 개 항 x_{n-1}, x_{n-2}, $\cdots$, x_{n-k} ($k<n$) 사이의 관계식, 즉 $x_n=f(x_{n-1},\ x_{n-2},\ \cdots,\ x_{n-k})(n>k)$를 말한다. 이 식을 k계 점화식이라고 부른다.

처음 몇 항의 값 x_1, x_2, $\cdots$, x_k(처음 값이라 한다)가 주어지면 수열 $\{x_n\}$의 x_{n+1}, x_{n+2}, $\cdots$은 주어진 점화식 $x_n=f(x_{n-1},\ x_{n-2},\ \cdots,\ x_{n-k})(n>k)$에 의하여 결정된다. 즉 수열 $\{x_n\}$이 결정된다.

예를 들면 점화식 $a_{n+1}-a_n=d(n\geq1)$와 처음 값 a_1이 주어졌을 때 첫째 항이 a_1이고 공차가 d인 등차수열 $\{a_n\}$이 결정되며, 점화식 $a_{n+1}=ra_n(n\geq1)$과 처음 값 a_1이 주어지면 첫째 항이 a_1이고 공비가 r인 등비수열 $\{a_n\}$이 결정된다.

점화식과 처음 값에 의하여 결정되는 수열을 점화수열이라고 한다. 점화수열에서 고찰하는 중요한 내용은 그 일반항의 공식과 성질이다.

점화수열의 일반항을 구하는 방법은 매우 많다. 여기서는 일부 점화식을 예로 하여 흔히 쓰이는 몇 가지 방법을 소개하기로 한다.

1. $a_{n+1}=p(n)a_n+q(n)(p\neq0)$의 꼴

(1) $a_{n+1}=a_n=d$ (d는 상수)

이때 $\{a_n\}$은 등차수열이다.

그 일반항은

$$a_n=a_1+(n-1)d(n\geq1)$$

(2) $a_{n+1}=a_n+q(n)$

주어진 점화식에 의하여

$$a_2-a_1=q(1),\ a_3-a_2=q(2),\ \cdots,\ a_n-a_{n-1}=q(n-1)$$

위의 식들을 변끼리 더하면

$$a_n = a_1 + \sum_{k=1}^{n-1} q(k) \qquad \cdots\cdots ①$$

수열 $\{a_n\}$에서 $a_1 = 1$, $a_{n+1} = a_n + \dfrac{1}{4n^2-1}$ $(n \geq 1)$일 때 a_n을 구하여라.

| 풀이 | $\dfrac{1}{4k^2-1} = \dfrac{1}{2}\left(\dfrac{1}{2k-1} - \dfrac{1}{2k+1}\right)$ $(k \geq 1)$

$$a_n = 1 + \frac{1}{2}\sum_{k=1}^{n-1}\left(\frac{1}{2k-1} - \frac{1}{2k+1}\right)$$

$$= 1 + \frac{1}{2}\left(1 - \frac{1}{2n-1}\right)$$

$$= \frac{3n-2}{2n-1} \quad (n \geq 1)$$

(3) $a_{n+1} = ra_n$ (r는 상수)

이때 $\{a_n\}$은 등차수열이다.

그 일반항은

$$a_n = a_1 r^{n-1} (n \geq 1)$$

(4) $a_{n+1} = p(n)a_n$

주어진 점화식에 의하여

$$a_n = p(n-1)a_{n-1} = p(n-1) \cdot p(n-2)a_{n-2}$$

$$= \cdots = p(n-1) \cdot p(n-2) \cdots p(1)a_1 \qquad \cdots\cdots ②$$

이것을 간단히 $a_n = a_1 \displaystyle\prod_{k=1}^{n-1} p(k) (n \geq 1)$로 표시한다(여기서 $\displaystyle\prod_{k=1}^{0} p(k)$는 1이다).

$a_1 = 3$, $a_{n+1} = \dfrac{3n-1}{3n+2}a_n (n \geq 1)$일 때 a_n을 구하여라.

| 풀이 | 공식 ②에 의하여

$$a_n = \frac{3(n-1)-1}{3(n-1)+2} \cdot \frac{3(n-2)-1}{3(n-2)+2} \cdot \cdots$$

$$\cdot \frac{3 \times 2 - 1}{3 \times 2 + 2} \cdot \frac{3-1}{3+2} a_1$$

$$= \frac{3n-4}{3n-1} \cdot \frac{3n-7}{3n-4} \cdot \cdots \cdot \frac{5}{8} \cdot \frac{2}{2} \cdot 3$$

$$= \frac{6}{3n-1}$$

(5) $a_{n+1} = p a_n + q$ (p, q는 $p \neq 1$, $q \neq 0$인 상수)

$$a_{n+1} = p a_n + q, \; a_n = p a_{n-1} + q$$

두 식을 변끼리 빼면 $a_{n+1} - a_n = p(a_n - a_{n-1})$ $(n \geq 2)$

이 식은 수열 $\{a_{n+1} - a_n\}$이 등비수열이라는 것을 설명한다(공비는 q이고 첫째 항은 $a_2 - a_1 = (p-1)a_1 + q$이다).

$$a_{n+1} - a_n = [(p-1)a_1 + q]p^{n-1} \; (n \geq 1)$$

$$a_n = a_1 + \sum_{k=1}^{n-1} [(p-1)a_1 + q]p^{n-1}$$

$$\therefore a_n = a_1 + [(p-1)a_1 + q] \cdot \frac{p^{n-1} - 1}{p-1} \; (n \geq 1) \qquad \cdots\cdots ③$$

예제 03

수열 $\{a_n\}$에서 $a_1 = 3$이고 $a_{n+1} = 3a_n - 4$일 때 a_n과 S_n을 구하여라.

| 풀이 | 공식 ③에 의하여

$$a_n = 3 + [(3-1) \cdot 3 - 4] \cdot \frac{3^{n-1} - 1}{3-1}$$

$$= 3^{n-1} + 2 \; (n \geq 1)$$

$$\therefore S_n = \sum_{k=1}^{n} (3^{k-1} + 2) = \sum_{k=1}^{n} 3^{k-1} + 2n$$

$$= \frac{3^n - 1}{2} + 2n$$

(6) $a_{n+1}=pa_n+q(n)$ (p는 1이 아닌 상수이고 $q(n)$은 상수가 아니다)

양변을 p^{n+1}로 나누면

$$\frac{a_{n+1}}{p^{n+1}}=\frac{a_n}{p^n}+\frac{a(n)}{p^{n+1}}$$

$b_n=\dfrac{a_n}{p^n}$ 이라고 하면 $b_{n+1}=b_n+\dfrac{q(n)}{p^{n+1}}$

공식 ①에 의하여

$$b_n=b_1+\sum_{k=1}^{n-1}\frac{q(k)}{p^{k+1}}=\frac{a_1}{p}+\sum_{k=1}^{n-1}\frac{q(k)}{p^{k+1}}$$

$$\therefore a_n=p^{n-1}\left[a_1+\sum_{k=1}^{n-1}\frac{q(k)}{p^k}\right]\ (n\geq1) \qquad\cdots\cdots④$$

특수한 경우로 다음 공식이 있다.

(7) $a_{n+1}=pa_n+sr^n$ ($p,\ s,\ r$는 0, 1이 아닌 상수)

그 일반항의 공식은 $n\geq1$일 때

$$a_n=\begin{cases}p^{n-1}[a_1+s(n-1)] & (p=r\text{일 때})\\[2mm]p^{n-1}(a_1-s)+\dfrac{s(p^n-r^n)}{p-r} & (p\neq r\text{일 때})\end{cases}\qquad\cdots\cdots⑤$$

공식 ⑤는 다음과 같이 얻을 수도 있다.

점화식 $a_{n+1}=pa_n+sr^n$ $(n\geq1)$에 의하여

$$a_n=pa_{n-1}+sr^{n-1},$$
$$a_{n-1}=pa_{n-2}+sr^{n-2},$$
$$a_{n-2}=pa_{n-3}+sr^{n-3},\ \cdots\ a_2=pa_1+sr$$

차례로 대입하면

$$\begin{aligned}a_n&=p(pa_{n-2}+sr^{n-2})+sr^{n-1}\\&=p^2a_{n-2}+s(pr^{n-2}+r^{n-1})\\&=p^2(pa_{n-3}+sr^{n-3})+s(pr^{n-2}+r^{n-1})\\&=p^3a_{n-3}+s(p^2r^{n-3}+pr^{n-2}+r^{n-1})\\&=\cdots\\&=p^{n-1}a_1+s(p^{n-2}r+p^{n-3}r^2+\cdots+pr^{n-2}+r^{n-1})\\&=p^{n-1}a_1+sp^{n-2}r\left[1+\frac{r}{p}+\cdots+\left(\frac{r}{p}\right)^{n-3}+\left(\frac{r}{p}\right)^{n-2}\right]\end{aligned}$$

$$= \begin{cases} p^{n-1}[a_1 + s(n-1)] & (p=r\text{일 때}) \\ p^{n-1}(a_1 - s) + \dfrac{s(p^n - r^n)}{p - r} & (p \neq r\text{일 때}) \end{cases}$$

예제 04

$a_1 = 1$과 $a_{n+1} = 2S_n + n^2 - n + 1$이 주어졌다. S_n이 $\{a_n\}$의 처음 n항의 합일 때 a_n을 구하여라.

| 풀이 | 주어진 점화식에 의하여

$$a_n = 2S_{n-1} + (n-1)^2 - (n-1) + 1 \, (n \geq 2)$$

첫째 식에서 둘째 식을 빼면

$$a_{n+1} - a_n = 2(S_n - S_{n-1}) + 2n - 2 = 2a_n + 2n - 2$$

즉 $a_{n+1} = 3a_n + 2n - 2 \, (n \geq 1)$

공식 ④에 의하여

$$a_n = 3^{n-1} \left[1 + \sum_{k=1}^{n-1} \frac{2k-2}{3^k} \right]$$

그런데 $\displaystyle\sum_{k=1}^{n-1} \frac{2}{3^k} = 1 - \frac{1}{3^{n-1}}$ 이고

$$\sum_{k=1}^{n-1} \frac{2k}{3^k} = \frac{3}{2} - \frac{1}{2 \cdot 3^{n-2}} - \frac{n-1}{3^{n-1}}$$

따라서 $a_n = 3^{n-1} \left[1 + \left(\dfrac{3}{2} - \dfrac{1}{2 \cdot 3^{n-2}} - \dfrac{n-1}{3^{n-1}} \right) - \left(1 - \dfrac{1}{3^{n-1}} \right) \right]$

$$= \frac{3^n}{2} - n + \frac{1}{2} \, (n \geq 1)$$

예제 05

수열 $\{a_n\}$의 처음 n항의 합 S_n과 a_n의 관계는

$S_n = -ba_n + 1 - \dfrac{1}{(1+b)^n}$ 이다. 여기서 b는 n과 관계없는 상수

이고 $b \neq -1$이다.

(1) a_n과 a_{n-1}의 관계식을 구하여라.

(2) a_n을 n과 b로 표시하여라.

| 풀이 | (1) $a_n = S_n - S_{n-1}$

$$a_n = -ba_n + 1 - \frac{1}{(1+b)^n} - \left[-ba_{n-1} + 1 - \frac{1}{(1+b)^{n-1}} \right]$$

$$\therefore a_n = \frac{b}{1+b} a_{n-1} + \frac{b}{(1+b)^{n+1}} \, (n \geq 2)$$

(2) 점화식을 변형하면

$$a_{n+1} = \frac{b}{1+b} a_n + \frac{b}{(1+b)^{n+2}}$$

또 $S_1 = a_1 = -ba_1 + 1 - \dfrac{1}{1+b}$, 즉 $a_1 = \dfrac{b}{(1+b)^2}$

직접 공식 ⑤에 대입하면 $n \geq 1$일 때

$$a_n = \begin{cases} \dfrac{n}{2^{n+1}} & (b=1\text{일 때}) \\[3mm] \dfrac{b - b^{n+1}}{(1+b)^{n+1}(1-b)} & (b \neq 1\text{일 때}) \end{cases}$$

2. 기타 일계점화식

이제 예를 들어 일부 일계점화식에 의해 결정되는 점화수열의 일반항을 구해 보자.

예제 06

$a_1 > 0$, $a_n = \sqrt{2 + a_{n-1}} \, (n \geq 2)$일 때 a_n을 구하여라.

| 풀이 | (1) $0 < a_1 \leq 2$일 때, $0 < a_n \leq 2 (n \geq 1)$

$a_n = 2\cos\theta_n \, (n \geq 1)$, $\theta_n \in \left(0, \dfrac{\pi}{2} \right)$, $\theta_1 = \cos^{-1} \dfrac{a_1}{2}$ 이라고

하면 원 점화식은

$$\cos\theta_n = \cos\frac{\theta_{n-1}}{2}, \ \text{즉} \ \theta_n = \frac{\theta_{n-1}}{2} \, (n \geq 2)$$

$$\therefore \theta_n = \theta_1 \left(\frac{1}{2} \right)^{n-1}, \ a_n = 2\cos\frac{\theta_1}{2^{n-1}} \, (n \geq 1)$$

(2) $a_1 > 2$일 때, $a_1 = \tan\alpha + \cot\alpha$, 즉

$$a_1 = \frac{1}{\sin\alpha\cos\alpha} = \frac{2}{\sin 2\alpha}, \ \alpha \in \left(0, \frac{\pi}{4} \right)$$

라고 하면

$$\sin 2\alpha = \frac{2}{a_1}$$

$$\cos 2\alpha = \frac{\sqrt{a_1^2 - 4}}{a_1}$$

$$\sin \alpha = \sqrt{\frac{1 - \cos 2\alpha}{2}} = \left(\frac{a_1 - \sqrt{a_1^2 - 4}}{2a_1}\right)^{\frac{1}{2}}$$

$$\cos \alpha = \left(\frac{a_1 + \sqrt{a_1^2 - 4}}{2a_1}\right)^{\frac{1}{2}}$$

주어진 점화식에 의하여

$$a_2 = \frac{\sin\alpha + \cos\alpha}{(\sin\alpha\cos\alpha)^{\frac{1}{2}}}$$

$$a_3 = \frac{(\sin\alpha)^{\frac{1}{2}} + (\cos\alpha)^{\frac{1}{2}}}{(\sin\alpha\cos\alpha)^{\frac{1}{2^2}}}, \ \dots$$

$$a_n = \frac{(\sin\alpha)^{\frac{1}{2^{n-2}}} + (\cos\alpha)^{\frac{1}{2^{n-2}}}}{(\sin\alpha\cos\alpha)^{\frac{1}{2^{n-1}}}}$$

$$= \frac{\left(\dfrac{a_1 - \sqrt{a_1^2 - 4}}{2a_1}\right)^{\frac{1}{2^{n-1}}} + \left(\dfrac{a_1 + \sqrt{a_1^2 - 4}}{2a_1}\right)^{\frac{1}{2^{n-1}}}}{\left(\dfrac{1}{a_1}\right)^{\frac{1}{2^{n-1}}}}$$

$$= 2^{-\frac{1}{2^{n-1}}} \left[(a_1 - \sqrt{a_1^2 - 4})^{\frac{1}{2^{n-1}}} + (a_1 + \sqrt{a_1^2 - 4})^{\frac{1}{2^{n-1}}}\right] (n \geq 1)$$

예제 07

$a_1 = 3$, $a_{n+1} = \dfrac{n+1}{n^3} a_n^3 (n \geq 1)$일 때 a_n을 구하여라.

| 풀이 | 주어진 점화식을 변형하면

$$\frac{a_{n+1}}{n+1} = \left(\frac{a_n}{n}\right)^3$$

$b_n = \dfrac{a_n}{n}$이라고 하면 $b_{n+1} = b_n^3 \ (n \geq 1)$

$a_1 = 3$이므로 $a_n > 0$, $b_n > 0 (n \geq 1)$이다.

위 식의 양변에 로그를 취하면
$$\log_3 b_{n+1}=3\log_3 b_n \ (n\geq 1)$$
이 식은 $\{\log_3 b_n\}$이 공비가 3이고 첫째 항이 $\log_3 b_1=\log_3 a_1=1$인 등비수열이라는 것을 설명한다.
$$\log_3 b_n=3^{n-1} \ (n\geq 1)$$
$$\therefore b_n=3^{3^{n-1}}$$
즉 $a_n=n\cdot 3^{3^{n-1}} \ (n\geq 1)$

예제 08

양수 수열 $\{a_n\}$의 처음 n항의 합 S_n이 $S_n=\dfrac{a_n^2+1}{2a_n}$ 을 만족할 때 a_n을 구하여라.

| 풀이 | 주어진 관계식에 의하여
$$S_n=\frac{1}{2}\left(a_n+\frac{1}{a_n}\right)$$
$a_n=S_n-S_{n-1}$을 대입하면
$$2S_n=S_n-S_{n-1}+\frac{1}{S_n-S_{n-1}}$$
즉 $S_n^2-S_{n-1}^2=1$. 이것은 $\{S_n^2\}$이 1을 공차로 하는 등차수열이라는 것을 설명한다.

그 첫째 항은 $S_1=a_1=1$이다 $\left(a_1=\dfrac{\left(a_1+\dfrac{1}{a_1}\right)}{2}$에서 얻는다$\right)$.

$\therefore S_n^2=1+(n-1)\cdot 1=n, \ S_n=\sqrt{n}$

따라서 구하려는 일반항은
$$a_n=S_n-S_{n-1}=\sqrt{n}-\sqrt{n-1}(n\geq 1)$$

| 설명 | 일반항을 구하는 방법에는 여러 가지가 있다. 따라서 문제를 풀 때에도 구체적인 설정에 근거하여 합리적인 방법을 선택하여야 한다.

3. 특수한 이계점화식

점화식 $a_{n+2}=pa_{n+1}+qa_n(p+q=1$이고, p, q는 0이 아닌 상수)과 처음의 값 a_1, a_2에 의해 결정된 점화수열 $\{a_n\}$의 일반항은 다음과 같이 구할 수 있다.

$p=1-q$를 점화식에 대입하여 정리하면

$$a_{n+2}-a_{n+1}=-q(a_{n+1}-a_n)$$

이 식은 $\{a_{n+1}-a_n\}$이 등비수열이라는 것을 설명한다.

따라서 $a_{n+1}-a_n=(a_2-a_1)(-q)^{n-1}$

$$a_n=a_1+(a_2-a_1)\sum_{k=1}^{n-1}(-q)^{k-1}$$

$$=\begin{cases} a_1+(n-1)(a_2-a_1) & (q=-1일\ 때) \\ a_1+(a_2-a_1)\cdot\dfrac{1-(-q)^{n-1}}{1+q} & (q\neq-1일\ 때) \end{cases} \quad\cdots\cdots ⑥$$

예제 09

$a_1=\dfrac{4}{3}$, $a_2=\dfrac{13}{9}$, $3a_n-4a_{n-1}+a_{n-2}=0(n\geq3)$일 때

수열 $\{a_n\}$의 일반항 a_n을 구하여라.

| 풀이 | 점화식을 변형하면

$$a_n=\frac{4}{3}a_{n-1}-\frac{1}{3}a_{n-2}$$

$$\therefore p+q=\frac{4}{3}-\frac{1}{3}=1$$

그러므로 직접 공식 ⑥을 이용하거나 공식 ⑥을 유도하는 방법으로 구할 수 있다.

$$a_n=\frac{3}{2}-\frac{1}{2\cdot3^n}\,(n\geq1)$$

예제 10

$a_1=1$, $a_2=3$, $a_{n+1}-2a_n+a_{n-1}=2(n\geq2)$일 때 수열 $\{a_n\}$의 일반항 a_n을 구하여라.

| 풀이 | 점화식을 변형하면

$$a_{n+1}-a_n=(a_n-a_{n-1})+2$$

$$\therefore \{a_{n+1}-a_n\}은 등차수열이다. 따라서$$

$$a_{n+1}-a_n=(a_2-a_1)+2(n-1)=2n$$

$$\therefore a_n=a_1+\sum_{k=1}^{n-1}2k=n^2-n+1\,(n\geq 1)$$

4. 연립점화식

대수에서 연립방정식을 풀 때 사용하던 '소거법'을 이용하여 연립점화식에 의해 결정되는 수열의 일반항을 구할 수 있다.

예제 11

수열 $\{a_n\}$과 $\{b_n\}$이 $a_1=p$, $b_1=b$, $a_n=pa_{n-1}$, $b_n=ba_{n-1}$ $+rb_{n-1}\,(n\geq 2)$, $b\neq 0$, $p>r>0$을 만족할 때 b_n을 구하여라.

| 풀이 | $a_n=pa_{n-1}$이므로 $a_n=a_1p^{n-1}=p^n\,(n\geq 1)$이다.

이것을 다른 한 점화식에 대입하면

$b_n=rb_{n-1}+bp^{n-1}\,(n\geq 2)$이다.

공식 ⑤에 의하여

$$b_n=\frac{b(p^n-r^n)}{p-r}\,(n\geq 1)$$

예제 12

수열 $\{a_n\}$과 $\{b_n\}$이

$a_1=-10$, $b_1=-13$, $a_{n+1}=-2a_n+4b_n$ ……(1),

$b_{n+1}=-5a_n+7b_n$ ……(2)를 만족할 때 일반항 a_n, b_n을 구하여라.

| 풀이 | (1)−(2)하면 $a_{n+1}-b_{n+1}=3(a_n-b_n)$

그러므로 $\{a_n-b_n\}$은 등비수열이다.

$\therefore a_n-b_n=(a_1-b_1)\cdot 3^{n-1}=3^n\,(n\geq 1)$

$a_n=b_n+3^n$을 (2)에 대입하면 $b_{n+1}=2b_n-5\cdot 3^n\,(n\geq 1)$

공식 ⑤에 의하여 $b_n=2^n-5\cdot 3^n\,(n\geq 1)$

따라서 $a_n=b_n+3^n=2^n-4\cdot 3^n\,(n\geq 1)$

(1)식에서 $b_n = \dfrac{a_{n+1}+2a_n}{4}$ 을 얻은 후 (2)식에 대입하여 정리하면 $a_{n+2}=5a_{n+1}-6a_n$이다. 지금까지 배운 방법으로는 이 식에서 a_n을 구할 수 없다. 하권 제32장에서 a_n을 구하는 방법을 설명하겠다. 그러므로 이런 식으로 소거하여서는 문제 풀이의 목적에 도달할 수 없다.

5. 몇 가지 특수한 수열의 예

수열의 유형과 수열에 관한 문제는 매우 많다. 여기서는 몇 가지 특수한 예를 들어 설명하기로 한다(점화수열이 아닌 경우도 있다).

예제 13

수열 $1, \dfrac{1}{2}, \dfrac{2}{1}, \dfrac{1}{3}, \dfrac{2}{2}, \dfrac{3}{1}, \dfrac{1}{4}, \dfrac{2}{3}, \dfrac{3}{2}, \dfrac{4}{1}, \cdots$ 에서 $\dfrac{1990}{2}$ 은 몇번째 항인가?

| 풀이 | 이 수열을 다음과 같이 정리한다.

$$(1), \left(\frac{1}{2}, \frac{2}{1}\right), \left(\frac{1}{3}, \frac{2}{2}, \frac{3}{1}\right), \left(\frac{1}{4}, \frac{2}{3}, \frac{3}{2}, \frac{4}{1}\right), \cdots$$

괄호로 묶은 항에서 분자와 분모들의 합이 같고 분자는 1씩 커지고 분모는 1씩 작아지며, 항의 개수는 분모(또는 분자)에서 제일 큰 수와 같다. 이렇게 하여 주어진 수열을 조로 나누어 다음과 같은 수열을 얻을 수 있다.

$$(1), \left(\frac{1}{2}, \frac{2}{1}\right), \left(\frac{1}{3}, \frac{2}{2}, \frac{3}{1}\right), \cdots \left(\frac{1}{1991}, \frac{2}{1990}, \cdots, \right.$$
$$\left. \frac{1990}{2}, \frac{1991}{1}\right)$$

이 수열에는 항이 모두 $1+2+3+\cdots+1991=1983036$개 있다. 그러므로 $\dfrac{1990}{2}$ 은 원 수열의 1983035번째 항이다.

특수한 수열의 구성(특징)을 찾아내는 것은 이 문제 풀이에서의 요점이다.

수열 $\{a_n\}$에서 $a_1=a_2=\cdots=a_7=a_8=1$, $a_9=2$,

$a_{n+9}=\dfrac{a_n+a_{n+1}+\cdots+a_{n+7}+a_{n+8}}{a_n a_{n+1}\cdots a_{n+7} a_{n+8}-1}\,(n\geq 1)$ 일 때

$a_{1989}+a_{1990}+a_{1991}+a_{1992}$의 값을 구하여라.

| 풀이 | 계산해 보면

$a_1=a_2=\cdots=a_8=1$, $a_9=2$, $a_{10}=10$

$a_{11}=a_{12}=\cdots=a_{18}=1$, $a_{19}=2$, $a_{20}=10$, $a_{21}=1$, $\cdots$

임의의 정수 k에 대하여

$a_{10k+1}=a_{10k+2}=\cdots=a_{10k+8}=1$, $a_{10k+9}=2$, $a_{10k+10}=10$

$\therefore a_{1989}+a_{1990}+a_{1991}+a_{1992}=2+10+1+1=14$

| 설명 | 예제 14의 수열 $\{a_n\}$의 항들은 순환되어 나타난다. 이런 수열을 주기수열이라고 하는데, 주기수열에 관한 문제는 하권 제33장에서 소개하겠다.

등비수열 $\{a_n\}$에서 첫째 항 $a_1>0$이고 공비 $r>-1$, $r\neq 0$이다. 수열 $\{b_n\}$의 일반항을 $b_n=a_{n+1}+a_{n+2}$(n은 자연수)라 하고 수열 $\{a_n\}$, $\{b_n\}$의 처음 n항의 합을 A_n, B_n으로 표시하였을 때 A_n, B_n의 크기를 비교하여라.

| 풀이 | $b_n=a_{n+1}+a_{n+2}=(r+r^2)a_n$

$\therefore B_n=(r+r^2)A_n$

$B_n-A_n=A_n(r^2+r-1)$

$\qquad=A_n\left(r+\dfrac{\sqrt{5}+1}{2}\right)\left(r-\dfrac{\sqrt{5}-1}{2}\right)$

의 부호를 살펴보자. 그러려면 A_n의 부호를 결정해야 한다.

$r>0$일 때 $a_1>0$, $a_n=a_1 r^{n-1}>0$이므로 $A_n>0$이고

$-1<r<0$일 때 $a_1>0$, $1-r>0$, $1-r^n>0$이므로

$A_n = \dfrac{a_1(1-r^n)}{1-r} > 0$이다.

그러므로 모든 $r > -1$, $r \neq 0$에 대하여 언제나 $A_n > 0$이다.

따라서 정리하면

(1) $-1 < r < \dfrac{\sqrt{5}-1}{2}$, $r \neq 0$일 때 $A_n > B_n$

(2) $r = \dfrac{\sqrt{5}-1}{2}$ 일 때 $A_n = B_n$

(3) $r > \dfrac{\sqrt{5}-1}{2}$ 일 때 $A_n < B_n$

01 다음 수열의 일반항 공식을 구하여라. (S_n은 처음 n항의 합이다)

    (1) $a_1=1$, $a_n=a_{n-1}+2^{n-1}$ $(n \geq 2)$

    (2) $b_1=1$, $b_n=2b_{n-1}+1$ $(n \geq 2)$

    (3) $a_1=1$, $S_n=n^2 a_n$ $(n \geq 2)$

    (4) $a_1=7$, $a_{n+1}=5a_n+2 \cdot 3^{n+1}-4$ $(n \geq 1)$

    (5) $a_1=\dfrac{3}{2}$, $a_{n+1}=a_n^2+a_n-\dfrac{1}{4}$ $(n \geq 1)$

    (6) $a_1=1$, $a_{n+1}=\dfrac{9a_n}{6+a_n}$ $(n \geq 1)$

    (7) $a_1=1$, $a_2=5$, $a_{n+2}=-2a_{n+1}+3a_n$ $(n \geq 1)$

02 수열 $\{a_n\}$은 $a_1=1$, $na_{n+1}-r(n+1)a_n=2(1+2+\cdots+n)$에 의하여 결정된다. 여기서 $r \neq 1$이다. 일반항 a_n을 구하여라.

03 수열 $\{a_n\}$의 처음 n항의 합 S_n이 $a_n=S_n S_{n-1}(n \geq 2)$을 만족하고 $a_1=\dfrac{2}{9}$ 이다.

    (1) $\left\{\dfrac{1}{S_n}\right\}$이 등차수열임을 증명하여라.

    (2) a_n을 구하여라.

    (3) 열거법으로 $a_n > a_{n-1}$을 만족하는 모든 자연수 n의 집합을 써라.

04 수열 $\{x_n\}$에서 $x_1=x_{1991}=1991$, $x_n=\dfrac{x_{n+1}+2x_{n-1}}{3}$ $(n \geq 2)$일 때 x_{1990}을 구하여라.

05 수열 $\{a_n\}$이 주어졌는데, $a_n = \cos n\alpha \, (0 < \alpha < \pi)$이다.

(1) a_{n-1}, a_{n-2}로 a_n을 표시하여라.

(2) 합 $a_1 - a_2 + a_3 - a_4 + \cdots + (-1)^{k+1} a_k + \cdots - a_{2n} + a_{2n+1}$을 구하여라.

06 수열 $\{a_n\}$이 $S_n = \dfrac{b(1-b^n)}{(1-b)^2} - \dfrac{b}{1-b} a_n \, (b \neq 0, \ 1)$을 만족할 때 a_n을 구하여라.

07 수열 $\{a_n\}$에서 $a_1 = 1$, $a_n = \dfrac{2S_n^2}{2S_n - 1} \, (n \geq 2)$일 때 a_n을 구하여라.

08 수열 $\{a_n\}$의 처음 n항의 값의 합 $S_n = \dfrac{-n^2}{2} + 1$일 때 수열 $\{3^{a_n}\}$의 처음 n항의 합 S'를 구하여라.

09 모든 자연수 n에 대하여 등식 $1 \cdot 2^2 + 2 \cdot 3^2 + \cdots + n \cdot (n+1)^2 = \dfrac{n(n+1)}{12}$
$(an^2 + bn + c)$가 언제나 성립되게 하는 상수 a, b, c가 존재하는가? 그 결론을 증명하여라.

10 수열 $\{a_n\}$에서 $a_1 = 3$, $a_2 = 6$, $a_{n+2} = a_{n+1} - a_n$일 때 a_{1990}, a_{1991}, $\cdots$, a_{1995}의 값을 구하여라.

11 $a_1 = 1$, $b_1 = 0$, $a_{n+1} = 2a_n + \dfrac{1}{3}b_n$ $\cdots\cdots$ ①

$b_{n+1} = 3a_n + 2b_n$ $\cdots\cdots$ ②

가 주어졌을 때 수열 $\{a_n\}$, $\{b_n\}$의 일반항 a_n, b_n을 구하여라.

12 수열 $\{x_n\}$에서 $x_1 = 1$, $x_1 + x_2 + \cdots + x_n = n^2 x_n$일 때 일반항 x_n을 구하여라.

15 수학적귀납법

수학적귀납법은 완전귀납법의 일종으로서 수학 증명에서의 중요한 수단이며, 일반적으로 자연수에 관한 명제의 증명에 쓰인다. 수학적귀납법은 논증 방법에서 귀납과 연역을 종합하여 새로운 문제를 탐색하고, 새로운 방법을 귀납하는 데 유용한 수단을 제공해 주었다. 이 장에서는 일부 문제에 대한 연구를 통하여 수학적귀납법을 잘 이용할 수 있는 방법을 설명하고, 어떻게 수학적귀납법을 융통성있게 응용하는가를 공부한다.

1. 첫번째 절차의 증명

예제 01

1보다 큰 모든 자연수 n에 대하여 다음 등식이 성립함을 증명하여라.
$$\left(1+\frac{1}{3}\right)\left(1+\frac{1}{5}\right)\cdots\left(1+\frac{1}{2n-1}\right) > \frac{\sqrt{2n+1}}{2}$$

| 분석 | 이 문제는 그리 어렵지 않으나 첫째 절차에서 틀리기 쉽다.
그 원인은 $n=2$로부터 시작한다는 것을 소홀히 하기 때문이다.
이 밖에 $n=2$일 때 좌변은 $\left(1+\frac{1}{3}\right)\left(1+\frac{1}{5}\right)$이 아니라
$1+\frac{1}{3}$ 이다.(증명은 생략한다)

예제 02

n이 자연수일 때 수학적귀납법으로 다음 부등식을 증명하여라.
$$(1+2+3+\cdots+n)\left(1+\frac{1}{2}+\cdots+\frac{1}{n}\right) \geq n^2$$

| 증명 | 이 문제는 많은 사람들이 쉽게 틀리며, 또 어디서 틀렸는지를 잘 알지 못하는 문제이다.

① $n=1$일 때 좌변$=1$, 우변$=1$이므로 원 부등식은 성립한다.

② $n=k$일 때 주어진 부등식이 성립한다고 가정한다.

즉 $(1+2+\cdots+k)\left(1+\dfrac{1}{2}+\dfrac{1}{3}+\cdots+\dfrac{1}{k}\right)\geq k^2$이 성립한다고 가정하면 $n=k+1$일 때

$$\left[1+2+\cdots+k+(k+1)\right]\left(1+\dfrac{1}{2}+\cdots+\dfrac{1}{k}+\dfrac{1}{k+1}\right)$$

$$=(1+2+\cdots+k)\left(1+\dfrac{1}{2}+\cdots+\dfrac{1}{k}\right)+\dfrac{1}{k+1}$$

$$(1+2+\cdots+k)+(k+1)\left(1+\dfrac{1}{2}+\cdots+\dfrac{1}{k}\right)+1$$

$$\geq k^2+\dfrac{1}{k+1}\cdot\dfrac{k(k+1)}{2}+(k+1)\left(1+\dfrac{1}{2}\right)+1$$

$$\geq k^2+\dfrac{k}{2}+\dfrac{3}{2}k+1=(k+1)^2$$

그러므로 $n=k+1$일 때 주어진 부등식은 성립한다.

①, ②에 의하여 주어진 부등식은 모든 자연수 n에 대하여 항상 성립한다.

얼핏 보면 수학적귀납법에 따라 증명하여 흠잡을 곳이 없는 것 같다. 그러나 둘째 절차의 증명에서 부등관계 $1+\dfrac{1}{2}+\cdots+\dfrac{1}{k}\geq 1+\dfrac{1}{2}$을 이용하였는데 여기서는 $k\geq 2$라고 하여 $k=1$인 경우는 성립하지 않는다.

첫째 절차의 증명은 가정이 성립하기 위한 기초가 되어야 하는데, 이 증명에서는 첫째 절차에서 $n=1$일 때 부등식이 성립한다고 검증하였지만, 그것은 $n=k\,(k\geq 2)$일 때 부등식이 성립한다는 가정의 기초가 되지 않는다.

정확한 증명은 다음과 같다.

$n=2$일 때 부등식이 성립한다는 것을 검증한다. 즉 $(1+2)\times\left(1+\dfrac{1}{2}\right)=\dfrac{9}{2}>2^2$. $n=k\,(k\geq 2)$일 때 부등식이 성립한다고 가정하면 위의 방법에 의하여 $n=k+1$일 때에도

부등식이 성립한다는 것을 증명할 수 있다. 따라서 $n \geq 2$, n이 자연수일 때 부등식이 성립한다고 할 수 있다. 그러므로 $n=2$ 일 때 부등식이 성립한다는 것을 보충하여야 증명이 완결된다.

이로부터 증명에서는 기초인 첫번째 절차에서 두번째 절차의 요구도 고려하여야 한다는 것을 알 수 있다.

2. 두 번째 절차의 증명

두 번째 절차(즉 점화귀납절차)는 수학적귀납법의 난점이다. 자연수에 관계되는 명제 $p(n)$에서 $p(n_0)$이 성립하고 $p(k)(k \geq n_0)$가 성립한다고 가정한 전제하에 $p(k+1)$도 성립한다는 것을 유도해 내는 일반적 과정은 다음과 같다. $p(k)$가 성립하다는 데서부터 직접 $p(k+1)$이 성립한다는 것을 보이거나 $p(n_0)$, $p(k)(k \geq n_0)$가 성립한다는 것을 이용하여 분석법, 귀류법 등으로 $p(k+1)$이 성립한다는 것을 증명한다. 또 $p(k+1)$에서 $p(k)$를 유도해 낼 때도 있다. 그러나 어느 방법에서는 귀납과 가정을 반드시 이용하여야 한다. 이 세 가지 방법에 대해서는 이 장과 하권 제32장에서 예를 소개하기로 한다.

(1) 첫 번째 절차에서 방법을 찾는다

앞에서 첫 번째 절차의 의의와, 쉽게 틀리는 곳에 대하여 설명하였다. 또한 첫 번째 절차에서 점화, 귀납 절차의 증명 방법을 찾아낼 수 있다.

예제 03

$a_1, a_1, \cdots, a_n, a_{n+1}$이 등차수열일 때 모든 자연수 $n \geq 2$에 대하여 $a_1 - {}_nC_1 a_2 + {}_nC_2 a_3 - \cdots + (-1)^{n-1} {}_nC_{n-1} a_n + (-1)^n {}_nC_n a_{n+1} = 0$이 항상 성립함을 증명하여라.

| 분석 | $n=2$일 때 a_1, a_2, a_3이 등차수열을 이루므로 $2a_2 = a_1 + a_3$ 즉 $a_1 - {}_2C_1 a_2 + {}_2C_2 a_3 = 0$이다. 따라서 명제는 성립한다.

$n=k$에서 $n=k+1$로 넘어가는 방법을 찾기 위하여

$n=2$에서 $n=3$으로 어떻게 넘어가는가를 시험해 볼 수 있다.

a_2, a_2, a_3, a_4가 등차수열을 이룬다면($n=3$인 경우), 즉 ($n=2$인 경우에 명제가 성립하므로)

$$a_1 - {_2}C_1 a_2 + {_2}C_2 a_3 = 0, \quad a_2 - {_2}C_1 a_3 + {_2}C_2 a_4 = 0$$

첫째 식의 양변에서 둘째 식을 빼면

$$a_1 - ({_2}C_1 + 1)a_2 + ({_2}C_2 + {_2}C_1)a_3 - {_2}C_2 a_4 = 0$$

즉 $a_1 - {_3}C_1 a_2 + {_3}C_2 a_3 - {_3}C_3 a_4 = 0$

$n=k$일 때 등식이 성립한다고 가정하고, a_1, a_2, $\cdots$, a_k, a_{k+1}, a_{k+2}가 등차수열을 이룬다고 하면($n=k+1$인 경우)

$$a_1 - {_k}C_1 a_2 + {_k}C_2 a_3 - \cdots + (-1)^{k-1}{_k}C_{k-1}a_k$$
$$+ (-1)^k {_k}C_k a_{k+1} = 0 \qquad \cdots\cdots ①$$

$$a_2 - {_k}C_1 a_3 + {_k}C_2 a_4 - \cdots + (-1)^{k-1}{_k}C_{k-1}a_{k+1}$$
$$+ (-1)^k {_k}C_k a_{k+2} = 0 \qquad \cdots\cdots ②$$

①$-$② 하면

$$a_1 - ({_k}C_1 + 1)a_2 + ({_k}C_2 + {_k}C_1)a_3 - \cdots$$
$$+ [(-1)^k {_k}C_k - (-1)^{k-1}{_k}C_{k-1}]a_{k+1} - (-1)^k {_k}C_k$$
$$a_{k+2} = 0$$

즉 $a_1 - {_{k+1}}C_1 a_2 + {_{k+1}}C_2 a_3 - \cdots + (-1)^k {_{k+1}}C_k a_{k+1}$
$$+ (-1)^{k+1} {_{k+1}}C_{k+1}a_{k+2} = 0 \qquad \cdots\cdots ③$$

이 식은 $n=k+1$일 때에도 등식이 성립한다는 것을 설명한다.
그러므로 다음과 같이 증명할 수 있다.

| 증명 | $n=2$일 때 a_1, a_2, a_3이 등차수열을 이루므로 $2a_2 = a_1 + a_3$이다. 즉 $a_1 - {_2}C_1 a_2 + {_2}C_2 a_3 = 0$이다. 따라서 등식이 성립한다.

$n=k$일 때 등식이 성립한다고 가정하고 a_1, a_2, $\cdots$, a_k, a_{k+1}, a_{k+2}가 등차수열을 이룬다고 하면 ①, ②가 성립한다는 귀납가설에 의하여 ③이 성립하는 것을 알 수 있다.

즉 $n=k+1$일 때에도 등식이 성립한다.

따라서 명제가 증명되었다.

(2) $p(k+1)$에서 $p(k)$를 유도한다

일반적인 경우에는 모두 $p(k)$에서 $p(k+1)$로 넘어가지만, 때로는 $p(k+1)$에서 $p(k)$를 유도하여 k에서 $k+1$로 넘어갈 때도 있다.

$a_i > 0 (i = 1, 2, 3, \cdots, n)$이고 $a_1 \cdot a_2 \cdot \cdots \cdot a_n = 1$일 때

$\sum_{i=1}^{n} a_i \geq n$임을 증명하여라.

| 증명 | $n = 1$일 때 주어진 조건에 의하여 $a_1 = 1$이므로 문제의 식이 성립한다. $n = k$일 때 문제의 식이 성립한다고 가정하자. 즉 k개 양수의 곱이 1일 때 이 k개 양수의 합이 k보다 크거나 같다고 하자.

$n = k + 1$일 때 $a_1, a_2, a_3, \cdots, a_k, a_{k+1} \in \mathrm{R}^+$($\mathrm{R}^+$는 양의 실수의 집합) 및 $a_1 \cdot a_2 \cdot \cdots \cdot a_k \cdot a_{k+1} = 1$에 의하여 이 $k+1$개의 양수에서 적어도 하나는 1보다 크거나 같고, 또 적어도 하나는 0보다 크고 1보다 작거나 같다는 것을 알 수 있다.

$0 < a_1 \leq 1$, $a_{k+1} \geq 1$이라 하고 또 $\mathrm{A} = a_1 a_{k+1}$이라고 하면 $\mathrm{A}, a_2, \cdots, a_k > 0$이고 다음 식을 만족한다.

$$\mathrm{A} a_2 a_3 \cdots a_k = (a_1 a_{k+1}) a_2 a_3 \cdots a_k = a_1 a_2 \cdots a_k a_{k+1} = 1$$

따라서 $\mathrm{A} + a_2 + a_3 + \cdots + a_k \geq k$

$a_1 + a_2 + \cdots + a_k + a_{k+1}$
$= (\mathrm{A} + a_2 + a_3 + \cdots + a_k) + a_1 + a_{k+1} - a_1 a_{k+1}$
$\geq k + a_1 + a_{k+1} - a_1 a_{k+1}$
$= k + 1 + (a_{k+1} - 1) - (a_{k+1} - 1) a_1$
$= k + 1 + (a_{k+1} - 1)(1 - a_1) \geq k + 1$

그러므로 $n = k + 1$일 때 문제의 식은 여전히 성립한다.

상술한 증명에서 중요한 절차는 $n + 1$개의 양수를 n개의 양수로 전환시키는 것이다.

이 문제는 $p(k+1)$에서 $p(k)$를 유도하는 전형적인 문제이다.

(3) 조건을 분석하고 귀납으로의 과정을 실현한다

앞에서 $p(k+1)$에서 $p(k)$를 유도하는 경우에 대해 설명하였다. 그러나 대부분의 경우에는 주어진 조건을 분석하고 명제에서 $n = k$와 $n = k + 1$일 때의 표시식 사이의 내재한 관계를 분석하며, $p(k)$에서 $p(k+1)$로 넘어가는 과정을 실현해야 한다.

$a>0$, $a\neq 1$이고 n이 임의의 자연수일 때 다음 부등식을 증명하여라.

$$\frac{1+a^2+a^4+\cdots+a^{2n}}{a+a^3+\cdots+a^{2n-1}}>\frac{n+1}{n}$$

| 증명 | $n=1$일 때,

$$좌변=\frac{1+a^2}{a}=\frac{1}{a}+a>2, \ 우변=\frac{1+1}{1}=2$$

$\therefore$ 부등식은 성립한다.

$n=k$일 때 부등식이 성립한다고 가정하자. 즉

$$\frac{1+a^2+a^4+\cdots+a^{2k}}{a+a^3+\cdots+a^{2k-1}}>\frac{k+1}{k} \qquad \cdots\cdots ①$$

이제 $n=k+1$일 때에도 부등식이 성립한다는 것을 증명하면 된다. 즉 다음 식을 증명하면 된다.

$$\frac{1+a^2+a^4+\cdots+a^{2k}+a^{2k+2}}{a+a^3+a^5+\cdots+a^{2k-1}+a^{2k+1}}>\frac{k+2}{k+1} \ \cdots\cdots ②$$

②식에서 좌변의 분모는 $a(1+a^2+\cdots+a^{2k-2}+a^{2k})$로 고쳐 쓸 수 있다. 여기서 괄호 안의 부분은 ①식의 좌변의 분자와 같다.
①식의 좌변에서 역수를 취한 후 ②에 더하면

$$\frac{1+a^2+a^4+\cdots+a^{2k}+a^{2k+2}}{a+a^3+\cdots+a^{2k-1}+a^{2k+1}}+\frac{a+a^3+\cdots+a^{2k-1}}{1+a^2+a^4+\cdots+a^{2k}}$$

$$=\frac{1+(a^2+a^4+\cdots+a^{2k+2})+a^2+a^4+\cdots+a^{2k}}{a(1+a^2+a^4+\cdots+a^{2k})}$$

$$=\frac{1+a^2+a^4+\cdots+a^{2k}+a^2(1+a^2+\cdots+a^{2k})}{a(1+a^2+a^4+\cdots+a^{2k})}$$

$$=\frac{(1+a^2)(1+a^2+a^4+\cdots+a^{2k})}{a(1+a^2+a^4+\cdots+a^{2k})}$$

$$=\frac{1+a^2}{a}=\frac{1}{a}+a>2$$

$$\therefore \frac{1+a^2+a^4+\cdots+a^{2k}+a^{2k+2}}{a+a^3+\cdots+a^{2k-1}+a^{2k+1}}>2-\frac{a+a^3+\cdots+a^{2k-1}}{1+a^2+a^4+\cdots+a^{2k}}$$

$$>2-\frac{k}{1+k}=\frac{k+2}{k+1}=\frac{(k+1)+1}{k+1}$$

즉 $n=k+1$일 때 부등식은 여전히 성립한다. 그러므로 원 부등식은 모든 자연수 n에 대하여 성립한다.

예제 06

a, b가 양의 실수이고, $\dfrac{1}{a}+\dfrac{1}{a}=1$일 때 다음 부등식을 증명하여라.

$(a+b)^n-a^n-b^n \geq 2^{2n}-2^{n+1}$ (n은 자연수)

|증명| $n=1$일 때 부등식은 분명히 성립한다.

$(a+b)^k-a^k-b^k \geq 2^{2k}-2^{k+1}$이 성립한다고 하면

$n=k+1$일 때

좌변$=(a+b)^{k+1}-a^{k+1}-b^{k+1}$

$\qquad =(a+b)[(a+b)^k-a^k-b^k]+a^kb+ab^k \qquad \cdots\cdots ①$

$\dfrac{1}{a}+\dfrac{1}{b}=1$이므로 $ab=a+b$이다.

$\therefore ab=(a+b)\left(\dfrac{1}{a}+\dfrac{1}{b}\right)=2+\left(\dfrac{b}{a}+\dfrac{a}{b}\right)\geq 4$

$a^kb+ab^k \geq 2\sqrt{a^kb\cdot ab^k}=2\sqrt{(ab)^{k+1}}\geq 2\cdot 2^{k+1}=2^{k+2}$

① 식에 대입하여 $a+b=ab\geq 4$를 이용하면

$(a+b)^k-a^k-b^k \geq 2^{2k}-2^{k+1}$, $a^k+b^k \leq 2^{k+1}$

$(a+b)^{k+1}-a^{k+1}-b^{k+1}$

$=(a+b)[(a+b)^k-a^k-b^k]+a^kb+ab^k \geq 4(2^{2k}-2^{k+1})+2^{k+2}$

$=2^{2k+2}-2^{k+2}$

$=2^{2(k+1)}-2^{(k+1)+1}$

즉 $n=k+1$일 때 주어진 부등식은 성립한다.

$\therefore n$이 자연수일 때 증명하려는 부등식은 성립한다.

---

3. 먼저 추측하고 증명한다

자연수에 관한 문제로서, 결론(또는 구하는 것)이 명확하지 않은 일부 문제는 흔히 불완전 귀납법으로 결론을 추측한 다음 수학적귀납법으로 증명한다. 불완전 귀납법은 명제를 얻어내고 증명 방법을 찾는 데 특수한 역할을 한다.

수열 $\tan^{-1}1$, $\tan^{-1}\dfrac{1}{2}$, $\tan^{-1}\dfrac{1}{8}$, $\cdots$, $\tan^{-1}\dfrac{1}{2(n-1)^2}$, $\cdots$의 처음 n항의 합을 구하여라.

| 풀이 | 수열의 합을 구하는 방법으로 이 문제를 풀면 매우 어려워진다.

먼저 몇 가지 특수한 경우로 관찰하여 보자.

$$S_1=a_1=\tan^{-1}1=\frac{\pi}{4}, \ S_2=a_2+S_1=\tan^{-1}\frac{1}{2}+\frac{\pi}{4}$$

$$\tan S_2=\tan\left(\tan^{-1}\frac{1}{2}+\frac{\pi}{4}\right)$$

$$=\frac{\tan\left(\tan^{-1}\frac{1}{2}\right)+\tan\frac{\pi}{4}}{1-\tan\left(\tan^{-1}\frac{1}{2}\right)+\tan\frac{\pi}{4}}=\frac{1+\frac{1}{2}}{1-\frac{1}{2}}=3$$

즉 $S_2=\tan^{-1}3$, $S_2=a_3+S_2=\tan^{-1}\dfrac{1}{8}+\tan^{-1}3$

$$\tan S_3=\frac{\frac{1}{8}+3}{1-3\times\frac{1}{8}}=5$$

즉 $S_3=\tan^{-1}5$, $\cdots\cdots$

추측 : $S_n=\tan^{-1}(2n-1)\,(n\geq1)$

다음 수학적귀납법으로 이 추측의 정확성을 증명하여 보자.

첫번째 절차 즉 $n=1$인 경우는 성립한다.

$n=k\,(k\geq1)$일 때 추측이 성립한다고 가정하자.

즉 $S_k=\tan^{-1}(2k-1)$이라고 하면 $n=k+1$일 때

$$S_{k+1}=S_k+\tan^{-1}\frac{1}{2\cdot k^2}=\tan^{-1}(2k-1)+\tan^{-1}\frac{1}{2\cdot k^2}$$

$$\tan S_{k+1}=\frac{(2k-1)+\frac{1}{2k^2}}{1-(2k-1)\cdot\frac{1}{2k^2}}$$

$$=\frac{4k^3-2k^2+1}{2k^2-2k+1}=2k+1$$

그러므로 $S_{k+1}=\tan^{-1}(2k+1)=\tan^{-1}[2(k+1)-1]$

즉 $n=k+1$일 때에도 추측은 성립한다.

$\therefore$ 구하려는 처음 n항의 합 $S_n=\tan^{-1}(2n-1)\,(n \geq 1)$

뉴턴은 "대담한 추측없이 위대한 발견이 있을 수 없다"고 말하였다. 여러분들의 창조적 사고능력을 배양하기 위하여 다른 예제를 하나 더 들어 보기로 하자.

예제 08

$f(x)=\dfrac{x}{\sqrt{1-x^2}}$ 가 주어졌다.

$f_n(x)=\underbrace{f\{f[f\cdots f}_{n개의 f}(x)]\}$ (n은 자연수) 일 때 $f_n(x)$를 구하여라.

| 풀이 | 주어진 바에 의하면

$$f_1(x)=f(x)=\frac{x}{\sqrt{1-x^2}}$$

$$f_2(x)=f[f(x)]$$

$$=\frac{f(x)}{\sqrt{1-f^2(x)}}$$

$$=\frac{\dfrac{x}{\sqrt{1-x^2}}}{\sqrt{1-\left(\dfrac{x}{\sqrt{1-x^2}}\right)^2}}$$

$$=\frac{x}{\sqrt{1-2x^2}}$$

$$f_3(x)=f\{f[f(x)]\}$$

$$=f\{f_2(x)\}$$

$$=\frac{f_2(x)}{\sqrt{1-f_2^2(x)}}$$

$$=\frac{\dfrac{x}{\sqrt{1-2x^2}}}{\sqrt{1-\left(\dfrac{x}{\sqrt{1-2x^2}}\right)^2}}$$

$$= \frac{x}{\sqrt{1-3x^2}}$$

$$\cdots \cdots \cdots$$

추측 : $f_n(x) = \dfrac{x}{\sqrt{1-nx^2}}\,(n \geq 1)$

그 다음 수학적귀납법으로 증명하면 된다(증명은 생략한다).

예제 09

$f(n) = 2n+1$이 주어졌다. $\{g(n)\}$이 $g(1) = 3$, $g(n+1)$ $= f[g(n)]$을 만족할 때 $g(n)$을 구하여라.

| 풀이 | $f(1) = 2 \times 1 + 1 = 3 = g(1)$

점화식 $g(n+1) = f[g(n)]$에 의하여

$g(2) = f[g(1)] = 2(2+1) + 1 = 2^2 + 2 + 1$

$g(3) = f[g(2)] = 2(2^2 + 2 + 1) + 1$

$\qquad = 2^3 + 2^2 + 2 + 1$

$\qquad \cdots \cdots \cdots$

그러므로 다음을 추측할 수 있다.

$g(n) = 2^n + 2^{n-1} + \cdots + 2 + 1 = 2^{n+1} - 1$

이제 수학적귀납법으로 증명하여 보자.

$n=1$일 때 $g(1) = 2^2 - 1 = 3$, 명제는 성립한다.

$n=k$일 때 명제가 성립한다고 하자. 즉 $g(k) = 2^{k+1} - 1$이라고 하면

$g(k+1) = f[g(k)] = 2g(k) + 1$

$\qquad = 2(2^{k+1} - 1) + 1$

$\qquad = 2^{(k+1)+1} - 1$

즉 $n = k+1$일 때에도 명제는 성립한다. 그러므로

$g(n) = 2^{n+1} - 1$은 모든 자연수 n에 대하여 항상 성립한다.

01 모든 자연수 n에 대하여, $2^n + 2 > n^2$임을 증명하여라.

02 $a_1, a_2, \cdots, a_n$이 n개의 양수이고 $a_1 \cdot a_2 \cdot \cdots \cdot a_n = 1$일 때
$(2 + a_1)(2 + a_2) \cdots (2 + a_n) \geq 3^n$임을 증명하여라.

03 다항식 $f_n(x) = 1 - \dfrac{x}{1!} + \dfrac{x(x-1)}{2!} - \cdots$
$+ (-1)^n \dfrac{x(x-1) \cdots (x-n+1)}{n!}$ (n은 자연수)을 간단히 하여라.

04 모든 자연수 n에 대하여 다음을 증명하여라.
$$\sum_{k=1}^{n} \cot^{-1}(2k+1) = \sum_{k=1}^{n} \tan^{-1} \frac{k+1}{k} - n\tan^{-1}1$$

05 다음 식을 증명하여라.
$$\sum_{k=1}^{n} k\sin k\theta = \frac{(n+1)\sin n\theta - n\sin(n+1)\theta}{4\sin^2 \dfrac{\theta}{2}}$$

06 $\displaystyle\sum_{k=1}^{n-1} \tan k\alpha \cdot \tan(k+1)\alpha = \dfrac{\tan n\alpha}{\tan \alpha} - n$을 증명하여라.

07 양수 수열 $\{x_n\}$이 $x_n^2 \le x_n - x_{n+1}$을 만족할 때, $x_n < \dfrac{1}{n}$임을 증명하여라.

08 $a > 3$이고 수열 $\{x_n\}$에서 $x_1 = a$, $x_{n+1} = \dfrac{x_n^2}{2x_n - 3}$이다.

   (1) $x_n > 3$, $\dfrac{x_{n+1}}{x_n} < 1$임을 증명하여라.

   (2) $x_{n+1} < 3 + \dfrac{1}{2_n}(a-3)$임을 증명하여라.

   (3) $n \ge \log_2(a-3)$일 때, $x_{n+1} < 4$임을 증명하여라.

09 수열 $\{x_n\}$; $x_1 = a^2(a > 1)$, $x_n = \dfrac{1}{2}\left(x_{n-1} + \dfrac{a^2}{x_{n-1}}\right)$ $(n \ge 2)$이 주어졌다.
$n \ge 2$일 때, $a < x_n < a^2$임을 증명하여라.

10 S_n이 자연수 수열 1, 2, 3, $\cdots$, 2^n의 각 항의 제일 큰 홀수 인수들의 합을
표시할 때 $S_n = \dfrac{4^n + 2}{3}$임을 증명하여라.

16 부등식의 증명

부등식은 증명은 고등학교 수학의 중요한 내용이다. 부등식의 증명에 관한 문제는 그 유형과 증명 방법이 다양하며, 대학 입학 시험과 수학 경시대회에서 자주 출제되고 있다. 이 장에서는 부등식을 증명하는 데 흔히 쓰이는 방법을 설명한다.

1. 비교하는 방법(비교성)

비교법이란 증명하려는 부등식의 양변의 차(몫)가 0보다 큰가 또는 작은가(1보다 큰가 또는 작은가)를 비교하여 부등식을 증명하는 방법이다.

(1) 차를 구하여 비교하는 방법(부호 판정법)
이 방법의 이론적 근거는 다음과 같다.
$$a-b \geq 0 \iff a \geq b (\text{또는 } a-b \leq 0 \iff a \leq b)$$
증명 과정에서는 흔히 인수분해, 완전제곱식 등의 수단을 이용한다.

예제 01

$3(1+a^2+a^4)$과 $(1+a+a^2)^2$의 크기를 비교하여라.

| 풀이 | $3(1+a^2+a^4)-(1+a+a^2)^2$
$$=2a^4-2a^3-2a+2=2[a^3(a-1)-(a-1)]$$
$$=2(a-1)^2(a^2+a+1)$$
$$=2(a-1)^2\left[\left(a^2+\frac{1}{2}\right)^2+\frac{3}{4}\right]$$
$$(a-1)^2 \geq 0, \ \left(a+\frac{1}{2}\right)^2+\frac{3}{4}>0$$

$$\therefore 2(a-1)^2\left[\left(a+\frac{1}{2}\right)^2+\frac{3}{4}\right]\geq0$$
$$\therefore 3(1+a^2+a^4)\geq(1+a+a^2)^2$$

예제 02

a, b가 서로 다른 양수이고 n이 1보다 큰 정수이면
$a^n+b^n>a^{n-1}b+ab^{n-1}$이다. 이것을 증명하여라.

| 증명 | $a^n+b^n-(a^{n-1}b+ab^{n-1})$
$=a^{n-1}(a-b)+b^{n-1}(b-a)$
$=(a-b)+(a^{n-1}-b^n-1)$
$=(a-b)^2(a^{n-2}+a^{n-3}b+\cdots+ab^{n-3}+b^{n-2})>0$
그러므로 명제의 결론은 성립한다.

| 설명 | 차의 꼴로 변형하는 것, 즉 차의 부호를 판단하는 것은 차를 구하여 부등식을 증명하는 요점이다.

예제 03

삼각형의 세 변의 길이가 a, b, c이고 넓이가 S일 때
$a^2+b^2+c^2\geq4\sqrt{3}S$임을 증명하여라. 그리고 등호가 성립할 때의 조건을 구하여라.

| 증명 | C를 변 c의 대각이라고 하면 코사인법칙과 삼각형의 넓이의 공식에 의하여
$$a^2+b^2+c^2-4\sqrt{3}S$$
$$=a^2+b^2+a^2+b^2-2ab\cos C-4\sqrt{3}\cdot\frac{1}{2}ab\sin C$$
$$=2a^2+2b^2-2ab(\cos C+\sqrt{3}\sin C)$$
$$=2\left[a^2+b^2-2ab\sin\left(C+\frac{\pi}{6}\right)\right]\geq2(a^2+b^2-2ab)$$
$$=2(a-b)^2\leq0$$
$$\therefore a^2+b^2+c^2\geq4\sqrt{3}S$$

위의 증명의 첫번째 '≥'에서 등호는 $C+\dfrac{\pi}{6}=\dfrac{\pi}{2}$ 즉 $C=\dfrac{\pi}{3}$ 일 때 성립하고 두번째 '≥'에서 등호는 $a=b$일 때만 성립한다. 그러므로 원 명제는 $a=b=c$일 때만 등호를 취한다.

(2) 몫을 구하여 비교하는 방법(비율 판정법)

이 방법의 이론적 근거는 다음과 같다.

$$a>b\,(b>0) \iff \frac{a}{b}>1 \ \ (\text{또는 } a<b \iff \frac{a}{b}<1)$$

이 방법의 증명 절차는 다음과 같다.

몫의 꼴로 변형한다. 즉 몫이 1보다 큰가 또는 작은가를 판단한다.

예제 04

$a, b, c \in \mathrm{R}^+$일 때 $a^a b^b c^c \geq (abc)^{\frac{a+b+c}{3}}$임을 증명하여라.(단, R^+ 은 양의 실수의 집합)

| 증명 | 증명하려는 부등식은 다음 부등식과 동치이다.

$$\frac{a^a b^b c^c}{(abc)^{\frac{a+b+c}{3}}} \geq 1 \qquad \cdots\cdots ①$$

그런데 $\dfrac{a^a b^b c^c}{(abc)^{\frac{a+b+c}{3}}}=\left(\dfrac{a}{b}\right)^{\frac{a-b}{3}}\left(\dfrac{b}{c}\right)^{\frac{b-c}{3}}\left(\dfrac{c}{a}\right)^{\frac{c-a}{3}}$ $\qquad \cdots\cdots ②$

따라서 ①식이 성립한다는 것을 증명하려면 ②식의 우변의 각 인수가 모두 1보다 크거나 같다는 것만 증명하면 된다.

그런데 ②식은 a, b, c에 대하여 대칭이므로 그 중의 한 인수가 1보다 작지 않다는 것을 증명하면 된다.

사실상 $a \geq b$이면 $\dfrac{a}{b} \geq 1$, $a-b \geq 0$이다. 지수함수의 성질에 의하여 $\left(\dfrac{a}{b}\right)^{\frac{a-b}{3}} \geq 1$이다. $a<b$이면 $\dfrac{a}{b}<1$, $a-b<0$이고 $\left(\dfrac{a}{b}\right)^{\frac{a-b}{3}}>1$은 여전히 성립한다. 따라서 ②식이 성립하고 ① 식도 성립한다. 그러므로 주어진 부등식이 성립한다.

| 설명 | (1) 몫을 구하여 비교하는 방법은 지수, 역에 관한 부등식을 증명하는 데 쓰인다.

(2) 문자 a, b, $c\cdots$에 관한 부등식에서 임의의 두 문자의 위치를 바꾸어도 부등식이 변하지 않으면 그 부등식은 a, b, $c\cdots$에 대하여 대칭이라고 한다. 이 문제의 부등식은 a, b, c에 대하여 대칭인 부등식이다.

대칭부등식을 증명할 때에는 각 문자가 동등한 위치에 있으므로 증명하려는 여러 개의 대칭 결론에서 하나만 증명하면 된다. 이 밖에 대칭부등식의 각 문자가 동등한 위치에 있으므로 이 문자들을 일정한 순서에 따라 배열할 수 있다. 이 예제는 a, b, c에 대하여 대칭인 부등식이다. 또 a, b, $c\in\mathrm{R}^+$이 주어졌다. 일반성을 갖게 하기 위하여 $a\geq b\geq c>0$이라고 가정할 수 있다. 그러면 부등식을 증명하는 데 조건을 하나 더 첨가해 주게 된다. 따라서 문제를 매우 간단하게 풀 수 있다.

이 예제의 증명에서 $a\geq b\geq c>0$이라고 하면

$$\frac{a^a b^b c^c}{(abc)^{\frac{a+b+c}{3}}}=\left(\frac{a}{b}\right)^{\frac{a-b}{3}}\left(\frac{b}{c}\right)^{\frac{b-c}{3}}\left(\frac{a}{c}\right)^{\frac{a-c}{3}}\geq 1$$

임을 쉽게 알 수 있다.

2. 종합법

문제의 주어진 조건 또는 이미 증명한 기본 부등식을 기초로 하고, 부등식의 성질을 이용하여 증명하려는 부등식을 직접 유도해 내는 방법을 **종합법**이라고 한다.

예제 05

a, b, c, d는 양의 실수이고 $abcd=1$일 때 다음 부등식을 증명하여라.

$$a^2+b^2+c^2+d^2+ab+ac+ad+bc+bd+cd\geq 10$$

| 증명 | $a^2+b^2+c^2+d^2\geq 2ab+2cd$

$$=2\left(ab+\frac{1}{ab}\right)\geq 2\cdot 2=4$$

$$ab+cd=ab+\frac{1}{ab}\geq 2$$

$$ac+bd=ac+\frac{1}{ac}\geq 2$$

$$ad+bc=ad+\frac{1}{ad}\geq 2$$

$$a^2+b^2+c^2+d^2+ab+ac+ad+bc+bd+cd$$
$$\geq 4+2+2+2=10$$

| 설명 | (1) 이 문제의 증명에서는 산술평균, 기하평균에 관한 부등식과 기본 부등식 $\frac{a}{b}+\frac{b}{a}\geq 2\,(ab>0)$를 이용하였다.

(2) 이 예제는 또한 n개의 양수의 산술평균과 기하평균에 관한 부등식을 이용하여 간단하게 증명할 수 있다. 즉
$$a^2+b^2+c^2+d^2+ab+ac+ad+bc+bd+cd$$
$$\geq 10\sqrt[10]{a^2\cdot b^2\cdot c^2\cdot d^2\cdot ab\cdot ac\cdot ad\cdot bc\cdot bd\cdot cd}$$
$$=10\sqrt[10]{a^5b^5c^5d^5}=10\sqrt{abcd}=10$$

예제 06

$a>1,\ b>1,\ c>1$일 때 다음 부등식을 증명하여라.
$$\log_a b+\log_b c+\log_c a\geq 3$$

| 증명 | $a,\ b,\ c$가 모두 1보다 클 때 $\log_a b,\ \log_b c,\ \log_c a$는 모두 양수이다.

$$\log_a b+\log_b c+\log_c a=\frac{\log b}{\log a}+\frac{\log c}{\log b}+\frac{\log a}{\log c}$$

$$\geq 3\sqrt[3]{\frac{\log b}{\log a}\times\frac{\log c}{\log b}\times\frac{\log a}{\log c}}=3$$

그러므로 주어진 부등식은 성립한다.

예제 07

$a,\ b,\ c$가 양수일 때 부등식
$$3\left(\frac{a+b+c}{3}-\sqrt[3]{abc}\right)-2\left(\frac{a+b}{2}-\sqrt{ab}\right)\geq 0$$
을 증명하고 어떤 경우에 '='를 취하는가 설명하여라.

| 증명 | $3\left(\dfrac{a+b+c}{3}-\sqrt[3]{abc}\right)-2\left(\dfrac{a+b}{2}-\sqrt{ab}\right)$

$=c+2\sqrt{ab}-3\sqrt[3]{abc}$

$=c+\sqrt{ab}+\sqrt{ab}-3\sqrt[3]{abc}$

$\geq 3\sqrt[3]{c\cdot\sqrt{ab}\cdot\sqrt{ab}}-3\sqrt[3]{abc}=0$

주어진 부등식은 성립한다.

$c=\sqrt{ab}$, 즉 $c^2=ab$일 때만 부등식은 등호를 취한다.

예제 08

$n\in N$, $n>2$일 때 다음 부등식을 증명하여라.(단, N은 자연수
의 집합)

$$\dfrac{1}{n+1}\left(1+\dfrac{1}{3}+\dfrac{1}{5}+\cdots+\dfrac{1}{2n-1}\right)$$
$$>\dfrac{1}{n}\left(\dfrac{1}{2}+\dfrac{1}{4}+\dfrac{1}{6}+\cdots+\dfrac{1}{2n}\right)$$

| 증명 | $\dfrac{1}{2}=\dfrac{1}{2}$, $\dfrac{1}{3}>\dfrac{1}{4}$, $\dfrac{1}{5}>\dfrac{1}{6}$, $\cdots$, $\dfrac{1}{2n-1}>\dfrac{1}{2n}$

또 $\dfrac{1}{2}>\dfrac{\dfrac{1}{2}+\dfrac{1}{4}+\cdots+\dfrac{1}{2n}}{n}$

$\therefore 1+\dfrac{1}{3}+\dfrac{1}{5}+\cdots+\dfrac{1}{2n-1}=\dfrac{1}{2}+\dfrac{1}{2}+\dfrac{1}{3}+\dfrac{1}{5}+\cdots$

$\quad+\dfrac{1}{2n-1}>\dfrac{1}{2}+\dfrac{1}{4}+\cdots+\dfrac{1}{2n}+\dfrac{1}{n}\left(\dfrac{1}{2}+\dfrac{1}{4}+\cdots+\dfrac{1}{2n}\right)$

$=\left(1+\dfrac{1}{n}\right)\left(\dfrac{1}{2}+\dfrac{1}{4}+\cdots+\dfrac{1}{2n}\right)$

$=\dfrac{n+1}{n}\left(\dfrac{1}{2}+\dfrac{1}{4}+\cdots+\dfrac{1}{2n}\right)$

그러므로 주어진 부등식은 성립한다.

| 설명 | 간단한 부등식을 더하여 비교적 복잡한 부등식을 유도해 내는것
역시 부등식을 증명할 때 흔히 쓰이는 방법이다.

3. 거꾸로 증명하는 방법

어떤 부등식들은 비교법, 종합법으로 증명하려면 매우 어려울 때가 있다. 이 때에는 다른 증명 방법, 즉 거꾸로 증명하는 방법을 이용할 수 있다. 이 증명 방법에는 먼저 증명하려는 부등식이 성립한다고 가정하고, 이로부터 일련의 동치인 부등식을 유도해 낸다(즉 추리의 각 절차마다 가역이어야 한다). 마지막에 주어진 조건에 부합되거나 분명히 성립한다고 인정하는 부등식을 얻는다. 그 다음 다시 거꾸로 추리하여 증명하려는 결론을 얻는다.

예제 09

a, b는 양의 실수이며, $a+b<2c$일 때 다음 부등식을 증명하여라.
$$c-\sqrt{c^2-ab}<a<c+\sqrt{c^2-ab}$$

| 증명 | $c-\sqrt{c^2-ab}<a<c+\sqrt{c^2-ab}$가 성립한다고 가정하면
$$-\sqrt{c^2-ab}<a-c<\sqrt{c^2-ab}$$
즉 $|a-c|<\sqrt{c^2-ab}$
위 식의 양변을 제곱하면
$$a^2-2ac+c^2<c^2-ab$$
즉 $a+b<2c$
마지막에 얻은 부등식은 문제의 주어진 조건이다. 그리고 위의 추리는 절차마다 가역이므로 주어진 부등식은 성립한다.
위의 증명 과정을 다음과 같이 나타낼 수 있다.
주어진 부등식이 성립한다고 가정하면
$$c-\sqrt{c^2-ab}<a<c+\sqrt{c^2-ab}$$
$$\Longleftrightarrow -\sqrt{c^2-ab}<a-c<\sqrt{c^2-ab}$$
$$\Longleftrightarrow |a-c|<\sqrt{c^2-ab}$$
$$\Longleftrightarrow a^2-2ac+c^2<c^2-ab$$
$$\Longleftrightarrow a+b<2c$$
$a+b<2c$는 주어진 조건이므로 주어진 부등식은 성립한다.

$0<\alpha<\pi$일 때, $2\sin2\alpha\leq\cot\dfrac{\alpha}{2}$를 증명하고 α가 어떤 값을 취할 때 등호를 취하는가 증명하여라.

| 증명 | 주어진 부등식이 성립한다고 가정하면

$0<\alpha<\pi$일 때

$$2\sin2\alpha\leq\cot\frac{\alpha}{2} \iff 4\sin\alpha\cos\alpha\leq\frac{\sin\alpha}{1-\cos\alpha}$$

$$\iff 4\cos\alpha(1-\cos\alpha)\leq1$$

$$\iff 4\cos^2\alpha-4\cos\alpha+1\geq0$$

$$\iff (2\cos\alpha-1)^2\geq0$$

$(2\cos\alpha-1)^2\geq0$은 분명히 성립한다. 그러므로 주어진 부등식은 성립한다. 또 $2\cos\alpha-1=0(0<\alpha<\pi)$일 때만 원 부등식은 등호를 취한다. 그러므로 $\alpha=\dfrac{\pi}{3}$이다.

4. 분석법

부등식을 증명할 때 때로는 증명하려는 부등식에서 출발하여 차례로 부등식이 성립하는 조건을 분석한다. 그래서 이 부등식이 성립하는가 성립하지 않는가 하는 문제를, 그 조건이 구비되었는가를 판단하는 문제로 전환시킨다. 만약 이 조건들이 모두 구비되었다고 할 수 있으면 원 부등식이 성립한다고 할 수 있다. 이러한 증명 방법을 **분석법**이라고 한다.

$a\geq3$일 때 $\sqrt{a}-\sqrt{a-1}<\sqrt{a-2}-\sqrt{a-3}$임을 증명하여라.

| 증명 | $\sqrt{a}-\sqrt{a-1}<\sqrt{a-2}-\sqrt{a-3}$

을 증명하려면 부등식

$$\frac{1}{\sqrt{a}+\sqrt{a-1}}<\frac{1}{\sqrt{a-2}+\sqrt{a-3}}$$

즉 $\sqrt{a}+\sqrt{a-1}>\sqrt{a-2}+\sqrt{a-3}$을 증명하면 된다.

$\sqrt{a}>\sqrt{a-2}$, $\sqrt{a-1}>\sqrt{a-3}$이므로 마지막 부등식은 성립한다.

$\therefore \sqrt{a}-\sqrt{a-1}<\sqrt{a-2}-\sqrt{a-3}$

a, b가 양의 실수일 때 다음 부등식을 증명하여라.

$$\left(\frac{a^2}{b}\right)^{\frac{1}{2}} + \left(\frac{b^2}{a}\right)^{\frac{1}{2}} \geq \sqrt{a} + \sqrt{b}$$

| 증명 | $\left(\dfrac{a^2}{b}\right)^{\frac{1}{2}} + \left(\dfrac{b^2}{a}\right)^{\frac{1}{2}} \geq \sqrt{a} + \sqrt{b}$를 증명하려면

$\dfrac{a}{\sqrt{b}} + \dfrac{b}{\sqrt{a}} \geq \sqrt{a} + \sqrt{b}$를 증명하면 된다.

따라서 $a\sqrt{a} + b\sqrt{b} \geq a\sqrt{b} + b\sqrt{a}$를 증명하면 되고,

또 $(a-b)(\sqrt{a} - \sqrt{b}) \geq 0$을 증명하면 된다.

$(a-b)(\sqrt{a} - \sqrt{b}) \geq 0$을 증명하려면

$(\sqrt{a} + \sqrt{b})(\sqrt{a} - \sqrt{b})^2 \geq 0$을 증명하면 된다.

위의 마지막 부등식이 성립하므로 주어진 부등식은 성립한다.

5. 귀류법

$f(x) = x^2 + px + q$가 주어졌을 때 $|f(1)|, f(2), f|(3)|$에서

적어도 하나는 $\dfrac{1}{2}$보다 크거나 같다는 것을 증명하여라.

| 증명 | '적어도 하나 있다' 의 부정은 '하나도 없다' 이므로 귀류법으로 이 명제를 증명할 때 $|f(1)|, |f(2)|, |f(3)|$이 모두 $\dfrac{1}{2}$보다 작다고 가정할 수 있다.

$$\begin{cases} |1 + p + q| < \dfrac{1}{2} \\ |4 + 2p + q| < \dfrac{1}{2} \\ |9 + 3p + q| < \dfrac{1}{2} \end{cases}$$

$$즉 \begin{cases} -\dfrac{1}{2}<1+p+q<\dfrac{1}{2} \\[2mm] -\dfrac{1}{2}<4+2p+q<\dfrac{1}{2} \\[2mm] -\dfrac{1}{2}<9+3p+q<\dfrac{1}{2} \end{cases}$$

$$\therefore \begin{cases} -\dfrac{3}{2}<p+q<-\dfrac{1}{2} & \cdots\cdots ① \\[2mm] -\dfrac{9}{2}<2p+q<-\dfrac{7}{2} & \cdots\cdots ② \\[2mm] -\dfrac{19}{2}<3p+q<-\dfrac{17}{2} & \cdots\cdots ③ \end{cases}$$

$$[①+③]\div 2$$

$$-\dfrac{11}{2}<2p+q<-\dfrac{9}{2} \qquad \cdots\cdots ④$$

가정에서 유도해 낸 결론 ④는 주어진 조건 ②와 모순되므로 가정이 틀리다는 것을 알 수 있다. 그러므로 원 명제의 결론은 성립한다.

예제 14

$x,\ y,\ z$가 양의 실수일 때, $x+y+z=1$이다. 다음 부등식을 증명하여라.
$$\sqrt{x+5}+\sqrt{y+5}+\sqrt{z+5}\le 4\sqrt{3}$$

| 증명 | $\sqrt{x+5}+\sqrt{y+5}+\sqrt{z+5}>4\sqrt{3}$이라 가정한다.

이 부등식의 양변을 제곱하고 $x+y+z=1$을 이용하면
$$2\sqrt{(x+5)(y+5)}+2\sqrt{(x+5)(z+5)}+2\sqrt{(z+5)(y+5)}>32$$
또
$$2\sqrt{(x+5)(y+5)}+2\sqrt{(x+5)(z+5)}+2\sqrt{(y+5)(z+5)}$$
$$\le (x+5)+(y+5)+(x+5)+(z+5)+(y+5)+(z+5)$$
$$=2(x+y+z)+30=32$$
$$\therefore 32<2\sqrt{(x+5)(y+5)}+2\sqrt{(x+5)(z+5)}$$
$$+2\sqrt{(y+5)(z+5)}\le 32$$

이것은 불가능하다. 그러므로 주어진 부등식은 성립한다.

6. 수학적귀납법

자연수 n에 관계되는 부등식은 수학적귀납법을 이용하여 증명할 수 있다. 이 증명에서 "두 가지 절차 중 어느 하나라도 없어서는 안 된다"는 것을 주시하자.

예제 15

$a>0$일 때 다음 부등식을 증명하여라.

$$\underbrace{\sqrt{a+\sqrt{a+\sqrt{a+\cdots+\sqrt{a}}}}}_{n층 근호}<\sqrt{a}+1$$

| 증명 | (1) $n=1$일 때 $\sqrt{a}<\sqrt{a}+1$은 성립한다.

(2) $n=k$일 때 주어진 부등식이 성립한다고 가정하자.

즉 $\underbrace{\sqrt{a+\sqrt{a+\sqrt{a+\cdots+\sqrt{a}}}}}_{k층 근호}<\sqrt{a}+1$

위 식의 양변에 a를 더하면

$a+\underbrace{\sqrt{a+\sqrt{a+\sqrt{a+\cdots+\sqrt{a}}}}}_{k층 근호}<a+\sqrt{a}+1$

양변의 제곱근을 구하면

$\underbrace{\sqrt{a+\sqrt{a+\sqrt{a+\cdots+\sqrt{a}}}}}_{(k+1)층 근호}$

$<\sqrt{a+\sqrt{a}+1}<\sqrt{a+2\sqrt{a}+1}=\sqrt{a}+1$

$n=k+1$일 때 부등식은 반드시 성립한다.

(1)과 (2)에 의해 원 부등식은 임의의 자연수 n에 대하여 성립함을 증명하였다.

예제 16

$a_1,\ a_2,\ \cdots,\ a_n$은 n개의 양수이고, $a_{i1},\ a_{i2},\ a_{in}$은 그 수들의 임의의 한 배열이다. 다음을 증명하여라.

$$\frac{a_1^2}{a_{i1}}+\frac{a_2^2}{a_{i2}}+\cdots+\frac{a_n^2}{a_{in}}\geq a_1+a_2+\cdots+a_n$$

| 증명 | 평균값에 관한 부등식에 의하여

$$\frac{a_1^2}{a_{i1}}+a_{i1}\geq 2\sqrt{\frac{a_1^2}{a_{i1}}\times a_{i1}}=2a_1$$

$$\frac{a_2^2}{a_{i2}}+a_{i2}\geq 2\sqrt{\frac{a_2^2}{a_{i2}}\times a_{i2}}=2a_2$$

$$\cdots\cdots\cdots\cdots\cdots\cdots\cdots\cdots\cdots\cdots$$

$$\frac{a_n^2}{a_{in}}+a_{in}\geq 2\sqrt{\frac{a_n^2}{a_{in}}\times a_{in}}=2a_n$$

위의 부등식을 변끼리 더하고

$a_{i1}+a_{i2}+\cdots+a_{in}=a_1+a_2+\cdots+a_n$을 이용하면 증명하려는 부등식이 얻어진다.

| 설명 | 수학적 귀납법은 자연수 n에 관계되는 명제를 증명하는 효과적인 방법이다. 그러나 이 예제에서처럼 자연수 n에 관계되는 모든 명제를 반드시 수학적귀납법으로 증명해야 하는 것은 아니다.

7. 그 밖의 방법

⑴ 부등식의 전이성에 의하여 $A\geq B$를 증명하려면 $A\geq A_1$, $A_1\geq B$(또는 $B\leq A_1$, $A_1\leq A$)를 증명하면 된다.

예제 17

n은 자연수이며 $n>1$일 때, $\log_n(n+1)>\log_{n+1}(n+2)$를 증명하여라.

| 증명 | $\log_n(n+1)>\log_{n+1}(n+2)$

$$\Longleftrightarrow \frac{\log(n+1)}{\log n}>\frac{\log(n+2)}{\log(n+1)}$$

$$\Longleftrightarrow \log n\cdot\log(n+2)<[\log(n+1)]^2$$

평균값에 관한 부등식에 의하여 위 식의 좌변을 정리하면

$$\log n\cdot\log(n+2)=\left[\frac{\log n+\log(n+2)}{2}\right]^2$$

$$= \frac{[\log n(n+2)]^2}{2}$$

$$\frac{[\log n(n+2)]^2}{4} < \frac{[\log (n+1)^2]^2}{4} = [\log (n+1)]^2$$

$$\therefore \log \cdot \log (n+2) < [\log (n+1)]^2$$

즉 원 부등식은 성립한다.

(2) 비교적 복잡한 부등식에 대해서는 한 개 또는 여러 개의 변수를 도입하여 주어진 부등식을 간단히 하거나 변형한 후 증명할 수도 있다.

예제 18

a, b가 양의 실수이며 $a+b=1$일 때 부등식
$$\left(a+\frac{1}{a}\right)^2 + \left(b+\frac{1}{b}\right)^2 \geq \frac{25}{2}$$
를 증명하고 등호가 성립하는 조건을 결정하여라.

| 증명 | 주어진 조건에 의하여 $a=\sin^2\theta$, $b=\cos^2\theta$라고 할 수 있다.
그러면

$$\left(a+\frac{1}{a}\right)^2 + \left(b+\frac{1}{b}\right)^2$$

$$= \left(\sin^2\theta + \frac{1}{\sin^2\theta}\right)^2 + \left(\cos^2\theta + \frac{1}{\cos^2\theta}\right)^2$$

$$\geq \frac{1}{2}\left(\sin^2\theta + \frac{1}{\sin^2\theta} + \cos^2\theta + \frac{1}{\cos^2\theta}\right)^2$$

$$\geq \frac{1}{2}\left(1+\frac{1}{\sin^2\theta\cos^2\theta}\right)^2 = \frac{1}{2}\left(1+\frac{4}{\sin^2 2\theta}\right)^2$$

$$\geq \frac{1}{2}(1+4)^2 = \frac{25}{2}$$

상술한 논증에서 모두 등호를 취하기 위한 필요충분조건은 $\sin^2\theta = \cos^2\theta$, $\sin^2 2\theta = 1$ 즉 $a=b=\frac{1}{2}$이다.

📌 여기서는 부등식 $a^2+b^2 \geq \frac{1}{2}(a+b)^2$을 이용하였다.

$a^2+b^2 \geq 2ab$이므로 $2(a^2+b^2) \geq a^2+2ab+b^2 = (a+b)^2$

즉 $a^2+b^2 \geq \frac{1}{2}(a+b)^2$이다.

n이 자연수일 때 다음 부등식을 증명하여라.

$$(\csc^{2n}x-1)(\sec^{2n}x-1)\geq(2^n-1)^2$$

| 증명 | $\csc^2x=a$, $\sec^2x=b$라고 하면

$$\frac{1}{a}+\frac{1}{b}=\sin^2x+\cos^2x=1$$

따라서 $ab=a+b$

$$ab=(a+b)\left(\frac{1}{a}+\frac{1}{b}\right)\geq2\sqrt{ab}\cdot2\sqrt{\frac{1}{ab}}=4$$

$$(a-1)(b-1)=ab-(a+b)+1=1$$

$$\therefore (a^n-1)(b^n-1)$$

$$=(a-1)(a^{n-1}+\cdots+a+1)(b-1)(b^{n-1}+\cdots+b+1)$$

$$=(a^{n-1}+\cdots+a+1)(b^{n-1}+\cdots+b+1)$$

따라서 주어진 부등식은

$$(a^{n-1}+\cdots+a+1)(b^{n-1}+\cdots+b+1)\geq(2^n-1)^2 \quad\cdots①$$

이 식은 수학적귀납법으로 증명할 수 있다.

$n=1$일 때 부등식은 성립한다.

$n=k$일 때 부등식이 성립한다고 가정하면 $n=k+1$일 때

①식에서

$$좌변=(a^k+\cdots+a+1)(b^k+\cdots+b+1)$$

$$=[a(a^{k-1}+a^{k-2}+\cdots+1)+1]$$

$$\cdot[b(b^{k-1}+b^{k-2}+\cdots+1)+1]$$

$$=ab(a^{k-1}+a^{k-2}+\cdots+1)(b^{k-1}+b^{k-2}+\cdots+1)$$

$$+a^k+\cdots+a+b^k+\cdots+b+1$$

$$\geq4(2^k-1)^2+2\sqrt{a^kb^k}+2\sqrt{a^{k-1}b^{k-1}}+\cdots+2\sqrt{ab}+1$$

$$\geq4(2^k-1)^2+2(2^k+2^{k-1}+\cdots2)+1$$

$$=[2(2^k-1)+1]^2=(2^{k+1}-1)^2$$

즉 $n=k+1$일 때 ①식은 성립한다. 그러므로 ①식은 모든 자연수 n에 대하여 항상 성립한다. 따라서 주어진 부등식은 성립한다.

부등식을 증명하는 방법은 이 밖에도 매우 많으며, 앞으로 계속하여 소개하겠다.

01 부등식의 성질을 이용하여 다음을 증명하여라.

(1) $a>b$, $e>f$, $c>0$이면 $f-ac<e-bc$이다.

(2) $a>b>0$, $c<d<0$, $e<0$이면 $\dfrac{e}{a-c}>\dfrac{e}{b-d}$이다.

02 a, b, c가 삼각형 ABC의 세 변의 길이일 때 다음 부등식을 증명하여라.

$$a(b-c)^2+b(c-a)^2+c(a-b)^2+4abc>a^3+b^3+c^3$$

03 a, b, c가 서로 다른 양수일 때 다음 부등식을 증명하여라.

$$\frac{b+c-a}{a}+\frac{c+a-b}{b}+\frac{a+b-c}{c}>3$$

04 $a>b>c>0$일 때 $a^{2a}b^{2b}2^{2c}>a^{b+c}b^{c+a}c^{a+b}$을 증명하여라.

05 $\dfrac{1}{\log_2\pi}+\dfrac{1}{\log_5\pi}>2$를 증명하여라.

06 a, b, c가 양의 실수일 때 $\dfrac{2}{b+c}+\dfrac{2}{c+a}+\dfrac{2}{a+b}\geq\dfrac{9}{a+b+c}$임을 증명하여라.

07 분석법으로 다음을 증명하여라. a, b, c가 $\triangle$ABC의 세 변의 길이이면 $(a+b+c)^2<4(ab+bc+ca)$이다.

08 $\sqrt{2}+\sqrt{6}+\cdots+\sqrt{n(n+1)}<n(n+1)$을 증명하여라.

09 수학적귀납법으로 다음 부등식을 증명하여라.

$$\frac{1}{\sqrt{1\cdot2}}+\frac{1}{\sqrt{2\cdot3}}+\cdots+\frac{1}{\sqrt{n(n+1)}}<\sqrt{n}\,(n은\ 자연수)$$

10 $1+\dfrac{n}{2}\leq1+\dfrac{1}{2}+\dfrac{1}{3}+\cdots+\dfrac{1}{2^n}\leq\dfrac{1}{2}+n\,(n은\ 자연수)$을 증명하여라.

11 $a_i\geq1(i=1,\ 2,\ \cdots,\ n)$일 때 다음 부등식을 증명하여라.

$$(1+a_1)(1+a_2)\cdots(1+a_n)\geq\frac{2^n}{n+1}(1+a_1+a_2+\cdots+a_n)$$

12 $a,\ b$가 실수일 때 $a^2+ab+b^2\geq3a+3b-3$을 증명하여라.

13 x가 실수일 때 $\dfrac{1}{3}\leq\dfrac{6\cos x+\sin x-5}{2\cos x-3\sin x-5}\leq3$을 증명하여라.

17 복소수

　　복소수의 집합과 복소평면 위의 점의 집합 및 복소평면 위에서 원점을 시점으로 하는 벡터의 집합은 일대일의 대응관계를 가진다. 복소수에 관한 지식을 활용하고, 수와 도형을 결부하는 데 주의하면 매우 복잡한 문제들도 풀 수 있다.

　　이 장의 '개념과 연산'에서는 개념과 규칙을 이해하고 응용하는 데 중점을 두었으며, 흔히 쓰이는 방법을 예로 들었다. '응용의 예'에서는 예를 들어 평면기하, 극형식, 해석기하, 함수의 최댓값과 최솟값을 구하는 데 있어서의 복소수의 응용을 설명하였다. 동시에 부등식, 구간에 관계되는 문제들도 설명하였다.

1. 개념과 연산

예제 01

> n이 자연수이고 $1 \leq n \leq 12$일 때 $\left(\dfrac{\sqrt{3}+i}{2} \right)^n + i^n = 0$이 되게 하는 n의 값은 몇 개 있는가?

| 풀이 |

$$\left(\frac{\sqrt{3}+i}{2} \right)^n + i^n = \left[\frac{1}{i} \left(-\frac{1}{2} + \frac{\sqrt{3}}{2}i \right) \right]^n + i^n$$

$$= i^{-n} \left(-\frac{1}{2} + \frac{\sqrt{3}}{2}i \right)^n + i^n$$

$$= i^{-n} \left[\left(-\frac{1}{2} + \frac{\sqrt{3}}{2}i \right)^n + i^{2n} \right] = 0$$

$i^{-n} \neq 0$이므로 $\left(\dfrac{\sqrt{3}+i}{2} \right)^n + i^n = 0$이 되려면 반드시

$\left(-\dfrac{1}{2} + \dfrac{\sqrt{3}}{2}i \right)^n + i^{2n} = 0$이어야 한다.

그런데 $1 \leq n \leq 12$이므로

$n = 3$, 9일 때만 $\left(\dfrac{\sqrt{3}+i}{2}\right)^n + i^n = 0$이다.

그러므로 문제의 가정에 부합하는 n의 값은 두 개 있다.

다음 계산이 맞는가? 왜 그런가?

$(\pm\sqrt{3}+i)^7$

$= \left[\dfrac{2}{i}\left(-\dfrac{1}{2}\pm\dfrac{\sqrt{3}}{2}i\right)\right]^7$

$= \left(\dfrac{2}{i}\right)^7\left[\left(-\dfrac{1}{2}\pm\dfrac{\sqrt{3}}{2}i\right)^3\right]^{\frac{7}{3}}$

$= 128i \cdot (\pm 1)^{\frac{7}{3}}$

$= \pm 128i$

예제 02

z가 복소수이고 $\arg(z+3) = 135°$일 때 $\dfrac{1}{|z+6| = |z-3i|}$
의 최댓값을 구하여라.

| 풀이 | $\arg(z+3) = 135°$에 의하여 복소수 $z+3$에 대응하는 점이
제2사분면의 이등분선 OA 위에 있다는 것을 알 수 있다.

$\dfrac{1}{|z+6|+|z-3i|}$이 최대로 되려면 $|z+6|+|z-3i|$가 최
소로 되어야 한다. 즉,

$|(z+3)-(-3)|+|(z+3)(3+3i)|$

가 최소이어야 한다. 따라서 OA 위에서 두 점 $B(-3, 0)$,
$C(3, 3)$까지의 거리의 합이 제일 작게 되는 점을 구해야 한다.
또 BC와 OA의 교점은 OA 위에 있다. 그러므로
$|(z+3)-(-3)|+|(z+3)-(3+3i)|$의 최솟값은
$\overline{BC} = |-3-(3+3i)| = 3\sqrt{5}$이다.

따라서 구하려는 최댓값은 $\dfrac{\sqrt{5}}{15}$이다.

z_1, z_2는 복소수이고 $A=z_1\bar{z}_2+\bar{z}_1z_2$, $B=z_1\bar{z}_1+z_2\bar{z}_2$이다. A, B의 크기를 비교할 수 있는가? 비교할 수 있다면 그 대소관계를 설명하여 증명하고, 비교할 수 없다면 그 원인을 설명하여라.

| 풀이 | $\overline{A}=\overline{z_1\bar{z}_2+\bar{z}_1z_2}=\overline{z_1\bar{z}_2}+\overline{\bar{z}_1z_2}=\bar{z}_1z_2+z_1\bar{z}_2=A$

∴ A는 실수이다.

$B=z_1\bar{z}_1+z_2\bar{z}_2=|z_1|^2+|z_2|^2$

∴ B도 실수이다.

그러므로 크기를 비교할 수 있다.

$$A-B=z_1\bar{z}_2+\bar{z}_1z_2-(z_1\bar{z}_1+z_2\bar{z}_2)$$
$$=-(z_1-z_2)(\bar{z}_1-\bar{z}_2)$$
$$=-(z_1-z_2)(\overline{z_1-z_2})$$
$$=-|z_1-z_2|^2\leq 0$$

∴ $A\leq B$이고, $z_1=z_2$일 때만 등호를 취한다.

ω는 1의 3차 허수근이다. 서로 다른 세 복소수 z_1, z_2, z_3에 대응하는 복소평면 위의 점이 각각 z_1, z_2, z_3이고 $z_1+z_2\omega+z_3\omega^2=0$일 때 $\triangle z_1z_2z_3$은 어떤 삼각형이겠는가?

| 풀이 | $1+\omega+\omega^2=0$ ∴ $\omega^2=-1-\omega$

이 식을 $z_1+z_2\omega+z_3\omega^2=0$에 대입하면

$z_1-z_3=\omega(z_3-z_2)$

∴ $|z_1-z_3|=|\omega(z_3-z_2)|=|\omega|\cdot|z_3-z_2|=|z_3-z_2|$

$1+\omega+\omega^2=0$

∴ $\omega^2=-1-\omega^2$

마찬가지로 하여 $|z_1-z_2|=|z_3-z_2|$

그러므로 $\triangle z_1z_2z_3$은 정삼각형이다.

예제 05

다음 그림에서와 같이 복소평면 위에서 $\triangle OAB$의 꼭짓점 A, B 는 각각 복소수 α, β에 대응하며 O는 원점이다. 또, α, β는 관계식 $\beta+(1-i)\alpha=0$ 및 $|\alpha-3|=1$ 을 만족한다. $\triangle AOB$의 넓이가 S일 때 S의 최댓값과 최솟값 을 구하여라.

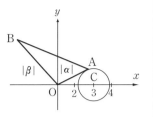

| 풀이 | $\beta+(1-i)\alpha=0$에 의하여 $\beta=(-1+i)\alpha$

$$\therefore \ |\beta|=\sqrt{2}|\alpha|, \ \angle AOB=\frac{3\pi}{4}$$

$$S_{\triangle AOB}=\frac{1}{2}|\alpha|\cdot|\beta|\sin\angle AOB=\frac{1}{2}|\alpha|^2$$

그런데 $|\alpha-3|=1$. 그림에서 $|\alpha|$의 자취는 점 $(3, 0)$을 중심 으로 하는 원 위를 움직인다. 즉,

$$|\alpha|_{최대}=4, \ |\alpha|_{최소}=2$$

$$\therefore \ (S_{\triangle AOB})_{최대}=8, \ (S_{\triangle AOB})_{최소}=2$$

예제 06

복소평면 위에서 복소수 z_1, z_2에 대응하는 점은 각각 P, Q이고 $|z_1|=4$, $4z_1^2-2z_1z_2+z_2^2=0$이다.

(1) P, Q와 원점 O로 이루어진 $\triangle OPQ$의 넓이를 구하여라.

(2) $|(z_1+1)^2(z_1-2)|$의 최댓값과 최솟값을 구하여라.

| 풀이 | (1) 주어진 조건에 의하여

$$4\left(\frac{z_1}{z_2}\right)^2-2\left(\frac{z_1}{z_2}\right)+1=0$$

$$\frac{z_1}{z_2}=\frac{1}{2}\left(\cos\frac{\pi}{3}\pm i\sin\frac{\pi}{3}\right)$$

$$\frac{1}{2}|z_2|=|z_1|=4, \ |z_2|=8$$

$$S_{\triangle OPQ}=\frac{1}{2}|z_1|\cdot|z_2|\sin\frac{\pi}{3}=8\sqrt{3}$$

(2) $z_1=4(\cos\theta+i\sin\theta)$ 라고 하면

$$|(z_1+1)^2(z_1-2)|$$
$$=|(z_1+1)^2|\cdot|z_1-2|$$
$$=|z_1+1|^2\cdot|z_1-2|$$
$$=[(4\cos\theta+1)^2+16\sin^2\theta]\sqrt{(4\cos\theta-2)^2+16\sin^2\theta}$$
$$=(17+8\cos\theta)\sqrt{20-16\cos\theta}$$
$$=\sqrt{(17+8\cos\theta)(17+8\cos\theta)(20-16\cos\theta)}$$
$$\leq\sqrt{\left(\frac{17+8\cos\theta+17+8\cos\theta+20-16\cos\theta}{3}\right)^3}$$
$$=54\sqrt{2}$$

등호를 취할 때 $\cos\theta=\frac{1}{8}$이다. 그러므로 최댓값은 $54\sqrt{2}$ 이다.

또 $|(z_1+1)^2(z_1-2)|=|z_1^3-3z_1-2|=|(z_1^3-3z_1)-2|$

$|z_1|=4, \ |z_1^3|=64, \ |3z_1|=12$

$\therefore |z_1^3-3z_1|\geq|z_1^3|-3|z_1|=52$

등호를 취할 때 $3\theta=\theta$, 즉 $\theta=0$이다.

따라서 $|(z_1^3-3z_1)-2|\geq|z_1^3-3z_1|-2=50$

여기서 $\theta=0$일 때 등호를 취한다. 그러므로 최솟값은 50 이다.

예제 07

$A=\cos x+{}_nC_1\cos 2x+{}_nC_2\cos 3x+\cdots+{}_nC_n\cos(n+1)x$,
$B=\sin x+{}_nC_1\sin 2x+{}_nC_2\sin 3x+\cdots+{}_nC_n\sin(n+1)x$이 다. 여기서 $x\in[-\pi, \pi]$, $n\in N$이다. $A+Bi$를 극형식으로 나 타내어라.(N은 자연수의 집합)

| 풀이 | $\mathrm{A}+\mathrm{B}i={}_n\mathrm{C}_0(\cos x+i\sin x)+{}_n\mathrm{C}_1(\cos 2x+i\sin 2x)+{}_n\mathrm{C}_2$

$\qquad(\cos 3x+i\sin 3x)+\cdots+{}_n\mathrm{C}_n[\cos(n+1)x+i\sin(n+1)x]$

$\qquad=(\cos x+i\sin x)[{}_n\mathrm{C}_0+{}_n\mathrm{C}_1(\cos x+i\sin x)+{}_n\mathrm{C}_2(\cos 2x$

$\qquad\quad+i\sin 2x)+\cdots+{}_n\mathrm{C}_n(\cos nx+i\sin nx)]$

$\qquad=(\cos x+i\sin x)(1+\cos x+i\sin x)^n$

$\qquad=(\cos x+i\sin x)\left(2\cos^2\dfrac{x}{2}+2i\sin\dfrac{x}{2}\cos\dfrac{x}{2}\right)^n$

$\qquad x\in(-\pi,\ \pi),\ \dfrac{x}{2}\in\left(-\dfrac{x}{2},\ \dfrac{\pi}{2}\right)\ \therefore\ \cos\dfrac{x}{2}\geq0$

$\qquad\therefore\ \mathrm{A}+\mathrm{B}i=(\cos x+i\sin x)\left[2\cos\dfrac{x}{2}\left(\cos\dfrac{x}{2}+i\sin\dfrac{x}{2}\right)\right]^n$

$\qquad\qquad=(\cos x+i\sin x)\cdot2^n\cos^n\dfrac{x}{2}\left(\cos\dfrac{nx}{2}+i\sin\dfrac{nx}{2}\right)$

$\qquad\qquad=2^n\cos^n\dfrac{x}{2}\left(\cos\dfrac{n+2}{2}x+i\sin\dfrac{n+2}{2}x\right)$

예제 08

복소수 $z_1,\ z_2,\ z_3$이 $|z_1|=|z_2|=z_3|=r\neq0$을 만족할 때

$\left|\dfrac{z_1z_2+z_2z_3+z_3z_1}{z_1+z_2+z_3}\right|=r$임을 증명하여라.

| 증명 | $|z_1|=|z_2|=|z_3|=r\neq0$

$\qquad\therefore\ z_i\bar{z_i}=|z_i|^2=r^2,\ \dfrac{1}{z_i}=\dfrac{\bar{z_i}}{r^2}(i=1,\ 2,\ 3)$

$\qquad\left|\dfrac{1}{z_1}+\dfrac{1}{z_2}+\dfrac{1}{z_3}\right|=\dfrac{1}{r^2}|\bar{z_1}+\bar{z_2}+\bar{z_3}|$

$\qquad\qquad\qquad\qquad=\dfrac{1}{r^2}|\overline{\bar{z_1}+\bar{z_2}+\bar{z_3}}|$

$\qquad\qquad\qquad\qquad=\dfrac{1}{r^2}|z_1+z_2+z_3|$

$\qquad\left|\dfrac{1}{z_1}+\dfrac{1}{z_2}+\dfrac{1}{z_3}\right|=\left|\dfrac{z_1z_2+z_2z_3+z_3z_1}{z_1z_2z_3}\right|$

$\qquad\qquad\qquad\qquad=\dfrac{1}{r^3}|z_1z_2+z_2z_3+z_3z_1|$

$\qquad\therefore\ \dfrac{1}{r^2}|z_1+z_2+z_3|=\dfrac{1}{r^3}|z_1z_2+z_2z_3+z_3z_1|$

$$\frac{|z_1z_2+z_2z_3+z_3z_1|}{|z_1+z_2+z_3|}=r$$

$$즉 \left|\frac{z_1z_2+z_2z_3+z_3z_1}{z_1+z_2+z_3}\right|=r$$

| 설명 | 이 문제는 $z_k=r(\cos\theta_k+i\sin\theta_k)\,(k=1,\,2,\,3)$이라 가정하고 극형식의 계산을 하여 절댓값을 구할 수도 있다. 그러나 켤레복소수의 성질을 이용하여 변환하는 것보다 약간 복잡하다.

예제 09

방정식 $x^2+(k+1)x+k^2=0$이 적어도 하나의 실근을 가지게 하는 k의 범위를 구하여라.

| 풀이 | (1) $k\in\mathrm{R}$일 때 $D\geq0$에 의하여

$$-\frac{1}{3}\leq k\leq1(\mathrm{R}는 실수의 집합)$$

(2) k가 허수일 때 $k=\alpha+\beta i(\alpha,\,\beta\in\mathrm{R},\,\beta\neq0)$라고 하면

$$x^2+(\alpha+1+\beta i)x+\alpha^2-\beta^2+2\alpha\beta i=0$$

복소수가 0이 되기 위한 조건에 의하여

$$x^2+(\alpha+1)x+\alpha^2-\beta^2=0$$

$$\beta x+2\alpha\beta=0,\ 즉\ x=-2\alpha,\ \beta=\pm\sqrt{\alpha(3\alpha-2)}$$

그러므로 $k=\alpha\pm\sqrt{\alpha(3\alpha-2)}\,i\left(\alpha<0\ 또는\ \alpha>\frac{2}{3}\right)$를 만족할 때 방정식은 -2α의 하나의 실근을 가진다.

예제 10

$z_1,\,z_2,\,z_3$이 복소수일 때 $\bar{z}_1=z_2^2,\,\bar{z}_2=-\dfrac{1}{z_3},\,\bar{z}_3=-z_1z_2$이다.

(1) $|z_1|=|z_2|=|z_3|=1$임을 증명하여라.

(2) $z_1\left(\dfrac{z_3^3-z_2^3}{z_2-z_3}\right)$의 세제곱근을 구하여라.

| 증명 | (1) 주어진 세 식을 변끼리 곱하면

$$|\bar{z}_1\bar{z}_2\bar{z}_3| = \left| \frac{z_1 z_2^3}{z_3} \right| \qquad \cdots\cdots ①$$

$$|\bar{z}_1\bar{z}_2| = |z_1 z_2|, \quad |\bar{z}_3| = |z_3|$$

$$\therefore |z_3|^2 = |z_2|^2, \quad |z_3| = |z_2| \qquad \cdots\cdots ②$$

$$\bar{z}_2 = -\frac{1}{z_3} \quad \therefore |\bar{z}_2| = \left| -\frac{1}{z_3} \right|, \; 즉 \; |z_2| = \left| \frac{1}{z_3} \right| \qquad \cdots\cdots ③$$

②, ③에서 $|z_2| = 1$, $|z_3| = 1$

$\bar{z}_1 = z_2^2$에 의하여 $|\bar{z}_1| = |z_2^2|$, 즉 $|z_1| = |z_2|^2 = 1$

$$\therefore |z_1| = |z_2| = |z_3| = 1$$

(2) $z_1\left(\dfrac{z_3^3 - z_2^3}{z_2 - z_3} \right) = -z_1\left(\dfrac{z_3^3 - z_2^3}{z_3 - z_2} \right) = -z_1(z_3^2 + z_3 z_2 + z_2^2)$

$$= -z_1[(z_3 + z_2)^2 - z_3 z_3] \qquad \cdots\cdots ④$$

$\bar{z}_2 = -\dfrac{1}{z_3}$의 양변에 $z_2 z_3$을 곱하면 $\bar{z}_2 z_2 z_3 = -z_2$

$\bar{z}_2 z_2 = |z_2|^2 = 1$, $z_3 = -z_2$

즉 $z_3 + z_2 = 0$ $\qquad \cdots\cdots ⑤$

$\bar{z}_3 = -z_1 z_2$의 양변에 z_3을 곱하면

$$-z_1 z_2 z_3 = |z_3|^2 = 1 \qquad \cdots\cdots ⑥$$

⑤, ⑥을 ④에 대입하면

$$z\left(\frac{z_3^3 - z_2^3}{z_2 - z_3} \right) = z_1 z_2 z_3 = -1$$

그러므로 주어진 식의 세제곱근은 -1, $\dfrac{1}{2} \pm \dfrac{\sqrt{3}}{2}i$이다.

예제 11

z는 복소수이다. 조건 $||z| - 1| + |z| - 1 = 0$을 만족하는 z의 자취의 경계와 점의 집합 $\left| z + \dfrac{1}{2} \right| = \left| z - \dfrac{3}{2}i \right|$는 두 개의 교점을 가지며, 이 두 교점과 원점을 이은 직선의 방향각은 각각 α, β이다. $\cos(\alpha + \beta)$의 값을 구하여라.

$||z|-1|+|z|-1=0$에서 $|z|-1\leq0$을 얻는다.

즉 $|z|\leq1$

$\therefore$ 점 z의 자취의 경계는 원이다.

즉 $x^2+y^2=1$ ······①

$\left|z+\dfrac{1}{2}\right|=\left|z-\dfrac{3}{2}i\right|$ 를 만족하는 점의 집합은 직선이다.

즉 $x+3y-2=0$ ······②

①, ②에 의하여 $10y^2-12y+3=0$

직선과의 교점을 $A(x_1,\ y_1),\ B(x_2,\ y_2)$라고 하면

$$\begin{aligned}
\cos(\alpha+\beta)&=\cos\alpha\cos\beta-\sin\alpha\sin\beta\\
&=x_1x_2-y_1y_2\\
&=(-3y_1+2)(-3y_2+2)-y_1y_2\\
&=8y_1y_2-6(y_1+y_2)+4\\
&=8\times\dfrac{3}{10}-6\times\dfrac{12}{10}+4\\
&=-\dfrac{4}{5}
\end{aligned}$$

예제 12

n개의 복소수 $z_1,\ z_2,\ z_3,\ \cdots,\ z_n$이 등비수열을 이룬다. 여기서 $|z|\neq1$이고 공비 q의 절댓값은 1이며 $q\neq\pm1$이다. 복소수 $\omega_1,$ $\omega_2,\ \omega_3,\ \cdots,\ \omega_n$이 $\omega_k=z_k+\dfrac{1}{z_k}+h(k=1,\ 2,\ 3,\ \cdots,\ n$이고 h는 주어진 실수이다)를 만족할 때 복소평면 위에서 $\omega_1,\ \omega_2,\ \omega_3,\ \cdots,$ ω_n을 표시하는 점 $P_1,\ P_2,\ P_3,\ \cdots,\ P_n$은 초점거리가 4인 타원 위에 있다는 것을 증명하여라.

| 증명 | $z_1=r(\cos\theta+i\sin\theta)(r\neq1),\ q=\cos\alpha+i\sin\alpha$라고 하면

$z_k=r\{\cos[\theta+(k-1)\alpha]+i\sin[\theta+(k-1)\alpha]\}$

$\dfrac{1}{z_k}=\dfrac{1}{r}\{\cos[\theta+[k-1]\alpha]-i\sin[\theta+(k-1)\alpha]\}$

점 P_k에 대응하는 복소수는

$$\omega_k = x + yi = z_k + z_k^{-1} + h$$
$$= \left(r + \frac{1}{r}\right)\cos[\theta + (k-1)\alpha] + h$$
$$+ i\left(r - \frac{1}{r}\right)\sin[\theta + (k-1)\alpha]$$

$$\therefore \begin{cases} x = \left(r + \dfrac{1}{r}\right)\cos[\theta + (k-1)\alpha] + h \\ y = \left(r - \dfrac{1}{r}\right)\sin[\theta + (k-1)\alpha] \end{cases}$$

즉
$$\begin{cases} \dfrac{x - h}{r + \dfrac{1}{r}} = \cos[\theta + (k-1)\alpha] & \cdots\cdots ① \\[2mm] \dfrac{y}{r - \dfrac{1}{r}} = \sin[\theta + (k-1)\alpha] & \cdots\cdots ② \end{cases}$$

$①^2 + ②^2$ 하면

$$\frac{(x-h)^2}{\left(r + \dfrac{1}{r}\right)^2} + \frac{y^2}{\left(r - \dfrac{1}{r}\right)^2} = 1$$

이 곡선은 타원이다.

또 $c^2 = a^2 - b^2 = \left(r + \dfrac{1}{r}\right)^2 - \left(r - \dfrac{1}{r}\right)^2 = 4$, $c = 2$, $2c = 4$

그러므로 P_1, P_2, P_3, $\cdots$, P_n은 모두 초점거리가 4인 타원 위에 있다.

| 설명 | 이 문제에서는 P_k에서 두 점 $(h-2,\,0)$, $(h+2,\,0)$까지의 거리의 합이 4보다 큰 상수라는 것을 증명할 수도 있다.

예제 13

방정식 $x^n + x^{n-1} + x^{n-2} + \cdots + x + 1 = 0$($n$은 자연수)의 근은 복소평면 위에서 어떤 점을 표시하는가?

| 풀이 | (1) $n = 1$일 때 $x = -1$

(2) $n \geq 2$일 때 원 방정식의 양변에 $x - 1$을 곱하면 $x^{n+1} = 1$

그러므로 원 방정식의 근은 복소평면 위에서 단위원의 $n+1$개 등분점 가운데 1에 대응하는 점을 제외한 n개의 점을 표시한다.

예제 14

n이 소수이고 방정식 $x^n - 1 = 0$이 허근 ω를 가진다.

(1) n개의 수 $1, \omega, \omega^2, \cdots, \omega^{n-1}$이 방정식의 근임을 증명하여라.

(2) (1)의 n개의 수는 각각 서로 다르다는 것을 증명하여라.

(3) $n = (1-\omega)(1-\omega^2)(1-\omega^3) \cdots (1-\omega^{n-1})$임을 증명하여라.

| 증명 | (1) 방정식 $x^n - 1 = 0$이 허근 ω를 가지면 $\omega^n = 1$

$(\omega^k)^n = (\omega^n)^k = 1^k = 1$

즉 $(\omega^k)^n - 1 = 0 (k = 0, 1, 2, \cdots, n=1)$

$\therefore 1, \omega, \omega^2, \cdots, \omega^{n-1}$은 방정식 $x^n - 1 = 0$의 근이다.

(2) 귀류법으로 증명하자. $\omega^s = \omega^t (s, t$는 정수이고

$0 \le t \le s \le n-1$이다)라고 가정하면 $\omega^{s-t} = 1$이다.

ω는 허수이고 $\omega^1 \ne 1$이다.

$\therefore 1 < s - t < n$

즉 $\omega^p = 1$, $1 < p < n$을 만족하는 정수 p는 존재한다. 그 p 가운데 제일 작은 것을 p'라 하고 $n = p'q + r$, $0 \le r < p'$라 하자.

$\omega^{p'q+r} = 1$ 및 $\omega^{p'} = 1$, $\omega^{p'q} = (\omega^{p'})^q = 1^q = 1$에 의하여 $\omega^r = 1$ 을 얻는다. 그런데 $0 \le r < p'$이다. 또 $\omega \ne 1$이고 p'는 $1 < p < n$에서 제일 작은 p이므로, $r \ne 1$이며 r는 1과 p'사 이에 있지 않다.

그러므로 $r = 0$일 수밖에 없다. 따라서 $n = p'q$, 즉 n은 약 수 p'를 가진다. 이것은 n이 소수라는 것과 모순된다. 따라 서 $s = t$일 때만 $\omega^s = \omega^t$가 성립한다. 즉 (1)에서의 n개의 근 은 각각 서로 다르다.

(3) (1), (2)에 의하여 방정식은 n개의 서로 다른 근을 가진다는 것을 알 수 있다.

$\therefore x^n - 1 = (x-1)(x-\omega)(x-\omega^2) \cdots (x-\omega^{n-1})$

또 $x^n - 1 = (x-1)(x^{n-1} + x^{n-2} + \cdots + x + 1)$

$\therefore (x-\omega)(x-\omega^2)(x-\omega^3) \cdots (x-\omega^{n-1})$

$\quad = x^{n-1} + x^{n-2} + \cdots + x + 1$

$x=1$이라고 하면

$$n=(1-\omega)(1-\omega^2)\cdots(1-\omega^{n-1})$$

| 설명 | 1의 n차 허수근은 일련의 재미있는 성질을 갖고 있다. 문제 풀이에서는 이 성질을 잘 이용해야 한다.

2. 응용의 예

예제 15

다음 그림에서 ABCD는 정삼각형이고 P는 대각선 BD 위의 한 점이며 PECF는 직사각형이다. $\overline{PA}\perp\overline{EF}$, $\overline{PA}=\overline{EF}$임을 증명하여라.

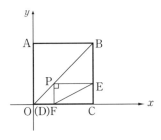

| 증명 | 정사각형 ABCD의 변의 길이를 a, P점에 대응하는 복소수를 $r+ri$라고 하면 E, F, A에 대응하는 복소수는 각각 $a+ri$, r, ai이다.

$\therefore \overrightarrow{PA}=\overrightarrow{PD}+\overrightarrow{DA}$에 대응하는 복소수는

$$\overrightarrow{PA}=\overrightarrow{PO}+\overrightarrow{OD}+\overrightarrow{DO}+\overrightarrow{OA}=\overrightarrow{PO}+\overrightarrow{OA}$$
$$=-(r+ri)+ai=-r+(a-r)i$$

벡터 $\overrightarrow{EF}=\overrightarrow{EC}+\overrightarrow{CF}$에 대응하는 복소수는 $(r-a)-ri$

$$[-r+(a-r)i]i=(r-a)-ri$$

즉 $\overrightarrow{PA}$와 $\overrightarrow{EF}$에 대응하는 복소수의 편각의 차는 $\dfrac{\pi}{2}$이다.

$\therefore \overline{PA}\perp\overline{EF}$

또 $|\overrightarrow{PA}|=\sqrt{(-r)^2+(a-r)^2}=\sqrt{(r-a)^2+(-r)^2}=|\overrightarrow{EF}|$

$\therefore \overline{PA}=\overline{EF}$

복소수를 이용하여 평면에서의 각의 합, 차, 곱, 몫에 관한 문제를 증명할 때에도 흔히 복소수의 곱, 몫, 멱, 제곱근의 연산규칙을 이용하고, 두 직선의 평행과 수직에 관한 문제를 증명할 때에는 흔히 복소수의 몫이 실수 또는 순허수라는 데 근거하여 증명한다. 이 문제는 평면기하의 방법으로도 쉽게 증명할 수 있다.

예제 16

$\cos x + \cos y = a$, $\sin x + \sin y = b$ $(a^2 + b^2 \neq 0)$일 때
$\cos(x+y)$, $\sin(x+y)$의 값을 구하여라.

| 풀이 | $z_1 = \cos x + i\sin x$, $z_2 = \cos y + i\sin y$라 하면

$$z_1 + z_2 = (\cos x + \cos y) + i(\sin x + \sin y)$$
$$= a + bi$$

$$z_1 z_2 = \cos(x+y) + i\sin(x+y) \qquad \cdots\cdots ①$$

또 $|z_1| = |z_2| = 1$

$$\therefore z_1 + z_2 = z_1 z_2 (\overline{z_1} + \overline{z_2}) = z_1 z_2 (\overline{z_1 + z_2})$$

$a^2 + b^2 \neq 0$, 즉 a, b는 모두 0이 아니다.

$$\therefore z_1 z_2 = \frac{z_1 + z_2}{\overline{z_1 + z_2}} = \frac{a + bi}{a - bi} = \frac{a^2 - b^2}{a^2 + b^2} + \frac{2ab}{a^2 + b^2}i \qquad \cdots\cdots ②$$

①, ②식에서

$$\cos(x+y) = \frac{a^2 - b^2}{a^2 + b^2}$$

$$\sin(x+y) = \frac{2ab}{a^2 + b^2}$$

| 설명 | 대수항등식으로부터 출발하여 복소수의 연산 성질을 이용해서 삼각항등식을 유도해 내는 것은 흔히 쓰이는 방법이다. 예를 들면 $z = \cos\theta + i\sin\theta$라고 하면 드 무아브르의 정리에 의하여

$$z^n + \frac{1}{z^n} = 2\cos n\theta, \quad z^n - \frac{1}{z^n} = 2i\sin n\theta \text{이다.}$$

예제 17

$$\sin^{-1}\frac{1}{\sqrt{10}}+\cos^{-1}\frac{7}{\sqrt{50}}+\tan^{-1}\frac{7}{31}+\cot^{-1}10$$의 값을 구하여라.

| 풀이 | 위의 네 각은 차례로 $3+i$, $7+i$, $31+7i$, $10+i$의 편각의 가장 작은 각이다(즉, $0\le\theta<2\pi$).

$$(3+i)(7+i)(31+7i)(10+i)=5050(1+i)$$

또 상술한 네 각은 모두 구간 $\left(0, \dfrac{\pi}{2}\right)$ 내에 있다.

$$\therefore\ 0<\sin^{-1}\frac{1}{\sqrt{10}}+\cos^{-1}\frac{7}{\sqrt{50}}+\tan^{-1}\frac{7}{\sqrt{31}}+\cot^{-1}10<2\pi$$

그런데 $\arg(1+i)=\dfrac{\pi}{4}$

$$\therefore\ 준식=\frac{\pi}{4}$$

예제 18

다음 그림에서 포물선 $y^2=4x$이고 F는 초점이며 A는 포물선 위에 있다. △AFP는 F를 직각의 꼭짓점으로 하는 직각삼각형이고 $\angle APF=30°$이다. 점 P의 자취의 방정식을 구하여라.

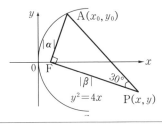

| 풀이 | $F(1,\ 0)$이다. $A(x_0,\ y_0)$, $P(x,\ y)$라고 하면

$$y_0^2=4x_0$$

α, β를 각각 $\overrightarrow{FA}$, $\overrightarrow{FP}$에 대응하는 복소수라고 하면

$$\frac{\beta}{\alpha}=\frac{|\beta|}{|\alpha|}(\pm i)=\frac{FB}{FA}(\pm i)=\tan60°\cdot(\pm i)=\sqrt{3}(\pm i)$$

또 $\alpha=(x_0-1)+y_0i$, $\beta=(x-1)+yi$

이 두 식을 위 식에 대입하면

$$(x-1)+yi=\pm\sqrt{3}i(x_0-1+y_0i)$$

$$\begin{cases} x=1-\sqrt{3}y_0 \\ y=\sqrt{3}(x_0-1) \end{cases}$$

또는
$$\begin{cases} x=1+\sqrt{3}y_0 \\ y=-\sqrt{3}(x_0-1) \end{cases}$$

포물선의 방정식에 대입하여 매개변수 x_0, y_0을 소거하면 점 P 의 자취의 방정식은

$$(x-1)^2=4\sqrt{3}(y+\sqrt{3})$$

또는 $(x-1)^2=-4\sqrt{3}(y-\sqrt{3})$

예제 19

B는 반원 $x^2+y^2=1(0\le y\le 1)$ 위에서 움직이는 점이고 A점 의 좌표는 $(2,\,0)$이며, $\triangle ABC$는 $\overline{BC}$를 빗변으로 하는 직각이 등변삼각형이고 C는 x축의 위쪽에 있다. B가 어느 위치에 있을 때 두 점 O, C 사이의 거리가 제일 크겠는가? 그 최대 거리를 구 하여라.

| 풀이 | $\angle AOB=\theta(0\le\theta\le\pi)$라고 하면 벡터 $\overrightarrow{OB}$에 대응하는 복소 수는 $\cos\theta+i\sin\theta$이다.

$$\overrightarrow{AB}=\overrightarrow{OB}-\overrightarrow{OA}=\cos\theta-2+i\sin\theta$$
$$\overrightarrow{AC}=\overrightarrow{AB}(-i)=\sin\theta+i(2-\cos\theta)$$
$$\overrightarrow{OC}=\overrightarrow{OA}+\overrightarrow{AC}=2+\sin\theta+(2-\cos\theta)i$$
$$\therefore \overline{OC}=\sqrt{9+4\sqrt{2}\sin\left(\theta-\frac{\pi}{4}\right)}$$

$\sin=\left(\theta-\frac{\pi}{4}\right)=1$일 때, 즉 $\theta=\frac{3}{4}\pi$일 때, 즉 $B\left(-\frac{\sqrt{2}}{2},\,\frac{\sqrt{2}}{2}\right)$ 일 때

$$\overline{OC}_{최대}=1+2\sqrt{2}$$

예제 20

함수 $y=\sqrt{x^2-10x+50}+\sqrt{x^2+25}$의 최솟값과 그 때의 x값을 구하여라.

| 풀이 | $z_1=5-x+5i$, $z_2=x+5i$라 하면

$$\sqrt{x^2-10x+50}+\sqrt{x^2+25}$$
$$=\sqrt{(5-x)^2+5^2}+\sqrt{x^2+5^2}$$
$$=|z_1|+|z_2|\geq|z_1+z_2|=|5+10i|$$
$$=5\sqrt{5}$$

등호를 취할 때 두 복소수의 편각의 최솟값이 같고 또 허수 부분이 같으므로 실수 부분도 같다.

즉 $x=5-x$, $x=\dfrac{5}{2}$

$\therefore x=\dfrac{5}{2}$일 때 $y_{최소}=5\sqrt{5}$

| 설명 | 이 예제는 해석기하와 평면기하의 지식으로 풀 수 있다.

예제 21

$z=\cos\alpha+i\sin\alpha$, $\omega=\cos\beta+i\sin\beta$, α, $\beta\in[0,\ 2\pi]$라고 하자. $|1+z+\omega|\leq1$일 때 이 등식을 만족하는 α, β를 직각좌표계의 점 (α,β)로 표시하여라.

| 풀이 | $1+z+\omega=1+\cos\alpha+\cos\beta+i(\sin\alpha+\sin\beta)$

$\therefore |1+z+\omega|^2=(1+\cos\alpha+\cos\beta)^2+(\sin\alpha+\sin\beta)^2$
$$=3+2(\cos\alpha+\cos\beta)+2\cos\alpha\cos\beta+2\sin\alpha\sin\beta$$
$$=3+2(\cos\alpha+\cos\beta)+2\cos(\alpha-\beta)$$

$|1+z+\omega|^2\leq1$에 의하여

$$1+(\cos\alpha+\cos\beta)+\cos(\alpha-\beta)\leq0\qquad\cdots\cdots①$$
$$(0\leq\alpha\leq2\pi,\ 0\leq\beta\leq2\pi)$$

①식을 변형하면

$$2\cos^2\frac{\alpha-\beta}{2}+2\cos\frac{\alpha+\beta}{2}\cdot\cos\frac{\alpha-\beta}{2}\leq 0$$

$$2\cos\frac{\alpha-\beta}{2}\left(\cos\frac{\alpha-\beta}{2}+\cos\frac{\alpha+\beta}{2}\right)\leq 0$$

즉 $\cos\dfrac{\alpha-\beta}{2}\cos\dfrac{\alpha}{2}\cos\dfrac{\beta}{2}\leq 0$

α, β를 살펴보면 점 $(\alpha,\ \beta)$의 구역이 다음 그림의 어두운 부분과 같다(경계선을 포함함)는 것을 알 수 있다.

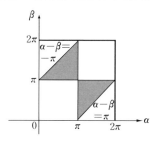

01 (1) z가 복소수이고 $M=\{z \mid (z-1)^2=|z-1|^2\}$이면 (　　　)이다.

　(A) $M=\{$순허수$\}$ 　　　　　(B) $M=\{$실수$\}$

　(C) $\{$실수$\}\subset M\subset\{$복소수$\}$ 　　(D) $M=\{$복소수$\}$

(2) $z_1=1+\cos2(1+\alpha)+i\sin2(1+\alpha)$,

　$z_2=1+\cos2(1-\alpha)+i\sin2(1-\alpha)\,(0<\alpha<\dfrac{1}{2})$이면 (　　　)이

　다.

　(A) $|z_1|>|z_2|$ 　　　　　　(B) $|z_1|=|z_2|$

　(C) $|z_1|<|z_2|$ 　　　　　　(D) 크기를 비교할 수 없다.

(3) 복소평면 위에서 0이 아닌 복소수 z_1, z_2에 대응하는 점이 z_1, z_2이고
원점은 O이다.

　$z_1^2+z_2^2=0$이면 (　　　)이다.

　(A) 0, z_1, z_2는 한 직선 위에 있다.

　(B) $\triangle Oz_1z_2$는 정삼각형이다.

　(C) $\triangle Oz_1z_2$는 직각삼각형이다.

　(D) 가정을 만족하는 z_1, z_2는 존재하지 않는다.

(4) z_1, z_2는 0이 아닌 복소수이고 λ는 0이 아닌 실수이다.

　명제 ㄱ : $z_1\neq\lambda z_2$. 명제 ㄴ : $|z_1-z_2|<|z_1|+|z_2|$. 그러면

　(　　　)

　(A) ㄴ은 ㄱ의 필요충분조건이다.

　(B) ㄴ는 ㄱ의 충분조건이지만 필요조건은 아니다.

　(C) ㄱ은 ㄴ의 충분조건이지만 필요조건은 아니다.

　(D) ㄱ은 ㄴ의 충분조건이 아니며, ㄴ도 ㄱ의 충분조건이 아니다.

(5) 복소수 z가 변수일 때 $|z+3i|+|z-4|$는 (　　　)

　(A) 최댓값 5를 가지고 최솟값은 가지지 않는다.

　(B) 항상 5이다.

　(C) 최솟값 5를 가지고 최댓값은 가지지 않는다.

　(D) 최댓값을 가지지 않고 최솟값도 가지지 않는다.

(6) 함수 $y=\left[2\sin\left(\dfrac{-4\pi}{3}\right)-i\right]^{6}$ 이면 y는 (   )이다.

(A) 허수　　　　　　　　　　(B) 무리수

(C) 유리수　　　　　　　　　(D) 순허수

(7) 복소평면 위에서 방정식 $|z+i|-|z-i|=\pm2a$ (a는 실수)가 결정하는 곡선은 (   )

(A) 직선 또는 반직선이다.

(B) 존재하지 않는다.

(C) 쌍곡선이다.

(D) 상술한 경우가 모두 나타날 수 있다.

(8) z는 복소수이고, 집합 $A=\{z\,|\,|z-1|\leq1\}$, $B=\left\{z\,\middle|\,\arg z\geq\dfrac{\pi}{12}\right\}$ 이다. 복소평면 위에서 $A\cap B$가 표시하는 도형의 넓이는 (   )이다.

(A) $\dfrac{5\pi}{6}$　　　　　　　　(B) $\dfrac{5\pi}{6}-\dfrac{1}{4}$

(C) $\dfrac{11\pi}{12}-\dfrac{1}{4}$　　　　　　(D) $\dfrac{5\pi}{12}-\dfrac{1}{4}$

(9) $a_{n}=\dfrac{1}{(1-\sqrt{3}i)^{n}}$ (n은 자연수)이면 수열 $\{a_{n}\}$에서 각 실수항의 합은 (   )이다.

(A) 1　　　　　　　　　　(B) $-\dfrac{1}{9}$

(C) $\dfrac{4}{7}$　　　　　　　　　(D) $\dfrac{8}{9}$

(10) 0이 아닌 복소수 $x,\,y$가 $x^{2}+xy+y^{2}=0$을 만족하면 대수식 $\left(\dfrac{x}{x+y}\right)^{1991}+\left(\dfrac{y}{x+y}\right)^{1991}$의 값은 (   )이다.

(A) 2^{-1990}　　　　　　　　(B) -1

(C) 1　　　　　　　　　　(D) 위의 답이 모두 틀리다.

02 (1) 복소평면에서 복소수 $z=(\cos^{-1}a-\sin^{-1}a)+i(\tan^{-1}a-\cot^{-1}a)$에 대응하는 점이 제 3사분면에 있을 때 a가 취하는 값의 범위는 _____

(2) $|z|=1$이면 복소수 $z-\sqrt{2}i$의 편각의 $0\le\theta<2\pi$ 사이에서의 최솟값은 _____ 이고 최댓값은 _____ 이다.

(3) 방정식 $z^3-iz^2-(7+i)z+(6+6i)=0$의 해집합은 _____

(4) $(\sqrt{3}+i)^m=(1+i)^n$이 성립되게 하는 자연수 m, n의 집합을 각각 A와 B라고 하면 $A\cap B=$ _____ , $A\cup B=$ _____

(5) 복소수 z가 $|z-3|+|z+3|=10$과 $|z-5i|-|z+5i|=8$을 만족하는 $z=$ _____

(6) MNPQ는 복소평면 위의 평행사변형이고, 꼭짓점 M, N, P는 각각 복소수 $-2-i$, $-5+6i$, $3+2i$에 대응된다. 벡터 $\overrightarrow{NQ}$에 대응하는 복소수는 _____

(7) $z=\dfrac{z_1-\bar{z}_2}{1-z_1 z_2}$이고 $|z_1|=1$이면 $|z|=$ _____

03 복소평면 위에서 복소수 z에 대응하는 점 M이 함수 $y=\sqrt{3}x(x>0)$의 그래프 위에서 움직일 때, 복소수 $z-\dfrac{1}{z}$에 대응하는 점 N의 자취를 구하여라.

04 $10\cot(\cot^{-1}3+\cot^{-1}7+\cot^{-1}13+\cot^{-1}21)$의 값을 구하여라.

05 z_1, z_2가 0이 아닌 복소수이고 $|z_1+z_2|=|z_1-z_2|$일 때, $\left(\dfrac{z_1}{z_2}\right)^2$이 반드시 음수라는 것을 증명하여라.

06 복소수 z_1, z_2가 $10z_1^2+5z_2^2=2z_1 z_2$를 만족하고 z_1+2z_2가 순허수일 때, $3z_1-z_2$가 실수라는 것을 증명하여라.

07 x에 관한 방정식 $x^2+(a+bi)x+c+di=0$이 실근을 가질 때, 실수 a, b, c, d가 만족해야 할 조건을 구하여라.

08 복소수 z가 관계식 $\sqrt{3}\bar{z}i-\left|\dfrac{z}{\bar{z}}\right|=1-z$을 만족할 때 z^5를 구하여라.

09 등비수열 $\{z_n\}$에서 $z_1=1$, $z_2=a+bi$, $z_3=b+ai$ (a, b는 실수, $a>0$) 일 때 $z_1+z_2+\cdots+z_n=0$이 되게 하는 최솟값 n을 구하여라. 그리고 이 때의 $z_1z_2\cdots z_n$의 값을 계산하여라.

10 z_1, z_2가 복소수이고 $|z_1|=2$, $|z_2|=3$, $3z_1+2z_2=6$일 때, z_1, z_2를 구하여라.

11 (1) 복소수 수열 z_0, z_1, $\cdots$, z_n, $\cdots$의 각 항 사이에 다음과 같은 관계가 있다.
$$z_{n+1}-z_n=a(z_n-z_{n-1})\ (n=1, 2, 3, \cdots)$$
여기서 a는 1이 아닌 복소수로서 상수이다. $z_0=0$, $z_1=1$일 때 z_n의 값을 a로 표시하여라.
(2) (1)에서 $a=1+\sqrt{3}i$일 때 원 $|z|=10$ (z는 복소수)의 내부에 z_n이 몇 개 있는가?

12 P는 변의 길이가 m인 정사각형 ABCD의 외접원 위의 임의의 한 점이다. $\overline{PA}^2+\overline{PB}^2+\overline{PC}^2+\overline{PD}^2$이 일정한 값을 가진다는 것을 증명하여라.

13 (1) $\sin\theta$, $\cos\theta$가 유리수일 때 임의의 자연수 n에 있어서 $\sin n\theta$, $\cos n\theta$도 역시 유리수임을 증명하여라.
 (2) 복소수 $z=x+yi$에서 x, y는 모두 유리수이고 $|z|=1$이다.
 n이 임의의 자연수일 때 $|z^{2n}-1|$이 유리수임을 증명하여라.

14 복소수 z_1에 대응하는 점은 선분 AB(여기서 A$(1, 1)$, B$(1, -1)$) 위에서 움직이고, 복소수 z_2에 대응하는 점은 곡선 $|z|=1$ 위에서 움직인다. 복소수 $\omega=z_1+z_2$에 대응하는 점이 움직이는 범위의 넓이를 구하여라.

15 복소수 z가 $0\leq\arg\dfrac{z-i}{z+i}\leq\dfrac{\pi}{4}$를 만족할 때, 복소수 z의 집합을 구하고 그림으로 표시하여라.

18 순열과 조합

순열과 조합은 수학에서 비교적 독특한 내용이다. 그 연구 대상이나 연구 방법이 모두 이전에 배운 다른 내용들과 전혀 다르다. 따라서 순열, 조합에 대한 학습을 통하여 추상적 사고 능력과 논리적 추리 능력을 발전시킬 수 있을 것이다.

이 장에서는 다음과 같은 두 부분의 내용을 소개한다.

1. 조합의 수에 관한 항등식의 증명 방법
2. 제한 조건을 가진 순열, 조합의 응용 문제를 푸는 방법

1. 조합의 수에 관한 항등식의 증명 방법

조합의 수에 관한 항등식의 증명에서는 흔히 다음과 같은 몇 가지 방법을 이용한다.

(1) 이항정리를 이용한다

이항정리 $(x+y)^n = {}_nC_0x^n + {}_nC_1x^{n-1}y + {}_nC_2x^{n-2}y^2 + \cdots + {}_nC_ny^n$에서 x와 y에 각각 특수값을 주면 조합의 수에 관한 여러 가지 항등식을 얻을 수 있다. (주 이 장에서 쓰인 n, m, k, l 등은 별다른 설명이 없으면 모두 자연수이다.)

예를 들면 $x=y=1$이라고 하면

$$_nC_0 + {}_nC_1 + {}_nC_2 + \cdots + {}_nC_n = 2^n$$

$x=1$, $y=-1$이라고 하면

$$_nC_0 + {}_nC_2 + {}_nC_4 + \cdots + = {}_nC_1 + {}_nC_3 + {}_nC_5 + \cdots$$

$x=1$, $y \neq 0$이라고 하면

$$(1+y)^n = {}_nC_0 + y{}_nC_1 + y^2{}_nC_2 + \cdots + y^n{}_nC_n$$

여기서 $1, y, y^2, \cdots, y^n$은 y를 공비로 하는 등비수열이다.

위의 상술한 세 개의 결론은 공리로 이용할 수 있다.

$${}_nC_1+2{}_nC_2+3{}_nC_3+\cdots+n{}_nC_n=n2^{n-1}$$ 임을 증명하여라.

| 증명 | $n(1+x)^{n-1}=n({}_{n-1}C_0+{}_{n-1}C_1x+{}_{n-1}C_2x^2+\cdots+{}_{n-1}C_{n-1}x^{n-1})$

$k{}_nC_k=n{}_{n-1}C_{k-1}$ 에 의하여

$$n(1+x)^{n-1}={}_nC_1+2{}_nC_2x+3{}_nC_3x^2+\cdots+n{}_nC_nx^{n-1}$$

$x=1$ 이라고 하면

$${}_nC_1+2{}_nC_2+3{}_nC_3+\cdots+n{}_nC_n=n\cdot2^{n-1}$$

(2) 일반항을 변형한다

주세걸(원나라 때의 대수학자)의 항등식

$${}_nC_n+{}_{n+1}C_n+\cdots+{}_{n+m-2}C_n+{}_{n+m-1}C_n+{}_{n+m}C_n={}_{n+m+1}C_{n+1}$$

을 증명하여라.

| 증명 | 양위 (남송 때의 수학자)의 항등식

$${}_nC_m+{}_nC_{m-1}={}_{n+1}C_m$$ 을 이용하면

$${}_{n+k}C_{n+1}+{}_{n+k}C_n={}_{n+k+1}C_{n+1}$$

$${}_{n+k}C_n={}_{n+k+1}C_{n+1}-{}_{n+k}C_{n+1}$$

따라서 $${}_nC_n={}_{n+1}C_{n+1}$$

$${}_{n+1}C_n={}_{n+2}C_{n+1}-{}_{n+1}C_{n+1}$$

$${}_{n+2}C_n={}_{n+3}C_{n+1}-{}_{n+2}C_{n+1}$$

$$\cdots\cdots\cdots\cdots\cdots\cdots\cdots\cdots\cdots$$

$${}_{n+m}C_n={}_{n+m+1}C_{n+1}-{}_{n+m}C_{n+1}$$

위의 $m+1$개의 등식을 변끼리 더하면

$${}_nC_n+{}_{n+1}C_n+{}_{n+2}C_n+\cdots+{}_{n+m}C_n={}_{n+m+1}C_{n+1}$$

| 설명 | 위의 예제 1에서도 일반항을 변형한 후 특수값을 주었다.

(3) 수학적귀납법을 이용한다

수학적귀납법으로 주세걸의 항등식(예제 2)을 증명하여라.

| 증명 | m에 대해 수학적귀납법을 이용하자.

(1) $m=1$일 때 ${}_nC_n+{}_{n+1}C_n={}_{n+1}C_{n+1}+{}_{n+1}C_n={}_{n+1+1}C_{n+1}$

∴ 원 등식은 성립한다.

(2) $m=k$일 때 원 등식이 성립한다고 가정하자.

즉 ${}_nC_n+{}_{n+1}C_n+{}_{n+2}C_n+\cdots+{}_{n+k}C_n={}_{n+k+1}C_{n+1}$

그러면 $m=k+1$일 때

$${}_nC_n+{}_{n+1}C_n+{}_{n+2}C_n+\cdots+{}_{n+k}C_n+{}_{n+k+1}C_n$$
$$={}_{n+k+1}C_{n+1}+{}_{n+k+1}C_n={}_{n+k+2}C_{n+1}$$

즉 $m=k+1$일 때에도 원 등식은 성립한다.

(1), (2)에 의하여 ${}_nC_n+{}_{n+1}C_n+{}_{n+2}C_n+\cdots+{}_{n+m}C_n={}_{n+m+1}C_{n+1}$은
성립한다는 것을 알 수 있다.

(4) 다항식의 항등을 이용한다

이선란(청조 말기의 수학자)의 항등식

$${}_mC_m+2{}_{m+1}C_m+3{}_{m+2}C_m+\cdots+n{}_{m+n-1}C_m$$
$$=\left[\frac{(m+1)n+1}{m+2}\right]\cdot{}_{m+n}C_{m+1}$$을 증명하여라.

| 증명 | 다항식 $p(x)=(1+x)^m+2(1+x)^{m+1}+3(1+x)^{m+2}$
$$+\cdots+n(1+x)^{m+n-1} \quad\cdots\cdots①$$

을 보자.

$$(1+x)p(x)=(1+x)^{m+1}+2(1+x)^{m+2}+3(1+x)^{m+3}$$
$$+\cdots+(n-1)(1+x)^{m+n-1}+n(1+x)^{m+n}$$

두 식을 변끼리 빼면

$$-x \cdot p(x) = (1+x)^m + (1+x)^{m+1} + (1+x)^{m+2}$$
$$+\cdots+(1+x)^{m+n-1}+n(1+x)^{m+n}$$

$x \neq -1, \ x \neq 0$이면

$$p(x) = \frac{(1+x)^m[1-(1+x)^n]}{x^2} + \frac{n(1+x)^{m+n}}{x} \quad \cdots\cdots ②$$

①, ②에서, x^m항의 계수를 비교해 보면

$$_mC_m + 2_{m+1}C_m + 3_{m+2}C_m + \cdots + n_{m+n-1}C_m$$
$$= -_{m+n}C_{m+2} + n_{m+n}C_{m+1}$$
$$= -\frac{n-1}{m+2}_{m+n}C_{m+1} + n_{m+n}C_{m+1}$$
$$= \left[\frac{(m+1)n+1}{m+2}\right]_{m+n}C_{m+1}$$

(5) 복소수를 이용한다

예제 05

다음을 증명하여라.

(1) $_nC_0 - _nC_2 + _nC_4 - \cdots = 2^{\frac{n}{2}}\cos\frac{n\pi}{4}$

(2) $_nC_1 - _nC_3 + _nC_5 - \cdots = 2^{\frac{n}{2}}\sin\frac{n\pi}{4}$

| 증명 | $(1+i)^n = _nC_0 + i_nC_1 + i^2{}_nC_2 + \cdots + i^n{}_nC_n$

$$= (_nC_0 - _nC_2 + _nC_4 - \cdots) + i(_nC_1 - _nC_3 + _nC_5 - \cdots)$$

또 $(1+i)^n = 2^{\frac{n}{2}}\left(\cos\frac{n\pi}{4} + i\sin\frac{n\pi}{4}\right)$

복소수의 상등 정의에 의하여

$$_nC_0 - _nC_2 + _nC_4 - \cdots = 2^{\frac{n}{2}}\cos\frac{n\pi}{4}$$

$$_nC_1 - _nC_3 + _nC_5 - \cdots = 2^{\frac{n}{2}}\sin\frac{n\pi}{4}$$

예제 06

$n=1990$일 때 다음을 구하여라.

$$\frac{1}{2^n}(1-3_nC_2+3^2_nC_4-3^3_nC_6+\cdots+3^{994}_nC_{1988}-3^{995}_nC_{1990})$$

| 풀이 | $(1+\sqrt{3}i)^n+(1-\sqrt{3}i)^n$

$$=\sum_{k=0}^{n}i^k3^{\frac{k}{2}}{_nC_k}+\sum_{k=0}^{n}(-i)^k3^{\frac{k}{2}}{_nC_k}$$

$$=2(1-3_nC_2+3^2_nC_4-3^3_nC_6+\cdots) \qquad \cdots\cdots\text{①}$$

또 $(1+\sqrt{3}i)^n+(1-\sqrt{3}i)^n$

$$=2^n\left(\cos\frac{n\pi}{3}+i\sin\frac{n\pi}{3}\right)+2^n\left(\cos\frac{n\pi}{3}-i\sin\frac{n\pi}{3}\right)$$

$$=2^{n+1}\cos\frac{n\pi}{3} \qquad\qquad \cdots\cdots\text{②}$$

$n=1990$일 때 ①, ②를 비교하면

$$\frac{1}{2^n}(1-3_nC_2+3^2_nC_4-3^3_nC_6+\cdots+3^{994}_nC_{1988}-3^{995}_nC_{1990})$$

$$=\cos\frac{n\pi}{3}=\cos\frac{1990\pi}{3}=\cos\frac{4\pi}{3}=-\frac{1}{2}$$

2. 순열, 조합의 응용 문제

순열, 조합의 응용 문제는 그 적용 범위가 광범위하고 풀이 방법도 독특하다. 더욱이 제한 조건을 가진 순열, 조합의 응용 문제는 매우 어렵다. 그러나 자세히 분석해 보면 역시 일정한 법칙을 찾아낼 수 있다.

문제의 유형으로 볼 때 흔히 볼 수 있는 제한 조건을 가진 순열 문제는 '놓인다와 놓이지 않는다' 와 '잇닿아 있다와 잇닿아 있지 않다' 의 두 가지 유형이다. '놓인다와 놓이지 않는다' 란 어느 한 원소 또는 몇 개 원소가 어떤 특수한 위치에 놓이는가, 놓이지 않는가 하는 것을 말하고, '잇닿아 있다와 잇닿아 있지 않다' 란 일부 원소의 위치가 잇닿아 있는가, 잇닿아 있지 않는가를 말한다.

제한 조건을 가진 조합 문제는 주로 '포함한다와 포함하지 않는다'의 유형이다. 즉 일부 특수한 원소들이 구하려는 조합에 포함되었는가 포함되지 않았는가 하는 문제이다. 순열, 조합이 섞인 문제에는 분배, 조 가르기 등의 유형이 있다.

순열 조합의 응용 문제를 푸는 방법에는 특성분석법, 배열분석법, 원소분석법, 위치분석법, 도형분석법 등이 있다. 이 중 기본적이고 흔히 쓰이는 것은 원소분석법과 위치분석법이다. 원소분석법은 원소에 대한 요구에서 출발하여 여러 가지 가능한 방법을 분석하는 것이고, 위치분석법은 위치에 대한 요구에서 출발하여 여러 가지 가능한 방법을 분석하는 것이다.

또한 풀이 방법에는 주로 '직접 푸는 방법'과 '간접적으로 푸는 방법'의 두 가지가 있다.

예제 07

학생 7명이 한 줄로 서 있다.

(1) ㄱ, ㄴ 두 사람이 양끝에 서는 방법은 모두 몇 가지가 있겠는가?

(2) ㄱ이 맨 앞에 서지 않고 ㄴ이 맨 끝에 서지 않는 방법은 모두 몇 가지가 있겠는가?

| 풀이 1 | 먼저 특수한 원소를 고려한다(원소분석법).

(1) ㄱ이 맨 앞에 서고 ㄴ이 맨 끝에 서는 방법은 $_5P_5$가지가 있고, ㄴ이 맨 앞에 서고 ㄱ이 맨 끝에 서는 방법은 역시 $_5P_5$가지가 있다. 그러므로 ㄱ, ㄴ이 양끝에 서는 데는 2_5P_5가지 방법이 있다.

(2) ㄱ이 맨 앞에 서지 않고 다른 위치에 서는 데는 6_6P_6가지 방법이 있는데 그 중에서 ㄴ이 맨 끝에 서는 5_5P_5가지 경우를 빼야 한다. 그러므로 모두 $6_6P_6 - 5_5P_5$가지 서는 방법이 있다(㈜ ㄴ을 위주로 고려하여도 같은 결론을 얻을 수 있다).

먼저 특수한 위치를 고려한다(위치분석법).

(1) 양끝에 먼저 ㄱ, ㄴ을 세우는 데는 2가지 방법이 있고 나머지 5개 위치에 나머지 5명을 세우는 데는 $_5P_5$가지 방법이 있으므로 모두 2_5P_5가지 방법이 있다.

(2) 양끝에 ㄱ, ㄴ 외에 5명 중에서 골라 세우는 데는 $_5P_2$가지 방법이 있고, 가운데 5개 위치에 나머지 5명을 골라 세우는 데는 $_5P_5$가지 방법이 있다. 또 ㄴ이 맨 앞에 서는 $_6P_6$가지 경우와 ㄱ이 맨 끝에 서는 $_6P_6$가지 경우도 고려해야 한다. 그 가운데 ㄴ이 맨 앞에 설 때 ㄱ이 맨 끝에 서는 $_5P_5$가지 경우가 포함되어 있고, 또 ㄱ이 맨 끝에 설 때 ㄴ이 맨 앞에 서는 $_5P_5$가지 경우가 포함되어 있고, 또 ㄱ이 맨 끝에 설 때 ㄴ이 맨 앞에 서는 $_5P_5$가지 경우가 포함되어 있다. 이 두 경우는 중복된다. 그러므로 모두 $_5P_2 \cdot _5P_5 + 2_6P_6 - _5P_5$(가지) 방법이 있다.

특수한 원소(또는 위치)를 먼저 고려하지 않는다.

(1) 7명이 한 줄로 서는 데는 $_7P_7$가지 방법이 있다. 그 가운데 ㄱ이 맨 앞에 서고 ㄴ이 맨 끝에 서지 않는 방법은 5_5P_5가지 있고, ㄱ이 맨 끝에 서고 ㄴ이 맨 앞에 서지 않는 방법은 5_5P_5가지 있다. 마찬가지로 ㄴ이 맨 앞에 서고 ㄱ이 맨 끝에 서지 않는 방법과 ㄴ이 맨 끝에 서고 ㄱ이 맨 앞에 서지 않는 방법은 각각 5_5P_5가지 있다. 또 ㄱ, ㄴ이 가운데 5개 위치에 서는 방법은 $_5P_2 \cdot _5P_5$가지 있다. 그러므로 ㄱ, ㄴ이 반드시 양끝에 서는 방법은 $_7P_7 - 4 \times 5_5P_5 - _5P_2 \cdot _5P_5$가지 있다.

(2) ㄱ, ㄴ에 대한 제한 조건이 어떠하든 $_7P_7$가지 방법이 있다. ㄱ이 맨 앞에 서는 데는 $_6P_6$가지 방법이 있고, ㄴ이 맨 끝에 서는 데는 $_6P_6$가지 방법이 있다. 여기서 ㄱ이 맨 앞에 서는 $_6P_6$가지 방법에 ㄴ이 맨 끝에 서는 $_5P_5$가지 방법이 포함되었고, 마찬가지로 ㄴ이 맨 끝에 서는 $_6P_6$가지 방법에 ㄱ이 맨 앞에 서는 $_5P_5$가지 방법이 포함되었다. 이것은 서로 같다. 그러므로 조건에 부합되는 방법은 모두 $_7P_7 - 2_6P_6 + _5P_5$가지이다.

예제 08

남학생 5명과 여학생 4명이 한 줄로 선다.

(1) 남학생끼리 또 여학생끼리 이웃하여 서는 데는 몇 가지 방법이 있는가?

(2) 남·녀 학생이 한 사람씩 이웃하여 서는 방법은 몇 가지가 있는가?

(3) 그 가운데 ㄱ, ㄴ, ㄷ(남녀를 불문하고) 세 학생의 순서가 일정하게 서는 방법은 몇 가지가 있는가?

|풀이| (1) 남녀 학생이 각각 이웃하여 서야 하므로 먼저 남·녀 학생을 각각 한 사람(전체)으로 볼 수 있다. 그러면 $_2P_2$가지 방법이 있다. 그 다음 남학생 5명이 한 줄로 서는 방법은 $_5P_5$가지가 있고 여학생 4명이 한 줄로 서는 방법은 $_4P_4$가지가 있다. 그러므로 모두 $_2P_2 \cdot _5P_5 \cdot _4P_4$가지 방법이 있다.

(2) 남·녀 학생이 한 명씩 이웃하여 서는 방법은 두 남학생 사이에 여학생이 한 명 끼어 서거나 두 여학생 사이에 남학생이 한 명 끼어 서는 방법이다. 그러므로 먼저 남학생을 한 줄로 세울 수 있는데 그 방법은 $_5P_5$가지이다. 각 배열 방법에서 5명의 남학생 사이에 4명이 여학생이 끼어 서는 방법은 $_4P_4$가지가 있다. 그러므로 남학생과 여학생이 한 명씩 이웃하여 서는 방법은 모두 $_5P_5 \cdot _4P_4$가지가 있다.

(3) 9명이 한 줄로 서는 데는 $_9P_9$가지 방법이 있다. ㄱ, ㄴ, ㄷ 세 사람의 순서를 고정해 놓으면 그 세 사람이 서는 방법은 $_3P_3$가지 방법에서 어느 한 가지를 취하게 된다. 그러므로 ㄱ, ㄴ, ㄷ 세 사람의 순서가 일정하도록 서는 방법은 $\dfrac{_9P_9}{_3P_3}$가지가 있다.

ㄱ, ㄴ, ㄷ 등 10명 가운데서 대표 5명을 선출한다.

(1) ㄱ이 반드시 선출되는 방법은 몇 가지가 있는가?

(2) ㄱ을 선출하지 않는 방법은 몇 가지가 있는가?

(3) ㄱ, ㄴ, ㄷ 가운데 적어도 한 사람이 선출되는 방법은 몇 가지가 있는가?

| 풀이 | (1) ㄱ이 반드시 들어 있으면 나머지 9명 가운데 4명을 선출하면 된다. 그러므로 $_9C_4$가지 방법이 있다.

(2) ㄱ이 들어 있지 않으므로 나머지 9명 가운데 5명을 선출하면 된다. 그러므로 $_9C_5$가지 방법이 있다.

(3) ㄱ, ㄴ, ㄷ 세 사람 가운데서 적어도 한 사람이 들어 있다면 한 사람 또는 두 사람 또는 세 사람이 들어 있다는 경우로 나누어진다. 그러므로 가능한 방법은 모두 $_3C_1 \cdot _7C_4 + _3C_2 \cdot _7C_3 + _3C_3 \cdot _7C_2$(가지)이다.

서로 다른 책 6권을 다음과 같이 나누어 주는 데 각각 몇 가지 방법이 있겠는가?

(1) ㄱ, ㄴ, ㄷ 세 사람에게 나누어 주는데 한 사람은 1권, 다른 한 사람은 2권, 나머지 한 사람은 3권을 가지게 한다.

(2) 세 무더기로 똑같이 나눈다.

(3) 세 무더기로 나누어 놓는데 첫 무더기 1권, 둘째 무더기 2권, 셋째 무더기 3권으로 나눈다.

| 풀이 | (1) ㄱ이 1권, ㄴ이 2권, ㄷ이 3권 가지는 데 $_6C_1 \cdot _5C_2 \cdot _3C_3$가지 방법이 있고, ㄱ, ㄴ, ㄷ이 1권, 2권, 3권을 나누어 가지는 데 또 $_3P_3$가지 방법이 있으므로 모두 $_6C_1 \cdot _5C_2 \cdot _3C_3 \cdot _3P_3$가지 방법이 있다.

(2) 6권을 세 무더기로 똑같이 나누면 한 무더기는 2권씩이다.

세 무더기 사이에서 서로 바꿀 수 있으므로 $\dfrac{_6C_2 \cdot _4C_2 \cdot _2C_2}{_3P_3}$

가지 방법이 있다.

(3) $_6C_1 \cdot _5C_2 \cdot _3C_3$가지 방법이 있다.

예제 11

n개의 정수 a_1, a_2, $\cdots$, $a_n (n \geq 2)$이 주어졌다. 이들의 합 $a_i + a_j (1 \leq i < j \leq n)$를 만든다. 이러한 모든 합 가운데 적어도 짝수가 몇 개 있겠는가?

| 풀이 | a_1, a_2, $\cdots$, a_n에서 홀수의 개수를 x라고 하면 짝수의 개수는 $n-x$이다. 두 짝수의 합이거나 두 홀수의 합이라야 짝수이므로 $a_i + a_j$에서 짝수의 개수는

$$y = {_xC_2} + {_{n-x}C_2} = \frac{1}{2}x(x-1) + \frac{1}{2}(n-x)(n-x-1)$$

$$= x^2 - nx + \frac{n^2-n}{2} \quad (m < 2 \text{일 때 } _mC_2 = 0 \text{이라고 규정한다})$$

$$= \left(x - \frac{n}{2}\right)^2 + \frac{n^2-2n}{4}$$

분명히 $x = \left[\dfrac{n}{2}\right]$일 때

$$y_{\min} = \left[\frac{n}{2}\right]^2 + n \cdot \left[\frac{n}{2}\right] + \frac{n^2-n}{2}$$

즉 적어도 $\left[\dfrac{n}{2}\right]^2 - n \cdot \left[\dfrac{n}{2}\right] + \dfrac{n^2-n}{2}$개 짝수가 있다.

$\left(\left[\dfrac{n}{2}\right]$은 $\dfrac{n}{2}$의 정수 부분을 나타낸다$\right)$

01 다음을 증명하여라.
$$2_nC_1+4_nC_2+6_nC_3+\cdots+2n_nC_n=n\cdot2^n$$

02 다음을 증명하여라.
$$_nC_0+3_nC_1+5_nC_2+\cdots+(2n+1)_nC_n=(n+1)\cdot2^n$$

03 다음을 증명하여라.
$$_nC_0+2_nC_1+3_nC_2+\cdots+(n+1)_nC_n=(n+2)\cdot2^{n-1}$$

04 다음을 증명하여라.
$$_nC_1-2_nC_2+3_nC_3+\cdots+(-1)^{n-1}n_nC_n=0(n\geq2)$$

05 다음을 증명하여라.

(1) $_nC_0+_nC_4+_nC_8+\cdots=2^{n-2}+2^{\frac{n-2}{2}}\cos\dfrac{n\pi}{4}$

(2) $_nC_2+_nC_6+_nC_{10}+\cdots=2^{n-2}-2^{\frac{n-2}{2}}\cos\dfrac{n\pi}{4}$

06 다음을 증명하여라.

(1) $_nC_0+_nC_3+_nC_6+\cdots=\dfrac{1}{3}\left(2^n+2\cdot\cos\dfrac{n\pi}{3}\right)$

(2) $_nC_2+_nC_5+_nC_8+\cdots=\dfrac{1}{3}\left(2^n+2\cdot\cos\dfrac{(n+2)\pi}{3}\right)$

07 5개의 숫자 1, 2, 3, 4, 5를 한 줄로 배열한다. ① 1, 3, 5가 이웃하며 배열되는 방법은 몇 가지가 있는가? ② 2, 4가 이웃하지 않는 배열 방법은 몇 가지가 있는가?

08 노래 종목이 6개 있고 무용 종목이 4개 있는 발표회 프로그램을 짜려 한다. 무용 종목이 연달아 있지 않게 짜는 방법은 모두 몇 가지가 있는가?

09 남학생 5명과 여학생 4명 가운데 대표 5명을 선출한다.
  (1) 남학생 ㄱ과 여학생 A를 반드시 뽑는 방법은 몇 가지가 있는가?
  (2) 남학생 ㄱ을 반드시 뽑고 여학생 A를 뽑지 않는 방법은 몇 가지가 있는가?
  (3) 적어도 여학생이 한 명 들어 있게 선출하는 방법은 몇 가지가 있는가?

10 세 교사가 6개 학급을 가르친다.
  (1) ㄱ 교사가 한 학급을 가르치고 ㄴ교사가 두 학급을 가르치며, ㄷ교사가 세 학급을 가르치는 방법은 모두 몇 가지인가?
  (2) 한 교사가 한 학급, 다른 한 교사가 두 학급, 나머지 교사가 세 학급을 가르치는 데는 몇 가지 방법이 있는가?
  (3) 한 교사가 두 학급씩 가르치는 데는 몇 가지 방법이 있는가?

11 수학 시험을 쳤는데 1번에 11개의 작은 문제가 있었다. 그 중 ①~⑥은 대수 문제인데 한 문제에 3점씩이고 ⑦~⑪은 기하 문제인데 한 문제에 2점씩이다. 한 학생이 1번에서 6문제를 맞았을 때 얻은 점수가 총 점수의 절반보다 작지 않을 경우는 모두 몇 가지이겠는가?

12 1부터 9까지의 9개 자연수에서 서로 다른 두 수를 취하여 각각 로그의 밑수와 진수로 하였다. 모두 몇 가지의 서로 다른 로그값을 얻을 수 있겠는가?

13 카드 52장에서 임의로 5장을 취한다.
  (1) 4장의 숫자가 같은 수가 되도록 고르는 방법은 몇 가지가 있는가?
  (2) 3장의 숫자가 같고 다른 2장의 숫자도 같게 취하는 방법은 몇 가지가 있는가?
  (3) 5장의 숫자가 차례로 연속되게(순서는 달라도 된다) 취하는 방법은 몇 가지가 있는가?

14 수 1447, 1005, 1231의 공통점은 다음과 같다. 모두 2000보다 작은 네 자리 수이고 네 숫자에서 두 숫자가 같고 두 숫자가 다르다. 이런 공통점을 갖고 있는 수는 모두 몇 개 있는가?

19 답안 선택 문제를 푸는 방법

   답안 선택 문제를 풀 때에는 문제에 주어진 조건을 이용해서 직접 분석, 추리, 연산 판단하여 답을 얻는 외에, 제시된 답안이 제공하는 정보를 충분히 이용하여야 한다.

   답압 선택 문제를 푸는 중요한 방법은 다음 몇 가지로 귀납할 수 있다(다음의 예제와 연습 문제는 모두 단일 답안 선택 문제이며 그 방법도 단일 답안 선택 문제에 대한 것이다).

1. 직접 결과를 구하는 방법

   문제의 가설과 조건에서 시작하여 관계되는 지식(때로는 직감과 연상에 의하기도 한다)에 의하여 직접 결과를 유도해 낸 다음, 제시된 답압과 대조해 보고 선택하는 방법을 **직접 결과를 구하는 방법**이라고 한다.

예제 01

   $\triangle ABC$에서 $A>B$는 $\sin A>\sin B$이기 위한 (　　)
   (A) 충분조건이지만 필요조건은 아니다.
   (B) 필요조건이지만 충분조건은 아니다.
   (C) 필요충분조건이다.
   (D) 필요조건도 아니고 충분조건도 아니다.

| 풀이 |　$\triangle ABC$에서 $A>B$이면 $a>b$이다.

$\therefore 2R\sin A>2R\sin B$

즉 $\sin A>\sin B$

반대일 때에도 역시 성립한다.

그러므로 (C)를 선택해야 한다.

예제 02

φ(x), g(x)가 모두 기함수이고 $f(x) = a\varphi(x) + bg(x) + 2$가 $(0, +\infty)$에서 최댓값 5를 가지면 $(-\infty, 0)$에서 $f(x)$는 ( )를 가진다.

(A) 최솟값 −5   (B) 최댓값 −5

(C) 최솟값 −1   (D) 최솟값 −3

| 풀이 | 주어진 조건에 의하여 $(0, +\infty)$에서 $a\varphi(x) + bg(x)$는 기함수이고 최댓값은 3이라는 것을 알 수 있다. 그러므로 $(-\infty, +0)$에서 $a\varphi(x) + bg(x)$는 최솟값 −3을 가진다.

따라서 $f(x)$는 $(-\infty, +0)$에서 최솟값 $-3 + 2 = -1$을 가진다. 그러므로 (C)를 선택해야 한다.

예제 03

실수의 집합 R에서 정의된 함수 $y = f(|x+2|)$의 그래프와 x축이 1992개의 교점을 가지면 방정식 $f(|x+2|) = 0$의 모든 실근의 합은 ( )

(A) 2   (B) −2

(C) 3984   (D) −3984

| 풀이 | $x + 2 = x'$라고 하자(즉 좌표축을 평행이동한다).

그러면 $y = f(|x'|)$는 x'에 관한 우함수이고 그 그래프는 $x' = 0$에 대하여 명칭이다. 1992개 점의 가로 좌표 x'_1, x'_2, $\cdots$, x'_{1992}의 합은 0이다. 즉

$$x' + x'_2 + \cdots + x'_{1992} = (x_1 + 2) + (x_2 + 2) + \cdots + (x_{1992} + 2)$$
$$= 0$$
$$\therefore x_1 + x_2 + \cdots + x_{1992} = -2 \times 1992$$
$$= -3984$$

그러므로 (D)를 선택해야 한다.

공간에서 한 점을 지나며, 꼬인 위치에 있는 두 직선과 모두 만나는 직선의 개수는 (　　　)

(A) 0　　　　　　　　　(B) 1

(C) 무수히 많다.　　　　(D) 이상의 경우가 모두 가능하다.

| 풀이 | 만일 그 점이 꼬인 위치에 있는 두 직선 중의 한 직선 위에 있다면 조건에 부합되는 직선은 무수히 많다. 만일 그 점이 두 꼬인 직선 위에 있지 않다면 한 직선과 그 점은 각각 한 평면을 결정하며, 그 두 평면의 교선은 그 점을 지난다. 이때 꼬인 위치에 있는 두 직선이 모두 교선과 만나면 조건에 부합되는 직선은 한 개 있다(즉 교선이다). 꼬인 위치에 있는 두 직선에서 한 직선만 교선과 만나면 문제의 조건에 부합되는 직선은 존재하지 않는다. 그러므로 (D)를 선택해야 한다.

사면체 $A-BCD$에서 $\overline{AB}=\overline{CD}=5$, $\overline{AC}=\overline{BD}=4$, $\overline{AD}=\overline{BC}=x$이면 x가 취하는 값의 범위는 (　　　)

(A) $1<x<9$　　　　　　(B) $1<x<\sqrt{41}$

(C) $3<x<9$　　　　　　(D) $3<x<\sqrt{41}$

| 풀이 | 그림에서와 같이 직육면체가 되게 보충하면 원래의 사면체의 모서리는 직육면체의 대각선이 된다. 여기서 △ABC가 예각삼각형이라는 것을 쉽게 알 수 있다.

따라서 $x^2+4^2>5^2$, $x^2<4^2+5^2$, 즉, $3<x<\sqrt{41}$

그러므로 (D)를 선택해야 한다.

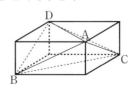

2. 특수성을 이용하는 방법

"일반적인 경우에 결론이 참이라면 특수한 경우에도 결론은 역시 참이다"와 동치인 명제는 다음과 같다. "특수한 경우에 결론이 거짓이면 일반적인 경우에도 결론은 역시 거짓이다." 이 두 명제에 근거하여 우리는 특수값을 대입하는 방법, 특수한 함수, 방정식과 도형을 만드는 방법, 기하 원소의 특수한 위치를 고려하는 방법으로 잘못된 답안을 찾고 정확한 결론을 얻을 수 있다.

예제 06

함수 $f(x)=\dfrac{cx}{2x+3}\left(x\neq -\dfrac{3}{2}\right)$에서 $-\dfrac{3}{2}$을 제외한 모든 실수에 대하여 $f[f(x)]=x$를 만족하는 c의 값은 (　　　)

(A) -3 (B) $-\dfrac{3}{2}$

(C) $\dfrac{3}{2}$ (D) 3

| 풀이 | $-\dfrac{3}{2}$을 제외한 모든 실수가 $f[f(x)]=x$를 만족하므로

$f[f(1)]=1$이다. 여기서 c를 구하면 $c=-3$ 또는 $c=5$이다. 그러므로 (A)를 선택해야 한다.

예제 07

a,b,c가 서로 다른 양수이고 $a+b+c=1$이면 $\dfrac{1}{a}+\dfrac{1}{b}+\dfrac{1}{c}$이 취하는 값의 범위는 (　　)

(A) $(5,\ +\infty)$ (B) $(5,\ +\infty)$

(C) $(9,\ +\infty)$ (D) $(9,\ +\infty)$

| 풀이 | $a=b=c=\dfrac{1}{3}$이라고 하면 $\dfrac{1}{a}+\dfrac{1}{b}+\dfrac{1}{c}=9$이다.

즉 9는 $\dfrac{1}{a}+\dfrac{1}{b}+\dfrac{1}{c}$이 취하는 값의 범위 내에 있지 않다. 그러므로 (D)를 선택해야 한다.

예제 08

$(x+1)(y+1)=2$이면 $\tan^{-1}x+\tan^{-1}y$의 값은 (   )

(A) $\dfrac{\pi}{4}$ (B) $\dfrac{\pi}{4}$

(C) $\dfrac{\pi}{4}$ 또는 $-\dfrac{3\pi}{4}$ (D) $\dfrac{\pi}{4}$ 또는 $\dfrac{\pi}{4}$

| 풀이 | $x=1$이라고 하면 $y=0$이다. 이때 $\tan^{-1}1+\tan^{-1}0=\dfrac{\pi}{4}$

따라서 (B)를 배제할 수 있다. 또 $x=-3$이라고 하면 $y=-2$

이다. 이때 $\tan^{-1}(-3)+\tan^{-1}(-2)<2\tan^{-1}(-1)=-\dfrac{\pi}{2}$

이다. 따라서 (D), (A)를 배제할 수 있다. 그러므로 (C)를 선택

해야 한다.

예제 09

방정식 $|x-y^2|=1-|x|$ 의 그래프는 (   )

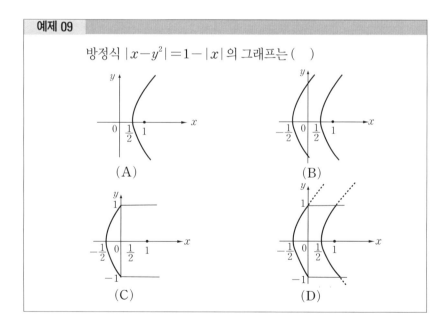

| 풀이 | (1, 1)은 그래프 위의 점이므로 (C)를 배제할 수 있다.

또 $|x-y^2|\geq 0$, 즉 $1-|x|\geq 0$, $|x|\leq 1$이므로 (A), (B)를 배

제할 수 있다. 그러므로 (D)를 선택해야 한다.

3. 검증하는 방법

답안에서 제공한 결론이나 부분적 결론을 주어진 조건으로 검증하여, 어느 것을 선택할 것인가를 결정할 수 있다.

예제 10

> 직선 $3x-y+2=0$을 원점을 중심으로 시계 바늘과 반대 방향으로 $90°$ 회전시켰을 때 얻어진 직선의 방정식은 ( )
>
> (A) $x+3y+2=0$　　　(B) $x+3y-2=0$
> (C) $x-3y+2=0$　　　(D) $x-3y-2=0$

| 풀이 | 직선 $3x-y+2=0$ 위에서 임의로 한 점을 취한다. 예로 $(-1, -1)$을 취하면 회전시킨 후 $(1, -1)$로 변한다. 답안에 대입해 보면 (A)만이 만족한다. 그러므로 (A)를 선택해야 한다.

| 설명 | 만일 취한 점이 $(0, 2)$이면 회전시킨 후의 좌표는 $(-2, 0)$이 된다. 그 좌표를 답안에 대입하면 (A), (C) 두 방정식을 만족한다. 이때에는 다른 한 점을 더 취하고 같은 방법(또는 다른 방법)으로 (A), (C)를 검증한다.

예제 11

> 곡선 $5x^2+y^2-8ax+4a^2-4=0$과 $x^2-2x+y^2=0$이 서로 다른 네 개의 교점을 가질 때 a가 취하는 값의 범위는 ( )
>
> (A) $\left(-\infty, \dfrac{17}{8}\right)$　　　(B) $(-\infty, -1)\cup\left(1, \dfrac{17}{8}\right)$
>
> (C) $\left(\dfrac{1}{4}, \dfrac{17}{8}\right)$　　　(D) $(1, 2)\cup\left(2, \dfrac{17}{8}\right)$

| 풀이 | $2\in$(A), $2\in$(B), $2\in$(C)이고 $2\notin$(D)이다.
따라서 $a=2$를 취하여 첫째 곡선의 방정식에 대입한 후 두 방정식에서 y를 소거하면 $2x^2-7x+6=0$을 얻을 수 있다.

이 방정식을 풀어 $x=2$, $x=\dfrac{3}{2}$ 을 구하고 곡선의 방정식에 대입하면 두 곡선의 세 교점 $(2,\ 0)$, $\left(\dfrac{3}{2},\ \dfrac{\sqrt{3}}{2}\right)$, $\left(\dfrac{3}{2},\ -\dfrac{\sqrt{3}}{2}\right)$ 을 얻는다. 그러므로 (D)를 선택해야 한다.

예제 12

복소수 $z+|\bar{z}|=2+i$ 이면 z 는 (　　)

(A) $-\dfrac{3}{4}+i$　　　　　　　(B) $\dfrac{3}{4}-i$

(C) $-\dfrac{3}{4}-i$　　　　　　　(D) $\dfrac{3}{4}+i$

| 풀이 |　$z=(2-|\bar{z}|)+i$ 의 허수 부분은 양이므로 (B), (C)를 배제할 수 있다. (A), (D)에서 비교적 간단한 형식 (D)를 원 등식에 대입하여 검증하면 (D)가 성립한다는 것을 알 수 있다. 그러므로 (D)를 선택해야 한다.

4. 논리적으로 추리하는 방법

논리적 추리 방법은 답안 사이의 논리적 관계를 분석하고 "결론이 오직 하나만 정확하다"는 데 의하여 잘못된 결론을 배제하고 정확한 결론을 얻거나, 선택 범위를 줄인 다음 다른 방법으로 정확한 결론을 얻는 것이다.

예제 13

$\triangle ABC$ 에서 $\sin B \sin C=\cos^2\dfrac{A}{2}$ 이면 다음 결론 가운데서 정확한 것은 (　　)

(A) $B=C$　　　　　　　(B) $B\neq C$

(C) $B<C$　　　　　　　(D) $B>C$

| 풀이 | (A)와 (B)는 모순 관계이므로 그 중에서 하나는 반드시 정확한 것이다. 그러므로 (C), (D)는 동시에 배제할 수 있다. 만약 $B=C=\dfrac{\pi}{6}$를 취하면 $\dfrac{A}{2}=\dfrac{\pi}{3}$이다. 이것을 주어진 등식에 대입하면 성립한다. 그러므로 (A)를 선택해야 한다.

예제 14

$z_1=a+bi$, $z_2=x+yi$(a, b, x, y는 모두 실수이다)가 0이 아닌 복소수이면, 그에 대응하는 벡터 Oz_1과 Oz_2가 서로 수직이기 위한 필요충분조건은 (   )

(A) $\dfrac{b}{a}\cdot\dfrac{y}{x}=-1$ (B) $ax+by=0$

(C) $z_1-iz_2=0$ (D) $z_2+iz_1=0$

| 풀이 | (C)와 (D)는 등치이므로 동시에 배제할 수 있다. 또 벡터 Oz_1과 Oz_2가 서로 수직일 때 그 방향비 $\dfrac{b}{a}\left(\text{또는 }\dfrac{y}{x}\right)$가 일정하지 않을 수도 있으므로 (A)는 필요조건이 아니다. 그러므로 (B)를 선택해야 한다.

5. 도형을 이용하는 방법

답안 선택 문제를 풀 때 때로는 주어진 조건에 의하여 도형을 그리거나, 대체적인 도형을 그린 다음 도형의 직관성과 연관 지식을 이용하여 정확한 결론을 유도하기도 한다.

예제 15

방정식 $\sin x=\log x$의 실근은 (   )
(A) 1개 (B) 2개
(C) 3개 (D) 무수히 많다.

좌표계에 $y=\sin x$와
$y=\log x$의 그래프를
그린다. 그러면 이 두
그래프가 세 개의 교점
을 가진다는 것을 쉽게
알 수 있다. 그러므로 (C)를 선택해야 한다.

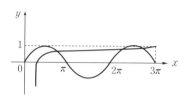

예제 16

방정식 $|x|=ax+1$이 한 개의 음의 근을 가지며, 또 양의 근
을 가지지 않을 때 a가 취하는 값의 범위는 (　　)

(A) $a>-1$ (B) $a=1$

(C) $a\geq 1$ (D) 위의 것이 다 틀리다.

| 풀이 | 그림에서와 같이 먼저 함수 $y=|x|$의 그래프를 그리면
$y=ax+1$의 그래프는 정해진 점$(0, 1)$을 지나며 $y=|x|$의 그
래프와 y축의 좌변에서 만나므로 $a\geq 1$이다. 그러므로 (C)를
선택해야 한다.

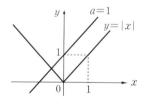

예제 17

원 $x^2+2x+y^2+4y-3=0$ 위에서 직선 $x+y+1=0$까지의
거리가 $\sqrt{2}$인 점은 모두 (　　)

(A) 1개   (B) 2개

(C) 3개   (D) 4개

| 풀이 | 원의 방정식을 표준형으로 고치면 $(x+1)^2+(y+2)^2=(2\sqrt{2})^2$이다. 좌표계에 원과 직선을 그리면 원의 중심에서 직선까지의 거리가 $\sqrt{2}$이므로 원 위에서 직선까지의 거리가 $\sqrt{2}$인 점은 A_1, A_2,

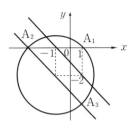

A_3라는 것을 알 수 있다. 그러므로 (C)를 선택해야 한다.

예제 18

실수 x, y가 $x^2+y^2-2x+4y=0$을 만족하면 $x-2y$의 최댓값은 (   )

(A) $\sqrt{5}$ (B) 10

(C) 9   (D) $5+2\sqrt{5}$

| 풀이 | 주어진 방정식을 변형하면 $(x-1)^2+(y+2)^2=5$이다. 이 방정식은 $(1, -2)$를 중심으로 하고 $\sqrt{5}$를 반지름으로 하는 원을 표시한다. $x-2y=k$라고 하면 이 방정식은 기울기가 $\frac{1}{2}$인 직선을 표시한다. 도형에서 알 수 있듯이 주어진 문제는 원 위의 점 (x, y)를 지나는 직선 $x-2y=k$의 x절편 k의 최댓값을 구하는 문제로 전환된다. 따라서 직선이 주어진 원에 접할 때 k는 최댓값을 취한다.

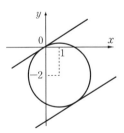

$$\frac{|1-2\times(-2)-k|}{\sqrt{5}}=\sqrt{5}$$

$$\therefore k_1=10,\ k_2=0$$

그러므로 (B)를 선택해야 한다.

예제 19

복소평면에서 복소수 z가 $\arg(z-1)=135°$를 만족하면

$$\frac{1}{|z+7|+|z+1-3i|}$$ 의 최댓값은 ( )

(A) $\dfrac{\sqrt{5}}{3}$ (B) $\dfrac{\sqrt{5}}{15}$

(C) $3\sqrt{5}$ (D) $\dfrac{\sqrt{5}}{5}$

| 풀이 | $\omega=z-1$이라고 하면 문제는 ω가 $\arg\omega=\dfrac{3\pi}{4}$를 만족할 때

$$\frac{1}{|\omega+8|+|\omega+2-3i|}$$ 의 최댓값을 구하는 문제로 전환된다.

이것은 또 $\lambda=|\omega+8|+|\omega+2-3i|$의 최솟값을 구하는 문제와 같다. 복소평면 위에서 복소수 -8, $-2+3i$에 대응하는 점을 A, B라고 하자. ω에 대응하는 점은 각 $\dfrac{3\pi}{4}$의 변 OD 위에

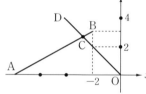

있다. 도형에서 OD와 AB의 교점 C는 λ이 최솟값을 가지게 한다는 것을 알 수 있다. $\lambda_{\min}=\overline{AB}=|-8-(2+3i)|=3\sqrt{5}.$ 그러므로 (B)를 선택해야 한다.

이 밖의 답안 선택 문제 풀이의 사고방법으로 분류하면 직접 결과를 구하는 방법(앞에서 서술한 것)과 배제법의 두 가지 큰 유형으로 나눌 수 있다. 배제법은 잘못된 답안들을 버리고 간접적으로 정확한 답안을 찾는 방법이다. 앞에서 설명한 예제에서 이미 이런 방법들을 이용하였으므로 여기서는 더 설명하지 않겠다.

이상의 답안 선택 문제를 푸는 방법들은 흔히 배합하여 사용된다. 이런 방법들을 잘 습득하고 융통성있게 응용하면 답안 선택 문제를 풀 때 만족스러운 결과를 얻게 될 것이다.

a, b, c가 양의 실수일 때 함수

$y=\sqrt{x^2+a}+\sqrt{(c-x)^2+b}$의 최솟값은 (　)

(A) $\sqrt{a+(\sqrt{c}-\sqrt{b})^2}$　　　　(B) $\sqrt{a+(\sqrt{c}+\sqrt{b})^2}$

(C) $\sqrt{a}+\sqrt{b+c}$　　　　　　　　(D) $\sqrt{a^2+(\sqrt{a}+\sqrt{b})^2}$

| 풀이 | $y=\sqrt{(x-0)^2+(0-\sqrt{a})^2}+\sqrt{(x-c)^2+(0-\sqrt{b})^2}$ 여기서 y
는 점 $P(x,\,0)$에서 점 $A(0,\,\sqrt{a})$와 점 $B(c,\,\sqrt{b})$까지의 거리
의 합이라는 것을 알 수 있다. 그림에서 x축에 대한 A의 대칭점
을 $A'(0,\,-\sqrt{a})$라고 하면 평면기하 지식에 의하여 P가 $\overline{A'B}$
와 x축의 교점일 때 $\overline{PA}+\overline{PB}$가 제일 작다는 것을 알 수 있다.
$\overline{A'B}$의 방정식

$$y-\sqrt{b}=\frac{\sqrt{b}+\sqrt{a}}{c}(x-c)$$

에서 x절편이 P의 좌표이다.

즉, $y=0$이라고 하면

$$x-c=\frac{-\sqrt{b}c}{\sqrt{b}+\sqrt{a}},\quad x=\frac{\sqrt{a}c}{\sqrt{b}+\sqrt{a}}$$

위 식을 주어진 함수식에 대입하면 y의 최솟값이 (D)라는 것을
알 수 있다.

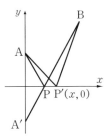

| 설명 | 이 예제에서는 주어진 함수의 기하학적 의미와 도형의 성질을 이용
한 다음, 계산을 통하여 답을 얻었다.

사각형 ABCD의 변 AB, BC, CD, DA의 길이가 각각 1, 9, 8, 6이다.

① 사각형 ABCD는 원에 외접한다.

② 사각형 ABCD는 원에 내접한다.

③ 대각선은 서로 수직되지 않는다.

④ $\angle ADC \geq 90°$

⑤ $\triangle BCD$는 이등변삼각형이다.

위의 5개 명제에 대한 결론 분석 중 정확한 것은 ( )

(A) ① 참명제   ② 거짓명제   ④ 참명제

(B) ③ 참명제   ④ 거짓명제   ⑤ 참명제

(C) ③ 참명제   ④ 거짓명제   ⑤ 거짓명제

(D) ② 참명제   ③ 거짓명제   ④ 참명제

| 풀이 | 각 답안에서 명제 ④가 참명제인가 거짓명제인가에 대해 판단 하였으므로 ④에 대한 판단에서부터 시작할 수 있다.

$\overline{AC} < \overline{AB} + \overline{BC} = 10$, $\overline{AC}^2 < 100 = 6^2 + 8^2$이므로 $\angle ADC < 90°$이다. 즉 ④는 거짓명제이다. 따라서 (A), (D)는 배제할 수 있다. (B), (C)에서는 명제 ⑤에 대해 상반되는 판단을 내렸으므로 ⑤에 대해 판단하면 된다. $\overline{BD} < \overline{AB} + \overline{AD} = 7$이므로 ⑤는 거짓명제이다. 그러므로 (C)를 선택해야 한다.

위의 풀이에서는 주어진 조건에 의하여 ④, ⑤가 참명제인가, 거짓명제인가를 판단하고 잘못된 답안을 배제하여 나중에 정확한 결론을 얻었다.

연습문제 19

01 포물선 $y^2=4x$를 초점을 중심으로 시계 바늘과 반대 방향으로 90° 회전시켜서 얻은 포물선의 방정식은 (　)

(A) $(x+1)^2=4(y-1)$ 　　　(B) $(x+1)^2=-4(y-1)$

(C) $(x-1)^2=4(y+1)$ 　　　(D) $(x-1)^2=-4(y+1)$

02 실수 a, b, c가 $b=\log_a a^a$, $c=\log_a a^{a^a}$이면 a, b, c의 대소 관계는 (　)

(A) $a<b<c$ 　　　　　　(B) $a=b<c$

(C) $c<b<a$ 　　　　　　(D) $b<c<a$

03 $0<k<\dfrac{1}{2}$일 때 방정식 $\sqrt{|1-x|}=kx$의 해의 개수는 (　)

(A) 1개 　　(B) 2개 　　(C) 3개 　　(D) 0개

04 원 $x^2+y^2+Dx+Ey+F=0$이 직선 $x+y=0$에 대하여 대칭이기 위한 필요충분조건은 (　)

(A) D=E 　　(B) D=F 　　(C) E=F 　　(D) D=$-$E

05 $\cos^{-1}(-x)>\cos^{-1}x$이기 위한 필요충분조건은 (　)

(A) $x\in(0,\ 1)$ 　　　　　(B) $x\in(-1,\ 0)$

(C) $x\in(0,\ 1)$ 　　　　　(D) $x\in\left(0,\ \dfrac{\pi}{2}\right)$

06 실수 a, b, c가
$$\begin{cases} a^2-bc-8a+7=0 \\ b^2+c^2+bc-6a+6=0 \end{cases}$$을 만족할 때 a가 취하는 값의 범위는 (　)

(A) $(-\infty,\ +\infty)$ 　　　(B) $(0,\ 7)$

(C) $(1,\ 9)$ 　　　　　　(D) $(-\infty,\ 1]\cup[9,\ +\infty)$

07 $\tan^{-1}(1-\sqrt{2})=($ $)$

(A) $-\dfrac{5\pi}{8}$ (B) $-\dfrac{3\pi}{8}$ (C) $-\dfrac{\pi}{8}$ (D) $\dfrac{3\pi}{8}$

08 삼각형의 세 변의 a, b, c의 대각이 각각 A, B, C이고 $a\cos A + b\cos B$ $=c \times \cos C$이면 이 삼각형은 반드시 (   )

(A) a를 빗변으로 하는 직각삼각형
(B) b를 빗변으로 하는 직각삼각형
(C) 정삼각형
(D) 위의 결론이 모두 틀리다.

09 방정식 $\dfrac{|x|-1}{|x-1|}=kx$가 실수해를 가지지 않을 때 k가 취하는 값의 범위는 (   )

(A) $3-2\sqrt{2}<k\leq 1$ (B) $-3-2\sqrt{2}<k<-3+2\sqrt{2}$
(C) $-1\leq k<-3+2\sqrt{2}$ (D) $-1\leq k\leq 1$

10 방정식 $\sqrt{1-x^2}=x+m$이 서로 다른 두 실수해를 가질 때 m이 취하는 값의 범위는 (   )

(A) $-1\leq m\leq\sqrt{2}$ (B) $1\leq m<\sqrt{2}$
(C) $-\sqrt{2}\leq m\leq\sqrt{2}$ (D) $1<m<\sqrt{2}$

11 $\tan\theta=5$일 때 $\tan 5\theta$의 값은 (   )

(A) $\dfrac{475}{719}$ (B) $\dfrac{395}{719}$

(C) $\dfrac{35}{45}$ (D) 위의 답이 모두 틀리다.

12 $(1+x+x^2)^n = a_0 + a_1x + a_2x^2 + \cdots + a_{2n}x^{2n}$이 x에 관한 항등식이고 $S = a_0 + a_2 + a_4 + \cdots + a_{2n}$이면 S의 값은 (   )

(A) 2^n (B) $2^n + 1$ (C) $\dfrac{3^n - 1}{2}$ (D) $\dfrac{3^n + 1}{2}$

13 OABC는 xy 평면 위의 정사각형이고, 그 꼭짓점은 O$(0, 0)$, A$(1, 0)$, B$(1, 1)$, C$(0, 1)$이다. $u = x^2 - y^2$, $v = 2xy$를 xy 평면에서 uv 평면으로의 변환이라고 하면 정사각형 OABC의 변환(즉 상의 집합)은 (   )

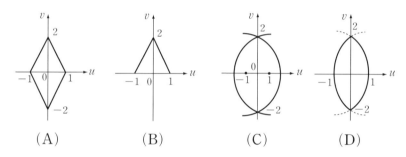

(A)   (B)   (C)   (D)

14 a가 실수이고, $-1 < x < 1$, $z = x + yi(y > 0)$이면 복소수 $\omega = \dfrac{z - a}{1 - a(z + \bar{z}) + a^2}$에 대응하는 점은 (   )에 있다.

(A) x축의 위쪽   (B) x축의 아래쪽
(C) 제1사분면   (D) 제3사분면

20 해석기하의 보충

1. 삼각형의 넓이

(1) 삼각형의 넓이 공식

평면기하 및 삼각비에서 배운 몇 가지 삼각형의 넓이 공식 외에, 해석기하에서도 삼각형의 세 꼭짓점의 좌표에 의하여 삼각형의 넓이를 구하는 공식을 얻을 수 있다.

$\triangle P_1 P_2 P_3$의 꼭짓점을 각각 $P_1(x_1, y_1)$, $P_2(x_2, y_2)$, $P_3(x_3, y_3)$이라고 하면

$$S_{\triangle P_1 P_2 P_3} = \frac{1}{2}(x_1 y_2 + x_2 y_3 + x_3 y_1 - x_1 y_3 - x_3 y_2 - x_2 y_1) \qquad \cdots\cdots(\text{I})$$

행렬식으로 표시하면

$$S_{\triangle P_1 P_2 P_3} = \frac{1}{2} \begin{vmatrix} x_1 & y_1 & 1 \\ x_2 & y_2 & 1 \\ x_3 & y_3 & 1 \end{vmatrix} \qquad \cdots\cdots(\text{II})$$

> 주 공식 (I), (II)에서 대응하는 점 P_1, P_2, P_3이 시계 바늘과 반대 방향으로 배열되었다. 만일 세계 방향으로 배열되었다면 그 값은 음수이다. 이때에는 그 반수를 취해야 한다. 만일 배열 순서를 판단할 수 없으면 절댓값을 취해야 한다.

예제 01

반원 O의 지름 $AB = 2r$이고 $\overline{CA} \perp \overline{AB}$이며 $\overline{CA} = r$이다. $\overline{DB} \perp \overline{AB}$, $DB = 3r$이고 $\overline{DB}$, $\overline{CA}$는 $\overline{AB}$에 대하여 같은 방향에 있으며 P는 반원 위의 한 점이다. 도형 ABDPC의 넓이 S의 최댓값을 구하여라.

| 풀이 | 그림과 같이 좌표계를 만들면 $A(-r, 0)$, $B(r, 0)$, $C(-r, r)$, $D(r, 3r)$이다. 또 P의 좌표를 $(r\cos\theta, r\sin\theta)$, $\theta \in (0, \pi)$라고 하면 $S = S_{\text{사다리꼴 ABCD}} - S_{\triangle CPD}$

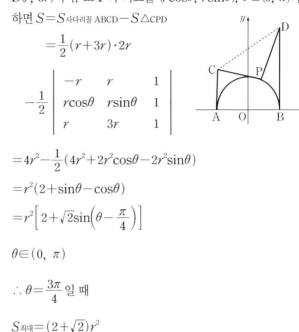

$$= \frac{1}{2}(r+3r)\cdot 2r$$

$$-\frac{1}{2}\begin{vmatrix} -r & r & 1 \\ r\cos\theta & r\sin\theta & 1 \\ r & 3r & 1 \end{vmatrix}$$

$$= 4r^2 - \frac{1}{2}(4r^2 + 2r^2\cos\theta - 2r^2\sin\theta)$$

$$= r^2(2+\sin\theta-\cos\theta)$$

$$= r^2\left[2+\sqrt{2}\sin\left(\theta-\frac{\pi}{4}\right)\right]$$

$$\theta \in (0, \pi)$$

$$\therefore \theta = \frac{3\pi}{4} \text{일 때}$$

$$S_{\text{최대}} = (2+\sqrt{2})r^2$$

(2) 세 점이 한 직선 위에 놓이기 위한 필요충분조건

공식 (Ⅱ)에 의하여 P_1, P_2, P_3이 한 직선 위에 놓이면

$$\begin{vmatrix} x_1 & y_1 & 1 \\ x_2 & y_2 & 1 \\ x_3 & y_3 & 1 \end{vmatrix} = 0$$

반대로 행렬식의 값이 0이면 P_1, P_2, P_3은 한 직선 위에 놓인다. 즉, 세 점 $P_1(x_1, y_1)$, $P_2(x_2, y_2)$, $P_3(x_3, y_3)$이 한 직선 위에 놓일 필요충분조건은 다음과 같다.

$$\begin{vmatrix} x_1 & y_1 & 1 \\ x_2 & y_2 & 1 \\ x_3 & y_3 & 1 \end{vmatrix} = 0$$

예제 02

△ABC의 수심 H에서 ∠A의 이등분선과 그 외각의 이등분선에 수선을 긋고 수선의 발을 각각 E, F라 한다. E, F와 $\overline{BC}$의 중점 M이 한 직선 위에 있다는 것을 증명하여라.

| 분석 | 평면기하 지식에 의하여 ∠A의 내각의 이등분선과 그 외각의 이등분선은 서로 수직이라는 것을 알 수 있다. ∠A의 두 변과 내각의 이등분선이 이루는 각이 $\dfrac{\angle A}{2}$이므로 일부 점의 좌표를 쉽게 구할 수 있다.

| 증명 | A를 원점으로 하고 ∠A의 이등분선과 그 외각의 이등분선을 x축, y축으로 하여 좌표계를 만든다.

∠A$=2\alpha$, $\overline{AB}=c$, $\overline{AC}=b$라고 하면 B, C의 좌표는 각각 $(c\cos\alpha,\ c\sin\alpha)$, $(b\cos\alpha,\ -b\sin\alpha)$이다.

따라서 점 M의 좌표는 $\left(\dfrac{(b+c)\cos\alpha}{2},\ \dfrac{(c-b)\sin\alpha}{2}\right)$이다.

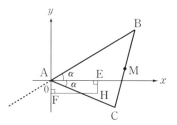

수심 H의 좌표를 (x, y)라고 하면 E$(x, 0)$, F$(0, y)$이다.

$\overline{BH}\perp\overline{AC}$에 의하여

$$\frac{y-c\sin\alpha}{x-c\cos\alpha}\cdot\frac{-b\sin\alpha}{b\cos\alpha}=-1$$

즉 $x\cos\alpha-y\sin\alpha=c\cos2\alpha$ ······①

$\overline{AH}\perp\overline{BC}$에 의하여

$$\frac{y}{x}\cdot\frac{c\sin\alpha+b\sin\alpha}{c\cos\alpha-b\cos\alpha}=-1$$

즉 $y=\dfrac{b-c}{b+c}x\cdot\cot\alpha$ ······②

①, ②를 연립시켜 풀면

$$x = \frac{(b+c)\cos 2\alpha}{2\cos \alpha}, \quad y = \frac{(b-c)\cos 2\alpha}{2\sin \alpha}$$

따라서
$$\begin{vmatrix} 0 & \dfrac{(b-c)\cos 2\alpha}{2\sin \alpha} & 1 \\ \dfrac{(b+c)\cos 2\alpha}{2\cos \alpha} & 0 & 1 \\ \dfrac{(b+c)\cos \alpha}{2} & \dfrac{(c-b)\sin \alpha}{2} & 1 \end{vmatrix}$$

$$= \frac{(c^2-b^2)\sin \alpha \cos 2\alpha}{4\cos \alpha} + \frac{(b^2-c^2)\cos \alpha \cos 2\alpha}{4\sin \alpha}$$

$$-\frac{(b^2-c^2)\cos^2 2\alpha}{4\sin \alpha \cos \alpha}$$

$$= \frac{(b^2-c^2)(\cos^2 \alpha \cos 2\alpha - \sin^2 \alpha \cos 2\alpha - \cos^2 2\alpha)}{4\sin \alpha \cos \alpha} = 0$$

∴ E, F, M은 한 직선 위에 있다.

2. 원뿔곡선의 접선과 법선

직선 l'와 원뿔곡선이 두 점 P, Q에서 만난다. 점 Q가 점차 점 P에 접근하도록 직선 l'를 점 P 주위로 회전시키면, l'가 직선 l의 위치까지 회전하였을 때 점 Q와 P는 일치된다. 이때 직선 l을 점 P에서의 **원뿔곡선의 접선**이라고 부른다. 점 P를 지나며 P점을 지나는 접선에 수직인 직선을 점 P에서의 **원뿔곡선의 법선**이라고 한다.

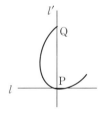

일반적으로 $P_0(x_0, y_0)$이 원뿔곡선

$$c ; Ax^2 + Bxy + Cy^2 + Dx + Ey + F = 0 \qquad \cdots\cdots ①$$

위의 한 점이라고 하면 상술한 정의에 의하여 점 P_0에서의 곡선 c의 접선의 방정식을 쉽게 구할 수 있다. 즉,

$$Ax_0 x + \frac{B}{2}(y_0 x + x_0 y) + Cy_0 y + \frac{D}{2}(x + x_0)$$

$$+ \frac{E}{2}(y + y_0) + F = 0 \qquad \cdots\cdots ②$$

즉, 곡선 c 위의 한 점 $P_0(x_0, y_0)$의 접선의 방정식을 구하려면 ①의 $x^2, y^2, xy,$ x, y 대신에 차례로 $x_0 x, y_0 y, \frac{1}{2}(y_0 x + x_0 y), \frac{1}{2}(x + x_0), \frac{1}{2}(y + y_0)$을 대입하면 된다.

예제 03

$P_0(x_0, y_0)$을 지나는 움직이는 직선과 이차곡선 $Ax^2 + Bxy + Cy^2 + Dx + Ey + F = 0 \cdots\cdots$①의 두 교점이 Q, R일 때 점 Q를 지나는 접선과 R를 지나는 접선의 교점의 자취를 구하여라.

| 분석 | $P'(x', y')$를 자취 위의 한 점이라고 하면 직선 QR는 P'에서 이 차곡선 ①에 그은 두 접선의 접점을 맺은 현이다. 그런데 이 직선 QR들이 모두 점 P_0을 지나므로 문제는 $\overline{QR}$이 놓이는 직선을 구하는 문제로 전환된다.

| 풀이 | $P'(x', y')$를 구하려는 자취 위의 한 점이라 하고 Q, R의 좌표를 각각 (x_1, y_1), (x_2, y_2)라고 하면 Q, R에서의 곡선 ①의 접선의 방정식은 각각

$$Ax_1 x + \frac{B}{2}(y_1 x + x_1 y) + Cy_1 y + \frac{D}{2}(x + x_1)$$
$$+ \frac{E}{2}(y + y_1) + F = 0 \qquad\qquad \cdots\cdots ②$$

$$Ax_2 x + \frac{B}{2}(y_2 x + x_2 y) + Cy_2 y + \frac{D}{2}(x + x_2)$$
$$+ \frac{E}{2}(y + y_2) + F = 0 \qquad\qquad \cdots\cdots ③$$

②, ③이 모두 $P'(x', y')$를 지나므로

$$Ax_1 x' + \frac{B}{2}(y_1 x' + x_1 y') + Cy_1 y' + \frac{D}{2}(x' + x_1)$$
$$+ \frac{E}{2}(y' + y_1) + F = 0 \qquad\qquad \cdots\cdots ④$$

$$Ax_2 x' + \frac{B}{2}(y_2 x' + x_2 y') + Cy_2 y' + \frac{D}{2}(x' + x_2)$$
$$+ \frac{E}{2}(y' + y_2) + F = 0 \qquad\qquad \cdots\cdots ⑤$$

④, ⑤ 두 식을 비교해 보면 직선

$$\mathrm{A}x'x + \frac{\mathrm{B}}{2}(x'y + y'x) + \mathrm{C}y'y + \frac{\mathrm{D}}{2}(x + x')$$
$$+ \frac{\mathrm{E}}{2}(y + y') + \mathrm{F} = 0 \qquad \cdots\cdots ⑥$$

⑥이 점 Q, R를 지난다는 것을 알 수 있다. 즉 직선 ⑥은 $\overline{\mathrm{QR}}$ 이 놓이는 직선이다. 또 P$(x_0,\ y_0)$이 $\overline{\mathrm{QR}}$ 위에 있으므로

$$\mathrm{A}x_0x' + \frac{\mathrm{B}}{2}(y_0x' + x_0y') + \mathrm{C}y_0y' + \frac{\mathrm{D}}{2}(x' + x_0)$$
$$+ \frac{\mathrm{E}}{2}(y' + y_0) + \mathrm{F} = 0$$

$(x',\ y')$를 $(x,\ y)$로 대체하고 정리하면 자취의 방정식이 얻어진다. 즉

$$(2\mathrm{A}x_0 + \mathrm{B}y_0 + \mathrm{D})x + (\mathrm{B}x_0 + 2\mathrm{C}y_0 + \mathrm{E})y$$
$$+ \mathrm{D}x_0 + \mathrm{E}y_0 + 2\mathrm{F} = 0$$

구하려는 자취는 이 방정식이 표시하는 직선에서 주어진 이차 곡선의 바깥 부분이다.

예제 04

O는 원뿔곡선(직각쌍곡선이 아니며 O를 지나는 접선, 법선이 축에 평행하지 않다) 위의 임의의 한 점이고 $\overline{\mathrm{PQ}}$는 원뿔곡선의 움직이는 현이며 현과 O를 지나는 접선, 법선은 평행하지 않다. ∠POQ가 직각이면 직선 PQ는 반드시 점 O에서의 법선 위의 일정한 점을 지난다는 것을 증명하여라.

| 분석 | 원뿔곡선의 접선과 법선은 서로 수직이고 점 O와 결론이 관계되므로, 점 O에서의 접선과 법선을 x축과 y축으로 하여 좌표축을 만들 수 있다. 또 '일정한 점'은 그 교점의 좌표가 일정한 값을 가진 것이므로 PQ와 법선(y축)의 교점의 좌표가 일정한 값이라는 것을 증명하면 된다.

| 증명 | O점에서의 접선, 법선을 x축, y축으로 하여 좌표축을 만들고 이 좌표축에서 곡선의 방정식을

$$\mathrm{A}x^2 + \mathrm{B}xy + \mathrm{C}y^2 + \mathrm{D}x + \mathrm{E}y + \mathrm{F} = 0$$

이라 하자. 곡선이 원점을 지나므로 $F=0$이다. $y=0$이 곡선의 접선이므로 $Ax^2+Dx=0$은 중근을 가진다. 그러므로 $D=0$

따라서 이 좌표축에서의 곡선의 방정식은

$$Ax^2+Bxy+Cy^2+Ey=0 \qquad \cdots\cdots ①$$

$\overline{PQ}$와 접선, 법선이 평행하지 않으므로 직선 PQ의 방정식을 다음과 같이 설정할 수 있다.

$$y=mx+n \qquad \cdots\cdots ②$$

②가 법선 $x=0$ 위의 일정한 점을 지난다는 것을 증명하려면 n이 일정한 값을 가진다는 것만 증명하면 된다.

②를 ①에 대입하고 정리하면

$$(A+Bm+Cm^2)x^2+(Bn+2Cmn+Em)x$$
$$+(Cn+E)n=0 \qquad \cdots\cdots ③$$

①, ②의 교점의 좌표를 $P(x_1, y_1)$, $Q(x_2, y_2)$라고 하면 근과 계수와의 관계에 의하여

$$x_1+x_2=-\frac{Bn+2Cmn+Em}{A+Bm+Cm^2}$$

$$x_1x_2=\frac{(Cn+E)n}{A+Bm+Cm^2}$$

$\overline{OP}$의 방정식은 $y=\dfrac{y_1}{x_1}x$이고 $\overline{OQ}$의 방정식은 $y=\dfrac{y_2}{x_2}x$이다.

$\overline{OP}\perp\overline{OQ}$에 의하여

$$y_1y_2=-x_1x_2 \qquad \cdots\cdots ④$$

또 ②에 의하여

$$y_1y_2=(mx_1+n)(mx_2+n)$$
$$=m^2x_1x_2+mn(x_1+x_2)+n^2$$

(x_1+x_2), x_1x_2의 값을 위 식에 대입하고 ④와 결합하여 정리하면

$$n(A+C)=-E$$

①이 직각쌍곡선이 아니므로 $A+C\neq0$이다(스스로 증명하여 보라.) 따라서 $n=\dfrac{-E}{A+C}$는 일정한 값을 가진다.

그러므로 $\overline{PQ}$는 법선 $x=0$ 위의 일정한 점 $(0, -\dfrac{-E}{A+C})$를 지난다.

3. 일반적인 이원이차방정식

일반적인 이원이차방정식

$$\mathrm{A}x^2 + \mathrm{B}xy + \mathrm{C}y^2 + \mathrm{D}x + \mathrm{E}y + \mathrm{F} = 0 \qquad \cdots\cdots ①$$

에서 판별식 $D = \mathrm{B}^2 - 4\mathrm{AC}$를 이용하여 그 유형을 분류하면 다음 표와 같다.

판별식		유형	일반적인 경우	특수한 경우
$D \neq 0$ 유심원뿔곡선	$D < 0$	타원형	타원(또는 원)	한 점 또는 자취가 없다.
	$D > 0$	쌍곡선형	쌍곡선	서로 만나는 두 직선
$D = 0$ 무심 원뿔 곡선		포물선형	포물선	두 평행직선, 한 직선 또는 자취가 없다.

그래프를 그리고 성질을 알아보기 위하여 좌표축의 평행이동 공식

$$\begin{cases} x = x' + h \\ y = y' + k \end{cases} \qquad \cdots\cdots (\mathrm{I})$$

$$\begin{cases} x = x'\cos\theta - y'\sin\theta \\ y = x'\sin\theta + y'\cos\theta \end{cases} \qquad \cdots\cdots (\mathrm{II})$$

를 이용하여 방정식 ①을 원뿔곡선의 표준 방정식으로 바꿀 수 있다.

〔설명〕 (1) 공식 (Ⅰ)에서 $h,\ k$는

$$\begin{cases} 2\mathrm{A}h + \mathrm{B}k + \mathrm{D} = 0 \\ \mathrm{B}h + 2\mathrm{C}k + \mathrm{E} = 0 \end{cases}$$

에 의하여 결정된다. 이 공식은 유심원뿔곡선의 중심좌표 $(h,\ k)$를 구하는 공식이고, 공식 (Ⅱ)에서 θ는 $\cot 2\theta = \dfrac{\mathrm{A} - \mathrm{C}}{\mathrm{B}}$에 의하여 결정된다.

θ는 곡선의 대칭축의 경사각이다.

(2) 방정식 ①을 평행이동하여 얻은 방정식이

$$\mathrm{A}'x'^2 + \mathrm{B}'x'y' + \mathrm{C}'y'^2 + \mathrm{D}'x' + \mathrm{E}'y' + \mathrm{F}' = 0 \qquad \cdots\cdots ②$$

이면 다음 식이 항상 성립한다.

$$D = \mathrm{B}^2 - 4\mathrm{AC} = \mathrm{B}'^2 - 4\mathrm{A}'\mathrm{C}',\ \ \mathrm{A} + \mathrm{C} = \mathrm{A}' + \mathrm{C}'$$

유심이차곡선에서 좌표축을 평행이동하여(좌표 원점을 곡선의 중심 $(h,\ k)$에 옮긴다) 1차항을 소거하면 $\mathrm{A}'x'^2 + \mathrm{B}'x'y' + \mathrm{C}'y'^2 + \mathrm{F}' = 0$이고, 공식 (Ⅱ)를 이용하여 $\mathrm{B}'' = 0$이 되도록 좌표축을 회전시키면 $\mathrm{A}'',\ \mathrm{C}''$는

$$\begin{cases} A''+C''=A'+C' \\ -4A''C''=B'^2-4A'C' \end{cases}$$

에 의하여 결정된다(B'>0일 때 A''>C''이고, B'<0일 때 A''<C''이다).

　(3) 좌표축의 변환은 점(좌표축에 대응하여)의 변환으로 이해할 수 있는데, 이 이론은 문제를 해결하는 데 편리하다.

예제 05

> 곡선 C ; $4xy+3y^2+16x+12y-36=0$의 그래프를 그리고 점근선의 방정식을 구하여라.

| 풀이 |　$D=16-4\times0\times3=16>0$. 그러므로 곡선 C는 쌍곡선이며 중심 (h, k)는 다음 연립방정식에 의하여 결정된다.

$$\begin{cases} 4k+16=0 \\ 4h+6k+12=0 \end{cases}$$

이 연립방정식을 풀면

$$\begin{cases} h=3 \\ k=-4 \end{cases}$$

평행이동변환 $\begin{cases} x=x'+3 \\ y=y'-4 \end{cases}$ 를 하면 주어진 방정식은

$4x'y'+3y'^2=36$으로 된다. 또 θ가 $\cot2\theta=-\dfrac{3}{4}$을 만족하도록 회전변환을 하면 $A''x''^2+C''y''^2=36$을 얻는다. 여기서 A'', C''는 다음 연립방정식에 의해 결정된다.

$$\begin{cases} A''+C''=3 \\ -4A''C''=16 \end{cases}$$

이 연립방정식을 풀면

$$\begin{cases} A''=4 \\ C''=-1 \ (B'=4>0 \ \therefore A''>C'') \end{cases}$$

그러므로 얻어진 방정식은 $4x''^2-y''^2=36$, 즉 $\dfrac{x''^2}{9}-\dfrac{y''^2}{36}=1$

이다. 이로부터 그래프(그림 참조)를 얻을 수 있으며, 그 점근선의 방정식은 $2x''+y''=0,\ 2x''-y''=0$이다.

$\cot 2\theta = -\dfrac{3}{4}$에 의하여 $\sin\theta = \dfrac{2}{\sqrt{5}}, \cos\theta = \dfrac{1}{\sqrt{5}}$을 얻는다.

변환 공식

$$\begin{cases} x = x'+3 \\ y = y'-4 \end{cases}$$

$$\begin{cases} x' = x''\cos\theta - y''\sin\theta \\ y' = x''\sin\theta + y''\cos\theta \end{cases}$$

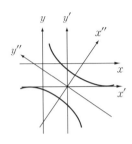

에 의하여

$$\begin{cases} x = \dfrac{1}{\sqrt{5}}(x''-2y'')+3 \\ y = \dfrac{1}{\sqrt{5}}(2x''+y'')-4 \end{cases}$$

에 의하여 주어진 좌표계에서의 점근선의 방정식을 구하면

$4x+3y=0,\ y=-4$

예제 06

꼭짓점의 좌표가 $A(\sqrt{3}, 1)$이고 초점의 좌표가 $F(2\sqrt{3}, 2)$인 포물선을 대칭축에 따라 평행이동시킨다. 포물선과 x축이 접할 때 접점의 좌표를 구하여라.

| 분석 | 대칭축이 $y = \dfrac{\sqrt{3}}{3}x$이고 그 경사각이 $30°$이므로 좌표축을 $30°$ 회전시킨 후 얻어진 표준 방정식을 이용하여 풀면 쉬워진다.

| 풀이 | 변환 $\begin{cases} x = \dfrac{\sqrt{3}}{2}(x'+2) - \dfrac{1}{2}y' \\ y = \dfrac{1}{2}(x'+2) + \dfrac{\sqrt{3}}{2}y' \end{cases}$

를 하면 새 좌표계에서의 A, F의 좌표는 $A'(0, 0),\ F(2, 0)$이다. 따라서 새 좌표계에서의 포물선의 방정식은 $y'^2 = 8x'$이다.

새 좌표계에서의 원 x축(즉, $y=0$)의 방정식은

$$x' + \sqrt{3}y' + 2 = 0 \qquad \cdots\cdots ①$$

포물선의 대칭축에 따라 m만큼 평행이동시켜서 얻은 방정식은

$$y'^2 = 8(x' - m) \qquad \cdots\cdots ②$$

①, ②에서 y'를 소거하면

$$x'^2 - 20x' + 4(6m+1) = 0$$

그런데 ①과 ②가 접하므로

$$D = 400 - 16(6m+1) = 0$$

이 방정식을 풀면 $m=4$이다. 따라서 $x'O'y'$ 좌표축에서의 접점의 좌표는 $(10,\ -4\sqrt{3})$이다. 위의 변환 공식에 의하여 주어진 좌표계에서의 접점의 좌표를 구하면 $(8\sqrt{3},\ 0)$이다.

4. 곡선계

직선과 원뿔곡선을 배울 때 어떤 성질에 부합되는(어떤 조건을 만족하는) 자취의 방정식을 구하기 위하여, 흔히 조건에 맞는 한 개 또는 두 개의 미정계수가 들어 있는 방정식을 설정하였다. 예를 들면 점 $(0, 1)$을 지나는 직선의 방정식을

$$y = kx + 1(k는 미정계수) \qquad \cdots\cdots ①$$

이라고 설정하였으며 또 원점을 중심으로 하는 원을

$$x^2 + y^2 = r^2 \ (r는 미정계수) \qquad \cdots\cdots ②$$

라고 설정하였다.

일반적으로 한 이원이차방정식에 독립적인 미정상수가 하나 들어 있으면 각 상수값에 대하여 방정식은 하나의 원뿔곡선을 표시하며, 이런 곡선들은 모두 공통된 성질을 가진다. 이런 곡선들을 원뿔곡선계라고 부른다.

예를 들면 방정식 ①은 점 $(0,\ 1)$을 지나는 직선계(직선속이라고도 한다)인데 k는 미정상수이다. 방정식 ②는 공통중심 $(0,\ 0)$을 가지는 원계인데 r은 미정상수이다.

이차곡선의 방정식(직선은 곡선의 특수한 예로 본다)을 $f_1(x, y)=0$, $f_2(x, y)=0$이라고 하면 이 두 곡선의 교점을 지나는 곡선계는 $\lambda f_1(x, y)+\mu f_2(x, y)=0$이다. $\lambda \neq 0$일 때 $f_1(x, y)+\lambda' f_2(x, y)=0$이다.

네 점 P_1, P_2, P_3, P_4에서 어느 세 점도 한 직선 위에 놓이지 않는다고 하자. $f_{(i, j)}(x, y)=0$으로 점 P_i, P_j를 지나는 직선을 표시하면 네 점 P_1, P_2, P_3, P_4를 지나는 이차곡선계는 다음과 같다.

$$f_{(1, 2)}(x, y) \cdot f_{(3, 4)}(x, y)+\lambda f_{(2, 3)}(x, y) \cdot f_{(1, 4)}(x, y)=0 \qquad \cdots \cdots ③$$

예제 07

점 $P_1\left(\dfrac{6\sqrt{2}}{\sqrt{13}}, 0\right)$, $P_2\left(0, \dfrac{6\sqrt{2}}{\sqrt{13}}\right)$, $P_3\left(-\dfrac{6\sqrt{2}}{\sqrt{13}}, 0\right)$,

$P_4\left(0, -\dfrac{6\sqrt{2}}{\sqrt{13}}\right)$, $P_5(\sqrt{2}, -\sqrt{2})$를 지나는 이차곡선의 방정식을 구하고 그래프를 그려라.

| 풀이 | $f_{(1, 2)}(x, y)=x+y-\dfrac{6\sqrt{2}}{\sqrt{13}}$

$$f_{(3, 4)}(x, y)=x+y+\dfrac{6\sqrt{2}}{\sqrt{13}}$$

$$f_{(2, 3)}(x, y)=x-y+\dfrac{6\sqrt{2}}{\sqrt{13}}$$

$$f_{(1, 4)}(x, y)=x-y-\dfrac{6\sqrt{2}}{\sqrt{13}}$$

네 점 P_1, P_2, P_3, P_4를 지나는 곡선계는

$$\left(x+y-\dfrac{6\sqrt{2}}{\sqrt{13}}\right)\left(x+y+\dfrac{6\sqrt{2}}{\sqrt{13}}\right)$$
$$+\lambda\left(x-y+\dfrac{6\sqrt{2}}{\sqrt{13}}\right)\left(x-y-\dfrac{6\sqrt{2}}{\sqrt{13}}\right)=0$$

그런데 곡선이 점 $P_5(\sqrt{2}, -\sqrt{2})$를 지나므로 그 좌표를 방정식에 대입하면 $\lambda=\dfrac{9}{4}$를 얻는다. 그러므로 구하려는 곡선의 방정식은

$$13x^2-10xy+13y^2=72 \qquad \cdots \cdots ①$$

그래프를 그리기 위하여 다음 식을 만족하는 θ만큼 회전변환을 시킨다.

$$\cot 2\theta = -\frac{13-13}{10} = 0$$

즉 $\theta = 45°$, 구하려는 방정식을

$$A'x'^2 + C'y'^2 = 72 \qquad \cdots\cdots ②$$

라고 하면

$$\begin{cases} A' + C' = 13 + 13 \\ -4A'C' = (-10)^2 - 4 \times 13 \times 13 \end{cases}$$

$$\begin{cases} A' = 8 \\ C' = 18 \end{cases} \text{(B} = -10 < 0\text{이므로 } A' < C'\text{이다.)}$$

따라서 ②는 $8x'^2 + 18y'^2 = 72$

즉 $\dfrac{x'^2}{9} + \dfrac{y'^2}{4} = 1$

그 그래프는 오른쪽 그림과 같다.

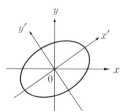

예제 08

$S(x, y) = Ax^2 + Bxy + Cy^2 + Dx + Ey + F = 0$과 직선 $lx + my + n = 0$이 두 점 P_1, P_2에서 만날 때 다음을 증명하여라.

$$S(x, y) = \lambda(lx + my + n)^2 \qquad \cdots\cdots ①$$

은 $S(x, y) = 0$과 접하는 이차곡선계이며 그 접점은 P_1, P_2이다 (여기서 λ는 0이 아닌 상수이다).

| 증명 | $P_1(x_1, y_1)$에서의 곡선 ①의 접선의 방정식은

$$Ax_1 x + \frac{B}{2}(y_1 x + x_1 y) + Cy_1 y + \frac{D}{2}(x + x_1)$$

$$+ \frac{E}{2}(y + y_1) + F$$

$$\{= \lambda[l^2 x_1 x + lm(y_1 x + x_1 y) + m^2 y_1 y + ln(x + x_1) + mn$$

$$(y + y_1) + n^2\}$$

$$= \lambda[(lx_1+my_1+n)lx+(lx_1+my_1+n)my$$
$$+(lx_1+my_1+n)n] \qquad \cdots\cdots ②$$

P_1이 주어진 직선 위에 있으므로

$$lx_1+my_1+n=0$$

②식에 대입하면 P_1에서의 ①의 접선의 방정식은

$$Ax_1x+\frac{B}{2}(y_1x+x_1y)+Cy_1y+(x+x_1)$$
$$+\frac{E}{2}(y+y_1)+F=0 \qquad \cdots\cdots ③$$

방정식 ③은 P_1에서의 $S(x, y)=0$의 접선이다. 즉 ③은 P_1에서의 곡선 ①과 $S(x, y)=0$의 공통접선이다. 그러므로 곡선 ①과 $S(x, y)=0$은 점 P_1에서 접한다.

같은 방법으로 두 곡선이 다른 한 점 P_2에서도 접한다는 것을 증명할 수 있다.

01 △ABC의 외심, 무게중심과 수심이 한 직선 위에 놓인다는 것을 증명하여라.

02 포물선 $y^2=2px$ 위의 임의의 세 점 A, B, C를 지나는 접선이 △PQR을 이룬다. △ABC의 넓이 S_2가 △PQR의 넓이 S_1의 $\frac{1}{2}$임을 증명하여라.

03 $(bx-ay)^2+k(x-a)(y-b)=0$의 해집합은 점 $(a,\ b)$를 지나는 두 직선이며, 이 두 직선과 쌍곡선 $4xy=k(k>4ab,\ k>0)$이 접한다는 것을 증명하여라.

04 $\overline{OC}$는 이등변삼각형 ABC의 밑변 AB에 그은 중선이다. 한 이차곡선이 $\overline{AC}$, $\overline{BC}$와 두 점 A, B에서 접하며 $\overline{OC}$와 점 D에서 만난다. $\lambda = \dfrac{\overline{CD}}{\overline{DO}} > 0$일 때 다음을 증명하여라. $\lambda > 1$, $\lambda = 1$, $\lambda < 1$일 때 이차곡선은 각각 타원, 포물선, 쌍곡선이다.

05 방정식 $x^2 - 2ax + y^2 + 2(a-2)y + 2 = 0 \, (a \neq 1)$을 만족하는 원들이 공통접선을 가진다는 것을 증명하고 공통접선의 방정식을 구하여라.

21 뿔대, 구 – 부채꼴 다면각

1. 뿔대 및 그 부피

한 다면체에서 마주보는 두 면은 서로 평행하고 다른 면들은 사다리꼴이나 삼각형이며, 사다리꼴의 윗변과 아랫변 또는 삼각형의 꼭짓점과 밑변이 각각 평행한 두 면 위에 있는 아래 그림과 같은 다면체를 **뿔대**라고 한다. 뿔대에서 평행한 두 면을 뿔대의 **밑면**이라고 하고, 다른 각 면을 **옆면**이라고 하며, 두 밑변 사이의 거리를 **높이**라고 한다. 높이의 중점을 포함하여 밑변에 평행한 단면을 **중간단면**이라고 하고 두 옆면의 교선을 **옆모서리**라 한다.

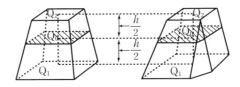

〔정리〕 뿔대의 두 밑면과 중간단면의 넓이가 각각 Q_1, Q_2, Q_0이고 높이가 h이면 그 부피는

$$V_{뿔대} = \frac{1}{6}h(Q_1 + Q_2 + 4Q_0)$$

〔증명〕 다음 그림의 뿔대 $A_1B_1C_1D_1 - A_2B_2C_2D_2$에서 밑면의 넓이는 각각 Q_1, Q_2이고 높이는 h이며 중간단면 $A_0B_0C_0D_0$의 넓이는 Q_0이다.

중간단면 $A_0B_0C_0D_0$ 위에서 임의의 한 점 P를 취하고 P와 뿔대의 각 꼭짓점을 연결하면 뿔대는 몇 개의 각뿔로 나뉘어진다. 뿔대의 부피는 이 각뿔들의 부피의 합과 같다.

이 각뿔들은 두 가지 유형으로 나눌 수 있다. 하나는 뿔대의 밑면을 밑면으로 하는 각뿔들이고 다른 하나는 각뿔의 옆면을 밑면으로 하는 각뿔들이다.

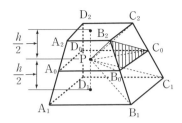

첫째 유형의 각뿔은 $P-A_1B_1C_1D_1$과 $P-A_2B_2C_2D_2$인데 그 부피는 각각

$$V_{P-A_1B_1C_1D_1}=\frac{1}{3}Q_1\cdot\frac{1}{2}h=\frac{1}{6}hQ_1$$

$$V_{P-A_2B_2C_2D_2}=\frac{1}{6}hQ_2$$

둘째 유형의 각뿔에서 먼저 $P-B_1C_1C_2B_2$의 부피를 구하여 보자. 그림에서 각뿔 $P-B_0C_0B_2$와 $P-B_1C_1C_2B_2$의 밑면이 한 평면 위에 있고 꼭짓점이 같으므로 그 높이도 같다. 사다리꼴 $B_1C_1C_2B_2$의 넓이는 $\triangle B_0C_0B_2$의 넓이의 4배와 같으므로

$$V_{P-B_1C_1C_2B_2}=4V_{P-B_0C_0B_2}$$

또 $V_{P-B_0C_0B_2}=V_{B_2-B_0C_0P}=\dfrac{1}{3}\cdot\dfrac{h}{2}\cdot S_{\triangle PB_0C_0}=\dfrac{1}{6}h\cdot S_{\triangle PB_0C_0}$

$$\therefore V_{P-B_1C_1C_2B_2}=\frac{1}{6}h\cdot 4S_{\triangle PB_0C_0}$$

같은 이유로 $V_{P-A_1B_1B_2A_2}=\dfrac{1}{6}h\cdot 4S_{\triangle PA_0B_0}$

둘째 유형의 각뿔의 부피를 더하면

$$\frac{1}{6}h(4S_{\triangle PB_0C_0}+4S_{\triangle PA_0B_0}+\cdots)=\frac{1}{6}h\cdot 4Q_0$$

여기서 첫째 유형의 두 각뿔의 부피를 더하면

$$V_{뿔대}=\frac{1}{6}h(Q_1+Q_2+4Q_0)$$

각뿔대는 특수한 뿔대이다(각 옆 모서리의 연장선이 한 점에서 만난다). 각기둥과 각뿔도 뿔대로 볼 수 있으므로 각기둥, 각뿔, 각뿔대의 부피는 뿔대의 부피의 공식을 이용하여 구할 수 있다.

예제 01

사면체 ABCD에서 모서리 AB의 길이는 a이고 CD의 길이는 ab이며, 직선 AB와 CD 사이의 거리는 d이고 교각은 δ이다. 사면체가 직선 AB와 CD에 평행한 평면 α에 잘려 두 부분으로 나뉘어졌는데 직선 AB, CD에서 평면 α까지의 거리의 비는 k이다. 이 두 부분의 부피의 비를 구하여라.

| 풀이 | α가 $\overline{\text{AB}}$와 $\overline{\text{CD}}$에 평행하므로 평면 α에 잘려 생긴 사면체의 절단면 PQRS는 평행사변형이다. 여기서 $\overline{\text{PQ}}//\overline{\text{RS}}//\overline{\text{CD}}$이고 $\overline{\text{QR}}//\overline{\text{PS}}//\overline{\text{AB}}$이다. PQRS를 한 밑면으로 하고 $\overline{\text{AB}}$를 다른 한 밑선분으로 하는 뿔대 π_1의 높이

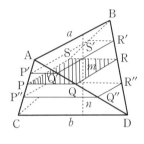

를 m이라 하며, PQRS를 한 밑면으로 하고 $\overline{\text{CD}}$를 다른 한 밑선분으로 하는 뿔대 π_2의 높이를 n이라고 하면 $m+n=d$이고 $\dfrac{m}{n}=k$이다. π_1과 π_2의 부피를 각각 V_1, V_2라고 하자.

PQRS의 넓이는 $S_{\text{PQRS}}=\overline{\text{PQ}}\cdot\overline{\text{QR}}\sin\delta$

$\dfrac{\overline{\text{PQ}}}{\overline{\text{CD}}}=\dfrac{m}{d}$, $\dfrac{\overline{\text{QR}}}{\overline{\text{AB}}}=\dfrac{n}{d}$

$\therefore \overline{\text{PQ}}=\dfrac{bm}{d}$, $\overline{\text{QR}}=\dfrac{an}{d}$ ......①

$S_{\text{PQRS}}=\dfrac{abmn}{d^2}\sin\delta$ ......②

π_1과 π_2의 중간단면 P'Q'R'S'와 P''Q''R''S''는 평행사변형이다. 그 넓이는

$S_{\text{P'Q'R'S'}}=\dfrac{1}{2}\overline{\text{PQ}}\cdot\dfrac{\overline{\text{QR}}+a}{2}\cdot\sin\delta$

$S_{\text{P''Q''R''S''}}=\dfrac{1}{2}\overline{\text{QR}}\cdot\dfrac{\overline{\text{PQ}}+b}{2}\cdot\sin\delta$

①을 대입하면

$4S_{\text{P'Q'R'S'}}=\dfrac{bm}{d}\left(\dfrac{an}{d}+a\right)\sin\delta=\dfrac{abm}{d^2}(n+d)\sin\delta\ \cdots③$

$$4S_{P''Q''R''S''} = \frac{an}{d}\left(\frac{bm}{d} + b\right)\sin\delta = \frac{abn}{d^2}(m+d)\sin\delta \quad \text{④}$$

②, ③, ④에 의하여 뿔대 π_1과 π_2의 부피를 구하면

$$V_1 = \frac{m}{6}(S_{PQRS} + 4S_{P'Q'R'S'}) = \frac{m^2ab}{6d^2}(2n+d)\sin\delta$$

$$V_2 = \frac{n}{6}(S_{PQRS} + 4S_{P''Q''R''S''}) = \frac{n^2ab}{6d^2}(2m+d)\sin\delta$$

$$\frac{V_1}{V_2} = \frac{m^2}{n^2}\cdot\frac{2n+d}{2m+d} \qquad \cdots\cdots\text{⑤}$$

그런데 $\dfrac{m}{n} = k$, $m+m=d$

$$\therefore \frac{n}{d} + \frac{1}{k+1}, \ \frac{m}{d} = \frac{k}{k+1}$$

$$\therefore \frac{V_1}{V_2} = k^2\cdot\frac{\dfrac{2n}{d}+1}{\dfrac{2m}{d}+1} = k^2\cdot\frac{2+k+1}{2k+k+1} = k^2\cdot\frac{k+3}{3k+1}$$

2. 구-부채꼴 및 그 부피

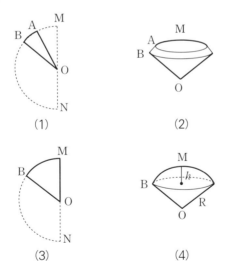

(1)

(2)

(3)

(4)

반원 내에 있는 부채꼴(그림 (1), (3))이 반원의 지름($\overline{MN}$)을 축으로 한 바퀴 회전하여 얻어진 기하학적 입체를 **구 − 부채꼴**이라 한다. 구 − 부채꼴은 하나의 구면띠와 두 원뿔면으로 이루어질 수 있고(그림 (2)), 하나의 구관과 하나의

원뿔면으로 이루어질 수도 있다(그림 (4)). 여기서 구면띠 또는 구관을 **구 ─ 부채꼴의 밑면**이라고 하고 원뿔면을 **구 ─ 부채꼴의 옆면**이라고 한다.

구는 반원면(중심각이 $180°$인 부채꼴)이 그 지름의 주위로 회전하여 이루어진 것이므로 특수한 구 ─ 부채꼴이다. 구 ─ 부채꼴의 밑면(구면띠 또는 구관)의 넓이를 S, 밑면에 내린 높이를 h, 구의 반지름을 R이라고 하면 구 ─ 부채꼴의 부피는

$$V = \frac{1}{3}SR = \frac{2}{3}\pi R^2 h$$

3. 다면각과 그 성질

끝점을 공유하며 한 평면 위에 있지 않은 몇 개의 반직선 및 이웃해 있는 두 반직선 사이의 평면 부분으로 이루어진 도형을 **다면각**이라고 부른다.

여기서 그 반직선들을 **다면각의 모서리**라 하고(그림에서 SA', SB' 등) 반직선들의 공유 끝점을 **다면각의 꼭짓점**(S)이라 하며, 이웃해 있는 두 모서리 사이의 평면 부분을 **다면각의 면**이라고 한다. 각 면에서 두 모서리가 이루는 각을 면각(예를 들면 $\angle A'SB'$ 등)이라고 한다. 이웃한 두 개의 면이 이루는 각을 다면각의 이면각(예를 들면 $E'-SA'-B'$ 등)이라고 한다.

다면각에서 면의 개수는 모서리의 개수, 면각의 개수 또는 이면각의 개수와 같다. 다면각에서 면의 개수는 최소한 3개인데, 다면각의 면의 개수에 따라 삼면각, 사면각 등으로 나뉜다. 그림의 다면각은 $S-ABCDE$로 표시한다.

다면각의 임의의 한 면을 평면으로 확장하였을 때 다른 면들이 모두 이 평면의 한쪽에 있으면 그러한 다면각을 볼록다면각이라고 한다. 우리가 앞으로 설명하는 다면각은 모두 볼록다면각이다.

3차원 공간에서의 다면각과 이차원 공간에서의 다각형은 매우 밀접한 관계가 있으며 또 비슷한 결론을 가진다.

예를 들어 삼면각의 면각과 삼각형의 변을 대응시키고 삼면각의 이면각과 삼각형의 내각을 대응시키면, 삼각형에서의 정리 "임의의 두 변의 합은 나머

지 변보다 크다"와 그 따름정리 "임의의 두 변의 차는 나머지 변보다 작다"가 삼면각에서도 역시 성립한다.

[정리] 삼면각의 임의의 두 면각의 합은 나머지 면각보다 크다.

[증명] 그림의 삼면각 S−A′B′C′에서 ∠A′SC′가 제일 큰 면각이라고 하자. 그러면

$$\angle A'SC' < \angle A'SB' + \angle B'SC'$$

만 증명하면 된다. ∠A′SC′가 놓인 면 위에서 ∠A′SD′=∠A′SB′가 되도록 ∠A′SD′를 그린다. 또 임의로 한 직선을 그어 SA′, SC′, SD′와 만나는 점을 A, C, D라 하자. $\overline{SB'}$ 위에서 $\overline{SB}=\overline{SD}$가 되도록 B를 취하고 A와 B, B와 C를 연결한다. 그러면 △SAD≡△SAB이다. 그러므로 $\overline{AD}=\overline{AB}$이다. △ABC에서 $\overline{AC}<\overline{AB}+\overline{BC}$이므로 $\overline{AD}+\overline{DC}<\overline{AB}+\overline{BC}$, $\overline{DC}<\overline{BC}$이다.

△SCD와 △SCB에서 $\overline{SC}=\overline{SC}$, $\overline{SD}=\overline{SB}$, $\overline{DC}<\overline{BC}$이이므로 ∠DSC<∠BSC이다.

상술한 것을 종합하면 ∠ASD+∠DSC<∠ASB+∠BSC, 즉 ∠A′SC′<∠A′SB′+∠B′SC′

[따름정리] 삼면각의 임의의 두 면각의 차는 나머지 면각보다 작다.

예제 02

볼록다면각의 모든 면각의 합은 360°보다 작다는 것을 증명하여라.

| 증명 | 임의의 평면으로 볼록 n면각 S−A′B′C′D′…E′의 각 면을 자르면 볼록 n각형 ABCD…E가 얻어진다.

이 볼록 n각형의 각 꼭짓점(A, B 등)을 꼭짓점으로 하여 하나의 삼면각을 얻을 수 있다.

이 삼면각에서 위의 정리에 의하여

∠EAB< ∠SAE+ ∠SAB
∠ABC< ∠SBA+ ∠SBC
…………

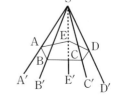

이 부등식의 양변을 변끼리 더하면 좌변의 합은 $(n-2) \cdot 180°$이고 우변의 합은 n개 삼각형 $\triangle SAB$, $\triangle SBC$, $\cdots$의 내각의 합에서 다면 각의 n개 면각의 합 S를 뺀 것, 즉 $n \cdot 180° - S$와 같다.

$$\therefore (n-2) \cdot 180° < n \cdot 180° - S, \; 즉 \; S < 360°$$

다면각과 다각형을 비교하면 또한 다음 결론을 얻을 수 있다.

- 삼각형에서 세 내각의 합은 $180°$이고, 삼면각에서 세 이면각의 합은 $360°$ 보다 작다.
- 한 다면각을 다른 한 다면각에 옮겼을 때 각 부분이 완전히 일치되면 그 두 다면각은 합동이라고 한다.
- 삼각형의 합동의 조건에는 정리 SSS, SAS, ASA가 있다.
- 삼면각에는 다음과 같은 합동의 조건정리가 있다.
  · 세 쌍의 면각이 같고 그 배열 순서도 같은 두 삼면각은 합동이다.
  · 두 쌍의 면각과 그 사이에 끼인 이면각이 서로 같고 그 배열 순서도 같은 두 삼면각은 합동이다.
  · 한 쌍의 면각과 이 한 쌍의 면각과 인접한 두 쌍의 이면각이 서로 같고 그 배열 순서도 같은 두 삼면각은 합동이다. 따라서 삼면각의 합동을 판정할 때에는 면각과 이면각의 위치와 순서를 고려해야 한다. 순서가 같지 않은 두 삼면각은 어떻게 돌려놓든지 일치되지 않는다.

다면각에 관한 문제를 연구할 때에는 흔히 보조선을 그어, 주어진 조건과 결론을 평면 위에서의 조건과 결론으로 전환시킨다.

예제 03

삼면각에서 각 모서리와 맞은편 면각의 이등분선을 포함하는 세 평면은 한 직선에서 만난다는 것을 증명하여라.

| 증명 | 그림에서 $S-A'B'C'$를 임의의 삼면 각이라 하자. 삼면각의 세 모서리에서 길이가 같은 선분 SA, SB, SC를 취하 면 삼각형 ASB, BSC, CSA가 이등 변삼각형이므로 삼면각 $S-A'B'C'$의 세 면각의 이등분선은 각각 삼각형

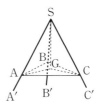

ABC의 세 변의 중점을 지난다. 따라서 문제에서 제시한 세 평면과 각 모서리의 교선은 삼각형 ABC의 중선이다. 삼각형 의 세 중선은 한 점 G에서 만나므로 이 세 평면도 점 G에서 만 난다. 이 세 평면이 또 점 S에서 만나므로 세 평면은 직선 SG 에서 만난다.

예제 04

삼면각 $S-ABC$에서 $\angle ASB = 90°$, $\angle ASC = \alpha(0 < \alpha < 90°)$, $\angle BSC = \beta(0 < \beta < 90°)$이고 SC를 모서리로 하는 이면각은 θ 이다. $\theta = \pi - \cos^{-1}(\cot\alpha \cdot \cot\beta)$임을 증명하여라.

| 증명 | SC 위의 한 점 D에서 평면 ASC와 BSC에 각각 SC에 수직 인 직선을 그어 SA, SB와 만나는 점을 각각 E, F라 한다. E와 F를 연결하면 그림에서와 같이 $\angle EDF = \theta$이다.

$\overline{SD} = 1$이라고 하면

$\overline{DE} = \tan\alpha$, $\overline{SE} = \sec\alpha$

$\overline{DF} = \tan\beta$, $\overline{SF} = \sec\beta$

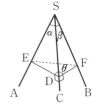

직각삼각형 EFS에서

$\overline{EF}^2 = \overline{ES}^2 + \overline{FS}^2 = \sec^2\alpha + \sec^2\beta$

$\triangle EDF$에서

$$\cos\theta = \frac{\overline{ED}^2 + \overline{FD}^2 - \overline{EF}^2}{2\overline{ED} \cdot \overline{FD}}$$

$$= \frac{\tan^2\alpha + \tan^2\beta - (\sec^2\alpha + \sec^2\beta)}{2\tan\alpha \cdot \tan\beta}$$

$$= -\cot\alpha \cdot \cot\beta$$

$$\therefore \theta = \cos^{-1}(-\cot\alpha \cdot \cot\beta)$$

$$= \pi - \cos^{-1}(\cot\alpha \cdot \cot\beta)$$

01 기하학적 입체의 윗밑면과 아랫밑면은 평행인 직사각형이고, 그 변의 길이는 각각 a, b와 a_1, b_1이다. 옆면은 사다리꼴이고 두 평행 밑변 사이의 거리는 h이다. 이 기하학적 입체의 부피를 구하여라.

02 오른쪽 그림과 같은 쐐기가 있는데 밑면 ABCD는 변의 길이가 50cm, 30cm인 직사각형이다. 모서리 EF는 $\overline{AB}$에 평행하고, $\overline{EF}$에서 밑면까지의 거리는 60cm이며 $\overline{EF}$는 40cm이다. 이 쐐기의 부피를 구하여라.

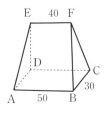

03 건축 공장에 모래가 한 무더기 있는데 그 아랫밑면은 가로가 $a(\mathrm{m})$, $b(\mathrm{m})$인 직사각형이고 그 옆면은 모두 지면과 45°각을 이룬다. 윗밑면과 아랫밑면은 평행이고 두 면 사이의 거리는 $h(\mathrm{m})$이다. 이 모래 무더기의 부피를 구하여라.

04 반지름의 길이가 $2d(\mathrm{m})$인 구가 한 평면으로 잘렸는데 단면의 반지름의 길이는 $1d(\mathrm{m})$이다. 잘려서 얻어진 두 구관을 밑면으로 하는 두 구–부채꼴의 부피를 구하여라.

05 구의 한 구–부채꼴의 부피가 구의 부피의 10분의 1이다. 구–부채꼴의 밑면(구관 또는 구면띠)의 높이와 구의 반지름의 길이를 구하여라.

06 삼각뿔의 세 면각이 모두 직각이면 삼각뿔의 세 이면각은 모두 직각이라
는 것을 증명하여라.

07 볼록다각뿔의 임의의 한 면각은 나머지 다른 면각의 합보다 작다는 것을
증명하여라.

08 세 면각이 모두 직각인 삼면각의 각 면을 하나의 평면으로 잘랐을 때 얻
어진 삼각형의 수심은 이 평면 위에서의 삼면각의 꼭짓점의 정사영이라
는 것을 증명하여라.

09 삼면각 $V-ABC$에서 $\angle AVB = \angle AVC = 45°$, $\angle BVC = 60°$일 때
$\angle BVC$에 마주 놓인 이면각(즉 $B-VA-C$)이 직각임을 증명하여라.

10 두 삼면각의 세 쌍의 면각이 서로 같고, 그 배열 순서가 같으면 그 두 삼
면각은 합동이라는 것을 증명하여라.

부록...

수학
올림피아드
실전 대비 문제

이 문제는 '경시대회 수학 길잡이'의
저자 정호영 선생님이 만드신 예상 문
제입니다. 독자들의 의문 사항이나 지
도 편달은 정호영 선생님의 이메일
(lg4r7u@hitel.net)로 하시면 됩니다.

01회 수학 올림피아드 실전 대비 문제

01 $\overline{AB}=\overline{AC}$인 이등변삼각형 $\triangle ABC$에서 점 D, E는 각각 차례로 $\triangle ABC$의 변 CA, AB 위의 점으로서 $\angle ABD=20°$, $\angle CBD=60°$, $\angle BCE=50°$일 때, $\angle ADE$의 크기를 구하여라.

02 $y=\sqrt{-8x+49}$와 그 역함수를 좌표평면에 나타냈을 때 그들의 교점이 모두 몇 개인지 구하여라.

03 n은 11보다 작은 양의 정수이며, p_1, p_2, p_3. p와 $p+p_3^n$은 모두 소수이다. 또한 다음 세 식이 모두 성립한다.

$$p_1+p_2=3p, \quad p_2+p_3=(p_1+p_3)p_1^n, \quad p_2>9$$

그렇다면 $p_1p_2p_3^n+5$는 소수임을 증명하여라.

참고로 1999, 2003, 2011은 모두 소수이다.

04 숫자 4가 n개 쓰인 n자리의 수 $44\cdots44$와 숫자 8이 $n-1$개 쓰인 n자리의 수 $88\cdots89$를 붙여서 한 줄로 쓰니 다음과 같이 $2n$자리의 수 $A_n=44\cdots4488\cdots89$를 얻었다. 단, n은 2이상의 어떤 자연수이다. 이제 A가 완전제곱수임을 증명하여라.

05 다음 식 S의 계산 값에 가장 가까운 정수를 구하여라.

$$S=\sqrt{1+\frac{1}{1^2}+\frac{1}{2^2}}+\sqrt{1+\frac{1}{2^2}+\frac{1}{3^2}}+\sqrt{1+\frac{1}{3^2}+\frac{1}{4^2}}+\cdots$$
$$+\sqrt{1+\frac{1}{2002^2}+\frac{1}{2003^2}}$$

06 실수 z보다 크지 않은 최대의 정수를 $[z]$로 나타내기로 한다.

또한 $\{z\}=z-[z]$으로 나타내기로 한다. 실수 x에 대한 방정식 $\{x\}+\left\{\dfrac{1}{x}\right\}=1$의 해를 구하여라.

01 다음 그림과 같이 정사각형 ABCD 내부에 □EFGH가 내접하고 있다.
□EFGH의 두 대각선 EG와 FH의 교차점을 O라 하자. 그리고 ∠EOF,
∠BEG, ∠CFH는 모두 예각이다. 그리고 EG$=k$, FH$=l$, ∠EOF$=θ$
이다. □EFGH의 넓이가 s일 때, $\sinθ$와 □ABCD의 넓이를 k, l, s에
관한 식으로 각각 나타내어라. 그리고 $k^2+l^2>4s$가 성립함도 증명하여
라.

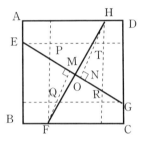

02 999개의 양의 정수 1, 2, 3, 4 …, 998, 999를 한 줄로 배열하여 다음과
같은 정수 $N=1234 \cdots 998999$를 만들었다. 이 정수 N의 각 자리에
있는 숫자들을 모두 더하면 그 총합은 얼마인가?

03 두 자연수 a, b가 주어졌을 때, 다음 식 $c = (a+1)(b+1)-1$을 이용하여 새로운 수 c를 얻는다. 다시 a, b, c 중에서 임의로 어떤 두 수를 선택하여 위와 같은 방식으로 새로운 수 d를 얻는다. …같은 방식으로 계속하여 새로운 수들을 얻어낼 수 있다. 이제 위와 같은 방식을 n번 하여 새로운 수를 얻어내면 'n번 조작' 한다고 말하기로 하자.

(1) 이제 두 수 1, 4를 가지고 '3번 조작' 하여 가장 큰 수를 얻어내 보라.

(2) 두 수 1, 4를 가지고 적당히 '몇 번 조작' 하여 9999를 얻을 수 있는가? 있다면 그 이유를 설명하여라.

04 여섯 자리의 어떤 자연수 $N = \overline{a_1 b_1 c_1 d_1 e_1 f_1}$ 이 있다. 그리고 $2N$, $3N$, $4N$, $5N$, $6N$은 각각 N의 여섯 자리에 있는 각각의 숫자의 위치를 적당히 바꾸어서 만들어진 수들이다. 한편, N, $2N$, $3N$, $4N$, $5N$, $6N$은 서로 같은 자리에 똑같은 숫자가 하나도 없다. 이제 N을 소인수분해 하였을 때, $N = 3^3 \times x \times y \times z$가 되었다면, $x + y + z$의 값을 구하여라. 물론 3, x, y, z는 각기 서로 다른 소수이다.

05 한 개의 양의 정수 A가 두 개의 양의 정수의 제곱의 차로 표현될 수 있을 때, A를 '늑대수' 라고 하자.

(1) 2002는 늑대수가 아님을 설명하여라.

(2) 작은 쪽에서 큰 쪽으로 제 2004번째 늑대수는 무엇인가?

06 실수 z보다 크지 않은 최대의 정수를 $[z]$로 나타내자.
$$[x]+[2x]+[4x]+[8x]+[16x]+[32x]=126247 \quad \cdots\cdots ㉮$$
x에 관한 위 방정식 ㉮는 실수해를 가지지 못한다. 그것을 증명하여라.

01 다음 그림과 같은 △ABC에서 ∠C, ∠B의 이등분선과 선분 AB, AC
의 교점을 각각 차례로 D, E라 하자. 선분 DE의 중점 P에서 변 BC,
AB, CA에 내린 수선의 발을 각각 차례로 Q, M, N이라 하자.
PQ=PM+PN이 성립함을 증명하여라.

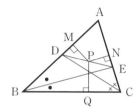

02 집합 M은 1985개의 서로 다른 양의 정수로 구성되고, 그 원소는 모두
26보다 큰 소수를 약수로 갖고 있지 않다. M의 부분집합 중에는 서로
다른 네 원소로 구성되고, 그 원소들의 곱이 네제곱수(어떤 정수의 네제
곱)로 표현되는 것이 적어도 하나 있음을 증명하여라.

03 k^3+25의 값이 24로 나누어떨어지도록 만들어주는 48100보다 작은 양
의 정수 k는 모두 몇 개인가?

04 실수 z보다 크지 않은 최대의 정수를 $[z]$로 나타내기로 한다.

다음 방정식 $4x+3y-2x\left[\dfrac{x^2+y^2}{x^2}\right]=0$의 해를 구하여라.

05 $[a]$는 실수 a보다 크지 않은 최대의 정수를 뜻한다.

$x \geq 0$일 때, $M=\left[\sqrt{[\sqrt{x}]}\right]$, $N=\left[\sqrt{\sqrt{x}}\right]$의 대소 관계를 판정하여라.

06 m, n은 임의의 음이 아닌 정수이다.

다음 식의 값 $\dfrac{(2m)!\,(2n)!}{m!\,n!\,(m+n)!}$ 은 정수임을 증명하여라.

단, $0!=1$로 한다.

KMO고등부
2차 대비
모의시험 문제

이 문제는 'PKMO 1차 대비 모의고사 문제집'의 저자 박상민 선생님이 만드신 예상 문제입니다. 독자들의 의문 사항이나 지도 편달은 박상민 선생님의 이메일(sm034@naver.com)로 하시면 됩니다.

01회 KMO 고등부 2차 대비 모의고사 문제

01 1보다 큰 모든 유리수 x에 대해 $f\left(\dfrac{1}{x}\right)=f(x)$, $(x+1)f(x-1)=xf(x)$를 만족하는 함수 $f:Q^+\to Z$를 모두 구하여라.(단, Q^+는 양의 유리수 전체의 집합, Z는 정수 전체의 집합이다.)

02 이등변삼각형 ABC에서 점 M은 $\overline{AB}$의 중점이다. $\triangle ABC$내의 한 점 P가 $\angle PAB=\angle PBC$를 만족한다. 이때, $\angle APM+\angle BPC=180°$임을 증명하라.

03 집합 {1, 3, 5, ···, 2009}에 대하여 그 부분집합을 택했을 때, 한 원소가 다른 원소로 나누어 떨어지지 않게 할 수 있는 최대 원소의 개수를 구하여라.

04 세 변의 길이가 모두 틀린 네 개의 합동인 직각삼각형이 있다. 한 번의 시행을 통하여 한 개의 직각삼각형을 고르고, 직각인 각을 가진 꼭짓점에서 수선을 긋고, 이 수선으로 한 개의 직각삼각형을 두 개의 직각삼각형으로 자른다. 이런 시행을 어떻게 반복하더라도 합동이 되는 두 직각삼각형은 항상 존재함을 증명하여라.

05 양의 실수 a, b, c에 대하여 다음 부등식이 성립함을 증명하여라.

$$\frac{ab}{a^5+b^5+a^2b^2c} + \frac{bc}{b^5+c^5+ab^2c^2} + \frac{ca}{c^5+a^5+a^2bc^2} \leq \frac{1}{abc}$$

06 H는 예각삼각형 ABC의 수심이다. 만약, $\overline{AH}=\overline{CH}=1$일 때, $\triangle ABC$의 각 변의 길이를 구하라.

07 p는 자연수 k, m에 대하여 $pm=2k^2+6k+25$를 만족하는 소수이다. 이 때, 정수 x, y에 대하여 $x^2+2009y^2=np$를 만족하는 90보다 작은 자연수 n이 존재함을 증명하여라.

08 n개의 서로 다른 정수로 된 임의의 수열이 있다. 여기에서 m개의 수를 지워서 증가수열 또는 감소수열이 되는 것이 가능할 수 있는 m의 최솟 값을 구하여라.

01 모든 $0<a,\ b,\ c<1$인 실수 $a,\ b,\ c$에 대하여 다음 부등식을 증명하여라.

$$\sqrt{abc(a+b+c)}=\sqrt{(1-a)(1-b)(1-c)(3-a-b-c)}<\sqrt{3}$$

02 정삼각형 ABC에서 $\overline{BC}$ 위에 점 D가 있다. $\triangle ABD$, $\triangle ACD$의 내심을 각각 I_1, I_2라 하고, 직선 I_1I_2가 , $\overline{AB}$, $\overline{AC}$와 만나는 점을 각각 M, N이라 했을 때, $\triangle AMN \geq \dfrac{1}{2}\triangle ABC$임을 증명하라.

03 자연수 a, b에 대하여 $10a^2 + 101ab + 10b^2$은 2의 거듭제곱이 아님을 증명하여라.

04 유한집합 $A = \{a_1,\ a_2,\ \cdots,\ a_n\}$이 있고, f는 A에서 A로의 함수이다. 그리고 $f_1(x) = f(x)$, $f_2(x) = f(f_1(x))$, $\cdots$, $f_{k+1}(x) = f(f_k(x))$와 같이 정의하자. 이때 다음의 주어진 조건은 $f(x)$가 일대일대응일 필요충분조건임을 증명하여라.

조건: 임의의 $A \ni a_i$에 대해서 $f_{m_i}(a_i) = a_i$가 되는 최소의 m_i가 $1 < m_i < n$에서 존재한다.

05 주어진 자연수 A의 10진법 표현이 $(a_n a_{n-1} \cdots a_1 a_0)$라고 할 때,

$$f(A) = 3^n a_0 + 3^{n-1} a_1 + \cdots + 3^1 a_{n-1} + 3^0 a_n$$

으로 정의한다. 수열 $\{A_n\}$은 $A_1 = f(A)$, $A_{k+1} = f(A_k)$으로 정의할 때, 다음을 증명하여라.

  (1) 주어진 임의의 자연수 A에 대하여 $A_{k+1} = A_k$인 자연수 k가 존재한다.

  (2) $A = 29^{2009}$에 대하여 $A_{k+1} = A_k$인 A_k의 값을 구하여라.

06 사각형 $ABCD$에서 $\overline{AB}$, $\overline{CD}$의 수직이등분선은 점 P에서 만나고 $\overline{AD}$, $\overline{BC}$의 수직이등분선은 점 Q에서 만난다. $\overline{AC}$, $\overline{BD}$의 중점을 각각 M, N이라 할 때, $\overline{PQ} \perp \overline{MN}$ 임을 증명하라.

07 1보다 큰 자연수 n에 대하여 $E(n)$은 n의 양의 약수 중에서 지수의 합이 짝수인 약수는 더하고 홀수인 약수는 뺀 값이라고 정의하자. 예를 들어 다음과 같다.

$$E(100)=1-2-5+4+25+10-20-50+100=63$$
$$E(2009)=1-7-41+49+281-2009=-1726$$

이렇게 정의된 함수 $E(n)$에 대하여 의 값은 $\dfrac{E(n^2)+1}{2}$

$$lcm\ [1,\ n],\ lcm\ [1,\ n],\ \cdots,\ lcm\ [m,\ n]$$

의 산술평균과 같음을 증명하여라.

08 어떤 반에서 임의로 m명$(m \geq 3)$의 학생을 고르더라도 그 명의 학생과 모두 친구인 사람은 그 반에서 딱 한 명 뿐이라고 한다. 이 경우 그 반 내에서 친구를 가장 많이 가진 학생의 친구 수는 몇 명인가?

고급–상

해답과 풀이

연습문제 해답
보충설명

씨실과 날실

씨실과 날실은 도서출판 세화의 자매브랜드입니다.

해답편

연습문제 해답

연습문제 해답

1 (1) $\dfrac{x+1}{2}=u$라고 하면 $x=2u-1$. $f(x)=4x^2-4x$

(2) $2f(x)+f(-x)=3x-\dfrac{2}{x}$에 의하여 $2f(-x)+f(x)=\dfrac{2}{x}-3x$

두 식에서 $f(-x)$를 소거하면 $f(x)=3x-\dfrac{2}{x}$

2 $x\in(-\sqrt{a+b},\ -\sqrt{2a}\,)\cup(\sqrt{2a}\,,\ \sqrt{a+b}\,)$

3 (1) $y\in(-\infty,\ -8)\cup(0,\ +\infty)$ (2) $\left(-\dfrac{1}{12},\ +\infty\right)$

4 (1) 그림 (1)과 같이 $x\in R$, $y\in(2,\ +\infty)$ (R는 실수의 집합)

$x\in(-\infty,\ -1)$ 또는 $(0,\ 1)$일 때 y는 감소한다.

$x\in(-1,\ 0)$ 또는 $(1,\ +\infty)$일 때 y는 증가한다.

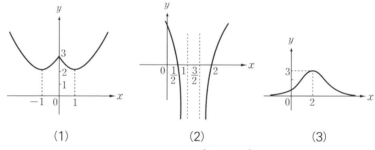

(1)   (2)   (3)

(2) 그림 (2)에서와 같이 $x\in(-\infty,\ -1)\cup\left(\dfrac{3}{2},\ +\infty\right)$, $y\in R$

$x\in(-\infty,\ 1)$일 때 y는 감소한다.

$x\in\left(\dfrac{3}{2},\ +\infty\right)$일 때 y는 증가한다.

(3) 그림 3에서와 같이 $x\in R$, $y\in(0,\ 3]$

$x\in(-\infty,\ 2)$일 때 y는 증가한다.

$x\in(2,\ +\infty)$일 때 y는 감소한다.

5 $a=0$일 때 $x<2$이면 $f(x)>0$이다.

$a\neq0$일 때 $f(x)$는 이차함수이고 $D=4(a-1)^2$이다.

$a=1$일 때 $D=0$이므로 $x\neq2$일 때 $f(x)>0$이다.

$a<0$, $D>0$이면 $\dfrac{2}{a}<x<2$일 때 $f(x)>0$이다.

$0<a<1$, $D>0$이면 $x>\dfrac{2}{a}$ 또는 $x<2$일 때 $f(x)>0$이다.

$a>1$, $D>0$이면 $x<\dfrac{2}{a}$ 또는 $x>2$일 때 $f(x)>0$이다.

6 $f(x)$가 우함수이므로 $f(-3a^2+2a+1)=f(3a^2-2a-1)$, $f(-2a^2-a+1)=f(2a^2+a-1)$이다. 또 $f(x)$가 $(-\infty,\,0)$에서 감소함수이므로 $f(x)$는 $(0,\,+\infty)$에서 증가함수이다. 가정에 의하여

(1) $\begin{cases} 2a^2+a-1<0 \\ 3a^2-2a-1<0 \\ 2a^2+a-1>3a^2-2a-1 \end{cases}$

(2) $\begin{cases} 2a^2+a-1>0 \\ 3a^2-2a-1>0 \\ 2a^2+a-1<3a^2-2a-1 \end{cases}$

(3) $\begin{cases} 2a^2+a-1>0 \\ 3a^2-2a-1<0 \\ 2a^2+a-1<-3a^2+2a+1 \end{cases}$

(4) $\begin{cases} 2a^2+a-1<0 \\ 3a^2-2a-1>0 \\ -2a^2-a+1<3a^2-2a-1 \end{cases}$

(1)을 풀면 $0<a<\dfrac{1}{2}$, (2)를 풀면 $a<-1$ 또는 $a>3$

(3)을 풀면 $\dfrac{1}{2}<a<\dfrac{1+\sqrt{41}}{10}$, (4)를 풀면 $-1<a<\dfrac{1-\sqrt{41}}{10}$

$\therefore a\in(-\infty,\,-1)\cup\left(-1,\,\dfrac{1-\sqrt{41}}{10}\right)\cup\left(0,\,\dfrac{1}{2}\right)\cup\left(\dfrac{1}{2},\,\dfrac{1+\sqrt{41}}{10}\right)\cup(3,\,+\infty)$

7 $f(x+y)=f(x)+f(y)$에서 $x=0$이라고 하면 $f(y)=f(0)+f(y)$이므로 $f(0)=0$, $y=-x$라고 하면 $f(0)=f(x)+f(-x)$, $f(-x)=-f(x)$

8 x 대신 $\dfrac{1}{x}$을 대입하면, $2f\left(\dfrac{1}{x}\right)-f(x)=\dfrac{1}{x}$, 원식과 연립하여 $f\left(\dfrac{1}{x}\right)$을 소거하면 $f(x)=\dfrac{1}{3}\left(2x+\dfrac{1}{x}\right)$. $t=2x+\dfrac{1}{x}$, $2x^2-tx+1=0$. $x,\,t$는 실수이므로

$t^2-8\geq0$, 즉 $t\leq-2\sqrt{2}$ or $t\geq2\sqrt{2}$ 그런데 $x<0$ $\therefore 2x+\dfrac{1}{x}\leq-2\sqrt{2}$

$\left(x=-\dfrac{\sqrt{2}}{2}\text{일 때 등호를 취한다.}\right)$

$$\therefore f(x)_{\max}=-\dfrac{2\sqrt{2}}{3}$$

9 $x=\dfrac{1}{2}$ 일 때 $y_{\min}=-\dfrac{1}{2}$, $x=2$일 때 $y_{\max}=2$

10 l_1, l_2가 점 $\mathrm{A}(x_1,\,y_1)$에서 만나고 l_2와 x축이 $\mathrm{B}(x_2,\,0)$에서 만난다고 하자.
k로 x_2, y_1을 표시하면

$$S_{\triangle\mathrm{AOB}}=\dfrac{1}{2}x_2y_1=f(k)=\dfrac{2k^2}{(k-3)(k+1)}$$

$f(k)$의 최솟값을 구하면 $k=-3$일 때 $S_{\min}=\dfrac{3}{2}$

연습문제 2

1 $\dfrac{b+2a+1}{3b-2a-2}$

제시 : $9^{a+1}=45$, $3^{2a}=5$, $\log_7 5=\dfrac{2a}{b}$

또 $x(\log_7 343-\log_7 45)=\log_7 105$에 의하여
  $x(3-2\log_7 3-\log_7 5)=1+\log_7 3+\log_7 5$

2 $x=10$, $y=\dfrac{1}{10}$

제시 : 주어진 식을 $\log x$에 관한 일원이차방정식으로 변형한 다음 $D\geq0$에 의하여 $\log y=-1$, $y=10^{-1}$, $x=10$을 얻는다.

3 $\dfrac{a}{b}\geq100$ 또는 $\dfrac{a}{b}\leq\dfrac{1}{100}$

제시 : 문제 2와 같다.

4 (1) $-\dfrac{1}{2}\log\dfrac{3}{2}<a<\dfrac{1}{2}\log\dfrac{3}{2}$

제시 : 주어진 방정식을 $(\log x)^2+(\log 2+\log 3)\log x+\log 2\cdot\log 3+a^2=0$ 으로 고치고 $D>0$에 의하여 얻는다.

(2) $\dfrac{1}{6}$

제시 : 근과 계수와의 관계에 의하여 두 근 x_1, x_2는 다음 식을 만족한다.
  $\log(x_1x_2)=\log x_1+\log x_2=-(\log 2+\log 3)$

5 $x=10^2,\ 10^5,\ 10^{100}$

제시 : 먼저 우변을 1로 고친 다음 상용로그를 취한다.

6 제시 : $x^a=m,\ x^b=n,\ x^c=r$이라 하고 좌변에 대입하여 간단히 한다.

7 제시 : $b^2=ac$에 의하여 $\log_n b-\log_n a=\log_n c-\log_n b$를 얻은 다음 밑 변환공식을 이용한다.

8 제시 : 둘째 식을 변형하면 $b(\log 11.2-3)=3$. 다음 첫째 식에 대입하여 $\log 11.2$를 소거한다.

9 $x=\dfrac{1}{9}$

제시 : 양변을 $\log_3 x$로 나누고 우변을 $-\log_x 3$으로 고친 다음 제곱하여 $\log_x 3$에 관한 이차방정식을 얻고 그 해를 구한다.

10 제시 : $\dfrac{a}{b}>1,\ a-b>0$에 의하여 $\dfrac{a^{a-b}}{b^{a-b}}=\left(\dfrac{a}{b}\right)^{a-b}>1$을 얻는다.

따라서 $a^a b^b>a^b b^a$. 같은 방법으로 $a^a c^c>a^c c^a,\ b^b c^c>b^c c^b$. 세 식을 변끼리 곱하면 증명된다.

11 $x=0.46065$

제시 : $1.908^{-1.2}=x$라고 하면 $\log x=\overline{1}.6634$

12 1

제시 : $b^2=ac$에 의하여 비례식 $\dfrac{b}{c}=\dfrac{a}{b}=k$를 얻는다. $a,\ b$를 k로 표시하고 좌변에 대입한 후 간단히 한다. 또 주어진 식을 직접 변형하고 계산할 수도 있다.

13 제시 : 결론에서부터 착수하여 분석법을 이용한다.

14 제시 : $a^x=b^y=(ab)^z=k(k>0)$라 하면 $x=\dfrac{\log k}{\log a},\ y=\dfrac{\log k}{\log b}$,

$z=\dfrac{\log k}{\log a+\log b}$를 얻는다. $x,\ y,\ z$를 증명하려는 식에 대입하면 된다.

15 $x=100$일 때 최댓값은 2이다.

풀이 : $\log x=m+\alpha,\ \log\dfrac{10}{x}=n+\beta\,(0\le\alpha,\ \beta<1)$라고 하면

$\log x+\log\dfrac{10}{x}=1=m+n+\alpha+\beta$. 따라서 $\alpha+\beta$는 정수이다.

그러므로 $\alpha+\beta=0$ 또는 $\alpha+\beta=1$이다.

$\alpha+\beta=0$일 때 $m+n=1$이다.

$m^2-2n^2=-(m-2)^2+2$, $m=2$일 때 최댓값은 2이며 이때 $x=100$이다.

$\alpha+\beta=1$일 때 같은 방법으로 $m=0$일 때의 최댓값이 0이라는 것을 얻을 수 있다.

연습문제 3

1 평행이동 변환을 하면

$$\begin{cases} x^2 + y^2 \leq 9 \\ |x| + |y| \geq 3 \end{cases}$$

그 넓이는 $S = \pi \cdot 3^2 - 6 \times 3 = 9(\pi - 2)$

2 제시 : $y = f(x) = (|x| - 1)^2 - (a + 2)$라 하고 함수의 그래프를 그린다. 그러면 $a > -1$ 또는 $a = -2$일 때 주어진 방정식은 서로 다른 두 실수해를 가진다.

3 (1) (B)   (2) (B)   (3) (C)   (4) (D)

4 $x + y = 0$에 대한 $P(x_1, y_1)$의 대칭점을 Q라고 하면

그 좌표는 $Q(-y_1, -x_1)$이다. P, Q는 모두 $y = ax^2 - 1$의 그래프 위에 있다.

$$\therefore \begin{cases} y_1 = ax_1^2 - 1 \\ -x_1 = a(-y_1)^2 - 1 \end{cases}$$

윗식에서 아랫식을 빼면 $y_1 + x_1 = a(x_1 - y_1)(x_1 + y_1)$

즉 $x_1 - y_1 = \dfrac{1}{a}$을 윗식에 대입하여 x_1을 소거하고 정리하면 $ay_1^2 + y_1 + \dfrac{1}{a} - 1 = 0$,

즉 y_1은 $ax^2 + x + \dfrac{1}{a} - 1 = 0$의 실수해이다.

$$\therefore D = 1 - 4a\left(\dfrac{1}{a} - 1\right) > 0 \quad \therefore a가 취하는 값의 범위는 a > \dfrac{3}{4}이다.$$

5 증명 : $f(x)$의 한 주기를 T라 하고 정의역을 A라고 하면 임의의 $x \in A$에 대하여 $f(x) = f(x + T) = f(x + 2T)$이다. 또 $f(x)$는 A에서 우함수이다.

$$\therefore f(-x) = f(x)$$

$$\therefore f(x) = f(-x) = f(-x + T) = f(T - x) = f(2T - x)$$

$$\therefore f(x)는 x = \dfrac{T}{2} = a, \ x = T = a'에 대하여 대칭이다.$$

반대인 경우 : $f(x)$가 $x = a$, $x = a'$에 대하여 대칭일 때 $a' > a$라고 하면

$$f(x) = f(2a - x), \ f(x) = f(2a' - x)$$

$$f[2(a' - a) + x] = f[2a' - (2a - x)] = f(2a - x) = f(x)$$

$$\therefore 2(a' - a)는 f(x)의 한 주기이다.$$

$$\therefore f(x)는 주기함수이다.$$

6 제시 : $y = f(x)$의 그래프는 점 $A(a, y_0)$과 직선 $x = b(b > a)$에 대하여 모두 대칭이다.

$f(x) = f(2b - x)$, $A(x, f(x))$의 (a, y_0)에 대한 대칭점을 $B(x', f(x'))$라고 놓으면 (a, y_0)은 $\overline{AB}$의 중점이다.

즉, $a=\dfrac{x+x'}{2}$, $y_0=\dfrac{f(x)+f(x')}{2}$, $f(x)+f(2a-x)=2y_0$

위의 두 식을 이용하여 $f[x+4(b-a)]=f(x)$를 증명하면 된다.

연습문제 4

1 (D)   **2** (D)   **3** (B)   **4** (C)

5 $P(x)$에 홀수차항이 없다.

6 $\begin{cases} a>b \\ \dfrac{1}{a}>\dfrac{1}{b} \end{cases} \iff \begin{cases} a-b>0 \\ \dfrac{1}{a}-\dfrac{1}{b}=\dfrac{b-a}{ab}>0 \end{cases} \iff \begin{cases} a-b>0 \\ ab<0 \end{cases} \iff a>0,\ b<0$

7 $AC<0$. (필요조건) 양의 근을 α, 음의 근을 β라고 하면 $\alpha\beta<0$, 즉 $\dfrac{C}{A}<0$, $AC<0$이다. (충분조건) $AC<0$에 의하여 $D=B^2-4AC>0$이다. 즉 방정식은 서로 다른 두 실근을 가진다. $\dfrac{C}{A}<0$에 의하여 $\alpha\beta<0$임을 알 수 있다. 즉 α, β는 부호가 다르다.

8 (D). $f(x)=x^2-(k+3)x+k^2-k-2$라 하면 $f(x)=0$의 두 근 x_1, x_2가 각각 개구간 $(0, 1)$과 $(1, 2)$내에 있기 위한 필요충분조건은 $f(0)>0$, $f(1)<0$, $f(2)>0$이 동시에 성립하는 것이다. 이 연립부등식을 풀면 (D)를 얻는다.

9 (1) 필요조건 : x, y, z가 모두 양수이고 음이 아닌 실수 a, b, c에서 어느 하나가 0 이 아니라 하자.

     $a\ne0$ 즉 $a>0$이라 하면 $ax>0$. 또 $by+cz\ge0$

     그러므로 $ax+by+cz>0$이다.

(2) 충분조건 : 임의의 음이 아닌 수 a, b, c에서 그 중의 하나라도 0이 아니기만 하면 $ax+by+cz>0$이다.

     $a=1$, $b=c=0$을 취하면 $1\times x+0\times y+0\times z>0$, 즉 $x>0$

     마찬가지로 $y>0$, $z>0$

(1), (2)를 종합하면 명제가 성립한다는 것을 알 수 있다.

10 $A=\{x\,|-2\le x\le4\}$. 또 $x^2-2ax+a+2\le0$에 의하여

  ① $D=4a^2-4(a+2)=4(a^2-a-2)\ge0$ 즉 $a^2-a-2\ge0$일 때

     $B=\{x\,|\,a-\sqrt{a^2-a-2}\}\le x\le a+\sqrt{a^2-a-2}\}$

  ② $D<0$, 즉 $a^2-a-2=(a-2)(a+1)<0$, $-1<a<2$일 때 $B=\phi$

  ①인 경우에 $A\supset B$에 의하여

$$\begin{cases} a^2-a-2\geq 0 \\ a-\sqrt{a^2-a-2}\geq -2 \\ a+\sqrt{a^2-a-2}\geq 4 \end{cases} \qquad \begin{cases} a\leq -1, \ a\geq 2 \\ a\geq -\dfrac{6}{5} \\ a\leq \dfrac{18}{7} \end{cases}$$

$\Rightarrow 2\leq a\leq \dfrac{18}{7}$ 또는 $-\dfrac{6}{5}\leq a\leq -1$

②인 경우에 분명히 $A\supset B(\because B=\phi)$. 그러므로
$A\supset B$이기 위한 필요조건은

$2\leq a\leq \dfrac{18}{7}$ 또는 $-1<a<2$ 또는 $-\dfrac{6}{5}\leq a\leq -1$

즉 $-\dfrac{6}{5}\leq a\leq \dfrac{18}{7}$

주 위의 조건은 실상 충분조건이기도 하다. 이것은 쉽게 증명할 수 있다.

연습문제 5

1 귀류법으로 증명한다. 사면체 ABCD에서 $\overline{AB}$가 제일 긴 모서리라고 하자. 만일 임의의 한 꼭짓점에서 나가는 세 모서리로 삼각형을 만들 수 없다고 하면 A에서 나가는 세 모서리는 $\overline{AB}\geq \overline{AC}+\overline{AD}$를 만족한다. B에서 나가는 세 모서리는 $\overline{BA}\geq \overline{BC}+\overline{BD}$를 만족한다. 두 식을 변끼리 더하면 $2\overline{AB}\geq \overline{AC}+\overline{AD}+\overline{BC}+\overline{BD}$이다.

그런데 $\triangle ABC$와 $\triangle ABD$에서 $\overline{AB}<\overline{AC}+\overline{BC}$, $\overline{AB}<\overline{AB}+\overline{BD}$이다. 두 식을 변끼리 더하면 위의 식과 모순된다. 그러므로 원 명제는 참이다.

2 $\overline{AP'}/\!/\overline{C_1P}$가 되도록 $\overline{AP'}$를 긋고 $\overline{A_1B_1}$과 만나는 점을 P'라고 하면 평행사변형 APC_1P'는 구하려는 단면이다. 그 넓이는 $\triangle AC_1P$의 넓이의 2배이다.

$S_{\triangle AC_1P}=\dfrac{1}{2}\overline{AC_1}\cdot h_{AC_1}$, h_{AC_1}은 $\triangle AC_1P$의 꼭짓점 P에서 변 $\overline{AC_1}$에 그은 높이이다. $\overline{AC_1}$은 정해진 값이므로 단면의 넓이의 최솟값을 구하려면 h_{AC_1}의 최솟값을 구하면 된다. h_{AC_1}은 꼬인 위치에 있는 직선 $\overline{AC_1}$과 $\overline{CD}$ 위의 점 사이의 거리이다. h_{AC_1}이 $\overline{AC_1}$과 CD의 공통수직선일 때 그 값이 제일 작다.

$\overline{PC}=x$로 놓으면 $\overline{AC_1}=\sqrt{3}$, $\overline{AP}=\sqrt{x^2-2x+2}$, $\overline{PC_1}=\sqrt{1+x^2}$

$\angle AC_1P=\theta$라고 하면 $\cos\theta=\dfrac{x+1}{\sqrt{3(x^2+1)}}$, 그런데

단면의 넓이 $S=2\cdot\dfrac{1}{2}\overline{AC_1}\cdot\overline{PC_1}\cdot\sin\theta=2\cdot\dfrac{1}{2}\sqrt{2x^2-2x+2}$

이때 단면의 넓이의 최솟값은 $\dfrac{\sqrt{6}}{2}$이다.

3 $_4C_1 + \dfrac{_4C_2}{2} = 4 + \dfrac{6}{2} = 7$

4 옆면의 세 모서리의 길이를 각각 x, y, z라 하면 가정에 의하여 x, y, z에 관한 세 개의 방정식을 세울 수 있다. 따라서 그 값을 구할 수 있다.

$\overline{PA} = x = 1$, $\overline{PB} = y = 2$, $\overline{PC} = z = \dfrac{4}{\sqrt{3}}$ 라 하고 $\overline{PB}$, $\overline{PC}$ 위에서

$\overline{PB'} = \overline{PC'} = 1$이 되도록, B', C'를 취한다. 이때 사면체 PAB'C'는 정사면체이고 A에서 평면 PBC까지의 거리(즉 P−ABC의 높이)는 정사면체 PAB'C'의 높이와 같다.

따라서 $V_{P-ABC} = \dfrac{2\sqrt{6}}{2}$

5 B_1과 C, A_1과 C_1, A_1과 B를 연결하면 $\angle A_1BC_1 = \angle AB_1C = \alpha$, $\angle A_1C_1B = \beta$, $\angle BA_1C_1 = \gamma$이다. 삼각형의 내각의 합은 180°이므로 $\alpha + \beta + \gamma = \pi$임을 알 수 있다.

6 $\overline{BC}$의 중점 M과 $\overline{DE}$의 중점 N을 취하면

$S_{\triangle DEM} = \dfrac{325\sqrt{3}}{4}$, $\overline{AM} = \overline{MN} = \overline{AN} = \dfrac{5\sqrt{39}}{2}$

$S_{\triangle AEM} = \dfrac{325\sqrt{39}}{16}$

A에서 평면 DEM까지의 거리 $h = \dfrac{15\sqrt{13}}{4}$이다.

$\overline{AE}$와 $\overline{BD}$ 사이의 거리 $= \dfrac{h \cdot S_{\triangle DEM}}{S_{\triangle AEM}} = 15$

7 삼각기둥에 크기가 같은 삼각기둥을 붙이고 추리, 증명하면 된다.

8 평면 위에서의 직육면체의 투영은 육각형이다(특수한 경우에는 사각형이다). 직육면체의 각 면의 투영은 모두 평행사변형이므로 그 '총 투영'은 세 개의 평행사변형으로 이루어진 것으로 볼 수 있다. 여기서 A, B, C는 직육면체에 이웃하여 있지 않은 세 꼭짓점 A', B', C'의 투영이다. △ABC의 넓이는 '총투영' 넓이의 절반이다.

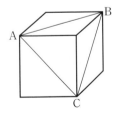

'총 투영'의 넓이가 최대로 되려면 △ABC의 넓이가 최대로 되어야 한다. 이러기 위해서는 직육면체의 이웃하지 않은 세 꼭짓점의 평면 A', B', C'가 수평면에 평행이어야 한다.

1 61cm

제시 : 연이어 있는 10개의 원기둥의 옆면 전개도를 그린다.

2 $2\sqrt{5}$

제시 : 평면 ABC에서의 O의 정사영은 △ABC의 내심이다. △ABC의 넓이를 △, 둘레의 길이를 $2s$, 내접원의 반지름을 r라고 하면 $rs = △$이다.

3 $\sin^{-1}\dfrac{\sqrt{13}}{6}$

제시 : $△O_1O_2O_3$은 직각삼각형이다. O_2O_1과 O_3O_1이 책상면과 각각 A, B에서 만난다고 하면 $\overline{AO_1}=3$, $\overline{BO_1}=2$이다. 그러므로 $Rt△ABO_1$의 빗변의 길이는 $\sqrt{13}$이다. ∴ $△ABO_1$의 빗변에 그은 높이는 $\dfrac{6}{\sqrt{13}}$이다.

4 $\dfrac{16\pi}{3}(2-2\sqrt{2})$

제시 : 직선과 원이 $(-2, 2)$에서 접하여 이룬 기하학적 입체는 밑면에서 구가 파여진 원뿔이다. 적분을 이용한다. 또는 제21장 2 참조.

5 $(2-\sqrt{3})a$, 15.4%

제시 : 큰 구의 중심과 한 꼭짓점을 맺은 선은 반드시 작은 구의 중심을 지난다. 작은 구의 반지름의 길이를 r이라고 하면 $\sqrt{3}r+r+a=\sqrt{3}a$이다.

6 문제의 그림에서와 같이 A를 지나 $p \parallel m$이 되도록 직선 p를 그으면, p와 n 사이의 끼인각은 φ이다. C에서 $\overline{CE} \parallel \overline{BA}$, $\overline{CE} \cap p = E$가 되도록 $\overline{CE}$를 긋는다. 네 점 A, B, C, D를 지나는 구를 O라고 하면 m, n이 꼬인 위치에 있으므로 A, B, C, D는 한 평면 위에 놓이지 않는다. 그러므로 이러한 구 O는 유일하게 존재한다.

또 ABCE가 직사각형이고 꼭짓점 A, B, C가 구 O 위에 있으므로 꼭짓점 E도 구 O 위에 있다. 따라서 구의 중심 O는 △ADE의 외심 S를 지나며 평면 ADE에 수직인 직선 위에 있다. $\overline{AB}\perp p$, $\overline{AB}\perp n$에 의하여 $\overline{OS} \parallel \overline{AB}$임을 알 수 있다. 또 O에서 A, B 두 점까지의 거리가 같으므로 O는 AB의 수직이등분면 위에 있다. 따라서 O에서 평면 ADE까지의 거리 $\overline{OS}=\dfrac{\overline{AB}}{2}=\dfrac{d}{2}$이다. $Rt△OSA$에서 $\overline{OA}$는 구 O의 반지름이고 $\overline{SA}$는 △ADE의 외접원이 반지름이므로 $\overline{SA}=\dfrac{\overline{DE}}{2\sin\angle DAE}=\dfrac{\overline{DE}}{2\sin\varphi}$이다. $\overline{CE} \parallel \overline{BA}$, $\overline{BA} \perp$ 평면 ADE이므로 $\overline{CE} \perp$ 평면 ADE이다. 그러므로 △CED는 직각삼각형이다.

따라서 $\overline{DE}=\sqrt{\overline{DC}^2-\overline{CE}^2}=\sqrt{l^2-d^2}$, $\overline{SA}=\dfrac{\sqrt{l^2-d^2}}{2\sin\varphi}$ 이다.

구 O의 반지름의 길이를 r이라고 하면 $r^2=\overline{OA}^2=\dfrac{d^2}{4}+\dfrac{l^2-d^2}{4\sin^2\varphi}$ 이다.

$$\therefore r=\frac{\sqrt{l^2-d^2\cos^2\varphi}}{2\sin\varphi}$$

7 구의 중심을 O, 반지름을 R이라고 하면 대칭성에 의하여 구 O와 △ABC의 접점 I는 △ABC의 무게중심이고 밑면 위에서의 정삼각뿔 O_1-AEF의 꼭짓점의 정사영 M은 △AEF의 무게중심 M이다. 점 M과 I는 $\overline{AD}$ 위에 있으며 $\overline{AD}$와 $\overline{EF}$는 P에서 만난다(그림 (1), (2)). 여기서 $\overline{AM}=2\overline{MP}=2\overline{PI}=\overline{ID}$이다.

구 O와 O_1-AEF의 접점을 Q라고 하면 $\overline{OQ}=\overline{OI}=R$이다. $\overline{AB}=2$에 의하여 $\overline{AD}=\sqrt{3}$, 따라서 $\overline{MP}=\overline{PI}=\dfrac{\sqrt{3}}{6}$이다. $\angle MPO_1=\alpha$, $\angle OPI=\beta$라고 하면 $\alpha+2\beta=\pi$, $\tan\alpha=4\sqrt{3}$, $\tan 2\beta=-4\sqrt{3}$, $\tan\beta=2\sqrt{3}R$이다. 또 배각의 공식에 의하여 $\tan 2\beta=\dfrac{4\sqrt{3}R}{1-12R^2}$이다.

방정식 $\dfrac{4\sqrt{3}R}{1-12R^2}=-4\sqrt{3}$을 풀면 $R=\dfrac{1}{3}$이다.

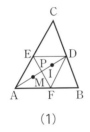

(1)

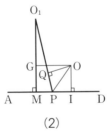

(2)

8 (1) O_1의 반지름을 R_1, O_2의 반지름을 r이라 하면

$$\overline{A'C}=\overline{A'O_1}+\overline{O_1O_2}+\overline{O_2C}=(\sqrt{3}+1)(R+r)=\sqrt{3}$$

$$\therefore R+r=\frac{3-\sqrt{3}}{2}$$

(2) $V_{구O_1}+V_{구O_2}=\dfrac{4}{3}\pi(R^3+r^3)$

$$=\frac{2(3-\sqrt{3})\pi}{3}\left[\frac{6-3\sqrt{3}}{2}+3\left(r^2-\frac{3-\sqrt{3}}{2}r\right)\right]$$

$R=r=\dfrac{1}{4}(3-\sqrt{3})$일 때 두 구의 부피의 합이 제일 작다.

$R=\dfrac{1}{2}$, $r=\dfrac{1}{2}(2-\sqrt{3})$일 때 두 구의 부피의 합이 제일 크다.

9 그림에서와 같이 OO_1과 OO_2는 반드시 T_1, T_2를 지난다. O, O_1, O_2를 지나는 평면으로 세 구를 자르면 세 개의 큰 원이 얻어진다.

OA와 O_1O_2가 $\overline{AB}$, $\overline{AC}$에 수직이므로 $\overline{OA} /\!/ \overline{O_1O_2}$이다. 그러므로 A는 그 평면 위에 있으며, $\overline{O_1O} + \overline{O_1A}(= R - R_1 + R_1) = \overline{O_2O} + \overline{O_2A}(= R - R_2 + R_2)$이다. 따라서 O_1, O_2는 O, A를 초점으로 하는 타원 위에 있다. 이것으로 O_1AOO_2는 등변사다리꼴이라는 것을 알 수 있다.

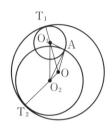

$$\therefore \overline{O_1A} = \overline{OO_2}$$

$$\therefore R_1 + R_2 = \overline{O_1A} + \overline{O_2A} = \overline{O_2O} + \overline{O_2T_2} = \overline{OT_2} = R$$

10 그림에서와 같이 $\overline{AB} \perp \overline{AD}$, $\overline{AB} \perp \overline{MA}$이므로 $\overline{AB} \perp$ 평면 MAD이다.

따라서 평면 MAD$\perp$평면 ABC. E가 $\overline{AD}$의 중점이고, F가 $\overline{BC}$의 중점이라고 하면 $\overline{ME} \perp \overline{AD}$이다. 그러므로 $\overline{ME} \perp$ 평면 ABC이다. 따라서 $\overline{ME} \perp \overline{EF}$. 구 O가 평면 MAD, ABC,

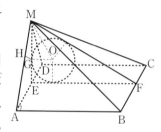

MBC와 모두 접한다고 하자. 보편성을 갖게 하기 위하여 O가 평면 MEF 위에 있다고 하자. 그러면 O는 $\triangle$MEF의 내심이다. 구 O의 반지름의 길이를 r라고 하면

$$r = \frac{2S_{\triangle MEF}}{(\overline{EF} + \overline{EM} + \overline{MF})}$$ 이다.

$\overline{AD} = \overline{EF} = a$라고 하면 $S_{\triangle ABC} = 1$이므로 $\overline{ME} = \dfrac{2}{a}$, $\overline{MF} = \sqrt{a^2 + \left(\dfrac{2}{a}\right)^2}$이다.

$$\therefore r \leq \frac{2}{(2\sqrt{2} + 2)} = \sqrt{2} - 1$$

$a = \dfrac{2}{a}$, 즉 $a = \sqrt{2}$일 때 위 식은 등호를 취한다. 그러므로 $\overline{AD} = \overline{ME} = \sqrt{2}$일 때 세 면 MAD, ABC, MBC와 모두 접하는 구의 반지름이 제일 크다. 그 최대 반지름의 길이는 $\sqrt{2} - 1$이다.

O에서 평면 MAD에 수선을 긋고 수선의 발을 G라고 하면 $\overline{OG} /\!/$ 평면 MAB이고, G에서 평면 MAB까지의 거리는 O에서 평면 MAB까지의 거리와 같다는 것을 쉽게 알 수 있다. G에서 $\overline{MA}$에서 수선의 발 H를 내리면 $\overline{GH}$는 G에서 평면 MAB까지의 거리이다. $\triangle$MHG$\backsim$$\triangle$MEA이므로 $\dfrac{\overline{GH}}{\overline{AE}} = \dfrac{\overline{MG}}{\overline{MA}}$이다.

또 $\overline{\mathrm{MG}}=\sqrt{2}-(\sqrt{2}-1)=1$, $\overline{\mathrm{AE}}=\dfrac{\sqrt{2}}{2}$, $\overline{\mathrm{MA}}=\sqrt{\overline{\mathrm{AE}}^2+\overline{\mathrm{ME}}^2}=\dfrac{\sqrt{10}}{2}$

$\therefore \overline{\mathrm{HG}}=\dfrac{\overline{\mathrm{AE}}\cdot\overline{\mathrm{MG}}}{\overline{\mathrm{MA}}}=\dfrac{\sqrt{5}}{5}$

$\dfrac{\sqrt{5}}{2}>\sqrt{2}-1$이므로 O에서 평면 MAB까지의 거리의 길이 d는 O의 반지름 r보다 크다. 마찬가지로 O에서 평면 MCD까지의 거리도 구 O의 반지름보다 크다. 그러므로 구 O는 각뿔 M-ABCD 안에 있으며 그보다 더 클 수 없다. 따라서 구하려는 제일 큰 구의 반지름이 길이는 $\sqrt{2}-1$이다.

연습문제 7

1 (1) $-\dfrac{1}{2}$　(2) $\dfrac{\sqrt{7}}{8}$

제시 : $\mathrm{A}=\sin\dfrac{\pi}{7}\sin\dfrac{2\pi}{7}\sin\dfrac{3\pi}{7}$라 하고 양변을 제곱한다.

2 제시 : 공식 $\cot 2^{n-1}\alpha=\dfrac{1}{\sin 2^n\alpha}+\cot 2^n\alpha$를 이용하여 $\dfrac{1}{\sin 2^k\alpha}$ $(k=1, 2, \cdots, n)$을 두 항으로 가르고 상쇄하여 간단히 한다.

주 $\dfrac{\cos 2^{n-1}\alpha}{\sin 2^{n-1}\alpha}=\dfrac{1+\cos 2^n\alpha}{\sin 2^n\alpha}=\dfrac{1+\cos 2^n\alpha}{\sin 2\cdot 2^{n-1}\alpha}=\dfrac{1+\cos 2^n\alpha}{2\sin 2^{n-1}\alpha\cos 2^{n-1}\alpha}$

즉 $2\cos^2 2^{n-1}\alpha=1+\cos 2^n\alpha$, $\cos^2 2^{n-1}\alpha=\dfrac{1+\cos 2\cdot 2^{n-1}\alpha}{2}$

3 제시 : 등식을 $\cos\dfrac{\alpha+\beta}{2}$에 관한 일원이차방정식으로 고치고 판별식을 이용하여 증명한다.

4 제시 : $\cos\dfrac{\pi}{18}\cos\dfrac{5\pi}{18}$를 합으로 고친다.

5 제시 : 매개변수 M, N을 도입한다.

$\mathrm{M}=\sin^2\mathrm{B}+\sin^2\mathrm{C}-2\sin\mathrm{B}\sin\mathrm{C}\cos\mathrm{A}-\sin^2\mathrm{A}$

$\mathrm{N}=\cos^2\mathrm{B}+\cos^2\mathrm{C}+2\cos\mathrm{A}\cos\mathrm{B}\cos\mathrm{C}-\sin^2\mathrm{A}$라 하고 간단히 하면

$\mathrm{M}+\mathrm{N}=0$, $\mathrm{M}-\mathrm{N}=0$을 얻는다. 그러면 $\mathrm{M}=\mathrm{N}=0$이 증명된다.

6 제시 : θ, φ를 방정식에 대입하면 다원연립방정식이 얻어진다. 여기서 또 c, a를 소거하면 비례등식이 얻어진다.

7 제시 : 준식을 사인법칙을 이용하여 간단히 하면

$$\frac{c-a}{b} = \frac{1}{2\cos A + 1}$$

그런데 C=2A, 0°＜A＜60°이므로 2＜2cosA+1＜3이다.

8 제시 : 사인 법칙에 의하여 △ABC는 변의 길이가 4인 정삼각형이라는 것을 알 수 있다. 변 BC가 놓이는 직선을 x축으로 하고 $\overline{BC}$의 수직이등분선을 y축으로 하여 직각좌표계를 만든다. $\overline{AB}$, $\overline{AC}$, $\overline{BC}$, $\overline{AD}$의 직선의 방정식을 구하면

$$f = X \cdot Y \cdot Z = \frac{3\sqrt{3}t}{2} \cdot 2\sqrt{3}(1-t) \cdot \frac{\sqrt{3}t}{2} = \frac{9\sqrt{3}}{4}[t \cdot t \cdot (2-2t)]$$

$$\leq \frac{9\sqrt{3}}{4}\left(\frac{t+t+2-2t}{3}\right)^3 = \frac{2\sqrt{3}}{3}$$

여기서 $P[t, 2\sqrt{3}(1-t)]$, $t \in [0, 1]$이라고 하면 $t = 2-2t$, 즉 $t = \dfrac{2}{3}$일 때 위 식은 등호를 취한다. 그러므로 $\overline{PD} = \sqrt{\left(\dfrac{2}{3}-1\right)^2 + \left(\dfrac{2\sqrt{3}}{3}\right)^2} = \dfrac{\sqrt{13}}{3}$일 때 $f = X \cdot Y \cdot Z$는 최댓값 $\dfrac{2\sqrt{3}}{3}$을 가진다.

9 △ABC에서

$$\cos^2 A + \cos^2 B + \cos^2 C + 2\cos A\cos B\cos C = 1$$

주어진 식을 위 식에 대입하여 cosA, cosB, cosC를 소거하면

$$\cos^2\alpha\sin^2\beta + \cos^2\beta\sin^2\gamma + \cos^2\gamma\sin^2\alpha$$
$$+2\cos\alpha\cos\beta\cos\gamma\sin\alpha\sin\beta\sin\gamma = 1 \qquad \cdots\cdots \text{①}$$

또 △ABC가 예각삼각형이고 $\cos\alpha\cos\beta\cos\gamma \neq 0$이므로 ①에서

$$\tan^2\beta(1+\tan^2\gamma) + \tan^2\gamma(1+\tan^2\alpha) + \tan^2\alpha(1+\tan^2\beta)$$
$$+2\tan\alpha\tan\beta\tan\gamma = (1+\tan^2\alpha)(1+\tan^2\beta)(1+\tan^2\gamma)$$

간단히 하면 $(\tan\alpha\tan\beta\tan\gamma - 1)^2 = 0$

$\therefore \tan\alpha\tan\beta\tan\gamma = 1$

10 준식 $= (\sin\theta + 1) + \dfrac{3(a-1)}{\sin\theta + 1} + a + 2$. $\sin\theta + 1 = x$라고 하면

$0 < x \leq 2$. $k = (\sin\theta+1) + \dfrac{3(a-1)}{\sin\theta+1} = x + \dfrac{3(a-1)}{x}$이라고 하면

$$x^2 - kx + 3(a-1) = 0 \qquad \cdots\cdots \text{①}$$

$f(x) = x^2 - kx + 3(a-1)$이라 하자. 포물선 $f(x)$가 아래로 볼록하고 $x = \dfrac{k}{2}$를 대칭축으로 하며 $f(0) = 3(a-1) > 0$이므로 방정식 ①이 $(0, 2]$에서 실수이기 위한 필요충분조건은

$$\begin{cases} 0 < \dfrac{k}{2} \le 2 \\ D = k^2 - 12(a-1) \ge 0 \end{cases} \quad \text{또는} \quad \begin{cases} \dfrac{k}{2} > 2 \\ f(2) = -2k + 3a + 1 \le 0 \end{cases}$$

즉 $2\sqrt{3(a-1)} \le k \le 4$ 또는 $k > 4$, $k \ge \dfrac{3a+1}{2}$ 이다.

$2\sqrt{3(a-1)} \le 4$에서 $a \ne 1$이므로 $1 < a \le \dfrac{7}{3}$. $a > \dfrac{7}{3}$일 때 $\dfrac{3a+1}{2} > 4$

그러므로 $1 < a \le \dfrac{7}{3}$일 때 $k_{\min} = 2\sqrt{3(a-1)}$, $a > \dfrac{7}{3}$일 때 $k_{\min} = \dfrac{3a+1}{2}$ 이다.

따라서 $1 < a \le \dfrac{7}{3}$일 때 주어진 식의 최솟값은 $2\sqrt{3(a-1)} + a + 2$이고, $a > \dfrac{7}{3}$일 때

최솟값은 $\dfrac{3a+1}{2} + a + 2 = \dfrac{5a+5}{2}$ 이다.

연습문제 8

1 $z = \sin x \cos x \left(|z| \le \dfrac{1}{2} \right)$라 하고 대입한 후 단조성을 이용하여 증명한다.

2 $\dfrac{\sin(x-y)}{\sin(x+y)} = \dfrac{\tan x - \tan y}{\tan x + \tan y} = \dfrac{3\tan y - \tan y}{3\tan y + \tan y} = \dfrac{1}{2}$ 에 의하여 증명하면 된다.

3 큰 각의 대변이 크고 두 변의 합이 나머지 변보다 크므로 $(A-B)(a-b) + (B-C)$
$(b-c) + (C-A)(c-a) \ge 0$ 및 $A(a-b-c) + B(-a+b-c) + C(-a-b+c) = 0$
을 얻은 후 전개하고 변형하면 된다.

4 분석법을 이용하여 증명한다.

5 $\cos 2\gamma = \cos^2 \gamma (1 - \tan^2 \gamma)$
$$= \cos^2 \gamma \cdot \dfrac{[1 + \cos(\alpha - \beta)][\cos(\alpha + \beta) - 1]}{\cos \alpha \cos \beta}$$

6 $\cot \dfrac{x}{2^k} - \cot \dfrac{x}{2^{k-1}} = \csc \dfrac{x}{2^{k-1}}$를 이용한다.

$k = 1, 2, \cdots, n$이라 하고 얻은 n개의 식을 변끼리 더한 다음 $\csc \alpha \ge 1$ ($\cos \alpha > 0$
일 때)을 이용한다.

7 $\tan \alpha \tan \beta \tan \gamma = \dfrac{\sqrt{1 - \cos^2 \alpha}\sqrt{1 - \cos^2 \beta}\sqrt{1 - \cos^2 \gamma}}{\cos \alpha \cos \beta \cos \gamma}$

$$= \dfrac{\sqrt{\cos^2 \beta + \cos^2 \gamma}\sqrt{\cos^2 \alpha + \cos^2 \gamma}\sqrt{\cos^2 \alpha + \cos^2 \beta}}{\cos \alpha \cos \beta \cos \gamma}$$

분자에서 $a^2 + b^2 \ge 2ab$를 이용하면 증명된다.

8 $\cos(\sin^{-1}x)=\sqrt{1-x^2},\ \sin^{-1}(\cos x)=\dfrac{\pi}{2}-x$

9 $1-\tan\dfrac{B}{2}\tan\dfrac{C}{2}=\left(\tan\dfrac{B}{2}+\tan\dfrac{C}{2}\right)\tan\dfrac{A}{2}\geq 2\sqrt{\tan\dfrac{B}{2}\tan\dfrac{C}{2}}\tan\dfrac{A}{2}$

$\therefore\ \tan\dfrac{B}{2}\tan\dfrac{C}{2}+\tan^2\dfrac{A}{2}+2\sqrt{\tan\dfrac{B}{2}\tan\dfrac{C}{2}}\tan\dfrac{A}{2}\leq 1+\tan^2\dfrac{A}{2}$

$\therefore\ \left(\sqrt{\tan\dfrac{B}{2}\tan\dfrac{C}{2}}\tan\dfrac{A}{2}\right)^2\leq\sec^2\dfrac{A}{2}$

10 $\cos^2x+\sin^2x=1$을 이용한다.

11 함수 $f(x)=\sqrt{2x-x^2}\ (0\leq x\leq 1)$이 증가함수라는 것을 이용하여

$f\left(\sin\dfrac{1}{n}\right)<f\left(\dfrac{1}{n}\right)$임을 증명한다.

12 좌변 $=2-\cos(A+B)\cos(A-B)-\cos^2C$

$\qquad=2+\cos C\cos(A-B)-\cos^2C\leq 2+|\cos C|-\cos^2C$

$\qquad=-\left(|\cos C|-\dfrac{1}{2}\right)^2+\dfrac{9}{4}\leq\dfrac{9}{4}$

13 $k=a\sec\alpha+b\sec\beta+c\sec\gamma$라고 하자.

$(1+\tan^2\alpha)(1+\tan^2\beta)=1+\tan^2\alpha+\tan^2\beta+\tan^2\alpha\tan^2\beta$

$\geq 1+2\tan\alpha\tan\beta+\tan^2\alpha\tan^2\beta=(1+\tan\alpha\tan\beta)^2$

$(1+\tan^2\alpha)(1+\tan^2\beta)\geq(1+\tan\alpha\tan\beta)^2$을 k^2의 식에 대입하고 간단히 하면

$k^2\geq(a+b+c)^2+(a\tan\alpha+b\tan\beta+c\tan\gamma)^2=m^2+n^2$

14 탄젠트와 코탄젠트를 사인으로 고치면 좌변 $=-\dfrac{1}{\sin^4x}\leq -1$이다.

15 원주각에 관한 정리에 의하여 $A'=\dfrac{B+C}{2},\ B'=\dfrac{A+C}{2},\ C'=\dfrac{B+A}{2}$

그러므로 $S_{\triangle A'B'C'}=2R^2\sin A'\sin B'\sin C'=2R^2\sin\dfrac{B+C}{2}\sin\dfrac{C+A}{2}\sin\dfrac{A+B}{2}$

이다. 또 $2\sin\dfrac{A+B}{2}\geq 2\sin\dfrac{A+B}{2}\cos\dfrac{A-B}{2}=\sin A+\sin B$

$\therefore\ S_{\triangle A'B'C'}\geq\dfrac{R^2}{4}(\sin A+\sin B)(\sin B+\sin C)(\sin C+\sin A)$

$\qquad\geq\dfrac{R^2}{4}\cdot 2\sqrt{\sin A\sin B}\cdot 2\sqrt{\sin B\sin C}\cdot 2\sqrt{\sin C\sin A}$

$\qquad=2R^2\sin A\sin B\sin C=S_{\triangle ABC}$

16 $(a\sec x+b\sec y)^2=a^2(1+\tan^2x)+b^2(1+\tan^2y)+\dfrac{2ab}{\cos x\cos y}$

$$=a^2+b^2+a^2\tan^2x+b^2\tan^2y+\frac{2ab}{\cos x\cos y}$$

$$+2ab\tan x\tan y-2ab\frac{\sin x\sin y}{\cos x\cos y}$$

$$=a^2+b^2+c^2+2ab\cdot\frac{1-\sin x\sin y}{\cos x\cos y}$$

$$\geq a^2+b^2+c^2+2ab\cdot\frac{\cos(x-y)-\sin x\sin y}{\cos x\cos y}$$

$$=a^2+b^2+c^2+2ab=(a+b)^2+c^2$$

연습문제 9

1 치역은 $\left(\dfrac{\pi}{3},\ \pi\right)$이다. 정의역이 $\left(-\dfrac{1}{3},\ \dfrac{1}{3}\right)$이라는 데 주의한다.

2 $\dfrac{\pi}{6}$. 공식 1, 공식 2 ②를 이용한다.

3 $x=\pi+\sin^{-1}\dfrac{1}{5}$

제시 : $\alpha=\pi-x\in\left(-\dfrac{\pi}{2},\ 0\right),\ \alpha=\sin^{-1}\left(-\dfrac{1}{5}\right)$

4 $-30°$. $\tan^{-1}(-\tan30°)=10\pi-30°$

제시 : $10\pi-30°\in\left(-\dfrac{\pi}{2},\ \dfrac{\pi}{2}\right)$

5 $\dfrac{\sqrt{3}}{3}$

6 $\cos^{-1}x=y$라고 하면 $\cos y=x,\ y\in\left(0,\ \dfrac{\pi}{2}\right)$

$\tan y=\dfrac{\sin y}{\cos y}=\dfrac{\sqrt{1-x^2}}{x}\ (x\neq0)$

$x\in(0,\ 1)$일 때 $y\in\left(0,\ \dfrac{\pi}{2}\right),\ y=\tan^{-1}\dfrac{\sqrt{1-x^2}}{x}$

$x\in(-1,\ 0)$일 때 $y\in\left(\dfrac{\pi}{2},\ \pi\right),\ \pi-y\in\left(0,\ \dfrac{\pi}{2}\right)$

$\therefore\ y=\pi+\tan^{-1}\dfrac{\sqrt{1-x^2}}{x}$

이상을 종합하면

$x\in(0,\ 1)$일 때 $\cos^{-1}x=\tan^{-1}\dfrac{\sqrt{1-x^2}}{x}$

$x\in(-1,\ 0)$일 때 $\cos^{-1}x=\pi+\tan^{-1}\dfrac{\sqrt{1-x^2}}{x}$

7 $\sin^{-1}\sqrt{\dfrac{1+x^2}{2}}=\dfrac{\pi}{2}-\tan^{-1}\sqrt{\dfrac{1-x^2}{1+x^2}}\cdots(*)$을 증명하면 된다.

양변에 사인을 취하면

좌변$=\sqrt{\dfrac{1+x^2}{2}}$

우변에서 $\tan^{-1}\sqrt{\dfrac{1-x^2}{1+x^2}}=y$라고 하면 $\dfrac{1-x^2}{1+x^2}=\tan^2 y=\dfrac{\sin^2 y}{\cos^2 y}$

$=\dfrac{1-\cos^2 y}{\cos^2 y}$ 를 정리하면 $\cos^2 y=\dfrac{x^2+1}{2}$ 즉, $\cos\left(\tan^{-1}\sqrt{\dfrac{1-x^2}{1+x^2}}\right)=\sqrt{\dfrac{1-x^2}{2}}$

또 $0<\sin^{-1}\sqrt{\dfrac{1+x^2}{2}}\leq\dfrac{\pi}{2}$, $0<\dfrac{\pi}{2}-\tan^{-1}\sqrt{\dfrac{1-x^2}{1+x^2}}\leq\dfrac{\pi}{2}$

$\therefore (*)$식은 성립한다.

8 $-\dfrac{\pi}{2}\leq\dfrac{k\pi}{2}\leq\dfrac{3\pi}{2}$ (k는 정수)이므로 k는 5개 값 $-1,\ 0,\ 1,\ 2,\ 3$을 취한다.

$k=-1$일 때 $\sin^{-1}x=-\dfrac{\pi}{2}-\cos^{-1}y$. 이 등식은 $x=-1$, $y=1$인 때만 성립한다. 따라서 $\mathrm{A}(-1,\ 1)$이다. $k=0$일 때 $\sin^{-1}x=\cos^{-1}y$. 이것은 $x\leq 0$, $y\geq 0$일 때만 성립한다.

양변에 사인을 취하면 $y=\sqrt{1-x^2}$, 즉 $x^2+y^2=1\,(x\leq 0,\ y\geq 0)$

마찬가지로 $k=1$일 때 $y=x\,(|x|\leq 1,\ |y|\leq 1)$, $k=2$일 때 $x^2+y^2=1\,(x\geq 0,\ y\geq 0)$, $k=3$일 때 $\mathrm{B}(1,\ -1)$. 종합하면 방정식의 곡선은 단위원에서 제2사분면, 제4사분면에 있는 부분이다(축 위의 점을 포함한다). 그림은 생략한다.

9 $-1\leq x\leq 1$, $-1\leq 3x-4x^3\leq 1$에 의하여 $|x|\leq 1$이다. 그런데 $x=\pm 1$일 때 주어진 등식이 성립하지 않으므로 $|x|<1$ $\qquad\cdots\cdots$ ①

$\sin^{-1}x=\alpha$, $\sin^{-1}(3x-4x^3)=\beta$, $\alpha\in\left(-\dfrac{\pi}{2},\ \dfrac{\pi}{2}\right)$, $\beta\in\left(-\dfrac{\pi}{2},\ \dfrac{\pi}{2}\right)$라고 하면 $\sin\alpha=x$, $\sin\beta=3x-4x^3$. 3배각의 공식에 의하여 $\sin 3\alpha=3\sin\alpha-4\sin^3\alpha=3x-4x^3$이다. 그러므로 $\sin 3\alpha=\sin\beta$이다. 그런데 $3\alpha\in\left(-\dfrac{3\pi}{2},\ \dfrac{3\pi}{2}\right)$이다.

$3\alpha=\beta$를 증명하려면 반드시 $3\alpha\in\left(-\dfrac{\pi}{2},\ \dfrac{\pi}{2}\right)$이어야 한다.

$\cos 3\alpha=-3\cos\alpha+4\cos^3\alpha=\sqrt{1-x^2}\,(1-4x^2)\geq 0$이기 위해서는 $1-4x^2\geq 0$이다. 즉 $-\dfrac{1}{2}\leq x\leq\dfrac{1}{2}$ $\qquad\cdots\cdots$ ②

그러므로 $-\dfrac{1}{2}\leq x\leq\dfrac{1}{2}$일 때 3α와 β는 모두 사인함수의 단조구간 $\left(-\dfrac{\pi}{2},\ \dfrac{\pi}{2}\right)$에 있게 된다. ①, ②에 의하여 $-\dfrac{1}{2}\leq x\leq\dfrac{1}{2}$일 때 $3\sin^{-1}x=\sin^{-1}(3x-4x^3)$

10 $a_k = \sin^{-1}\left[\dfrac{\sqrt{(2k+1)^2-1}}{4k^2-1} - \dfrac{\sqrt{(2k-1)^2-1}}{4k^2-1} \right]$

$\qquad = \sin^{-1}\left[\dfrac{1}{2k-1} \cdot \sqrt{1-\left(\dfrac{1}{2k+1}\right)^2} - \dfrac{1}{2k+1} \cdot \sqrt{1-\left(\dfrac{1}{2k-1}\right)^2} \right]$

$k \in \mathrm{N}$(N은 자연수의 집합)$\therefore\ 0 < \dfrac{1}{2k-1} \leq 1,\ 0 < \dfrac{1}{2k+1} < 1$

공식 4에 의하여

$a_k = \sin^{-1}\dfrac{1}{2k-1} - \sin^{-1}\dfrac{1}{2k+1}$

$\therefore\ \displaystyle\sum_{k=1}^{n} a_k = a_1 + a_2 + a_3 + \cdots\cdots + a_n = \sin^{-1}1 - \sin^{-1}\dfrac{1}{2n+1}$

$\qquad\qquad = \dfrac{\pi}{2} - \sin^{-1}\dfrac{1}{2n+1}$

연습문제 10

1 (1) 직선의 방정식과 쌍곡선의 방정식을 연립시키고 y를 소거하면

$\qquad (3-a^2)x^2 - 2ax - 2 = 0 \qquad\qquad\qquad \cdots\cdots$ ①

$\qquad \overline{\mathrm{AB}}$를 지름으로 하는 원이 원점을 지나면 $\overline{\mathrm{OA}} \perp \overline{\mathrm{OB}}$이다. 즉 두 직선의 기울기
의 곱은 -1이다. 기울기의 공식과 근과 계수와의 관계에 의하여 $a = \pm 1$을 얻
는다. 방정식 ①의 $D \geq 0$에서 또 $-\sqrt{6} \leq a \leq \sqrt{6}$을 얻는다. 따라서 그러한 a의
값은 존재한다.

$\quad$ (2) 선대칭의 성질에 의하여 귀류법으로 조건을 만족하는 a의 값이 존재하지 않는
다는 것을 쉽게 유도해 낼 수 있다.

2 C점의 좌표를 $(x_0, 0)$이라 하고 점 C가 A, B 사이에 있을 때 선분의 주어진 비
로 내분점의 좌표의 공식을 이용하면

$\qquad \dfrac{2x_1 + x_2}{3} = x_0 \qquad \cdots\cdots$ ① $\qquad\qquad \dfrac{2y_1 + y_2}{3} = 0 \qquad \cdots\cdots$ ②

A, B가 포물선 위에 있고 $\dfrac{y_1 - y_2}{x_1 - x_2} = -2$이므로

$\qquad x_1 + x_2 = 4 \qquad \cdots\cdots$ ③

①, ②, ③을 연립시키면 $3x_1^2 - 10x_1 + 8 = 0$을 얻는다.

이 방정식을 풀면 $x_1 = \dfrac{4}{3}$, $x_2 = \dfrac{8}{3}$

그러므로 직선의 방정식은 $18x + 9y - 32 = 0$이다.

C점이 $\overline{AB}$ 밖에 있을 때 같은 방법으로 직선의 방정식 $2x + y + 32 = 0$을 얻을 수 있다.

3 (1) 타원의 방정식은

$$\frac{\left(x - \dfrac{m}{1-e}\right)^2}{\dfrac{m^2}{(1-e)^2}} + \frac{y^2}{\dfrac{m^2(1-e^2)}{(1-e)^2}} = 1 \qquad \cdots\cdots ①$$

(2) 평행이동 $\begin{cases} x' = x - \dfrac{m}{1-e} \\ y' = y \end{cases}$ 을 하면 타원의 방정식은

$$\frac{x'^2}{\dfrac{m^2}{(1-e)^2}} + \frac{y^2}{\dfrac{m^2(1-e^2)}{(1-e)^2}} = 1 \qquad \cdots\cdots ②$$

$\angle O'PA = 90°$이므로, 즉 점 P는 원 $\left[x' - \dfrac{m}{2(1-e)}\right]^2 + y'^2 = \left[\dfrac{m}{2(1-e)}\right]^2$

위에 있다. ②, ③을 연립시키고 풀면

$$x' = \frac{m(1+e)}{e^2} \left(x' = \frac{m}{1-e} \text{은 버림}\right)$$

조건에 부합되기 위해서는 타원과 원의 교점이 A점의 왼쪽에 있어야 한다.

즉 $x' = \dfrac{m(1+e)}{e^2} < \dfrac{m}{1-e} = x'_A$

따라서 $\dfrac{1}{2} < e^2 < 1$, 즉 $\dfrac{\sqrt{2}}{2} < e < 1$

4 타원의 정의와 코사인법칙에 의하여 $\dfrac{2b^2 - a^2}{a^2} \leq \cos\angle F_1PF_2 \leq 1$,

즉 $0 \leq \angle F_1PF_2 \leq \cos^{-1}\dfrac{2b^2 - a^2}{a^2}$

(1) $a < \sqrt{2}b$일 때

$$0 \leq \sin\angle F_1PF_2 \leq \sin\left[\cos^{-1}\frac{2b^2 - a^2}{a^2}\right] = \frac{2bc}{a^2}$$

(2) $a \geq \sqrt{2}b$일 때 $\cos^{-1}\dfrac{2b^2 - a^2}{a^2} \geq \dfrac{\pi}{2}$

즉 $\sin\angle F_1PF_2$의 최댓값은 1이다.

$$\therefore (\sin\angle F_1PF_2)_{\max} = \begin{cases} \dfrac{2bc}{a^2} & (a < \sqrt{2}b) \\ 1 & (a \geq \sqrt{2}b) \end{cases}$$

5 포물선의 초점은 $F(0, 1)$이고 준선은 $y = -1$이다. 포물선의 정의에 의하여

$$\overline{AF} = y_1 + 1 \qquad \cdots\cdots ①$$

$$\overline{BF} = y_2 + 1 \qquad \cdots\cdots ②$$

①$+$②, $\overline{AF} + \overline{BF} = y_1 + y_2 + 2 = \overline{AB}$ ($\because$ A_1B_1F는 모두 한 직선 위에 있다.)

6 l과 C의 방정식을 연립시키고 y를 소거하면

$$(a^2 - 1)x^2 + 2a^2x + a^2 - 1 = 0$$

따라서 $x_N = \dfrac{a^2}{1 - a^2}$, $y_N = \dfrac{a}{1 - a^2}$

$$\therefore l_2 ; y - 2 = \dfrac{\dfrac{a}{(1 - a^2)} - 2}{\dfrac{a^2}{1 - a^2} + 1}(x + 1)$$

$y = 0$이라 하면 $m = f(a) = -\dfrac{a(2a + 1)}{2a^2 + a - 2}$

그 정의역은 ① $a^2 - 1 \neq 0$, ② $D = 4a^4 - 4(a^2 - 1)^2 > 0$, ③ $2a^2 + a - 2 \neq 0$,

④ $y_N = \dfrac{a}{1 - a^2} > 1$을 동시에 만족한다. ①, ②, ③, ④로 이루어진 연립부등식을 풀면 $f(a)$의 정의역은

$$\left(a \,\middle|\, \dfrac{-1 - \sqrt{5}}{2} < a < -1 \text{ 또는 } \dfrac{\sqrt{2}}{2} < a < 1, \text{ 단 } a \neq \dfrac{-1 \pm \sqrt{17}}{2} \right)$$

7 CD의 방정식을 $2x + y - m = 0$, $m < 4$라 한다. CD와 포물선의 방정식을 연립시키면 $\left(D > 0 \text{에서 } m > -\dfrac{17}{2} \text{을 얻는다} \right)$ 평행직선 사이의 거리의 공식과 현의 길이의 공식에 의하여

$$\overline{BC} = \dfrac{4 - m}{\sqrt{5}}, \quad \overline{CD} = \sqrt{5} \cdot \sqrt{2m + 17}$$

$$\therefore S_{ABCD} = \sqrt{2m + 17}(4 - m) = \sqrt{2m + 17(4 - m)(4 - m)}$$

$$\leq \sqrt{\dfrac{[(2m + 17) + (4 - m) + (4 - m)]^3}{3^3}}$$

$$= \sqrt{\left(\dfrac{25}{3}\right)^3} = \dfrac{125\sqrt{3}}{9}$$

$2m + 17 = 4 - m$ 즉 $m = -\dfrac{13}{3}$일 때만 $S_{\max} = \dfrac{125\sqrt{3}}{9}$이다.

8 $x^2+y^2=R^2$이라 하면 $\dfrac{(x-4)^2}{9}+\dfrac{y^2}{25}=1$과 $x^2+y^2=R^2$에 의하여 결정되는

$R_{\max}$, $R_{\min}$을 구할 수 있다. 그러면 $u_{\max}=\dfrac{1}{R_{\min}}$이고 $u_{\min}=\dfrac{1}{R_{\max}}$이다.

위의 두 방정식을 연립시키고 y를 소거하면 $16x^2-200x+175+9R^2=0$이다.
$D\geq0$에 의하여 $R\leq5\sqrt{2}$를 얻는다.

$\dfrac{(x-4)^2}{9}+\dfrac{y^2}{25}=1$의 그래프에 의하여 $R\geq1$임을 알 수 있다.

$\therefore 1\leq R\leq5\sqrt{2}$

$R=1$일 때 $x=1$, $y=0$ $\therefore u_{\max}=1$

$R=5\sqrt{2}$일 때 $x=\dfrac{25}{4}$, $y=\pm\dfrac{5\sqrt{7}}{4}$

$\therefore u_{\min}=\dfrac{1}{5\sqrt{2}}$

9 이 문제는 p가 어느 범위에 있을 때 연립방정식

$$\begin{cases} y^2=2px \\ \dfrac{\left[x-\left(2+\dfrac{p}{2}\right)\right]^2}{4}+y^2=1 \end{cases}$$

이 네 개의 서로 다른 실수해를 가지는가 하는 문제이다.

이것은 또 방정식 $x^2+(7p-4)x+\dfrac{p^2}{4}+2p=0$이 서로 다른 두 양의 근을 가진

다는 것, 즉 $D=(7p-4)^2-4\left(\dfrac{p^2}{4}+2p\right)>0$, $\dfrac{p^2}{4}+2p>0$, $7p-4<0$이 동시

에 성립한다는 것과 같다. 그런데 주어진 조건에 의하여 $p_1>0$이다. 이 연립부등

식을 풀면 $0<p<\dfrac{1}{3}$이다.

10 l_1이 타원 C 위에 있는 직선 l에 대하여 대칭인 두 점 A, B를 지나는 직선이고

P가 $\overline{AB}$의 중점이라고 하면 $P\in l\cap l_1$, $\{A, B\}=C\cap l_1$, $l_1\perp l$이며 P는 타원 안

에 있고 $\overline{PA}=\overline{PB}$이다. 따라서 l_1의 방정식을 $y=-\dfrac{x}{4}+n$ ……①

점 A$(x_1,\ y_1)$, B$(x_2,\ y_2)$라고 할 수 있다. ①을 타원의 방정식에 대입하여 간단

히 하면 $13x^2-8nx+16n^2-48=0$

$D>0$을 풀면 $-\dfrac{\sqrt{13}}{2}<n<\dfrac{\sqrt{13}}{2}$ ……②

또 $x_1+x_2=\dfrac{8n}{13}$. ①에 대입하면

$$y_1+y_2=-\frac{x_1+x_2}{4}+2n=\frac{24n}{13}$$

$P\left(\dfrac{x_1+x_2}{2},\ \dfrac{y_1+y_2}{2}\right)$가 l 위에 있으므로

$\dfrac{1}{2}\left(\dfrac{24n}{13}\right)=4\left(\dfrac{1}{2}\cdot\dfrac{8n}{13}\right)+m$, 즉 $m=-\dfrac{4n}{13}$

따라서 ②에 의하여

$$-\frac{2\sqrt{13}}{13}<m<\frac{2\sqrt{13}}{13}$$

연습문제 11

1 $\overline{AB}$의 중점을 원점으로 하고 직선 $\overline{AB}$를 x축으로 하여 직각좌표계를 만든다. $\overline{AB}=2a$라고 하면 $-a\le x\le a$일 때 $x=0$ 또는 $x^2+y^2=a^2$, $|x|>a$일 때 $x^2-y^2=a^2$이다.

2 O를 극으로 하고 반직선 OA를 극축으로 하여 극좌표계를 만든다. $(\rho^2-4a^2)\sin^2\theta=0$, 자취는 직선과 원이다.

3 A를 원점으로 하고, A, F를 지나는 직선을 x축으로 하여 직각좌표계를 만들면 방정식 $2x^2+y^2-2xp=0$을 얻는다(A, F는 이 타원의 극한점이다).

4 두 접선의 교점을 $(x_0,\ y_0)$이라 하고 기울기 k를 매개변수로 하여 접선의 매개변수방정식을 쓴다. 판별식이 0과 같고 두 기울기의 곱이 -1이므로 자취의 방정식을 구하면 원 $x^2+y^2=a^2+b^2$이 된다.

5 B를 원점으로 하고 $\overline{BC}$, $\overline{BA}$가 놓인 직선을 좌표축으로 하여 직각좌표계를 만든다. $\dfrac{\overline{BE}}{\overline{BA}}=\dfrac{\overline{AF}}{\overline{AD}}=\lambda$를 매개변수로 하여, $\overline{CE}$, $\overline{BF}$의 교점의 매개변수방정식을 구한 후 λ를 소거하면 $b^2\left(x-\dfrac{a}{2}\right)^2+a^2y^2=\dfrac{a^2b^2}{4}$ 을 얻는다.

6 $(by)^{\frac{2}{3}}$과 $(ax)^{\frac{2}{3}}$을 각각 구하여 더하면 $(ax)^{\frac{2}{3}}+(by)^{\frac{2}{3}}=(a^2-b^2)^{\frac{2}{3}}$이다.

7 쌍곡선의 중심은 점근선의 교점 $(2,1)$이다. 좌표변환으로 $a=3$, $b=4$를 구할 수 있다. 그러므로 쌍곡선의 방정식은 $\dfrac{(y-1)^2}{9}-\dfrac{(x-2)^2}{16}=1$이다.

8 정해진 점이 원 밖에 있는 경우와 원 안에 있는 경우 및 원 위에 있는 경우로 나눈다. 움직이는 점에서 정해진 원의 중심과 정해진 점까지의 거리의 합 또는 차가 일정한 값인가를 본다.

$a < c$일 때 자취는 쌍곡선 $\dfrac{x^2}{a^2} - \dfrac{y^2}{c^2 - a^2} = 1$이다.

$a > c$일 때 자취는 타원 $\dfrac{x^2}{a^2} + \dfrac{y^2}{a^2 - c^2} = 1$이다.

$a = c$일 때 자취는 직선 $y = 0$(점 $(\pm c, 0)$은 극한점)이다.

9 원의 중심을 원점으로 하고 $\overline{AB}$가 놓인 직선을 x축으로 하여 직각좌표계를 만든다. 평면기하 지식 및 타원의 정의에 의하여 자취를 구하면

$$\dfrac{x^2}{(eR)^2} + \dfrac{y^2}{(eR)^2 - r^2} = 1$$이다.

10 O를 원점으로 하고 $\overline{OA}$가 놓인 직선을 x축으로 하여 직각좌표계를 만들고

A$(a, 0)$ $(a > 0)$이라 한다. 그러면 $\overrightarrow{AB} = \overrightarrow{AC}\left(\cos\dfrac{\pi}{3} + i\sin\dfrac{\pi}{3}\right)$. C$(x, y)$라

고 하면 B$\left(\dfrac{x-a}{2} - \dfrac{\sqrt{3}}{2}y,\ \dfrac{\sqrt{3}}{2}(x-a) + \dfrac{1}{2}y\right)$,

C의 자취는 $\left(x - \dfrac{\sqrt{3}+1}{4}a\right)^2 + \left(y + \dfrac{\sqrt{3}-1}{4}a\right)^2 = b^2$

연습문제 12

1 직선의 방정식을 표준형으로 고치고 포물선의 방정식에 대입하여 해를 구한다.

그러면 꼭짓점의 좌표는 $\left(\dfrac{1}{2}, -\dfrac{13}{4}\right)$이고 준선의 방정식은 $y = -\dfrac{7}{2}$이다.

2 포물선의 방정식을 $y^2 = 2px$라 하고 초점을 지나는 현이 놓이는 직선의 방정식을

$x = \dfrac{p}{2} + t\cos\alpha$, $y = t\sin\alpha$라 한다. 명제 1을 이용하여 정사영의 길이를 구하면

$\dfrac{2p\cos\alpha}{\sin^2\alpha}$이고 현의 중점에서 초점까지의 거리는 $\dfrac{p\cos\alpha}{\sin^2\alpha}$이다.

3 (1) $t_1 + t_2 = 0$에 의하여 $\overline{AB}$가 놓인 직선의 방정식을 구하면 $x + 2y - 4 = 0$이다.

(2) $t_2 = -2t_1$에 의하여 $-2(t_1 + t_2)^2 = t_1 \cdot t_2$를 얻는다.

따라서 $\overline{AB}$가 놓이는 직선의 방정식은 $y - 1 = \dfrac{-4 \pm \sqrt{7}}{6}(x - 2)$

4 A$(2pt_1^2, 2pt_1)$, B$(2pt_2^2, 2pt_2)$라고 하자. $\overline{OA} \perp \overline{OB}$에 의하여 $t_1 \cdot t_2 = -1$을 얻는다. 직선 AB의 방정식을 구하고 간단히 하면 $(x - 2p) - (t_1 + t_2)y = 0$이다. 그러므로 직선 AB는 정해진 점 $(2p, 0)$을 지난다.

5 $P(a\sec\varphi,\ b\tan\varphi)$라고 하면 $\overline{PQ}$의 방정식은

$$x=a\sec\varphi+\frac{-a}{\sqrt{a^2+b^2}}t,\ y=b\tan\varphi+\frac{b}{\sqrt{a^2+b^2}}t\text{이다.}$$

$x,\ y$를 $bx-ay=0$에 대입하면 $\overline{PQ}=t=-\dfrac{1}{2}\sqrt{a^2+b^2}(\sec\varphi-\tan\varphi)$

마찬가지로 $\overline{PR}=-\dfrac{1}{2}\sqrt{a^2+b^2}(\sec\varphi+\tan\varphi)$

$$\therefore\ \overline{PQ}\cdot\overline{PR}=\frac{a^2+b^2}{4}$$

6 $P(a\cos\theta,\ b\sin\theta)$라고 하면 $P'(-a\cos\theta,\ b\sin\theta)$이다.

따라서 $S_{\text{사다리꼴}APP'A'}=(a+a\cos\theta)\,|b\sin\theta|$

$$=4ab\left|\cos^3\frac{\theta}{2}\sin\frac{\theta}{2}\right|=\frac{4ab}{\sqrt{3}}\sqrt{\cos^6\frac{\theta}{2}\cdot 3\sin^2\frac{\theta}{2}}$$

$$\leq\frac{4ab}{\sqrt{3}}\sqrt{\left(\frac{\cos^2\frac{\theta}{2}+\cos^2\frac{\theta}{2}+\cos^2\frac{\theta}{2}+3\sin^2\frac{\theta}{2}}{4}\right)^4}$$

$$\leq\frac{3\sqrt{3}ab}{4}$$

7 포물선 $y^2=2px$ 위의 네 점 A, B, C, D의 좌표를 $(2pt_i^2,\ 2pt_i)\,(i=1,\ 2,\ 3,\ 4)$ 라고 하자. ABCD가 평행사변형이면 $k_{AB}=k_{CD}$, $k_{BC}=k_{AD}$이다(k_{AB}는 직선 AB 의 기울기이다). 그런데 $t_1=t_3$, $t_2=t_4$이다. 따라서 점 A와 C가 일치하고 점 B와 D가 일치한다. 이것은 주어진 조건과 모순된다. 그러므로 ABCD는 평행사변형 이 될 수 없다.

8 $\overline{AB}$, $\overline{BC}$의 매개변수방정식의 표준형을 설정하여 타원의 방정식에 대입하고 정 삼각형의 성질을 이용하면

$$\frac{\sin\theta}{1+(m^2-1)\sin^2\theta}=\frac{\sin\left(\theta+\frac{\pi}{3}\right)}{1+(m^2-1)\sin\left(\theta+\frac{\pi}{3}\right)}$$

$0<\theta<\dfrac{2\pi}{3}$와 θ가 세 개의 서로 다른 해를 가지므로 $-1<\dfrac{m^2-5}{2(m^2-1)}<\dfrac{1}{2}$ 이 부등식을 풀면 $m\in\left(-\infty,\ -\sqrt{\dfrac{7}{3}}\right)\cup\left(\sqrt{\dfrac{7}{3}},\ +\infty\right)$

9 F를 극으로 하고 포물선의 방정식을 $\rho=\dfrac{1}{1-\cos\theta}$이라고 하자. 그러면 α(α는 $\overline{FA}$의 극각이다)에 관한 $\overline{FA}$, $\overline{FB}$, $\overline{FC}$, $\overline{FD}$의 식을 얻을 수 있다.

따라서 $S_{ABCD}=\dfrac{1}{2}\overline{AC}\cdot\overline{BD}=\dfrac{8}{\sin^2 2\alpha}\geq 8$

10 (1) $P(x_0, y_0)$를 자취 위의 임의의 한 점이라고 하면 직선 l의 방정식은

$$\begin{cases} x = x_0 + t\cos\theta \\ y = y_0 + t\sin\theta \end{cases} (t\text{는 매개변수})$$

쌍곡선의 방정식에 대입하고 $t_1 + t_2 = 0$을 이용하면

$\tan\theta = \dfrac{2x_0}{y_0}$. 또 l의 기울기 $k = \dfrac{y - y_0}{x - x_0} = \tan\theta$

$\therefore \dfrac{y - y_0}{x - x_0} = \dfrac{2x_0}{y_0}$

점 $A(2, 1)$이 l 위에 있으므로 자취의 방정식은 $2x^2 - y^2 - 4x + y = 0$

(2) 직선의 방정식을 $\begin{cases} x = 1 + t\cos\theta \\ y = 1 + t\sin\theta \end{cases}$ 라 하고 쌍곡선의 방정식에 대입하면

$(2\cos^2\theta - \sin^2\theta)t^2 + 2(2\cos\theta - \sin\theta)t - 1 = 0 \qquad \cdots\cdots ①$

$t_1 = -t_2$에 의하여 방정식 ①을 간단히 하면

$2t^2\cos^2\theta + 1 = 0$

이 방정식은 실수해를 가지지 않으므로 그러한 직선은 있을 수 없다.

11 $P(\alpha, \beta)$라고 하면 $\tan\theta = \pm\dfrac{a}{b}$ 이므로

$$\cos\theta = \pm\dfrac{b}{\sqrt{a^2 + b^2}}, \sin\theta = \dfrac{a}{\sqrt{a^2 + b^2}}$$

그러므로 두 현의 방정식을 $x = a \pm \left(\dfrac{b}{\sqrt{a^2 + b^2}}\right)t$, $y = \beta + \left(\dfrac{a}{\sqrt{a^2 + b^2}}\right)t$ (t는 매개변수)라 설정할 수 있다. t의 기하학적 의미에 의하여 현과 타원의 교점에 대응하는 $|t|$가 각각 d_1, d_2, d_3, d_4라는 것을 알 수 있다. 현의 방정식을 타원의 방정식에 대입하고 정리하면

$$\dfrac{2}{a^2 + b^2}t^2 + \dfrac{2}{\sqrt{a^2 + b^2}} = \left(\dfrac{\alpha}{a} \pm \dfrac{\beta}{b}\right)t + \dfrac{\alpha^2}{a^2} + \dfrac{\beta^2}{b^2} - 1 = 0$$

네 근의 제곱의 합은

$$\sum_{i=1}^{4} d_i^2 = \left[\left(\dfrac{\alpha}{a} + \dfrac{\beta}{b}\right)^2 + \left(\dfrac{\alpha}{a} - \dfrac{\beta}{b}\right)^2\right](a^2 + b^2)$$
$$- 2\left(\dfrac{\alpha^2}{a^2} + \dfrac{\beta^2}{b^2} - 1\right)(a^2 + b^2) = 2(a^2 + b^2)$$

12 $P_1(a\sec\theta, a\tan\theta)$, $P_2(a\sec\theta, -b\tan\theta)$ (θ는 매개변수)라 하자.

$A(-a, 0)$, $B(a, 0)$이므로 직선 AP_2, BP_1의 방정식은 각각

$$\dfrac{y}{-b\tan\theta} = \dfrac{x + a}{a\sec\theta + a}, \quad \dfrac{y}{b\tan\theta} = \dfrac{x - a}{a\sec\theta - a}$$

두 식을 변끼리 곱하고 간단히 하면

$$\frac{y^2}{-b^2\tan^2\theta} = \frac{x^2-a^2}{a^2\tan^2\theta}$$

즉 $\dfrac{x^2}{a^2} + \dfrac{y^2}{b^2} = 1 \,(y \neq 0)$

연습문제 13

1 네 수는 0, 4, 8, 16 또는 15, 9, 3, 1이다.

제시 : 네 수를 $a-d$, a, $a+d$, $\dfrac{(a+d)^2}{a}$ 이라 하면 주어진 조건에 의하여 $a=4$, $d=4$와 $a=9$, $d=-6$을 얻을 수 있다.

2 200. $a_1+a_{25}=a_6+a_{20}=a_{11}+a_{15}=\dfrac{32}{2}=16$

$\therefore S_{25}=16 \times \dfrac{25}{2}=200$

3 제시 : $b=ar$, $c=ar^2$, $d=ar^3$에 의하여 $(b+c)^2=a^2r^2(1+r)^2$, $(a+b)(c+d)$ $=a^2r^2(1+r)^2$임을 알 수 있다.

4 제시 : 주어진 조건 $a^2+c^2=2b^2$과 사인법칙에 의하여

$$\begin{aligned}
\cot A+\cot C &= \frac{\sin(A+C)}{\sin A\sin C} = \frac{\sin B}{\sin A\sin C} = \frac{2bR}{ac} \\
&= \frac{2bR}{\dfrac{a^2+c^2-b^2}{2\cos B}} = \frac{4bR\cos B}{2b^2-b^2} \\
&= \frac{4R\cos B}{b} = \frac{4R\cos B}{2R\sin B} \\
&= 2\cot B
\end{aligned}$$

5 귀류법으로 주어진 조건 $a \neq c$와 모순되는 결론 $a=c$를 유도해 낸다.

6 $\dfrac{n-p}{k-n}$. 공비를 r이라고 하면 $d \neq 0$에 의하여 $r \neq 1$임을 알 수 있다.

$a_n=a_k r$, $a_p=a_n r$이므로 $r=\dfrac{a_n-a_p}{a_k-a_n}$

또 $a_n-a_p=(n-p)d$, $a_k-a_n=(k-n)d$, $r=\dfrac{n-p}{k-n}$

7 (1) 주어진 조건 $(*)$ $a<b<a+b<ab<a+2b$에 의하여 $(a+2b)-a>ab-b$, 즉 $2>a-1$ $(\because b>0)$이다.

$\therefore a=1$ 또는 $a=2$

$a=1$을 $(*)$식에 대입하면 $b+1<b$이므로 $a=1$을 버린다.

$a=2$를 (＊)식에 대입하면 $b<2$이다.

$\therefore a=2,\ b>2$

(2) $2+(m-1)b+1=b\cdot 2^{n-1}$에 의하여

$b[2^{n-1}-(m-1)]=3$

즉 b는 3의 약수이다(또 $b>2$)

$\therefore b=3,\ m=2^{2n-1}$

(3) 구하려는 합은 $\displaystyle\sum_{n=1}^{k}a_{2^{n-1}}=\sum_{n=1}^{k}[2+(2^{n-1}-1)\cdot 3]=3\cdot 2^{k}-k-3$

8 연속된 임의의 세 항을 $a_1r^{m-1},\ a_1r^{m},\ a_1r^{m+1}$($m$은 자연수, $a_1>0$, $r>0$)이라고 하자.

(1) 이 세 항이 정삼각형의 세 변의 길이로 되기 위한 필요충분조건은 $a_1r^{m-1}=a_1r^{m}=a_1r^{m+1}$, 즉 $r=1$이다.

(2) $0<r<1$일 때 $a_1r^{m-1}>a_1r^{m}>a_1r^{m+1}$이므로 삼각형의 세 변의 길이로 되기 위한 필요충분조건은 $a_1r^{m-1}<a_1r^{m}+a_1r^{m+1}$

이 부등식을 풀면 $\dfrac{\sqrt5-1}{2}<r<1$

(3) $r>1$일 때 $a_1r^{m-1}<a_1r^{m}<a_1r^{m+1}$이므로 삼각형의 세 변의 길이로 되기 위한 필요충분조건은 $a_1r^{m+1}<a_1r^{m}+a_1r^{m-1}$

이 부등식을 풀면 $1<r<\dfrac{\sqrt5+1}{2}$

상술한 세 가지 경우를 종합하면 명제가 증명된다.

9 $a_n=2n-3$ 또는 $a_n=5-2n$ 공차를 d라고 하면 주어진 조건에 의하여

$b_1b_3=\left(\dfrac{1}{2}\right)^{2(a_1+d)}$, $b_2=\left(\dfrac{1}{2}\right)^{(a_1+d)}$, 따라서 $b_1b_3=b_2^2$ $\therefore b_2=\dfrac{1}{2}$

$b_2=\dfrac{1}{2}$을 주어진 식에 대입하면 $b_1+b_3=\dfrac{17}{8}$, $b_1b_3=\dfrac{1}{4}$

이 두 식을 연립시켜 풀면 $b_1=2$, $b_3=\dfrac{1}{8}$ 또는 $b_1=\dfrac{1}{8}$, $b_3=2$

따라서 $a_1=-1,\ d=2$ 또 $a_1=3,\ d=-2$

이로부터 일반항의 공식을 얻을 수 있다.

10 $a_n=S_n-S_{n-1}=ka_n+1-(ka_{n-1}+1)$ $(n\geq 2)$에 의하여 $a_n=\dfrac{k}{k-1}a_{n-1}$

따라서 $a_n=\left(\dfrac{k}{k-1}\right)^{n-1}a_1$ $(n\geq 2)$

또 $a_1=S_1=ka_1+1$, $a_1=\dfrac{1}{1-k}$, $a_n=\dfrac{-k^{n-1}}{(k-1)^n}$ $(n\geq 2)$

$k \neq 0$일 때 위 식은 $n=1$에 대해서도 역시 성립한다.

$k \neq 0$일 때 $a_n = \dfrac{-k^{n-1}}{(k-1)^n}$ $(n \geq 1)$, $k=0$일 때 $a_n = 1$($n=1$일 때) 또는 $a_n = 0$

$(n \geq 2$일 때)

11 주어진 조건에 의하여

$$a_{k+1}^3 = \sum_{i=1}^{k+1} a_i^3 - \sum_{i=1}^{k} a_i^3 = \left(\sum_{i=1}^{k+1} a_i\right)^2 - \left(\sum_{i=1}^{k} a_i\right)^2$$

$$= \left(\sum_{i=1}^{k+1} a_i - \sum_{i=1}^{k} a_i\right)\left(\sum_{i=1}^{k+1} a_i + \sum_{i=1}^{k} a_i\right)$$

$$= a_{k+1}\left(a_{k+1} + 2\sum_{i=1}^{k} a_i\right)$$

$\therefore a_{k+1}^2 = a_{k+1} + 2\sum_{i=1}^{k} a_i$ ...... ①

따라서 $a_k^2 = a_k + 2\sum_{i=1}^{k-1} a_i$ ...... ②

①−②,

$a_{k+1}^2 - a_k^2 = a_{k+1} - a_k + 2a_k = a_{k+1} + a_k$

$a_{k+1} - a_k = 1$

즉 $\{a_n\}$은 공차가 1인 등차수열이다. 또 $a_1 = 1$이므로 $a_n = n$이다.

12 수열 $\{a_n\}$의 홀수차항들로 이루어진 수열 $6, 16, 26, \cdots, 5(2m-1)+1, \cdots$은 $d=10$을 공차로 하는 등차수열이므로 이 수열의 처음 m항의 합은 $5m^2 + m$이다. 수열 $\{a_n\}$의 짝수차항들로 이루어진 수열 $2, 2^2, 2^3, \cdots, 2^m, \cdots$은 $r=2$를 공비로 하는 등비수열이므로 이 수열의 처음 m항의 합은 $2^{m+1} - 2$이다. 그러므로 구하려는 처음 $2m$항의 합은 $5m^2 + m + 2^{m+1} - 2$이다.

13 $-(m+n)$

제시 : a_1과 d를 구한 다음 S_{m+n}을 구한다.

14 $\dfrac{1 + x^2 + (2n-1)x^{2n+2} - (2n+1)x^{2n}}{(1-x^2)^2}$

제시 : x^2을 곱한 다음 두 식을 변끼리 뺀다.

15 $S_n = 2^{n-1} + n$. $S_n = [a + (n-1)d] + (br^{n-1})$라 하고 주어진 네 개의 등식을 연립시켜 풀면 $a=1$, $b=1$, $d=1$, $r=2$

$\therefore S_n = 2^{n-1} + n$

16 내접구의 반지름을 큰 것부터 차례로 $r_1, r_2, \cdots$ 이라 하면

$$r_1 = R\tan\frac{\theta}{2}, \quad r_2 = R\tan^3\frac{\theta}{2}, \quad r_3 = R\tan^5\frac{\theta}{2}, \cdots$$

따라서 내접구의 부피는 각각

$$V_1 = \frac{4}{3}\pi r_1^3 = \frac{4}{3}\pi R^3 \tan^3 \frac{\theta}{2}$$

$$V_2 = \frac{4}{3}\pi r_2^3 = \frac{4}{3}\pi R^3 \tan^9 \frac{\theta}{2}$$

$$V_3 = \frac{4}{3}\pi r_3^3 = \frac{4}{3}\pi R^3 \tan^{15} \frac{\theta}{2} \quad \cdots\cdots\cdots$$

그러므로 구하려는 부피의 합은

$$V = V_1 + V_2 + V_3 + \cdots$$

$$= \frac{4}{3}\pi R^3 \left(\tan^3 \frac{\theta}{2} + \tan^9 \frac{\theta}{2} + \tan^{15} \frac{\theta}{2} + \cdots\cdots \right)$$

$$= \frac{\dfrac{4}{3}\pi R \tan^3 \dfrac{\theta}{2}}{1 - \tan^6 \dfrac{\theta}{2}} \left(\text{공비 } r = \tan^6 \frac{\theta}{2} < 1 \right)$$

17 $P_0(1, 0)$, 직선 $P_0 P_1$의 방정식은 $x=1$, 포물선과의 교점은 $P_1(1, 1)$이다.

P_1을 지나는 접선의 방정식은 $y = 2x - 1$이다. $y=0$이라 하면 $P_2 \left(\dfrac{1}{2}, 0 \right)$.

마찬가지로 $P_3 \left(\dfrac{1}{2}, \dfrac{1}{4} \right)$, $P_4 \left(\dfrac{1}{4}, 0 \right)$, $P_5 \left(\dfrac{1}{4}, \dfrac{1}{16} \right)$, $P_6 \left(\dfrac{1}{8}, 0 \right)$, $\cdots$

(1) $\overline{P_0 P_1} + \overline{P_2 P_3} + \overline{P_4 P_5} + \cdots = 1 + \dfrac{1}{4} + \dfrac{1}{16} + \cdots = \dfrac{4}{3}$

(2) $S_{\triangle P_0 P_1 P_2} + S_{\triangle P_2 P_3 P_4} + S_{\triangle P_4 P_5 P_6} + \cdots$

$$= \frac{1}{2}\overline{P_0 P_1} \cdot \overline{P_2 P_0} + \frac{1}{2}\overline{P_2 P_3} \cdot \overline{P_4 P_2} + \frac{1}{2}\overline{P_4 P_5} \cdot \overline{P_6 P_4} + \cdots$$

$$= \frac{1}{2}\left(\frac{1}{2} + \frac{1}{16} + \frac{1}{128} + \cdots \right) = \frac{2}{7}$$

18 내접 등변원기둥의 밑면의 반지름을 차례로 r_1, r_2, $\cdots$ 라고 하면 $r_1 = \dfrac{Rh}{2R+h}$,

$r_2 = \dfrac{Rh^2}{(2R+h)^2}$, $\cdots$, $r_n = \dfrac{Rh^n}{(2R+h)^n}$, $\cdots$ (여기서 R, h는 각각 원뿔의 밑면

의 반지름과 높이이다.) 그 부피의 합은 $\dfrac{\pi R^2 h^3}{4R^2 + 6Rh + 3h^2} = \dfrac{3}{7} \cdot \dfrac{1}{3}\pi R^2 h$

$\therefore h = 2R$, $V = \dfrac{2}{3}\pi R^3$

$h = 2R$를 r_1의 식에 대입하면 $r_1 = \dfrac{R}{2}$

그러므로 제일 큰 원기둥의 부피는

$$\pi r_1^2 \cdot 2r_1 = \frac{3}{8} \cdot \frac{2}{3}\pi R^3 = \frac{3V}{8}$$

1 (1) $a_n = 2^n - 1 \, (n \geq 1)$

(2) $b_n = 2^n - 1 \, (n \geq 1)$

(3) $a_n = \dfrac{2}{n(n+1)}$

(4) $a_n = 3 \times 5^n - 3^{n-1} + 1 \, (n \geq 1)$

(5) $a_n = 2^{n-1} - \dfrac{1}{2} \, (n \geq 1)$

　제시 : 점화식을 $a_{n+1} + \dfrac{1}{2} = \left(a_n + \dfrac{1}{2}\right)^2$으로 변형한다.

(6) $a_n = \dfrac{3^n}{2^n + 3^{n-1}} \, (n \geq 1)$

　제시 : 점화식을 $\dfrac{1}{a_{n+1}} = \dfrac{2}{3} \cdot \dfrac{1}{a_n} + \dfrac{1}{9}$ 또는 $\dfrac{1}{a_{n+1}} - \dfrac{1}{3} = \dfrac{2}{3}\left(\dfrac{1}{a_n} - \dfrac{1}{3}\right)$로

변형한다.

(7) $a_n = 2 - (-3)^{n-1} \, (n \geq 1)$

2 $a_n = \dfrac{n(r^n - 1)}{r - 1} \, (n \geq 1)$

제시 : 점화식은 $na_{n+1} = r(n+1)a_n + n(n+1)$이다. 양변을 $n(n+1)$로 나누면

$\dfrac{a_{n+1}}{n+1} = r \cdot \dfrac{a_n}{n} + 1$이다. $\dfrac{a_n}{n}$을 구한 다음 a_n을 구하면 된다.

3 (1) $a_n = S_n - S_{n-1}$, $S_n - S_{n-1} = S_n S_{n-1}$

　$\therefore \dfrac{1}{S_n} - \dfrac{1}{S_{n-1}} = -1$

　$\left\{\dfrac{1}{S_n}\right\}$은 등차수열이다. 따라서 $S_n = \dfrac{2}{11 - 2n}$

(2) $a_n = S_n - S_{n-1} = \dfrac{4}{(11-2n)(13-2n)} \, (n \geq 2)$, $a_1 = \dfrac{2}{9}$

(3) 분명히 $a_2 < a_1$. $n \geq 3$일 때 $a_n - a_{n-1} > 0$, 즉 $(2n-11)(2n-13)(2n-15) < 0$을 풀면 n은 3, 4, 5, 7이다. 그러므로 구하려는 집합은 $\{3, 4, 5, 7\}$이다.

4 점화식에 의하여

$x_{n+1} - x_n = -2(x_n - x_{n-1})$

$x_{n+1} - x_1 = (x_2 - x_1)\dfrac{1 - (-2)^n}{1 + 2}$

$n = 1990$일 때 $x_{1991} = x_1 = 1991$　$\therefore x_2 = x_1 = 1991$　$\therefore x_{1990} = x_1 = 1991$

5 (1) $a_n = \cos n\alpha = \cos[(n-1)+1]\alpha$

$\qquad = \cos[(n-1)\alpha]\cos\alpha - \sin[(n-1)\alpha]\sin\alpha$

$\qquad = \cos[(n-1)\alpha]\cos\alpha + \dfrac{\cos n\alpha - \cos(n-2)\alpha}{2}$

$\qquad = a_{n-1}\cos\alpha + \dfrac{a_n}{2} - \dfrac{a_{n-2}}{2}$

즉 $a_n = 2a_{n-1}\cos\alpha - a_{n-2}\,(n \geq 3)$

(2) 합 $= (a_1 + a_2 + a_3 + \cdots + a_{2n+1}) - 2(a_2 + a_4 + \cdots + a_{2n})$

위의 결과를 이용하여 간단히 하면

$$\text{합} = \dfrac{\cos(n+1)\alpha\cos\dfrac{2n+1}{2}\alpha}{\cos\dfrac{\alpha}{2}}$$

6 $a_1 = S_1 = b$, $a_n = S_n - S_{n-1}$에 의하여 $a_n - ba_{n-1} = b^n$

따라서 $\dfrac{a_n}{b^n} - \dfrac{a_{n-1}}{b^{n-1}} = 1$, $\dfrac{a_n}{b^n} = n$, $a_n = nb^n\,(n \geq 1)$

7 $a_n = S_n - S_{n-1} = \dfrac{2S_n^2}{2S_n - 1}$에 의하여 $\dfrac{1}{S_n} - \dfrac{1}{S_{n-1}} = 2$

따라서 $\dfrac{1}{S_n} = 2n - 1$, $S_n = \dfrac{1}{2n-1}$

$\therefore a_n = \dfrac{2S_n^2}{2S_n - 1} = -\dfrac{2}{(2n-1)(2n-3)}\,(n \geq 1)$

8 $a_1 = S_1 = \dfrac{1}{2}$, $a_n = S_n - S_{n-1} = -n + \dfrac{1}{2}\,(n \geq 2)$

$\therefore n \geq 2$일 때 $3^{a_n} = 3^{-n+\frac{1}{2}}$

$3^{a_{n+1}} : 3^{a_n} = \dfrac{1}{3}$이므로 $\{3^{a_n}\}$은 둘째 항부터 시작하여 $3^{a_2} = 3^{-\frac{3}{2}}$을 첫째 항으로 하고

$\dfrac{1}{3}$을 공비로 하는 등비수열이다.

$\therefore S' = 3^{a_1} + \dfrac{3^{a_2}[1 - 3^{-(n-1)}]}{1 - 3^{-1}}$

$\qquad = \sqrt{3} + \dfrac{\sqrt{3}[1 - 3^{-(n-1)}]}{6}$

9 $k(k+1)^2 = k^3 + 2k^2 + k\,(k \geq 1)$

좌변 $= S_n = (1^3 + 2^3 + \cdots + n^3) + 2(1^2 + 2^2 + \cdots + n^2) + (1 + 2 + \cdots + n)$

$\qquad = \dfrac{n(n+1)}{12}(3n^2 + 11n + 10)$

상수 $a = 3$, $b = 11$, $c = 10$이 존재한다.

10 $a_{n+2}=a_{n+1}-a_n$, $a_{n+1}=a_n-a_{n-1}$을 변끼리 더하면

$a_{n+2}+a_{n-1}=0$, 즉 $a_{n+3}+a_n=0(n\geq1)$

$a_1=3$, $a_2=6$, $a_3=a_2-a_1=3$에 의하여

$a_4=-3$, $a_5=-6$, $a_6=-3$, $a_7=3$, $a_8=6$, $\cdots$

이로부터 $\{a_n\}$의 각 항은 3, 6, 3, -3, -6, -3이 순환되어 나타난다는 것을 알 수 있다. $1990\div6$의 나머지가 4이므로 $a_{1990}=-3$이다.

따라서 $a_{1991}=-6$, $a_{1992}=-3$, $a_{1993}=3$, $a_{1994}=6$, $a_{1995}=3$이다.

11 ①을 변형하면 $3a_{n+1}=6a_n+b_n$ ······③

③±②

$3a_{n+1}+b_{n+1}=3(3a_n+b_n)\Rightarrow$

$\qquad 3a_n+b_n=(3a_1+b_1)\cdot3^{n-1}=3^n$ ······④

$3a_{n+1}-b_{n+1}=3a_n-b_n\Rightarrow$

$\qquad 3a_n-b_n=(3a_1-b_1)\cdot1^{n-1}=3$ ······⑤

④, ⑤에 의하여

$a_n=\dfrac{3^{n-1}+1}{2}$, $b_n=\dfrac{3^n-3}{2}(n\geq1)$

12 풀이1 : $x_1+x_2+\cdots+x_n=n^2x_n$,

$\qquad x_1+x_2+\cdots+x_{n-1}=(n-1)^2x_{n-1}$

첫째 식에서 둘째 식을 빼면

$x_n=\dfrac{n-1}{n+1}x_{n-1}$

$\therefore x_n=\dfrac{2}{n(n+1)}(n\geq2$, $n=1$일 때에도 성립한다.$)$

풀이2 : 점화식에 의하여

$$S_n=n^2(S_n-S_{n-1}),\ 즉\ S_n=\dfrac{n^2}{n^2-1}S_{n-1}$$

$\therefore S_n=\dfrac{2n}{n+1}$

$\therefore x_n=S_n-S_{n-1}=\dfrac{2}{n(n+1)}(n\geq2$, $n=1$일 때에도 성립한다.$)$

연습문제 15

1 $n=1, 2, 3$일 때 부등식이 성립한다는 것을 알 수 있다. $n=k>3$일 때 $2^k+2>k^2$이라고 하면

$(2^{k+1}+2)-(k+1)^2=2(2^k+2-k^2)+(k+1)(k-3)>0$

즉 $n=k+1$일 때에도 부등식은 성립한다.

2 $n=k+1$일 때 $a_1a_2\cdots a_ka_{k+1}=1$과 $a_i>0(i=1,\ 2,\ \cdots,\ k+1)$에 의하여 a_1, $\cdots$, a_{k+1} 중에 1보다 작지 않은 수가 반드시 있고 또 1보다 크지 않은 수가 반드시 있다는 것을 알 수 있다. $a_k\geq1$, $a_{k+1}\leq1$이라고 하면

$$좌변=(2+a_1)\cdots(2+a_ka_{k+1})\cdot\frac{(2+a_k)(2+a_{k+1})}{2+a_ka_{k+1}}$$

$$\geq3^k\cdot\frac{(2+a_k)(2+a_{k+1})}{2+a_ka_{k+1}}\geq3^{k+1}$$

따라서 $\dfrac{(2+a_k)(2+a_{k+1})}{2+a_ka_{k+1}}\geq3\iff 2a_k+2a_{k+1}-2a_ka_{k+1}-2\geq0$

$\iff(a_k-1)(1-a_{k+1})\geq0$이 성립된다는 것만 증명하면 된다.

3 처음 몇 개의 $f_n(x)$에 의하여 다음을 추측할 수 있다.

$$f_n(x)=(-1)^n\frac{(x-1)(x-2)\cdots(x-n)}{n!}$$

다음 수학적귀납법으로 증명한다.

4 $n=1$일 때 $0<\cot^{-1}3<\dfrac{\pi}{4}$, $0<\tan^{-1}2-\tan^{-1}1<\dfrac{\pi}{4}$이므로 $\tan(\cot^{-1}3)=\dfrac{1}{3}$, $\tan(\tan^{-1}2-\tan^{-1}1)=\dfrac{1}{3}$이므로 $\cot^{-1}3=\tan^{-1}2-\tan^{-1}1$. 따라서 등식은 성립한다.

$n=k$일 때 등식이 성립한다고 하면 $n=k+1$일 때 $\cot^{-1}3+\cdots+\cot^{-1}(2k+1)$ $+\cot^{-1}(2k+3)=\tan^{-1}2+\cdots+\tan^{-1}\dfrac{k+1}{k}-k\tan^{-1}1+\cot^{-1}(2k+3)$

$n=1$인 경우와 마찬가지로 $\cot^{-1}(2k+3)$이 $\tan^{-1}\dfrac{k+2}{k+1}-\tan^{-1}1$과 같다는 것을 증명할 수 있다. 그러므로 $n=k+1$일 때에도 등식은 성립한다.

5 제시 : $4\sin^2\dfrac{\theta}{2}=2(1-\cos\theta)$와 곱을 합, 차로 바꾸는 공식을 이용한다.

6 제시 : $\tan(k\alpha)+\tan\alpha=\tan[(k+1)\alpha]\times(1-\tan(k\alpha)\tan\alpha)$

7 제시 : $x_{n+1}\leq x_n-x_n^2$. 다음 수학적귀납법으로 증명한다.

8 (1) $x_n-3=\dfrac{(x_{n-1}-3)^2}{2x_{n-1}-3}$. 또 수학적귀납법으로 $x_n>3$을 증명한다.

따라서 $\dfrac{x_{n+1}}{x_n}<1$

(2) $x_{n+1}-3=(x_n-3)\dfrac{x_n-3}{2x_n-3}<\dfrac{1}{2}(x_n-3)$

$\therefore x_{n+1}-3<\dfrac{1}{2^n}(x_1-3)$, 즉 $x_{n+1}<3+\dfrac{1}{2^n}(a-3)$

(3) $n \geq \log_2(a-3)$에 의하여 $\dfrac{1}{2^n}(a-3) \leq 1$

9 $x_n > 0$. $n=2$일 때 $x_2 = \dfrac{1}{2}\left(a^2 + \dfrac{a^2}{a^2}\right) = \dfrac{1}{2}(a^2+1) < \dfrac{1}{2}(a^2+a^2) = a^2$

또 $x_2 \geq \dfrac{1}{2} \cdot 2\sqrt{x_1 \cdot \dfrac{a^2}{x_1}} = a$

그러나 등호는 성립될 수 없다 $\left(x_1 \neq \dfrac{a^2}{x_1}\right)$.

즉 $n=2$일 때 명제는 성립한다.

$n=k$일 때 명제가 성립한다고 하면

$x_{k+1} \leq \dfrac{1}{2}\left(a^2 + \dfrac{a^2}{a}\right) = \dfrac{1}{2}(a^2+a) < \dfrac{1}{2}(a^2+a^2) = a^2$

또 $x_{k+1} > \dfrac{1}{2} \cdot 2\sqrt{x_k \cdot \dfrac{a^2}{x_k}} = a$ $\left(\because x_k \neq \dfrac{a^2}{x_k} \text{이므로 등호는 성립될 수 없다}\right)$

10 수학적귀납법으로 증명한다. $n=k+1$일 때 수열 1, 2, 3, $\cdots$, 2^k, $\cdots$, 2^{k+1}에서 홀수 $2m+1$의 제일 큰 홀수 인수는 $2m+1$이다. 그러므로 $S_{k+1} = 1+3+5 + \cdots + (2^{k+1}-1) + S'_{k+1}$. S'_{k+1}은 수열 2, 4, 6, $\cdots$, 2^{k+1}의 각 항의 홀수 인수의 합으로서, 수열 1, 2, 3, $\cdots$, 2^k 의 각 항의 제일 큰 홀수 인수의 합과 같다.

귀납법의 가설에 의하여 $S'_{k+1} = \dfrac{4^k+2}{3}$ 이다.

$\therefore S_{k+1} = 1+3+5+\cdots+(2^{k+1}-1) + \dfrac{4^k+2}{3}$

$\qquad = 2^k \cdot \dfrac{2^{k+1}}{2} + \dfrac{4^k+2}{3} = \dfrac{4^{k+1}+2}{3}$

연습문제 16

1 생략

2 제시 : 차를 구하여 비교하는 방법을 이용하고 $c(a-b)^2 + 4abc = c(a+b)^2$에 주의한다.

3 제시 : 기본부등식 $\dfrac{b}{a} + \dfrac{a}{b} > 2(a, b$는 양의 실수, $a \neq b)$를 이용한다.

4 제시 : 몫을 구하여 비교하는 방법을 이용한다.

5 제시 : 밑 변환공식을 이용하여 좌변을 $\log_\pi 10$으로 고치고 $\pi^2 < 10$에 주의한다.

6 제시 : $(a+b+c)\left(\dfrac{1}{a}+\dfrac{1}{b}+\dfrac{1}{c}\right)\geq 9$를 이용한다.

7 제시 : 주어진 부등식을 $a^2+b^2+c^2<a(b+c)+b(c+a)+c(a+b)$로 고친다.

8 제시 : $\sqrt{k(k+1)}\leq\dfrac{k+(k+1)}{2}$ 을 이용한다.

9 제시 : 수학적귀납법의 둘째 절차의 증명에서

$$\sqrt{k}+\dfrac{1}{\sqrt{(k+1)(k+2)}}<\sqrt{k+1}$$

을 증명해야 한다. 그러기 위해서는

$$\sqrt{(k+1)(k+2)}>\sqrt{k+1}+\sqrt{k}$$

를 증명한 다음

$$\dfrac{1}{\sqrt{(k+1)(k+2)}}<\dfrac{1}{\sqrt{k+1}+\sqrt{k}}$$
$$=\sqrt{k+1}-\sqrt{k}$$

를 이용하면 증명하려는 결론이 얻어진다.

10 수학적귀납법과 확대, 축소 방법을 결합한다.

$n=k+1$일 때

$$1+\dfrac{1}{2}+\cdots+\dfrac{1}{2^k}+\cdots+\dfrac{1}{2^{k-1}}\geq 1+\dfrac{k}{2}+\underbrace{\left(\dfrac{1}{2^{k+1}}+\cdots+\dfrac{1}{2^{k+1}}\right)}_{2^k\text{개}}$$

$$=1+\dfrac{k+1}{2}$$

$$1+\dfrac{1}{2}+\cdots+\dfrac{1}{2^{k-1}}\leq\dfrac{1}{2}+k+\dfrac{1}{2^k}\times 2^k$$

$$=\dfrac{1}{2}+(k+1)$$

11 좌변$=2^n\left(1+\dfrac{a_1-1}{2}\right)\left(1+\dfrac{a_2-1}{2}\right)\cdots\left(1+\dfrac{a_n-1}{2}\right)$

$$\geq 2^n\left(1+\dfrac{a_1-1}{2}+\dfrac{a_2-1}{2}+\cdots+\dfrac{a_n-1}{2}\right)$$

$$\geq 2^n\left(1+\dfrac{a_1-1}{n+1}+\cdots+\dfrac{a_n-1}{n+1}\right)$$

$$=\dfrac{2^n}{n+1}(1+a_1+\cdots+a_n)$$

12 $a=x+y,\ b=x-y$라고 하면

$$a^2+ab+b^2-(3a+3b-3)$$
$$=3(x-1)^2+y^2\geq 0$$

13 $t=\tan\dfrac{x}{2}$ 라고 하면

$\sin x=\dfrac{2t}{1+t^2}$, $\cos x=\dfrac{1-t^2}{1+t^2}$

$y=\dfrac{6\cos x+\sin x-5}{2\cos x-3\sin x-5}=\dfrac{11t^2-2t-1}{7t^2+6t+3}$

$(7y-11)t^2+2(3y+1)t+3y+1=0$

$y=\dfrac{11}{7}$이면 주어진 부등식이 성립한다.

$y\ne\dfrac{11}{7}$이면 t가 실수라는 것에 의하여 $D=-16(3y+1)(y-3)\ge0$임을 알 수 있다.

$\therefore\ -\dfrac{1}{3}\le y\le3$

도형은 생략

연습문제 17

1 (1) B (2) C (3) C (4) C (5) C (6) C

(7) D (8) C (9) B (10) C

2 (1) $\dfrac{\sqrt{2}}{2}<\alpha<1$ (2) $\dfrac{5\pi}{4}$, $\dfrac{7\pi}{4}$

(3) $\{-3,\ 2,\ 1+i\}$

제시 : 먼저 실근 -3, 2를 구한다. 이것은 실수부와 허수 부분이 0과 같다는 데 근거하여 얻을 수 있다.

(4) $A\cap B=x$, $A\cup B=A$

제시 : 주어진 등식을 극형식으로 고치면 $2^m=2^{\frac{n}{2}}$, $\dfrac{n\pi}{4}+2k\pi=\dfrac{m\pi}{6}$이다.

즉 $m=-6k$, $n=2m$. m은 자연수이므로 k는 음의 정수이다. 따라서 A의 원소는 6의 양의 정수배이고 B의 원소는 6의 양의 짝수배이다. $\therefore\ B\subset A$이다.

(5) $-4i$

제시 : z는 타원 $\dfrac{x^2}{25}+\dfrac{y^2}{4}=1$과 쌍곡선 $-\dfrac{x^2}{16}+\dfrac{y^2}{9}=1$의 아랫부분에 놓인다.

(6) $11-11i$

제시 : $\overline{\text{MP}}$ (즉 $\overline{\text{NQ}}$)의 중점은 $\left(\dfrac{1}{2},\ \dfrac{1}{2}\right)$이고 Q$(6,\ -5)$이다.

(7) 1

　　제시 : z의 분자, 분모에 $\overline{z_1}$을 곱한다.

$$|\overline{z_1} - z_2| = |\overline{\overline{z_1} - z_2}| = |z_1 - \overline{z_2}|$$

3 $z = r\left(\cos\dfrac{\pi}{3} + i\sin\dfrac{\pi}{3}\right),\ z - \dfrac{1}{z} = x + yi(x,\ y$는 N의 좌표이다$)$라고 하면

$$(x + yi) = r\left(\cos\dfrac{\pi}{3} + i\sin\dfrac{\pi}{3}\right) - \dfrac{1}{r}\left(\cos\dfrac{\pi}{3} - i\sin\dfrac{\pi}{3}\right)$$

$$\therefore x = \dfrac{1}{2}\left(r - \dfrac{1}{r}\right),\ y = \dfrac{\sqrt{3}}{2}\left(r + \dfrac{1}{r}\right)$$

r를 소거하면 $\dfrac{y^2}{3} - x^2 = 1\left(y \geq \dfrac{\sqrt{3}}{2} \cdot 2 = \sqrt{3}\right)$

그러므로 구하려는 자취는 쌍곡선 $\dfrac{y^2}{3} - x^2 = 1$의 x축 위쪽에 있는 부분이다.

4 15. $\cot^{-1}3,\ \cot^{-1}7,\ \cot^{-1}13,\ \cot^{-1}21$은 복소수 $3+i,\ 7+i,\ 13+i,\ 21+i$ 의 편각의 가장 작은 값($0 \leq$ 편각 $< 2\pi$)에 대응하고 $(3+i)(7+i)(13+i)(21+i)$ $= 5100 + 3400i$이므로 $\cot(\cot^{-1}3 + \cdots + \cot^{-1}21) = \dfrac{3}{2}$이다. 그러므로 구하려는 값은 15이다.

5 $z_1 + z_2$와 $z_1 - z_2$의 기하하적 의미는 $z_1,\ z_2$에 대응하는 벡터를 인접변으로 하는 평행사변형의 대각선이다. 주어진 등식에 의하여 이 평행사변형은 직사각형이라는 것을 알 수 있다. 따라서 z_1과 z_2에 대응하는 벡터는 서로 수직이다.

$$\dfrac{z_1}{z_2} = ai(a$는 실수$,\ a \neq 0)\ \therefore \left(\dfrac{z_1}{z_2}\right)^2 = -a^2 < 0$$

6 주어진 등식에 의하여 $3z_1 - z_2 = \pm i(z_1 + 2z_2)$이다. 그런데 $z_1 + 2z_2$가 순허수이므로 $3z_1 - z_2$는 실수이다.

7 실근을 β라고 하면 복소수의 상등 조건에 의하여

$$\beta^2 + a\beta + c = 0 \qquad \cdots\cdots ①$$

$$b\beta + d = 0 \qquad\qquad \cdots\cdots ②$$

(1) $b = 0$이면 ②에 의하여 $d = 0$을 얻는다. 이때 주어진 방정식은 실계수방정식이다. 따라서 판별식 $D = a^2 - 4c \geq 0$이다.

(2) $b \neq 0$일 때 $\beta = -\dfrac{d}{b}$를 ①에 대입하면

$$d^2 - abd + b^2c = 0$$

그러므로 $a,\ b,\ c,\ d$가 만족해야 할 조건은 $b = d = 0$ 및 $a^2 - 4c \geq 0$
또는 $b \neq 0$ 및 $d^2 - abd + b^2c = 0$

8 $-16-16\sqrt{3}i$. $z=a+bi$, $\overline{z_1}=a-bi$(a, b는 실수)라고 하면 주어진 방정식은
$(\sqrt{3}b-1)+\sqrt{3}ai=(1-a)-bi$
$\therefore \sqrt{3}b-1=1-a$, $\sqrt{3}a=-b$
$\therefore a=-1$, $b=\sqrt{3}$
$\therefore z^5=(-1+\sqrt{3}i)^5=32\left(\cos\dfrac{10\pi}{3}+i\sin\dfrac{10\pi}{3}\right)$
$\qquad =-16-16\sqrt{3}i$

9 제일 작은 n의 값은 12이고 $z_1z_2\cdots z_n=-1$이다. 등비중항의 성질에 대하여
$(a+bi)^2=b+ai$이다.
$\therefore a=\dfrac{\sqrt{3}}{2}$, $b=\dfrac{1}{2}$
즉 $z_2=\cos\dfrac{\pi}{6}+i\sin\dfrac{\pi}{6}$
또 $z_1+z_2+\cdots+z_n=0$에 의하여 $\dfrac{1-z_2^n}{1-z_2}=0$
즉 $\left(\cos\dfrac{\pi}{6}+i\sin\dfrac{\pi}{6}\right)^n=1$
$\therefore \dfrac{n\pi}{6}=2k\pi$, $n=12k$, n은 자연수
$\therefore k=1$일 때 n은 최솟값 12를 취한다.
이때 $z_1z_2\cdots z_{12}=1\cdot\left(\cos\dfrac{\pi}{6}+i\sin\dfrac{\pi}{6}\right)\left(\cos\dfrac{\pi}{6}+i\sin\dfrac{\pi}{6}\right)^2\cdots$
$\left(\cos\dfrac{\pi}{6}+i\sin\dfrac{\pi}{6}\right)^{11}=\cos11\pi+i\sin11\pi=-1$

10 $\omega_1=3z_1$, $\omega_2=2z_2$라고 하면 $|\omega_1|=3|z_1|=6$, $|\omega_2|=2|z_2|=6$, 또 $\omega_1+\omega_2=6$,
즉 반지름의 길이가 6이고 중심이 원점에 놓인 원 위에서 $\overrightarrow{OA}+\overrightarrow{OB}=6$을 만족
하는 두 점 A, B를 구하면 된다. ω_1과 ω_2의 허수부는 반대이고 실수부는 같다.
즉 모두 3이다.
$\therefore \omega_1=6\left(\dfrac{1}{2}\pm\dfrac{\sqrt{3}}{2}i\right)$, $\omega_2=6\left(\dfrac{1}{2}\mp\dfrac{\sqrt{3}}{2}i\right)$(복호동순)
$\therefore \begin{cases} z_1=1+\sqrt{3}i \\ z_2=\dfrac{3}{2}-\dfrac{3\sqrt{3}}{2}i \end{cases}$ 또는 $\begin{cases} z_1=1-\sqrt{3}i \\ z_2=\dfrac{3}{2}+\dfrac{3\sqrt{3}}{2}i \end{cases}$

11 (1) $z_n-z_{n-1}=a^{n-1}$
$\qquad z_n=z_0+1+a+a^2+\cdots+a^{n-1}=\dfrac{a^n-1}{a-1}$

(2) $a=1+\sqrt{3}i=2\left(\cos\dfrac{\pi}{3}+i\sin\dfrac{\pi}{3}\right)$일 때

$$|z_n|=\dfrac{\sqrt{2^{2n}-2^{n+1}\cos\dfrac{n\pi}{3}+1}}{\sqrt{3}}<10$$

즉 $2^{2n}-2^{n+1}\cos\dfrac{n\pi}{3}<299$

$\therefore n=0,\ 1,\ 2,\ 3,\ 4$

즉 $|z_n|<10$을 만족하는 점은 모두 5개 있다.

12 정사각형의 대각선 DB, AC를 x축과 y축으로 하고 중심을 원점으로 하여 좌표 계를 만든다. 변 $\mathrm{AB}=m(\overline{\mathrm{AC}}=\sqrt{2}m)$, $\mathrm{A}\left(0,\ -\dfrac{\sqrt{2}m}{2}\right)$, $\mathrm{B}\left(\dfrac{\sqrt{2}m}{2},\ 0\right)$, $\mathrm{C}\left(0,\ +\dfrac{\sqrt{2}m}{2}\right)$, $\mathrm{D}\left(-\dfrac{\sqrt{2}m}{2},\ 0\right)$이라고 하면

$z_\mathrm{A}=-\dfrac{\sqrt{2}}{2}mi,\ z_\mathrm{B}=-\dfrac{\sqrt{2}}{2}m,\ z_\mathrm{C}=\dfrac{\sqrt{2}}{2}mi,$

$z_\mathrm{D}=-\dfrac{\sqrt{2}}{2}m,\ z_\mathrm{P}=\dfrac{\sqrt{2}}{2}m(\cos\alpha+i\sin\alpha)$

$\therefore \overrightarrow{\mathrm{AP}}=\dfrac{\sqrt{2}}{2}m[\cos\alpha+i(\sin\alpha+1)]$

$\overrightarrow{\mathrm{BP}}=\dfrac{\sqrt{2}}{2}m[(\cos\alpha-1)+i\sin\alpha]$

$\overrightarrow{\mathrm{CP}}=\dfrac{\sqrt{2}}{2}m[\cos\alpha+i(\sin\alpha-1)]$

$\overrightarrow{\mathrm{DP}}=\dfrac{\sqrt{2}}{2}m[(\cos\alpha+1)+i\sin\alpha]$

$\overline{\mathrm{PA}}^2+\overline{\mathrm{PB}}^2+\overline{\mathrm{PC}}^2+\overline{\mathrm{PD}}^2=|\overrightarrow{\mathrm{AP}}|^2+|\overrightarrow{\mathrm{BP}}|^2+|\overrightarrow{\mathrm{CP}}|^2+|\overrightarrow{\mathrm{DP}}|^2$
$$=4m^2\text{(일정한 값)}$$

13 (1) 수학적귀납법으로 증명한다.

(2) $|z|=1$에 의하여 $z=\cos\theta+i\sin\theta$라고 하면 $\cos\theta=x$, $\sin\theta=y$는 유리수 이다.

$\therefore |z^{2n}-1|=\sqrt{(\cos2n\theta-1)^2+(\sin2n\theta)^2}=2|\sin n\theta|$

(1)에 의하여 $\sin(n\theta)$는 유리수이다. 즉 $|z^{2n}-1|$은 유리수이다.

14 $z_1=1+ti,\ t\in(-1,\ 1),\ z_2=a+bi(|z_2|=\sqrt{a^2+b^2}=1),\ \omega=x+yi$라고 하면 $\omega=z_1+z_2$에 의하여 $x=1+a,\ y=t+b$임을 알 수 있다.

$\therefore (x-1)^2+(y-t)^2=a^2+b^2=1$

이것은 $\omega(x,\ y)$의 자취가 $(1,\ t)$를 중심으로 하고 1을 반지름으로 하는 원(t는 $(-1,\ 1)$에서 변한다)이라는 것을 설명한다. 그 넓이는 $4+\pi$이다(즉 변의 길이가 2인 정사각형과 반지름의 길이가 1인 두 반원의 넓이의 합이다).

15 $z=x+yi(z\neq -i,\ \ 즉\ x\neq 0,\ y\neq -1)$라고 하면

$$\frac{z-i}{z+i}=\frac{x^2+y^2-1}{x^2+(y+1)^2}-\frac{2x}{x^2+(y+1)^2}i$$

$\theta=\arg\dfrac{z-i}{z+i}$라고 하면 $\tan\theta=\dfrac{-2x}{x^2+y^2-1}$

그런데 $0\leq\theta\leq\dfrac{\pi}{4}$

$$\therefore\ \begin{cases}-2x\geq 0\ \ (\because\ \sin\theta\geq 0)\\[2mm] x^2+y^2-1>0\ \ (\because\ \cos\theta>0)\\[2mm] 0\leq\dfrac{-2x}{x^2+y^2-1}\leq 1\end{cases}\ \Rightarrow\ \begin{cases}x\leq 0\\[2mm] x^2+y^2>1\\[2mm] (x+1)^2+y^2\geq 2\end{cases}$$

그러므로 점 z의 집합은

$$\{(x,\ y)\,|\,(x+1)^2+y^2\geq 2,\ 여기서\ x\leq 0,\ x^2+y^2>1\}$$

도형은 생략.

연습문제 18

1 $k_nC_k=n_{n-1}C_{k-1}$, $_nC_0+_nC_1+\cdots+_nC_n=2^n$

이 두 식을 이용하여 좌변을 $n\cdot 2^n$으로 고칠 수 있다.

2 1번의 결과를 이용한다.

좌변 $=(_nC_0+_nC_1+\cdots+_nC_n)+2(_nC_1+2_nC_2+\cdots+n_nC_n)$
$$=2^n+n\cdot 2^n=(n+1)\cdot 2^n$$

3 2번의 증명을 이용하면 된다.

4 $(-1)^{k-1}\cdot k_nC_k=(-1)^{k-1}\cdot n\cdot_{n-1}C_{k-1}$을 이용하여 좌변을 0으로 고친다.

5 $_nC_0-_nC_2+_nC_4-_nC_6+\cdots=2^{\frac{n}{2}}\cos\dfrac{n\pi}{4}$와

$_nC_0+_nC_2+_nC_4+_nC_6+\cdots=2^{n-1}$을 이용한다.

6 $_nC_0+_nC_1+_nC_2+\cdots+_nC_n=2^n$ $\qquad\qquad$ ······①

$_nC_0+_nC_1\omega+_nC_2\omega^2+\cdots+_nC_n\omega^n=(1+\omega)^n$

$$=\left(\frac{1}{2}-\frac{\sqrt{3}}{2}i\right)^n=\cos\frac{n\pi}{3}+i\sin\frac{n\pi}{3}\qquad\qquad ······②$$

$_nC_0+_nC_1\omega^2+_nC_2\omega^4+\cdots+_nC_n\omega^{2n}=(1+\omega^2)^n$

$$=\left(\frac{1}{2}+\frac{\sqrt{3}}{2}i\right)^n=\cos\frac{n\pi}{3}-i\sin\frac{n\pi}{3} \qquad\qquad \cdots\cdots ③$$

여기서 $\omega=-\frac{1}{2}+\frac{\sqrt{3}}{2}i,\ 1+\omega+\omega^2=0$

$k=3m$일 때 $1+\omega^k+\omega^{2k}=3$이고

$k=3m+1$ 또는 $k=3m+2$일 때 $1+\omega^k+\omega^{2k}=0$이다.

①, ②, ③식을 변끼리 더하면 (1) 식이 얻어지고 ①$+\omega\times$②$+\omega^2\times$③하면

$3({}_n\mathrm{C}_2+{}_n\mathrm{C}_5+{}_n\mathrm{C}_8+\cdots)=2^n+2\cos\frac{n+2}{3}\pi$가 얻어진다.

그러므로 (2)도 성립한다.

7 (1) ${}_3\mathrm{P}_3\cdot{}_3\mathrm{P}_3$ (2) ${}_3\mathrm{P}_3\cdot{}_4\mathrm{P}_2$

8 ${}_6\mathrm{P}_6\cdot{}_7\mathrm{P}_4$

9 (1) ${}_2\mathrm{C}_2\cdot{}_7\mathrm{C}_3$ (2) ${}_7\mathrm{C}_4$

  (3) ${}_4\mathrm{C}_1\cdot{}_5\mathrm{C}_4+{}_4\mathrm{C}_2\cdot{}_5\mathrm{C}_3+{}_4\mathrm{C}_3\cdot{}_5\mathrm{C}_2+{}_4\mathrm{C}_4\cdot{}_5\mathrm{C}_1$ 또는 ${}_9\mathrm{C}_5-1$

10 (1) ${}_6\mathrm{C}_1\cdot{}_5\mathrm{C}_2\cdot{}_3\mathrm{C}_3$ (2) ${}_6\mathrm{P}_1\cdot{}_5\mathrm{P}_2\cdot{}_3\mathrm{P}_3\cdot3!$

  (3) ${}_6\mathrm{C}_2\cdot{}_4\mathrm{C}_2\cdot{}_2\mathrm{C}_2$

11 ${}_6\mathrm{C}_2\cdot{}_5\mathrm{C}_4+{}_6\mathrm{C}_3\cdot{}_5\mathrm{C}_3+{}_6\mathrm{C}_4\cdot{}_5\mathrm{C}_2+{}_6\mathrm{C}_5\cdot{}_5\mathrm{C}_1+{}_6\mathrm{C}_6$ 또는 ${}_{11}\mathrm{C}_6-{}_6\mathrm{C}_1\cdot{}_5\mathrm{C}_5$

12 53 개

13 (1) ${}_{13}\mathrm{C}_1\cdot{}_{12}\mathrm{C}_1\cdot{}_4\mathrm{C}_1$ (2) ${}_{13}\mathrm{C}_1\cdot{}_4\mathrm{C}_3\cdot{}_{12}\mathrm{C}_1\cdot{}_4\mathrm{C}_2$

  (3) $(13-5+1)\times4^5$

14 이런 공통점을 갖고 있는 수에는 다음과 같은 6가지 유형이 있다.

$11\square\triangle,\ 1\square1\triangle,\ 1\square\triangle1;1\square\square\triangle,\ 1\square\triangle\square,\ 1\triangle\square\square$

그러므로 이런 수는 모두 $6\times{}_9\mathrm{P}_2=432$(개) 있다.

연습문제 19

1 회전시킨 후 포물선이 아래로 볼록하고 꼭짓점이 제4사분면에 있으므로 (C)를 선택해야 한다.

2 $a=2$라고 하면 $b=2,\ c=4$이다. 그러므로 (B)를 선택해야 한다.

3 $k=\frac{1}{3}$이라고 하면 주어진 방정식은 $x^2+9x-9=0$ 또는 $x^2-9x+9=0(x\geq0)$

이다. 판별식과 근과 계수와의 관계에 의하여 두 방정식은 3개의 양의 근을 가진

다는 것을 알 수 있다. 그러므로 (C)를 선택해야 한다. 이 문제는 그래프를 이용

하면 비교적 간단히 풀린다.

4 직선 $x+y=0$에 대하여 대칭인 원 $(x-1)^2+(y+1)^2=1$을 임의로 하나 쓰면 $D=-2$, $E=2$, $F=1$이다. 그러므로 (D)를 선택해야 한다.

5 $x=0$을 대입하면 부등식이 성립하지 않으므로 (C), (D)를 배재할 수 있다.

또, $x=1$을 대입하면 부등식이 성립하므로 (A)를 선택해야 한다.

6 $a=8$을 연립방정식에 대입하고 풀면

$$\begin{cases} bc=7 \\ b^2+c^2=35 \end{cases} \Rightarrow (b-c)^2=21$$

b, c가 해를 가지므로 (B), (D)를 배재할 수 있다.

또 $a=0$을 대입하고 풀면

$$\begin{cases} bc=7 \\ b^2+c^2=-13 \end{cases}$$

b, c는 해를 가지지 않는다. 그러므로 (C)를 선택해야 한다.

7 $1-\sqrt{2}<0$이므로 (A), (D)를 배제할 수 있다.

또 $|1-\sqrt{2}|<\dfrac{\sqrt{3}}{3}$이므로 $|\tan^{-1}(1-\sqrt{2})|<\dfrac{\pi}{6}$이다.

그러므로 (C)를 선택해야 한다.

8 (D)

9 좌표계에 함수

$$y=\frac{|x|-1}{|x-1|}$$

$$=\begin{cases} 1, & x>1 \\ -1, & 0\le x<1 \\ 1+\dfrac{2}{x-1} & x<0 \end{cases}$$

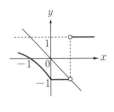

과 $y=kx$의 그래프를 그리면 그림과 같다. 여기서 $k=-1$은 가정에 맞는다. 그러므로 (A)를 배제할 수 있다. $k<-1$도 가정에 어긋나므로 (B)를 배제할 수 있다. 또, $k=0$일 때에도 가정에 어긋나므로 (D)도 배제할 수 있다. 그러므로 (C)를 선택해야 한다.

10 $y=x+m$과 $x^2+y^2=1(y\ge0)$의 그래프는 오른쪽 그림과 같다.

그러므로 (B)를 선택해야 한다.

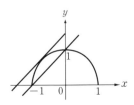

11 $(\cos\theta+i\sin\theta)^5$의 전개식에서 다음을 알 수 있다.

$$\sin5\theta=\sin^5\theta-10\sin^3\theta\cos^2\theta+5\sin\theta\cos^4\theta,$$
$$\cos5\theta=\cos^5\theta-10\cos^3\theta\sin^2\theta+5\cos\theta\sin^4\theta$$
$$\therefore\ \tan5\theta=\frac{\tan^5\theta-10\tan^3\theta+5\tan\theta}{1-10\tan^2\theta+5\tan^4\theta}$$

대입해 보면 (A)를 선택해야 한다.

12 $n=1$이라고 하면 $S=1+1=2$이므로 (B), (C)를 배재할 수 있다. $n=2$라고 하면 $(1+x+x^2)^2=1+2x+3x^2+2x^3+x^4$, $S=1+3+1=5$이므로 (A)를 배제할 수 있다. 그러므로 (D)를 선택해야 한다.

13 $\overline{\mathrm{OA}}:\begin{cases}0\leq x\leq1\\y=0\end{cases}\Rightarrow\begin{cases}u=x^2,\ 0\leq u\leq1\\v=0\end{cases}\Rightarrow\begin{cases}0\leq u\leq1\\v=0\end{cases}$

$\overline{\mathrm{AB}}:\begin{cases}x=1\\0\leq y\leq1\end{cases}\Rightarrow\begin{cases}u=1-y^2\\v=2y\end{cases}$

$\Rightarrow v^2=-4(u-1),\ 0\leq v\leq2,\ 0\leq u\leq1$

이것은 포물선의 한 부분이다. 그러므로 (D)를 선택해야 한다.

14 (A)와 (B)는 서로 모순된다. (C)$\subset$(A), (D)$\subset$(B)이므로 (A), (B)에서 하나만 정확하다. $x=0$을 취하면 $z=yi$, $\omega=-\dfrac{a}{a^2+1}+\dfrac{y}{a^2+1}i$이다.

$y>0$, $\dfrac{y}{a^2+1}>0$에 의하여 (A)를 선택해야 한다.

연습문제 20

1 아래 그림에서 외심 O′, 무게중심 G, 수심을 H라고 하면 $\mathrm{O}'\left(0,\ \dfrac{h^2+n^2-m^2}{2h}\right)$,

$\mathrm{G}\left(\dfrac{n}{3},\ \dfrac{h}{3}\right)$, $\mathrm{H}\left(n,\ \dfrac{m^2-n^2}{h}\right)$임을 알 수 있다. 세 점이 한 직선 위에 놓이기 위한 필요충분조건을 이용하면 증면된다.

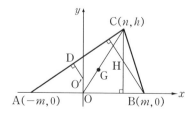

2 $A(x_1,\ y_1)$, $B(x_2,\ y_2)$, $C(x_3,\ y_3)$이라 하고 $x_i=\dfrac{y_i^2}{2p}$ $(i=1,\ 2,\ 3)$과 접선의 방정식에 의하여 P, Q, R의 좌표를 구한다. 다음 삼각형의 넓이의 공식을 이용하여 직접 두 삼각형의 넓이를 계산하면 증명된다.

3 점 $(a,\ b)$를 지나는 방정식을
$$\begin{cases} x=a+t\cos\theta \\ y=b+t\sin\theta \end{cases} \qquad \cdots\cdots ①$$
라 하고 쌍곡선의 방정식에 대입한다. 직선과 쌍곡선이 접할 때 $D=0$이므로
$$(a\sin\theta+b\cos\theta)^2-\sin\theta\cos\theta(4ab-k)=0$$
다시 ①식에 대입하여 θ를 소거하면
$$b^2(x-a)^2-(2ab-k)(x-a)(y-b)+a^2(y-b)^2=0 \qquad \cdots\cdots ②$$
②의 판별식 $D=k(k-4ab)>0$이므로 위 식은 $(x-a)$와 $(y-b)$에 관한 두 일차식의 곱으로 분해할 수 있다. 그렇게 하면 $(a,\ b)$를 지나는 쌍곡선의 두 접선이 얻어진다. 다음에 간단히 하면 증명하려는 식이 얻어진다.

4 그림에서와 같이 좌표계를 만든다. 곡선이 원점을 지나지 않으므로 곡선의 방정식을 $ax^2+2bxy+cy^2+2dx+2ey-1=0$이라 할 수 있다.

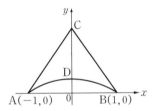

일반성을 갖게 하기 위하여 $\overline{AB}=2$라 할 수 있다. 그러면 $(\pm1,\ 0)$이 접점이고 $\overline{AC}$, $\overline{BC}$가 접선이므로 $a=1$, $b=d=0$과 C점의 좌표 $\left(0,\ \dfrac{1}{e}\right)$을 얻을 수 있다.

따라서 $D\left(0,\ \dfrac{1}{e(\lambda+1)}\right)$. 곡선의 방정식에 대입하면 $c=e^2(\lambda^2-1)$. 그러므로 이 차곡선은 $x^2+e^2(\lambda^2-1)y^2+2ey-1=0$

5 방정식은 $(x^2+y^2-4y+2)-2a(x-y)=0$이다. 즉 원계는 $x^2+(y-2)^2=2$와 직선 $x=y$의 공유점을 지난다. 원의 중심에서 $x=y$까지의 거리가 반지름의 길이 $\sqrt{2}$이므로 먼저 $x=y$가 접선이라는 것을 증명한 다음, 방정식을 정리하여 $(x-a)^2+\{y-(2-a)\}^2=2(a-1)^2$을 얻고 원의 중심에서 $x=y$까지의 거리가 반지름의 길이라는 것을 증명한다.

1 $V = \dfrac{1}{6} h [2 (ab + a_1 b_1) + ab_1 + a_1 b]$

2 $V = \dfrac{1}{6} \times 60 \times (50 \times 30 + 0 + 4 \times (20 + 25) \times 15) = 42000 \mathrm{cm}^3$

3 $V = \dfrac{h}{3} [3ab - 3h(a+b) + 4h^2]$

4 $\dfrac{8}{3} \pi (2 + \sqrt{3}),\ \dfrac{8}{3} \pi (2 - \sqrt{3})$

5 $\dfrac{h}{R} = \dfrac{1}{5}$

6 세 모서리는 둘씩 서로 수직되며 이면각의 평면각을 이룬다.

7 $\angle A_1 V A_2$가 볼록다면각 $V - A_1 A_2 \cdots A_n$에서 제일 큰 면각이라고 하자.
정리에 의하여 삼면각 $V - A_1 A_2 A_3$에서 $\angle A_1 V A_2 < \angle A_2 V A_3 + \angle A_3 V A_1$임을 알 수 있다. 마찬가지로 $\angle A_3 V A_1 < \angle A_3 V A_4 + \angle A_4 V A_1$, $\cdots$, $\angle A_{n-1} V A_1 < \angle A_{n-1} V A_n < \angle A_n V A_1$

8 평면으로 삼면각을 잘라서 얻은 삼각형을 ABC라 하고 $\triangle$ABC의 수심을 H라고 하면 $\overline{AH} \perp \overline{BC}$, $\overline{AV} \perp \overline{BC}$이다.
$\therefore \overline{VH} \perp \overline{BC}$. 마찬가지로 $\overline{VH} \perp \overline{AC}$, 즉 $\overline{VH} \perp$ 평면 ABC이다.

9 이면각 $B - VA - C$의 평면각을 그리고 계산하면 된다.

10 삼면각 $V_1 - A_1 B_1 C_1$와 $V_2 - A_2 B_2 C_2$의 대응하는 모서리에서 $\overline{V_1 A_1} = \overline{V_2 A_2}$되게 $\overline{V_1 A_1}$을 취하고 대응하는 이면각의 평면각 $\angle B_1 A_1 C_1$과 $\angle B_2 A_2 C_2$를 그린다. 그리고 $\angle B_1 A_1 C_1 = \angle B_2 A_2 C_2$를 증명한다. 다면각 $V_2 - A_2 B_2 C_2$를 $V_1 - A_1 B_1 C_1$에 옮기고 각 부분이 완전히 일치된다는 것을 증명한다.

해답편

수학 올림피아드
실전 대비 문제 풀이
01~03회

KMO 2차대비
모의고사 문제 풀이
01~02회

1 변 AB 위에 DP∥BC되게 점 P를 잡고 변 CP, BD의 교점을 Q라 하면,

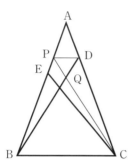 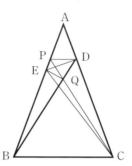

∠QDP=∠QBC=60°, ∠QPD=∠BCP=60°이므로
△QBC, △QDP는 정삼각형이다.

그러므로 $\overline{BC}=\overline{BQ}$, $\overline{QD}=\overline{DP}$이다.

그리고 ∠BEC=180°−(80°−50°)=50°=∠BCE이므로 $\overline{BE}=\overline{BC}=\overline{BQ}$
즉, △BQE는 $\overline{BE}=\overline{BQ}$인 이등변삼각형이다.

한편, ∠QBE=80°−60°=20°이므로

$$\angle BQE=\angle BEQ=\frac{180°-20°}{2}=80°이고$$

∠BQP=180°−60°=120°이므로

∠EQP=∠BQP−∠BQE=120°−80°=40°

그리고 ∠EPQ=∠BPC=180°−(80°+60°)=40°이다.

즉, ∠EQP=∠EPQ=40°이니까 △EPQ는 $\overline{EP}=\overline{EQ}$인 이등변삼각형이다.

이로써 $\overline{EP}=\overline{EQ}$, $\overline{DQ}=\overline{DP}$, $\overline{DE}$는 공통이므로 △DEP≡△DEQ(SSS 합동)
이다.

따라서 ∠QDP=60°, ∠EDP=∠EDQ이므로

∠ADE=180°−∠BDE=180°−30°=150°이다.

2 제시 : 1개라고 답하면 실격이다. $\sqrt{-8a+49}=b$, $\sqrt{-8b+49}=a$을 연립해서 풀
면 3개의 근을 얻을 수 있다. 따라서 구하는 교점의 개수는 3개이다.

3 〔step 1〕 p_1의 값을 구해 보자.

$p_1=2$이다. 왜 그런지 이유를 알아보자.

만약 $p_1\neq 2$라 하면, p_1은 $p_1\geq 3$인 홀수이다.

그리고 소수 p_2는 $p_2>9$이므로 9보다 큰 홀수이다.

그러므로 p_1+p_2는 $3+9=12$보다 큰 짝수가 된다.

이는 $p_1+p_2=3p=3\times(홀수)=(홀수')$인 조건에 모순!

그러므로 명백히 $p_1=2$이다.

한편, $p_1+p_2=3p$이므로 $p_2=3p-2$이니까, 조건식 $p_2+p_3=(p_1+p_3)p_1^n$에 대입하면, $(3p-2)+p_3=(2+p_3)\cdot2^n$

$$\therefore 3p=2^{n+1}+2+(2^n-1)p_3 \qquad \cdots\cdots ㉮$$

[step 2] n이 짝수인지 홀수인지 알아보자.

여기서 n은 홀수로 보인다. 왜 그런지 그 이유를 알아보자.

이제 n이 짝수라 가정해 보자. 그러면 ㉮의 좌변은

$$2^{n+1}+2+(2^n-1)p_3\equiv(-1)^{n+1}+2+[(-1)^n-1]p_3$$
$$\equiv-1+2+(1-1)p_3\equiv1\,(\mathrm{mod}\ 3)$$

이 되고, ㉮의 우변은 $3p\equiv0\,(\mathrm{mod}\ 3)$이 되므로 모순! 그러므로 n은 분명히 홀수이다.

[step 3] p_3을 구해 보자.

이제 식 ㉮에서

$$0\equiv(-1)^{n+1}+2+[(-1)^n-1]p_3\equiv1+2+(-1-1)p_3$$
$$\equiv-2p_3\equiv p_3-3p_3\equiv p_3\,(\mathrm{mod}\ 3)$$

그러므로 $3\,|\,p_3$이다. 그런데 p_3은 소수이므로 $p_3=3$이다.

여기까지 $p_1=2$, $p_3=3$, $n=1,3,5,7,9$임을 알아내었다.

[step 4] n과 p_2를 구하자.

문제의 조건식에 위에서 얻은 결과를 적용하면

$$2+p_2=3p,\ p_2+3=5\cdot2^n,\ p_2>9 \qquad \cdots\cdots ㉯$$

한편, $n=1,3,5,7,9$일 때, 차례로 $p_1+p_3^n=2+3^n=5,29,245,2189,19685$이다. 그런데 $5\,|\,245$, $11\,|\,2189$, $5\,|\,19685$이므로 $n=1,3$이다. 이제 $n=1$이라 가정하면,

㉯에서 $p_2+3=10$ $\therefore p_2=7$이다. 이는 $p_2>9$에 모순!

그러므로 $n=3$이고 ㉯에서 $p_2=37$이다.

이상 [step 1, 2, 3, 4]의 결과에 의하여

$p_1=2$, $p_2=37$, $p_3=3$, $n=3$을 얻게 되었다.

그러므로 $p_1p_2p_3^n+5=2\cdot37\cdot3^3+5=2003$(소수)이다.

따라서 $p_1p_2p_3^n+5$는 소수임이 증명되었다.

4 수가 너무 큰 경우에는 숫자의 크기를 줄여서 추정해 보자.

예행연습을 해보면 다음과 같다.

$49 = 7^2,\ 4489 = 67^2,\ 444889 = 667^2,\ \cdots$

미루어 보아 $A_n = (66 \cdots 67)^2\ (6$이 $n-1$개$)$라 추정하자.

이 추정이 옳음을 직접 유도하여 증명해 보자.

$A_n = 44 \cdots 4488 \cdots 89$ ✎ $2n$자리의 수

$ = 44 \cdots 4488 \cdots 88 + 1$

$ = 4 \times (11 \cdots 1122 \cdots 22) + 1$

$ = \dfrac{4}{9} \times (100 \cdots 0099 \cdots 98) + 1$ ✎ 조금 어렵다.

$ = \dfrac{4}{9} \times (10^{2n} + 99 \cdots 98) + 1$ ✎ 이 정도는 쉽지?

$ = \dfrac{4}{9} \times (10^{2n} + 10^{n} - 2) + 1$ ✎ 너무 쉽다고?

$ = \dfrac{4}{9} \times [(10^{2n} - 2 \times 10^{n} + 1) + 3 \times (10^{n} - 1)] + 1$

$ = \dfrac{4}{9} \times (10^{2n} - 2 \times 10^{n} + 1) + \dfrac{4}{3} \times (10^{n} - 1) + 1$

$ = \dfrac{4}{9} \times (10^{n} - 1)^2 + \dfrac{4}{3} \times (10^{n} - 1) + 1$

$ = \left(\dfrac{2}{3} \times (10^{n} - 1)\right)^2 + 2 \times \left(\dfrac{2}{3} \times (10^{n} - 1)\right) + 1$

$ = \left(\dfrac{6}{9} \times 99 \cdots 99\right)^2 + 2 \times \left(\dfrac{6}{9} \times 99 \cdots 99\right) + 1$

$ = (66 \cdots 66)^2 + 2 \times (66 \cdots 66) + 1$

$ = (66 \cdots 66 + 1)^2$

$ = (66 \cdots 67)^2$ ✎ 6이 $n-1$개

이로써 A_n이 완전제곱수임이 증명되었다.

5 일반적으로 다음과 같이 식의 변형이 이루어진다.

$1 + \dfrac{1}{n^2} + \dfrac{1}{(n+1)^2}$

$= \left(1 + \dfrac{1}{n}\right)^2 - \dfrac{2}{n} + \dfrac{1}{(n+1)^2}$

$= \left(\dfrac{n+1}{n}\right)^2 - 2 \cdot \dfrac{n+1}{n} \cdot \dfrac{1}{n+1} + \dfrac{1}{(n+1)^2}$

$= \left(\dfrac{n+1}{n} - \dfrac{1}{n+1}\right)^2 = \left(1 + \dfrac{1}{n} - \dfrac{1}{n+1}\right)^2$

위와 같은 방법으로 주어진 식을 변형하면

$$S = \left(1 + \frac{1}{1} - \frac{1}{2}\right) + \left(1 + \frac{1}{2} - \frac{1}{3}\right) + \cdots + \left(1 + \frac{1}{2002} - \frac{1}{2003}\right)$$

$$\therefore S = 2003 - \frac{1}{2003}$$

따라서 S의 계산 값에 가장 가까운 정수는 2003이다.

6 주어진 방정식은 $\{x\} + \left\{\dfrac{1}{x}\right\} = 1$이다.

위 방정식의 해를 x라고 하면, 명백히 $x \neq 0$, $x \neq \pm 1$이다.

그리고 x는 정수가 아니다.

왜냐하면, 만약 $x(\neq \pm 1)$가 정수라면, $\{x\} = 0$이고 $\left\{\dfrac{1}{x}\right\}$은 정수가 못 되므로,

$\{x\} + \left\{\dfrac{1}{x}\right\} = 0 + \left\{\dfrac{1}{x}\right\} = \left\{\dfrac{1}{x}\right\} = 1$은 모순된다.

/* 예컨대 $x = 3$(정수)이라면 $\left\{\dfrac{1}{x}\right\} = \left\{\dfrac{1}{3}\right\} = \dfrac{1}{3} \neq$ (정수) */

그러므로 x는 정수가 아니다.

한편, 정의에 따라서 $x = [x] + \{x\}$, $\dfrac{1}{x} = \left[\dfrac{1}{x}\right] + \left\{\dfrac{1}{x}\right\}$이다.

이제 위 두 식을 변변 더하면,

$$x + \frac{1}{x} = [x] + \left[\frac{1}{x}\right] + \{x\} + \left\{\frac{1}{x}\right\} = [x] + \left[\frac{1}{x}\right] + 1 (= 정수)$$

/* 소수 부분의 합이 정수이므로 그 두 수의 합도 정수이다. */

이제 주어진 방정식 $\{x\} + \left\{\dfrac{1}{x}\right\} = 1$의 해는

$x + \dfrac{1}{x} = n$(단, n은 정수)의 해를 구하는 것과 같다.

즉, 다음 방정식 ㉮의 해(정수가 아님)를 구하라는 문제로 볼 수 있다.

$$\therefore x^2 - nx + 1 = 0 (\text{단, } n\text{은 정수}) \qquad \cdots\cdots ㉮$$

한편, 방정식 ㉮의 해는 $x = \dfrac{n \pm \sqrt{n^2 - 4}}{2}$이고,

또한 위의 해는 정수가 아닌 실수의 해이므로 $n^2 - 4 \geq 0$이다.

즉, $n^2 \geq 4$ $\therefore |n| \geq 2$

만약 $|n| = 2$라 하면, $x = \dfrac{n}{2} = \dfrac{\pm 2}{2} = \pm 1$이므로 모순

따라서 구하는 해는 다음과 같다.

$$x = \frac{n \pm \sqrt{n^2 - 4}}{2} (n\text{은 정수, } |n| \geq 3)$$

02회 수학 올림피아드 실전 대비 문제 풀이

1 $\angle EOF$는 예각인데 $\angle EOF = \theta$라 하자. 그러면 $FM = FO\sin\theta$, $HN = HO\sin\theta$이다. $(\square EFGH) = (\triangle EFG) + (\triangle EGH)$

$$= \frac{1}{2}EG \cdot FM + \frac{1}{2}EG \cdot HN$$

$$= \frac{1}{2}EG \cdot (FO + HO)\sin\theta$$

$$= \frac{1}{2}EG \cdot HF\sin\theta = \frac{1}{2}kl\sin\theta$$

$$\therefore \sin\theta = \frac{2s}{kl} \qquad \cdots\cdots ㉮$$

네 점 E, F, G, H에서 정사각형 ABCD의 각 대변에 수선을 내리자. 그림의 점선이 바로 그것들이다. 이제 그들의 교점을 그림처럼 각각 P, Q, R, T라 하자. 그러면 $\square PQRT$는 정사각형이 된다. 그리고 정사각형 ABCD의 한 변의 길이를 a라 하고, $PQ = b$, $PT = c$라 하자. 피타고라스 정리에 의하여 $b = \sqrt{k^2 - a^2}$, $c = \sqrt{l^2 - a^2}$이다.

한편, 다음과 같이 넓이가 같은 삼각형들을 생각하자.

$(\triangle AEH) = (\triangle TEH)$, $(\triangle BEF) = (\triangle PEF)$,

$(\triangle CFG) = (\triangle QFG)$, $(\triangle DGH) = (\triangle RGH)$

$$\therefore (\square ABCD) + (\square PQRT) = 2(\square EFGH)$$

$$\therefore a^2 + bc = 2 \times s$$

$$\therefore a^2 + \sqrt{k^2 - a^2} \cdot \sqrt{l^2 - a^2} = 2 \times s$$

$$\therefore \sqrt{k^2 - a^2} \cdot \sqrt{l^2 - a^2} = 10 - a^2$$

위 식의 양변을 제곱하여 풀면 $a^2 = \dfrac{k^2 l^2 - 4s^2}{k^2 + l^2 - 4s}$이다. 따라서 구하는 사각형의 넓이는

$$(\square ABCD) = \frac{k^2 l^2 - 4s^2}{k^2 + l^2 - 4s}$$이다. 그리고 θ가 예각이므로 $0 < \sin\theta < 1$이니까,

㉮는 다음과 같이 변형된다.

$$kl = \frac{2s}{\sin\theta} > 2s \qquad \cdots\cdots ㉯$$

따라서 우리가 이미 외우고 있는 절대부등식 $k^2 + l^2 \geq 2kl$과 ㉯에 위하여 $k^2 + l^2 \geq 2kl > 4s$가 성립한다. 이로써 부등식 $k^2 + l^2 > 4s$가 성립함이 증명되었다.

2 주어진 정수 $N=1234\cdots998999$의 각 자리에 있는 숫자들의 총합을 구하는 것은 다음 500개의 묶음에 있는 수들

1, 998/2, 997/3, 996/$\cdots$/499, 500/999

를 한 줄로 배열한 수의 각 자리에 있는 숫자들의 총합을 구하는 것과 같다. 덧셈의 교환법칙을 상기하자.

그러므로 구하는 것은 다음과 같다.

$(1+(9+9+8))+(2+(9+9+7))+(3+(9+9+6))+$

$\quad\cdots+((4+9+9)+(5+0+0))+(9+9+9)$

$=27+27+27+\cdots+27+27+27$

$=27\times500=13500$

따라서 구하는 총합은 13500이다.

3 준식을 전개하면 $c=ab+a+b$이다.

(1) 1번 조작하여 얻어질 수 있는 최대의 수는 $1\times4+1+4=9$이다.

2번 조작하여 얻어지는 최대의 수는 $4\times9+4+9=49$이다.

3번 조작하여 얻어지는 최대의 수는 $9\times49+9+49=499$이다.

(2) 준식에서 $c+1=(a+1)(b+1)$이므로 2번 조작을 하여 또 다른 새로운 새로운 수를 얻어내기 위해서 선택할 수 있는 수의 쌍은 a, c이거나 b, c가 된다. 이제 a, c를 가지고 조작하여 얻게 되는 수를 d라 하면,

$d=(a+1)(c+1)-1=(a+1)^2(b+1)-1$

$\therefore d+1=(a+1)^2(b+1)$

이제 b, c를 가지고 조작하여 얻게 되는 수를 e라 하면,

$e=(b+1)(c+1)-1=(a+1)(b+1)^2-1$

$\therefore e+1=(a+1)(b+1)^2$

이제 계속하여 위와 같은 방법을 통하여 새롭게 만들어지는 수 x들은 일반적으로 다음과 같을 것이다.

$x+1=(a+1)^m(b+1)^n$

여기서 m, n은 양의 정수이다.

이제 $a=1$, $b=4$라 하면, 바로 위 식에 의하여

$x+1=(1+1)^m\times(4+1)^n=2^m\times5^n$

그런데 위 식에서 $m=n=4$인 경우 $x=9999$를 얻을 수 있다.

따라서 적당히 몇 번 조작하여 새로운 수 9999를 얻을 수 있음이 확실하다.

4 문제에서 말하는 자연수들을 다음과 같다고 하자.

$$N = \overline{a_1b_1c_1d_1e_1f_1}, \ 2N = \overline{a_2b_2c_2d_2e_2f_2}, \ 3N = \overline{a_3b_3c_3d_3e_3f_3},$$
$$4N = \overline{a_4b_4c_4d_4e_4f_4}, \ 5N = \overline{a_5b_5c_5d_5e_5f_5}, \ 6N = \overline{a_6b_6c_6d_6e_6f_6}$$

이제 $a_1 + b_1 + c_1 + d_1 + e_1 + f_1 = k$라 하자.

그러면 문제에서 $2N$, $3N$, $4N$, $5N$, $6N$은 각각 N의 여섯 자리에 있는 각각의 숫자의 위치를 적당히 바꾸어서 만들어진 수들이므로

$$a_1 + b_1 + c_1 + d_1 + e_1 + f_1$$
$$= a_2 + b_2 + c_2 + d_2 + e_2 + f_2$$
$$\vdots \quad \vdots \quad \vdots$$
$$= a_6 + b_6 + c_6 + d_6 + e_6 + f_6 = k$$

라 하자. 게다가 문제에서 $2N$, $3N$, $4N$, $5N$, $6N$은 서로 같은 자리에 똑같은 숫자가 하나도 없다고 했으므로

$$a_1 + a_2 + a_3 + a_4 + a_5 + a_6$$
$$= b_1 + b_2 + b_3 + b_4 + b_5 + b_6$$
$$\vdots \quad \vdots \quad \vdots$$
$$= f_1 + f_2 + f_3 + f_4 + f_5 + f_6 = k$$
$$\geq 5 + 4 + 3 + 2 + 1 + 0 = 15$$이다.

이제 다음 식을 보자.

$N + 2N + 3N + 4N + 5N + 6N = 21N$이고,

$$N + 2N + 3N + 4N + 5N + 6N$$
$$= (a_1 \times 10^5 + b_1 \times 10^4 + c_1 \times 10^3 + d_1 \times 10^2 + e_1 \times 10 + f_1)$$
$$\quad + (a_2 \times 10^5 + b_2 \times 10^4 + c_2 \times 10^3 + d_2 \times 10^2 + e_2 \times 10 + f_2)$$
$$\vdots \quad \vdots \quad \vdots \quad \vdots \quad \vdots$$
$$\quad + (a_6 \times 10^5 + b_6 \times 10^4 + c_6 \times 10^3 + d_6 \times 10^2 + e_6 \times 10 + f_6)$$
$$= (a_1 + a_2 + a_3 + a_4 + a_5 + a_6) \times 10^5$$
$$\quad + (b_1 + b_2 + b_3 + b_4 + b_5 + b_6) \times 10^4$$
$$\vdots \quad \vdots \quad \vdots$$
$$\quad + (f_1 + f_2 + f_3 + f_4 + f_5 + f_6)$$
$$= k \times 10^5 + k \times 10^4 + k \times 10^3 + k \times 10^2 + k \times 10 + k$$
$$= 111111 \times k$$이다.

그러므로 $21N = 111111k$이므로 $N = \dfrac{111111}{21}k = 5291k$이다.

그런데 $5291=11 \times 13 \times 37$이고, $N=3^3 \times x \times y \times z$이므로

$N=11 \times 13 \times 37 \times k=3^3 \times x \times y \times z$이다.

따라서 $x+y+z=11+13+37=61$이다.

참고로 $N=3^3 \times 11 \times 13 \times 37=142857$임을 $N=3^3 \times x \times y \times z$라는 조건이 없어도 알 수 있다.

왜냐하면 N의 최고 자리 숫자가 1이 아닌 경우 $5N$, $6N$은 여섯 자리 수가 될 수 없기 때문에 N의 최고 자리 숫자는 반드시 1이어야 한다. 그러므로 $N=\overline{1bcdef}=5291 \times k$에서 b, c, d, e, f는 1이 아닌 다른 숫자이다. 이제 f에 2, 3, $\cdots$, 9를 차례로 대입하여 $2N$, $3N$, $4N$, $5N$, $6N$의 끝수가 1인 경우를 찾아보면 $f=7$일 때, $3N$의 끝수가 1임을 알 수 있다. 이하는 독자가 알아서 생각해 보자.

5 (1) 만약 2002가 늑대수라 가정하면,

$2002=m^2-n^2$(단, m, n은 양의 정수)이다.

즉, $m^2-n^2=(m+n)(m-n)=2 \times 1001$ $\qquad$ ⑦

그런데 $m+n$과 $m-n$은 홀·짝성이 같으므로 $m+n$이 짝수이면 $m-n$도 짝수이다. 또한 $m+n$이 홀수이면 $m-n$도 홀수이다.

즉, $m^2-n^2=(m+n)(m-n)$은 4의 배수이거나 홀수이다.

이는 ⑦에 모순! 따라서 2002는 늑대수가 아니다.

(2) k를 양의 정수라 하면, 위와 마찬가지 설명에 의하여 $4k+2$꼴의 수는 절대로 늑대수가 될 수 없다. 그러므로 늑대수는 $4k$꼴이거나 $2k+1$꼴의 수가 될 것이다.

(어차피 늑대수는 짝수이거나 홀수인데 모든 짝수는 $4k$ 또는 $4k+2$꼴로 표시된다.)

마침 $4k=(k+1)^2-(k-1)^2$, $2k+1=(k+1)^2-k^2$ 이다.

따라서 $4k$꼴이거나 $2k+1$꼴의 수는 모두 늑대수이다.

단, 1은 명백히 늑대수가 아니므로 제외한다.

이제 작은 쪽에서 큰 쪽으로 늑대수를 배열하면,

3, 4, 5, 7, 8, 9, 11, 12, 13, $\cdots$

이므로, 위 수열의 일반항(제 n번째)은 다음 ⑭와 같다.

$n+2+\left[\dfrac{n-1}{3}\right]$ $\qquad$ ⑭

단, $[x]$는 x보다 크지 않은 최대의 정수를 뜻한다.

이제 위 ⑭에 $n=2004$를 대입하면,

따라서 제 2004번째 늑대수는 2673임을 알 수 있다.

6 귀류법을 사용하자. 즉, ㉮의 실수해가 존재한다고 가정하자.

즉, 방정식 ㉮의 실수해를 $x=[x]+h$(단, $0\le h\le1$)라 하자.

그러면 $x=[x]+h$를 ㉮에 대입하여

$[x]+[2[x]+2h]+[4[x]+4h]+[8[x]+8h]$
$\quad+[16[x]+16h]+[32[x]+32h]=126247$

그런데 최대정수함수 기호 안에 있는 정수는 빼낼 수 있으므로

$[x]+2[x]+[2h]+4[x]+[4h]+8[x]+[8h]$
$+16[x]+[16h]+32[x]+[32h]=126247$

그러므로 ㉮는 다음 식과 동치이다.

$\therefore\ [2h]+[4h]+[8h]+[16h]+[32h]=126247-63[x]$

여기서 $0\le2h<2$이므로 $0\le[2h]\le1$

마찬가지 원리로 해서 다음과 같은 식을 얻는다.

$0\le[4h]\le3,\ 0\le[8h]\le7,\ 0\le[16h]\le15,\ 0\le[32h]\le31$

이제 위 식들을 모두 더하면

$0\le[2h]+[4h]+[8h]+[16h]+[32h]\le1+3+7+15+31=57$

즉, $0\le126247-63[x]\le57$이다.

즉, $126247-57\le63[x]\le126247$ $\quad\therefore126190\le63[x]\le126247$

$\therefore\ 2003\dfrac{1}{63}\le[x]\le2003\dfrac{58}{21}$

그런데 $[x]$는 정수이므로 모순!

따라서 주어진 방정식 ㉮는 실수해를 가지지 못한다.

03^회 수학 올림피아드 실전 대비 문제 풀이

1 문제의 그림은 다음 왼쪽 그림과 같다. 이제 다음 오른쪽 그림처럼 PM∥ET, PN∥DW, PQ∥DR, PQ∥ES되도록 점 R, S, T, W를 △ABC의 세 변에 잡는다. 그러면 점 Q, M, N은 각각 차례로 RS, DT, EW의 중점이 된다.(Why?)

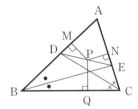 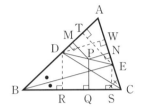

$$\therefore PM=\frac{1}{2}ET, \ PN=\frac{1}{2}DW, \ PQ=\frac{1}{2}(DR+ES)$$

그리고 PM⊥AB, PN⊥AC, PQ⊥BC이다.

또한 ET⊥BT, ES⊥BS, DR⊥RC, DW⊥WC이다.

그리고 ∠EBT=∠EBS, ∠DCR=∠DCW이다.

$$\therefore \ \triangle BET \equiv \triangle BES, \ \triangle CDR \equiv \triangle CDW$$

$$\therefore \ ES=ET, \ DR=DW$$

$$\therefore \ ES+DR=ET+DW$$

$$\therefore \ PQ=\frac{1}{2}(ES+DR)=\frac{1}{2}(ET+DW)=\frac{1}{2}ET+\frac{1}{2}DW$$

따라서 PQ=PM+PN이다.

2 단계별로 나누어 설명해 보자.

〔step 1〕

문제의 조건 "그 원소는 모두 26보다 큰 소수를 약수로 갖고 있지 않다"에 의하여, 잡합 M의 임의의 원소 m_i(단, i는 정수, $1 \le i \le 1985$)는 26 이하의 소수만으로 소인수분해된다. 즉, k_j(단, j는 정수, $1 \le j \le 9$)를 음이 아닌 정수라 할 때, m_i는 다음과 같이 소인수분해된다.

$$m_i=2^{k_1} \cdot 3^{k_2} \cdot 5^{k_3} \cdot 7^{k_4} \cdot 11^{k_5} \cdot 13^{k_6} \cdot 17^{k_7} \cdot 19^{k_8} \cdot 23^{k_9} \qquad \cdots\cdots ㉮$$

㉮의 k_j에 대하여 다음 ㉯의 규칙대로 M의 각 원소 m_i를 순서쌍

$$u_i=(x_1, \ x_2, \ x_3, \ x_4, \ x_5, \ x_6, \ x_7, \ x_8, \ x_9) \qquad \cdots\cdots ㉯$$

로 대응시켜 보자.

"㉮의 k_j가 짝수이면 $x_j=0$으로,

k_j가 홀수이면 $x_j=1$로 정함"   ······ ㉰

예컨대 ㉮에서 $m_1=46614241128$인 경우 소인수분해하면,

$46614241128=2^3 \cdot 3^1 \cdot 5^0 \cdot 7^1 \cdot 11^0 \cdot 13^3 \cdot 17^2 \cdot 19^1 \cdot 23^1$

이므로

/ * 우변의 각 소인수들의 지수들만 적어 보면

$(3, 1, 0, 1, 0, 3, 2, 1, 1)$

(홀, 홀, 짝, 홀, 짝, 홀, 짝, 홀, 홀)

짝수이면 0, 홀수이면 1로 대응시킨다. * /

$u_1=(1, 1, 0, 1, 0, 1, 0, 1, 1)$ ······ ㉯

위 ㉯의 예에서 보는 바와 같이 ㉰의 규칙에 따라서 ㉮의 m_i를 소인수분해하여, ㉯의 순서쌍 u_i로 대응시킬 수 있다.

예컨대 다음 표 A의 m_i값에 대하여 B의 u_i로 대응된다. 물론 표에 나와 있는 A의 m_i값들은 독자의 이해를 위하여 필자가 마음대로 정한 숫자이다.

A	B
$m_1=2^0 \cdot 3^0 \cdot 5^0 \cdot \cdots \cdot 23^{2132}$	$u_1=(0 \cdot 0 \cdot 0 \cdot \cdots \cdot 0)$
$m_2=2^1 \cdot 3^4 \cdot 5^7 \cdot \cdots \cdot 23^2$	$u_2=(1 \cdot 0 \cdot 1 \cdot \cdots \cdot 0)$
$m_3=2^2 \cdot 3^3 \cdot 5^4 \cdot \cdots \cdot 23^1$	$u_3=(0 \cdot 1 \cdot 0 \cdot \cdots \cdot 1)$
$m_4=2^5 \cdot 3^2 \cdot 5^2 \cdot \cdots \cdot 23^7$	$u_4=(1 \cdot 0 \cdot 0 \cdot \cdots \cdot 1)$
$\vdots$	$\vdots$
$m_{1984}=2^4 \cdot 3^2 \cdot 5^7 \cdot \cdots \cdot 23^9$	$u_{1984}=(0 \cdot 0 \cdot 1 \cdot \cdots \cdot 1)$
$m_{1985}=2^{45} \cdot 3^3 \cdot 5^{231} \cdot \cdots \cdot 23^6$	$u_{1985}=(1 \cdot 1 \cdot 1 \cdot \cdots \cdot 1)$

이제 문제에서 언급하고 있는 집합 M의 서로 다른 원소 1985개의 m_i값들을 ㉯와 마찬가지 방식으로 대응시키면, 다음 ㉱와 같다.

$m_i=2^{k_1} \cdot 3^{k_2} \cdot 5^{k_3} \cdot 7^{k_4} \cdot 11^{k_5} \cdot 13^{k_6} \cdot 17^{k_7} \cdot 19^{k_8} \cdot 23^{k_9}$

$u_i=(x_1, x_2, x_3, x_4, x_5, x_6, x_7, x_8, x_9)$ ······ ㉱

[step 2]

㉱의 좌변 u_i의 종류는 1985개이다. 한편 ㉱의 우변의 x_i는 오직 0, 1의 2종류만이 대응되므로 ㉱의 우변의 순서쌍의 가짓수는 많아야 $2^9=512$가지이다. 따라서 '비둘기집(서랍) 원리 2'에 의하여

$$\left[\frac{1985-1}{512} \right]+1=4$$

이므로 ㉯의 1985개의 u_i는 적어도 4개의 같은 우변(순서쌍)을 갖는다.

이제 그러한 u_i들을

$$a_1 = a_2 = a_3 = a_4 = (l_1, \ l_2, \ l_3, \ \cdots, \ l_9) \quad (단, \ l_j = 0, \ 1)$$

라고 하자.

그리고, ㉯의 규칙에 의하여 $a_1, \ a_2, \ a_3, \ a_4$의 각각에 대응하는 m_i들을 $b_1, \ b_2, \ b_3,$ b_4라고 하자. 그러면, 음이 아닌 정수 $p_j, \ q_j$에 대하여 다음 식

$$n_1 = b_1 b_2 = (2^{p_1} \cdot 3^{p_2} \cdot 5^{p_3} \cdot 7^{p_4} \cdot 11^{p_5} \cdot 13^{p_6} \cdot 17^{p_7} \cdot 19^{p_8} \cdot 23^{p_9})^2$$

$$n_2 = b_3 b_4 = (2^{q_1} \cdot 3^{q_2} \cdot 5^{q_3} \cdot 7^{q_4} \cdot 11^{q_5} \cdot 13^{q_6} \cdot 17^{q_7} \cdot 19^{q_8} \cdot 23^{q_9})^2$$

을 만족하는 완전제곱수 $n_1, \ n_2$를 얻는다.

〔step 3〕

이번에는 1985개의 m_1들 중에서 $b_1, \ b_2, \ b_3, \ b_4$를 제외한 1981개의 m_i들에 대하여 〔step 2〕의 과정과 마찬가지 방법으로 하여

$$n_3 = b_5 b_6 = (2^{r_1} \cdot 3^{r_2} \cdot 5^{r_3} \cdot 7^{r_4} \cdot 11^{r_5} \cdot 13^{r_6} \cdot 17^{r_7} \cdot 19^{r_8} \cdot 23^{r_9})^2$$

$$n_4 = b_7 b_8 = (2^{s_1} \cdot 3^{s_2} \cdot 5^{s_3} \cdot 7^{s_4} \cdot 11^{s_5} \cdot 13^{s_6} \cdot 17^{s_7} \cdot 19^{s_8} \cdot 23^{s_9})^2$$

을 만족하는 완전제곱수 $n_3, \ n_4$를 얻는다.

〔step 4〕

이번에는 1985개의 m_i들 중에서 $b_1, \ b_2, \ b_3, \ b_4, \ b_5, \ b_6, \ b_7, \ b_8$을 제외한 1977개의 m_i들에 대하여 〔step 2〕의 과정과 마찬가지 방법으로 하여 완전제곱수 $n_5 = b_9 b_{10}, \ n_6 = b_{11} b_{12}$를 얻는다.

〔step 5〕

위 〔step 3〕, 〔step 4〕와 마찬가지 방법을 반복하여 적용하면,

집합 M에 속하는 적당한 b_d(단, d는 정수, $1 \le d \le 1026$)들의 곱으로 이루어지는 다음과 같은 514개의 완전제곱수들을 얻어낼 수 있다.

$$n_1 = b_1 b_2, \ \ n_2 = b_3 b_4, \cdots \cdots, \ n_{513} = b_{1025} b_{1026}, \ n_{514} = b_{1027} b_{1028}$$

〔step 6〕

이제 〔step 5〕의 완전제곱수 n_e(단, e는 정수, $1 \le n \le 514$)에 대해서

$$n_e = (2^{r_1} \cdot 3^{r_2} \cdot 5^{r_3} \cdot 7^{r_4} \cdot 11^{r_5} \cdot 13^{r_6} \cdot 17^{r_7} \cdot 19^{r_8} \cdot 23^{r_9})^2 \qquad \cdots\cdots ㉰$$

㉰의 r_j에 대하여 다음 ㉭의 규칙대로 각각의 y_i를 대응시켜서

$$"n_e = (2^{r_1} \cdot 3^{r_2} \cdot 5^{r_3} \cdot 7^{r_4} \cdot 11^{r_5} \cdot 13^{r_6} \cdot 17^{r_7} \cdot 19^{r_8} \cdot 23^{r_9})^2$$

$$\Updownarrow$$

$$v_e = (y_1, \ y_2, \ y_3, \ y_4, \ y_5, \ y_6, \ y_7, \ y_8, \ y_9)" \qquad \cdots\cdots ㉱$$

와 같이 각각의 n_e를 순서쌍 v_e에 대응시키자.

"㉰의 r_j가 짝수이면 $y_j = 0$으로,

　r_j가 홀수이면 $y_j = 1$로 정함" 　　　　　　 $\cdots\cdots ㉭$

한편, ㉰에서 y_j는 0, 1의 두 종류의 값만 취하므로

$$v_e = (y_1,\ y_2,\ y_3,\ y_4,\ y_5,\ y_6,\ y_7,\ y_8,\ y_9)$$

의 우변은 $2^9 = 512$종류의 서로 다른 순서쌍으로 이루어진다. 그런데 v_e는 514개이므로 '비둘기집 원리 2'에 의하여

$$\left[\frac{514-1}{512}\right]+1=2$$

이니까, 따라서 514개의 v_e 중에는 같은 순서쌍을 갖는 것이 적어도 한 쌍이 있다. 이제 그 한 쌍을 v_f, v_g라고 하면, ㉰의 대응규칙에 따른 v_f, v_g에 상응하는 완전제곱수 n_f, n_g가 반드시 존재한다. 즉,

$$n_f = b_{2f-1}b_{2f} = (2^{s_1} \cdot 3^{s_2} \cdot 5^{s_3} \cdot 7^{s_4} \cdot 11^{s_5} \cdot 13^{s_6} \cdot 17^{s_7} \cdot 19^{s_8} \cdot 23^{s_9})^2$$
$$n_g = b_{2g-1}b_{2g} = (2^{t_1} \cdot 3^{t_2} \cdot 5^{t_3} \cdot 7^{t_4} \cdot 11^{t_5} \cdot 13^{t_6} \cdot 17^{t_7} \cdot 19^{t_8} \cdot 23^{t_9})^2$$

그런데, s_j가 짝수이면 t_j도 짝수이고, s_j가 홀수이면 t_j도 홀수이므로 $s_j + t_j = ($짝수$) = 2w_j$라고 할 수 있다.

$$
\begin{aligned}
n_f \cdot n_g &= b_{2f-1}b_{2f}b_{2g-1}b_{2g} \\
&= (2^{2w_1} \cdot 3^{2w_2} \cdot 5^{2w_3} \cdot 7^{2w_4} \cdot 11^{2w_5} \cdot 13^{2w_6} \cdot 17^{2w_7} \cdot 19^{2w_8} \cdot 23^{2w_9})^2 \\
&= (2^{w_1} \cdot 3^{w_2} \cdot 5^{w_3} \cdot 7^{w_4} \cdot 11^{w_5} \cdot 13^{w_6} \cdot 17^{w_7} \cdot 19^{w_8} \cdot 23^{w_9})^2
\end{aligned}
$$

따라서 집합 M의 부분집합으로서 서로 다른 네 원소로 구성되는 $S = \{b_{2f-1},\ b_{2f},\ b_{2g-1},\ b_{2g}\}$를 정할 수 있고 집합 S의 서로 다른 네 원소의 곱은 네제곱수가 되므로 문제의 뜻이 증명되었다.

3 어떤 정수 n이 24의 배수이면 $n \pm 24$ 또한 24의 배수이다.

양의 정수 k 중에서 $k^3 + 25$의 값이 24의 배수가 된다면,

$(k^3 + 25) - 24 = k^3 + 1$ 또한 24의 배수가 될 것이다.(why?)

이제 $k^3 + 1 = k^3 - k + k + 1$

$$
\begin{aligned}
&= (k-1)k(k+1) + (k+1) \quad \cdots\cdots ㉮ \\
&= (k+1)\{k(k-1)+1\} \quad \cdots\cdots ㉯
\end{aligned}
$$

(i) 그런데 ㉮에서 보듯이 $(k-1)k(k+1)$은 연속된 세 정수의 곱이므로 3의 배수이다. 그러므로 $k^3 + 1$이 $24 = 2^3 \times 3$의 배수가 되려면, 즉 3의 배수가 되려면 $k+1$이 3의 배수이어야 한다.

(ii) 그리고 ㉯에서 보듯이 $k(k-1)$이 연속된 두 정수의 곱이므로 $k(k-1)+1$은 홀수이다. 그러므로 $k^3 + 1$이 $24 = 2^3 \times 3$의 배수이려면, 즉, 8의 배수이려면 $k+1$이 8의 배수가 되어야 한다.

그러므로 위 (i), (ii)에 의하여 $k+1$은 $3 \times 8 = 24$의 배수이어야 한다.

즉, $1 < k+1 = 24m \le 48100$(단, m은 정수)에서 $1 \le m \le 2004$

즉, $k+1=24$, 24×2, 24×3, $\cdots$, 24×2004를 얻는다.

따라서 구하는 k의 개수는 모두 2004개이다.

4 $4x+3y-2x\left[\dfrac{x^2+y^2}{x^2}\right]=0$에서 $4x+3y-2x\left[1+\dfrac{y^2}{x^2}\right]=0$

$\therefore 4x+3y-2x\left(1+\left[\dfrac{y^2}{x^2}\right]\right)=0$ $\therefore 4x+3y-2x-2x\left[\dfrac{y^2}{x^2}\right]=0$

$\therefore 2x+3y=2x\left[\dfrac{y^2}{x^2}\right]$ $\therefore 1+\dfrac{3}{2}\cdot\dfrac{y}{x}=\left[\left(\dfrac{y}{x}\right)^2\right]$

여기서 $\dfrac{y}{x}=t$라 하면, $\therefore [t^2]=1+\dfrac{3}{2}t$ $\cdots\cdots$ ㉮

즉, $1+\dfrac{3}{2}t\leq t^2<\left(1+\dfrac{3}{2}t\right)+1$ $\therefore 2+3t\leq 2t^2<4+3t$

$\therefore -2t^2+2+3t\leq 0<-2t^2+3t+4$

$\therefore 2t^2-3t-4<0\leq 2t^2-3t-2$

$\therefore 2t^2-3t-4<0$ and $0\leq 2t^2-3t-2$

$\therefore \dfrac{3-\sqrt{41}}{4}<t<\dfrac{3+\sqrt{41}}{4}$ and $-\dfrac{1}{2}\leq t\leq 2$

$\therefore \dfrac{3-\sqrt{41}}{4}<t\leq 2$

(i) $\dfrac{3-\sqrt{41}}{4}<t<0$일 때, $0\leq t^2<1$이므로 ㉮에서

$0=1+\dfrac{3}{2}t$이므로 $t=-\dfrac{2}{3}$이고, 이는 범위에 맞는다.

(ii) $0\leq t<1$일 때, $0\leq t^2<1$이므로 ㉮에서

$0=1+\dfrac{3}{2}t$이므로 $t=-\dfrac{2}{3}$이고, 이는 범위에 맞지 않는다.

(iii) $1\leq t<\sqrt{2}$일 때, $1\leq t^2<2$이므로 ㉮에서

$1=1+\dfrac{3}{2}t$이므로 $t=0$이고, 이는 범위에 맞지 않는다.

(iv) $\sqrt{2}\leq t<\sqrt{3}$일 때, $2\leq t^2<3$이므로 ㉮에서

$2=1+\dfrac{3}{2}t$이므로 $t=\dfrac{2}{3}$이고, 이는 범위에 맞지 않는다.

(v) $\sqrt{3}\leq t<\sqrt{4}=2$일 때, $3\leq t^2<4$이므로 ㉮에서

$3=1+\dfrac{3}{2}t$이므로 $t=\dfrac{4}{3}$이고, 이는 범위에 맞지 않는다.

(vi) $t=2$일 때, $t^2=4$이므로 ㉮에서 $4=1+\dfrac{3}{2}t$이므로

$t=2$이고, 이는 범위에 맞는다.

이상 구하는 해는 $t=-\dfrac{2}{3}$, $t=2$이다.

따라서 구하는 해는 다음과 같다.

$(x,\ y)=\left(x,\ -\dfrac{2}{3}x\right)$, $(x,\ 2x)$ (단, $x\neq 0$이다.)

5 $\sqrt{\sqrt{x}}=n+h$와 같이 정수와 소수 부분으로 가르는 것이 중요!

$M=[\sqrt{[\sqrt{x}]}]$, $N=[\sqrt{\sqrt{x}}]$이므로 M, N은 명백히 정수이다.

$\sqrt{\sqrt{x}}=n+h$(단, n은 음이 아닌 정수, $0\leq h<1$)이라 하면,

$N=[n+h]=n$이다.

한편, $\sqrt{x}=(n+h)^2=n^2+2nh+h^2$이므로

$M=[\sqrt{[n^2+2nh+h^2]}]$

$\quad=[\sqrt{[n^2+(2nh+h^2)]}]$

$\quad=[\sqrt{n^2+[(2nh+h^2)]}]\geq[\sqrt{n^2}]=[n]=n=N$

또한 $a<b$(단, b가 정수)이면, $[a]<[b]$의 성질이 있으므로

$M=[\sqrt{[(n+h)^2]}]<[\sqrt{[(n+1)^2]}]$

$\qquad\qquad=[\sqrt{(n+1)^2}]=n+1$

위 결과를 종합하면,

$N=n\leq M<n+1=N+1$(단, M, N은 정수)

따라서 $M=N$이다.

6 이제 $\dfrac{m}{a^k}=x$, $\dfrac{2n}{a^k}=y$(단, k는 자연수)라 하자.

바로 앞의 문제에서 증명하였듯이 다음 부등식이 성립한다.

$[2x]+[2y]\geq[x]+[x+y]+[y]$

그러므로 다음 부등식이 성립한다.

$\left[\dfrac{2m}{a^k}\right]+\left[\dfrac{2n}{a^k}\right]\geq\left[\dfrac{m}{a^k}\right]+\left[\dfrac{n}{a^k}\right]+\left[\dfrac{m+n}{a^k}\right]$

그러므로 위 식에 $k=1,\ 2,\ 3,\ 4,\ \cdots$를 대입하고 변변 더하여 다음 식을 얻는다.

$\displaystyle\sum_{k=1}^{\infty}\left(\left[\dfrac{2m}{a^k}\right]+\left[\dfrac{2n}{a^k}\right]\right)\geq\sum_{k=1}^{\infty}\left(\left[\dfrac{m}{a^k}\right]+\left[\dfrac{n}{a^k}\right]+\left[\dfrac{m+n}{a^k}\right]\right)$ ……㉮

한편, a가 임의의 소수일 때, $n!$을 나누어 떨어뜨리는 a^p의 최대 지수 p는 다음과 같다.

$p=\left[\dfrac{n}{a}\right]+\left[\dfrac{n}{a^2}\right]+\left[\dfrac{n}{a^3}\right]+\cdots$ ……㉯

그러므로 ㉯에 의하면,

㉮의 좌변은 $(2m)! \times (2n)!$을 소인수분해하였을 때 나타나는 소수 a의 최대 지수인 u(음이 아닌 정수)를 뜻하고,

㉮의 우변은 $(m)! \times (n)! \times (m+n)!$을 소인수분해하였을 때 나타나는 소수 a의 최대 지수인 v(음이 아닌 정수)를 뜻한다.

즉, $(2m)! \times (2n)! = a^u \times (a$와 다른 소수들의 곱$)$이고

$(m)! \times (n)! \times (m+n)! = a^v \times (a$와 다른 소수들의 곱$)$이다.

여기서 $u \geq v$이므로 $u-v$는 음이 아닌 정수이고 $a^u \div a^v = a^{u-v}$이므로 a^u은 a^v에 의하여 나누어떨어짐을 알 수 있다.

또한 a는 $(2m)! \times (2n)!$과 $(m)! \times (n)! \times (m+n)!$을 소인수분해하였을 때 나타나는 임의의 소수를 뜻하므로

$(2m)! \times (2n)!$은 $(m)! \times (n)! \times (m+n)!$에 의하여 나누어떨어짐을 알 수 있다.

따라서 그 나눗셈의 몫인 $\dfrac{(2m)! \ (2n)!}{m!n!(m+n)!}$ 은 정수임이 증명되었다.

KMO 2차대비 모의고사 제 1회 풀이

1 두 번째 식에 $x=2$를 대입하면 $3f(1)=2f(2)$를 얻는다. 따라서 $2|f(1)$이고 $f(1)=2k$ (k는 정수)가 된다. $f\left(\dfrac{p}{q}\right)\neq(p+q)k$, $(p,\ q)=1$인 자연수 p, q가 존재한다 가정하면 첫 번째 식에 의해 일반성을 잃지 않고 $p>q$라 가정할 수 있다.

또한 위의 $f\left(\dfrac{p}{q}\right)\neq(p+q)k$, $(p,\ q)=1$를 만족하는 $p+q$값이 최소인 p, q를 생각하자.

$x=\dfrac{p}{q}$를 두 번째 식에 대입하면 $\left(\dfrac{p}{q}+1\right)f\left(\dfrac{p}{q}-1\right)=\dfrac{p}{q}f\left(\dfrac{p}{q}\right)\neq\dfrac{p}{q}(p+q)k$이고 즉, $f\left(\dfrac{p-q}{q}\right)\neq pk$이고 $(p-q,\ q)$는 위의 조건을 만족하는 쌍이고 $(p-q)+q<p+q$이 므로 모순을 얻는다.

또한 $f\left(\dfrac{p}{q}\right)=k(p+q)$, $(p,\ q)=1$, $p,\ q\in Z$를 주어진 식에 대입하면 성립함을 확인할 수 있다.

따라서 $f\left(\dfrac{p}{q}\right)=k(p+q)$, $(p,\ q)=1$, $p,\ q\in Z$(k는 임의의 정수)가 구하려는 답임을 알 수 있다.

2 $\overline{CP}$의 연장선이 $\overline{AB}$와 만나는 점을 N이라 하자.

$\angle PAB=\alpha$, $\angle PBA=\beta$라 하자. 그러면 $\angle PAC=\beta$, $\angle PBC=\alpha$.

그리고 $\angle PAC=\gamma$, $\angle PCB=\delta$라 하자. 체바정리에 의해

$$\dfrac{\sin\beta}{\sin\alpha}\cdot\dfrac{\sin\beta}{\sin\alpha}\cdot\dfrac{\sin\delta}{\sin\gamma}=1. \quad \therefore \dfrac{\sin\gamma}{\sin\delta}=\dfrac{\sin^2\beta}{\sin^2\alpha}.$$

$$\therefore \dfrac{\overline{PA}^2}{\overline{PB}^2}=\dfrac{\sin^2\beta}{\sin^2\alpha}=\dfrac{\sin\gamma}{\sin\delta}=\dfrac{\overline{AC}}{\overline{BC}}\cdot\dfrac{\sin\gamma}{\sin\delta}=\dfrac{\overline{AN}}{\overline{BN}}. \quad \overline{AM}=\overline{BM}$$이므로

$$\dfrac{\overline{PA}^2}{\overline{AM}\cdot\overline{AN}}=\dfrac{\overline{PB}^2}{\overline{BM}\cdot\overline{BN}}.$$

이제 $\angle APM=x$, $\angle MPN=y$, $\angle BPN=z$라 하자. sin정리를 적용하면,

$$\dfrac{\sin\angle PMA}{\sin x}\cdot\dfrac{\sin\angle PNA}{\sin(x+y)}=\dfrac{\overline{PA}^2}{\overline{AM}\cdot\overline{AN}}=\dfrac{\overline{PB}^2}{\overline{BM}\cdot\overline{BN}}=\dfrac{\sin\angle PMB}{\sin(y+z)}\cdot\dfrac{\sin\angle PNB}{\sin z}$$

$\angle PMA+\angle PMB=\angle PNA+\angle PNB=180°$이므로

$$\sin x\sin(x+y)=\sin z\sin(z+y).$$

즉, $\cos\dfrac{y}{2}-\cos\left(x+\dfrac{y}{2}\right)=\cos\dfrac{y}{2}-\cos\left(z+\dfrac{y}{2}\right)\Leftrightarrow\cos\left(x+\dfrac{y}{2}\right)=\cos\left(z+\dfrac{y}{2}\right)$

그리고 $0<x+\dfrac{y}{2}$, $z+\dfrac{y}{2}<\pi$이므로 $x+\dfrac{y}{2}=z+\dfrac{y}{2}$. 즉, $x=z$.

그러므로 $\angle APM = \angle BPN$이고, $\angle APM + \angle BPC = \angle BPN + \angle BPC = 180°$이다.

3 $n \in \{1, 3, 5, \cdots, 2009\}$인 n에 대하여 $n = 3^k m$(단, k는 음이 아닌 정수, $3 \nmid m$)로 쓸 수 있다.

이때, m은 $1, 5, 7, 11, \cdots, 2009$ 즉, $6k \pm 1$의 2009 이하의 자연수이다. 따라서 m은 670가지의 경우의 수를 갖는다. 따라서 671개 이상의 수를 택하면 $n_1 = 3^{k_1} m$, $n_2 = 3^{k_2} m$인 n_1, n_2가 존재한다. 따라서 주어진 조건을 만족하는 원소의 개수는 670개 이하이다.

이제 670개인 경우 가능함을 보이자. $\{671, 673, \cdots, 2009\}$를 생각하면 $2009 < 671 \times 3$이므로 서로 약수, 배수 관계인 수는 없음을 쉽게 알 수 있고 원소의 개수는 670개이다.

4 처음 직각삼각형을 빗변의 길이가 1, 나머지 두 변이 $a, b(1 > a, b)$인 직각삼각형이라고 하자. 문제의 조건에 따라 직각삼각형을 자르면 빗변의 길이는 항상 $a^m b^n$이 된다. 이러한 직각삼각형을 좌표평면 위의 (m, n)점에 대응시키자. 이렇게 볼 때, 초기에는 $(0, 0)$ 좌표에 네 점이 있고, 한 번 시행을 할 때마다 (m, n)점이 두 개의 점 $(m+1, n)$, $(m, n+1)$로 나뉘어진다. $f(m,n) = \dfrac{1}{2^{m+n}}$으로 정의를 하면, 이 시행을 통하여 모든 점의 $f(m, n)$값의 합은 변하지 않는다. 초기에 $f(m, n)$값의 총 합은 4이다. 그런데 만약 모든 점이 다 다른 좌표에 있다고 하면, $f(m, n)$값의 합은 4 미만이 되므로 모순이다. 따라서 모두 다 다른 직각삼각형이 될 수 없다.

5 주어진 부등식은 $(*) \cdots \dfrac{a^2 b^2 c}{a^5 + b^5 + a^2 b^2 c} + \dfrac{ab^2 c^2}{b^5 + c^5 + ab^2 c^2} + \dfrac{a^2 b c^2}{c^5 + a^5 + a^2 b c^2} \leq 1$와 동치임을 알 수 있다.

$a^5 + b^5 - a^2 b^2 (a+b) = a^4 (a-b) + b^4 (b-a) = (a-b)(a^4 - b^4) \geq 0$으로부터 $a^5 + b^5 \geq a^2 b^2 (a+b)$임을 알 수 있다.

$\therefore \ (*) = \sum_{cyc} \dfrac{a^2 b^2 c}{a^5 + b^5 + a^2 b^2 c} \leq \sum_{cyc} \dfrac{a^2 b^2 c}{a^2 b^2 (a+b) + a^2 b^2 c} = \sum_{cyc} \dfrac{c}{a+b+c} = 1$로 쉽게 증명된다.

6 $\overline{BH}=\overline{CH}$이므로 $90°-\angle C=\angle HBC=\angle HCB=90°-\angle B.$ $\quad\therefore\ \angle B=\angle C.$

$\overline{AH}$의 연장선이 $\overline{BC}$, $\triangle ABC$의 외접원과 만나는 점을 각각 D, E라 하고, $\overline{BD}=x$,
$\overline{HD}=y$라 하자.

$\overline{HD}=\overline{DE}$이고 $\angle ABC=90°$, $\overline{BD}\perp\overline{AE}$이므로 $x^2=y(y+2)$.

그리고 $\triangle BDH$에서 $x^2+y^2=1$.

$\therefore\ 1-y^2=y^2+2y$이고, $y=\dfrac{-1+\sqrt{3}}{2}$.

$\therefore\ \overline{BC}=2x=2\sqrt{1-\left(\dfrac{-1+\sqrt{3}}{2}\right)^2}=\sqrt[4]{12}.$

$\overline{AB}=\overline{AC}=\sqrt{x^2+(2+y)^2}=\sqrt{3+2\sqrt{3}}.$

7 먼저 p가 90보다 작은 경우 $x=p$, $y=0$이 주어진 식을 만족함을 알 수 있다.

이제 p가 90보다 큰 경우를 생각하자.

문제의 조건은 $p\,|\,2k^2+6k+25$이고 이는 p가 홀수이므로 $p\,|\,4k^2+12k+50$과 동치가
된다.

따라서 $4k^2+12k+9\equiv-41\,(\mathrm{mod}\,p)$를 얻을 수 있고 이는 $(2k+3)^2\equiv-41\,(\mathrm{mod}\,p)$이
다. 양변에 49를 곱하여 식을 변형하면 $(14k+21)^2\equiv-2009\,(\mathrm{mod}\,p)$가 된다.

$x\equiv(14k+21)y\,(\mathrm{mod}\,p)$와 $0\le|x|<\sqrt{44p}$, $0\le|y|<\sqrt{\dfrac{p}{44}}$인 정수 x, y가 존재함을 보이
자. (단 x, y 동시에 0이 되지는 않는다.)

$S=\left(x-(14k+21)y\,|\,0\le x<\sqrt{44p},\ 0\le y<\sqrt{\dfrac{p}{44}}\right)$라 하면 x가 가질 수 있는 값의 경
우의 수는 $[\sqrt{44p}]+1$가지이고 y가 가질 수 있는 값의 경우의 수는 $\left[\sqrt{\dfrac{p}{44}}\right]+1$가지 이
므로 가능한 (x,y)의 순서쌍은 $([\sqrt{44p}]+1)\left(\sqrt{\dfrac{p}{44}}+1\right)>\sqrt{44p}\times\sqrt{\dfrac{p}{44}}=p$로 p가지
이상이 된다.

따라서 비둘기집의 원리에 의해 서로 다른 순서쌍 (x_1,y_1), (x_2,y_2)가 존재하여
$x_1-(14k+21)y_1\equiv x_2-(14k+21)y_2\,(\mathrm{mod}\,p)$를 만족하고 $x_1-x_2=x$, $y_1-y_2=y$라
하면 이러한 x, y가 주어진 조건을 만족하는 정수임을 알 수 있다.

이제 이러한 x, y에 대해 $x^2\equiv(14k+21)^2y^2\equiv-2009y^2\,(\mathrm{mod}\,p)$를 얻고 따라서 $p\,|\,x^2+
2009y^2$이다. 또한 $0<x^2+2009y^2<(\sqrt{44p})^2+2009\left(\sqrt{\dfrac{p}{44}}\right)^2=89.\cdots$이므로 $x^2+2009y^2
=np$, $n<90$을 만족하는 자연수 n이 존재한다.

8 서로 다른 n개의 정수로 이루어진 수열에는 $\lceil\sqrt{n}\rceil$ 개의 부분감소수열 또는 부분증가수열이 반드시 있음을 증명하자. 만일 $\lceil\sqrt{n}\rceil$ 개 미만의 부분감소수열만이 존재한다고 하자. i번째 수에서 시작하는 최대 길이의 부분감소수열의 길이를 S_i라고 하면 $1\le S_i\le\lceil\sqrt{n}\rceil-1$이므로, S_i중에는 적어도

$$\left\lceil\frac{n}{\lceil\sqrt{n}\rceil-1}\right\rceil\ge\lceil\sqrt{n}\rceil$$

개의 같은 수들이 있다. 그것을 $S_{a_1}=S_{a_2}=\cdots=S_{a_{\lceil\sqrt{n}\rceil}}(a_1<_2<\cdots<a_{\lceil\sqrt{n}\rceil})$라고 하면, a_1번째 수, a_2번째 수, $\cdots$, $a_{\lceil\sqrt{n}\rceil}$번째 수는 증가수열이어야만 한다. 따라서 $n-\lceil\sqrt{n}\rceil$ 개를 지워서 감소수열 또는 증가수열을 만들 수 있다.

이제 $n-\lceil\sqrt{n}\rceil$ 개 보다 더 적게 지우는 경우는 감소수열 또는 증가수열이 되지 않는 경우가 있음을 증명하자. n개의 서로 다른 수를 일반성을 잃지 않고 $1, 2, \cdots, n$이라 할 수 있다. $\lceil\sqrt{n}\rceil=a$라 할 때, 이제 다음과 같은 배열을 생각하자.

$(a, a-1, \cdots, 1)(2a, 2a-1, \cdots, a+1)\cdots(ka, ka-1, \cdots, (k-1)a+1)(n, \cdots, ka+1)$

여기서 k는 $ka<n\le(k+1)a$를 만족하는 값으로 $k+1\le\lceil\sqrt{n}\rceil$ 이다. 이때 부분증가수열은 괄호 안에 있는 수들을 한 개씩 취하는 방법밖에 없으므로 길이가 $(k+1)$ 이하이고, 부분감소수열은 한 개의 괄호 안에서만 가능하므로 길이가 a 이하이다. 따라서 $(\lceil\sqrt{n}\rceil+1)$개 이상이 남도록 $(n-\lceil\sqrt{n}\rceil-1)$개 이하를 지우게 되면, 증가수열 또는 감소수열이 되는 경우가 존재하지 않는 서로 다른 n개 수의 배열이 있으므로, 지울 수 있는 수의 최솟값은 $n-\lceil\sqrt{n}\rceil$ 이다.

KMO 2차대비 모의고사 제 2회 풀이

1 $\dfrac{\sqrt{abc(a+b+c)}}{\sqrt 3}+\dfrac{\sqrt{(1-a)(1-b)(1-c)(1-a+1-b+1-c)}}{\sqrt 3}<1$ 과 동치임을 알 수 있다.

$$LHS<\sqrt[4]{a\times b\times c\times\frac{a+b+c}{3}}+\sqrt[4]{(1-a)(1-b)(1-c)\frac{(1-a)+(1-b)+(1-c)}{3}}$$

$$\leq\frac{a+b+c+\dfrac{a+b+c}{3}}{4}+\frac{(1-a)+(1-b)+(1-c)+\dfrac{(1-a)+(1-b)+(1-c)}{3}}{4}$$

$=1$로 주어진 부등식이 증명된다.

2

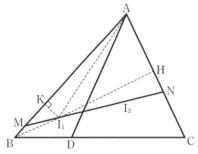

AC의 중점을 M이라 하면 B, I, H는 한 직선위에 있다. 그림과 같이 I_1을 지나 AB에 수직선을 긋고 수선의 발을 K라고 하자. 그런데 ∠BAD와 ∠CAD중 반드시 하나는 30°보다 크지 않다. ∠BAD≤30°라고 하면 $\angle I_1AB\leq15°$, $\angle I_1AC\geq45°$이므로

$$I_1H=I_1A\sin\angle I_1AC\geq I_1A\sin45°$$

$$I_1B=2I_1K=2I_1A\sin\angle I_1AB\leq2I_1A\sin15°$$

이때

$$\sin45°=\frac{\sqrt 2}{2}>2\sin15°=\frac{\sqrt6-\sqrt2}{2}$$

$I_1H>I_1B$

또 $I_1N\geq I_1H>I_1B\geq I_2M$

$\angle HI_1N=\angle BI_1M$이므로

$$S_{HI_1N}=\frac12 I_1H\cdot I_1N\sin\angle HI_1N\leq\frac12 I_1B\cdot I_1M\sin\angle BI_1M=S_{\triangle I_1BM}$$

$$S_{\triangle AMN}\geq S_{\triangle ABH}=\frac12 S_{\triangle ABC}$$

3 $10a^2+101ab+10b^2=(a+10b)(10a+b)=2^n$이면 $a+10b=2^t$, $10a+b=2^s$이어야 한다.

$99b=10\times2^t-2^s$, $99a=10\times2^s-2^t$으로부터 $10\times2^t\equiv2^s\,(mod\,99)$를 얻는다.

$99=9\times11$이고 $(9,11)=1$이므로 $2^t\equiv2^s(mod\,9)$, $-2^t\equiv2^s(mod\,11)$이어야 한다.

$2^n(mod\,9)$를 관찰하면 $6\,|\,t-s$이어야 하고 $2^n(mod\,11)$을 관찰하면 $5\,|\,t-s, 10\,t-s$를 만족해야 하는데 이는 모순이 된다.

따라서 $10a^2+101ab+10b^2$는 2의 거듭제곱이 될 수 없다.

4 f가 일대일대응일 경우 $f_1(a_i)f_2(a_i)$, $\cdots f_n(a_i)$ 중에서 만일 같은 것이 있다면, $f_k(a_i)=f_m(a_i)(k>m)$으로부터 $f_{k-m}(a_i)=a_i$로 성립한다. 만일 같은 것이 없다면 n개의 수가 a_1, a_2, $\cdots$, a_n 중에 한 개이므로 이 중 반드시 a_i가 되는 것이 있어서 성립한다. 따라서 f가 일대일대응이면 $f_{m_i}(a_i)=a_i$가 되는 최소의 $1\leq m_i\leq n$가 존재한다.

이제 $f_{m_i}(a_i)=a_i$가 되는 최소의 $1\leq m_i\leq n$가 모든 a_i에 대해서 존재할 경우 f가 일대일대응임을 보이자. 만일 일대일대응이 아니라면, $f(a_i)=f(a_i)=a_k$, $i\neq j$가 되는 i, j, k가 존재한다 $f_{m_i}(a_i)=a_i$, $f_{m_j}(a_j)=a_j$에서 일반성을 잃지 않고 $m_i\geq m_j$라 할 수 있다.

첫째, $m_i=qm_j$인 경우, $f_{m_i-1}(a_k)=a_j=f_{qm_j-1}(a_k)=a_j$가 되어 모순이다.

둘째, $m_i=qm_j+r(1\leq r\leq m_j-1)$인 경우, 임의의 자연수 k에 대해 $f_{km_j}(a_j)=a_j$, $f_{km_j+r}(a_j)\neq a_j$로부터 $f_{km_j-1}(a_k)=a_j$이므로, $f_{km_j}(a_i)=a_j$이고 $f_{km_j+r}(a_i)\neq a_j$이다. 그런데 $f_{m_i}(a_i)=a_i$로부터,

$$f_{m_i+m_j}(a_j)=a_j=f_{(q+1)m_j+r}(a_i)$$

가 되므로 $f_{km_j+r}(a_i)\neq a_j$에 위배되어 모순이다.

따라서 $f_{m_i}(a_i)=a_i$가 되는 최소의 $1\leq m_i\leq n$가 모든 a_i에 대해서 존재할 경우 f는 일대일대응이다.

5 (1) 다음을 증명하자.

$A \in \{1, 2, 3, 4, 5, 6, 7, 8, 9, 29\} = X$이면 $f(A) = A$, $A \in \{15, 16, 17, 18, 19\} = Y$이면

$\qquad f(A) > A \not\in X \cup Y$이면 $f(A) < A$이다.

$A = (a_n a_{n-1} \cdots a_1 a_0), (a_n \neq 0)$이라 하자.

$n \geq 3$이면 $A \geq 10^n \geq 3^{2n} \geq 3^{n+3} = 27 \times 3^n$이고

$f(A) \leq 9(1 + 3 + 3^2 + \cdots + 3^n) = 9 \times \dfrac{3^{n+1} - 1}{2} < 15 \times 3^n$이므로 $A > f(A)$를 얻는다.

$n = 0$이면 $A = f(A)$이고 즉, $A = 1, 2, \cdots, 9$일 때 등호가 성립한다.

$n = 1$이면 $A = 10a_1 + a_0$, $f(A) = 3a_0 + a_1$에서 $f(A) - A = 2a_0 - 9a_1$이고 $a_0 = 9$, $a_1 = 2$일때만 등호가 성립하고 $A \in X$이면 $f(A) > A$, 나머지 경우는 모두 $f(A) < A$임을 알 수 있다.

$n = 2$이면 $A = 100a_2 + 10a_1 + a_0$, $f(A) = 9a_0 + 3a_1 + a_2$에서 $a_2 \geq 2$이므로 $f(A) < A$임을 확인할 수 있다.

양의 정수에서 정의된 수열이 무한히 감소할 수 없으므로 수열 $\{A_n\}$에는 반드시 $A_k \in X \cup Y$인 A_k가 존재하고, $A_k \in X$이면 주어진 명제가 성립함을 쉽게 확인할 수 있다. $A_k \in Y$인 경우에 각각의 수에 대해 조사해보면

$15 \to 16 \to 19 \to 28 \to 26 \to 20 \to 2 \to 2 \to \cdots$에서 15, 16, 19는 모두 언젠가는 상수인 수열이 된다.

$18 \to 25 \to 17 \to 22 \to 8 \to 8 \to \cdots$에서 17, 18 또한 언젠가는 상수가 됨을 확인할 수 있다.

따라서 $A_{k+1} = A_k$인 자연수 k가 항상 존재한다.

(2) $A = 29^{2009}$에 대하여 $A_{k+1} = A_k$를 만족하는 A_k는 $\{1, 2, 3, 4, 5, 6, 7, 8, 9, 29\}$ 중의 한 수임을 알 수 있다. 이제 $29 \,|\, A$이면 $29 \,|\, f(A)$임을 보이자.

$A = a_n 10^n + a_{n-1} 10^{n-1} + \cdots + a_1 10 + a_0 = \displaystyle\sum_{i=0}^{n} a_i 10^i$에 대해 $f(A) = \displaystyle\sum_{i=0}^{n} 3^{n-i} a_i$이고

$3^n A - f(A) = \displaystyle\sum_{i=0}^{n} 3^{n-i} a_i 30^i \sum_{i=0}^{n} 3^{n-i} a_i = \sum_{i=0}^{n} 3^{n-i} a_i (30_i - 1)$이고 $29 \,|\, 30^i - 1$이므로

$3^n A \equiv f(A) \pmod{29}$에서 $29 \,|\, A$이면 $29 \,|\, f(A)$임을 확인할 수 있다.

즉 처음 수가 29의 배수이므로 $A_k = 29$임을 알 수 있다.

6

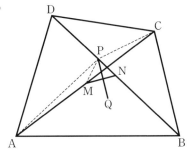

$\triangle$PAC에서 중선의 길이공식에 의하여

$$PM^2 = \frac{1}{2}(PA^2 + PC^2) - \frac{1}{4}AC^2$$

마찬가지로

$$PN^2 = \frac{1}{2}(PB^2 + PD^2) - \frac{1}{4}BD^2$$

$$QM^2 = \frac{1}{2}(QA^2 + QC^2) - \frac{1}{4}AC^2$$

$$QN^2 = \frac{1}{2}(QB^2 + QD^2) - \frac{1}{4}BD^2$$

여기서 PA$=$PB, PC$=$PD, QA$=$QD, QC$=$QB임을 알 수 있으므로

$$PM^2 + QN^2 = PN^2 + QM^2$$

$$\angle PQ \perp MN$$

7
$$\frac{\sum_{k=1}^{n}[k, n]}{n} = \frac{1}{n}\sum_{k=1}^{n}\frac{kn}{(k, n)} = \sum_{k=1}^{n}\frac{k}{(k, n)}$$

$$= \sum_{d|n}d \times \left(\sum_{(e, \frac{d}{n})=1, \, 1 \le e \le \frac{n}{d}} e \right) = \frac{1}{2}\sum_{d|n}\frac{n}{d}\phi\left(\frac{n}{d}\right) + \frac{1}{2}$$

$$= \frac{1}{2}\sum_{d|n}d\phi(d) + \frac{1}{2}$$

임을 알 수 있다. 한편 d, $\phi(d)$는 모두 곱산술함수이므로 $f(n) = \sum_{d|n}d\phi(d)$ 또한 곱산술 함수이다.

이제 소수 p에 대하여 $f(p^k)$의 값을 구하자.

$$f(p^k) = \sum_{i=0}^{k}p^i\phi(p^i) = 1 + p(p-1) + p^3(p-1) + \cdots + p^{2k-1}(p-1)$$

$$= 1 + \frac{p(p-1)(p^{2k}-1)}{p^2-1} = \frac{p^{2k+1}+1}{p+1} = (1-p+p^2-\cdots-p^{2k-1}+p^{2k})$$

이고 $n=p_1^{e_1}\cdots p_t^{e_t}$라 하면 $f(n)=\prod\limits_{j=1}^{t}(1-p_j+p_j^2-\cdots-p_j^{2e_j-1}+p_j^{2e_j})=\mathrm{E}(n^2)$임을 알 수 있다.

따라서 $\dfrac{\sum\limits_{k=1}^{n}[k,\,n]}{n}=\dfrac{E(n^2)+1}{2}$이 된다.

8 친구 수가 가장 많은 학생을 A라고 하고, A의 친구 수를 k라고 하자. 일단 $k\geq m$이다. 이제 $k>m$이면 모순임을 보이자.

$k>m$일 때 A의 친구들의 집합을 $S=\{B_1,\ B_2,\ \cdots,\ B_k\}$라고 하자. S에서 임의의 $(m-1)$명의 사람들을 뽑아서 그 집합을 $S'=\{B_{i_1},\ B_{i_2},\ \cdots,\ B_{i_{m-1}}\}$라고 하자. 이때 $S'\cup\{A\}$ 집합에 있는 m명의 사람들은 이들과 모두 친구가 되는 C_i라는 사람을 갖는다. 그런데 C_i는 A의 친구이므로 $C_i\in S$이다.

서로 다른 S'인 $\{B_{i_1},\ B_{i_2},\ \cdots,\ B_{i_{m-1}}\}$, $\{B_{j_1},\ B_{j_2},\cdots,B_{j_{m-1}}\}$에 대해서, $\{A,\ B_{i_1},\ B_{i_2},\ \cdots,\ B_{i_{m-1}}\}$의 공통친구 C_i와 $\{A,\ B_{j_1},\ B_{j_2},\cdots,\ B_{j_{m-1}}\}$의 공통친구 C_j가 같다면 $\{B_{j_1},\ B_{i_2},\ \cdots,\ B_{i_{m-1}}\}\cup\{B_{j_1},\ B_{j_2},\ \cdots,\ B_{j_{m-1}}\}$ 중 어떤 m명의 사람들은 A, $C_i=C_j$라는 두 명의 공통친구를 갖는 것이므로 모순이 된다. 따라서 S의 원소는 S에서 S'을 고를 수 있는 만큼 있어야 하는데, $m\geq 3$일 때, $_kC_{m-1}>_kC_1=k$이므로 모순이다.

따라서 친구 수가 가장 많은 학생은 m명의 친구를 갖는다.

올림피아드 수학의 지름길〉〉은 초급, 중급, 고급으로 각2권씩
총 6권으로 구성되어 있습니다.